T0132916

L'HISTOIRE DES SCIENCES – TEXTES ET ÉTUDES

Jérôme LALANDE

MISSION À BERLIN
LETTRES À JEAN III BERNOULLI
ET À ELERT BODE

Lalandiana II

Textes édités (certains traduits de l'allemand),
annotés et commentés par
Simone DUMONT et Jean-Claude PECKER

Ouvrage publié avec le concours
du Collège de France

PARIS
LIBRAIRIE PHILOSOPHIQUE J. VRIN
6 place de la Sorbonne, V e
2014

© *Librairie Philosophique J. VRIN,* 2014
Imprimé en France

ISSN 0768-4916
ISBN 978-2-7116-2537-6

www.vrin.fr

INTRODUCTION

L'Europe de la seconde moitié du XVIIIᵉ siècle est, pour les intellectuels en tout cas, une Europe sans frontières. C'est l'Europe des Lumières, issue de la France de Voltaire et de Diderot. Partout on parle le français. et l'on voyage beaucoup. Les boyards russes veulent des gouvernantes françaises pour leurs enfants; tsars et tsarines aiment s'entourer des penseurs venus de France. Les monarques prussiens ou autrichiens créent leur Académie. Alors que son maître Delisle était revenu de Saint-Petersbourg après un séjour de 22 ans, Lalande séjourne à Berlin, où Maupertuis est président de l'Académie. Il voyagera beaucoup en Europe tout au cours de sa vie. Dans le premier volume de cette collection, nous l'avons vu à Londres. Mais ses rapports avec l'Allemagne furent encore plus étroits et fréquents [1].

Dès ses débuts en astronomie, notre homme est à Berlin. Il est là pour observer la Lune et, en conjugaison avec La Caille, qui est au cap de Bonne-Espérance, pour déterminer la parallaxe de la Lune. Le tout jeune homme se frotte aux grands... On parle français à la cour de Sans-Souci. Lalande revenu en France entretiendra une longue correspondance avec ses amis de Berlin, avec le bâlois Jean III Bernoulli, et Elert Bode.

Plus tard, Lalande se liera d'amitié avec le baron von Zach à Gotha, et une correspondance s'installe, toujours en français. Autour de son ami Lalande, von Zach organise à Gotha une réunion, préfiguration de ce que seront plus tard les colloques et symposiums internationaux. Lalande envisage même, au plus fort des luttes armées entre la France républicaine et les armées du roi de Prusse, de franchir en ballon les lignes de combat.

---

1. Voir S. Dumont, *Un astronome des Lumières, Jérôme Lalande*, Observatoire de Paris, Vuibert, 2007.

Dans cet ouvrage, *Lalandiana II*, nous présentons trois étapes de ces relations, en laissant pour un troisième volume les relations avec von Zach. La première étape, c'est celle du voyage à Berlin du jeune homme, couvé par sa mère, poussé par ses maîtres. Puis, dans la seconde partie, la correspondance très pragmatique avec Jean III Bernoulli, où Lalande évoque régulièrement les problèmes astronomiques de l'époque, et où se déroulent des relations plus matérielles autour des services multiples que peuvent se rendre deux astronomes éloignés l'un de l'autre. Enfin, avec Bode, les relations sont plus strictement professionnelles. On parle comètes, catalogues, et planètes nouvelles.

Afin de faciliter la lecture aux lecteurs non astronomes, nous avons complété ces lettres par trois annexes techniques, respectivement sur la détermination de la parallaxe de la Lune, les passages de Vénus devant le Soleil et la mesure de la parallaxe du Soleil, et enfin les catalogues et atlas célestes. De plus, nous renvoyons le lecteur au volume *Lalandiana I,* où une annexe est consacrée à un *abrégé d'astronomie* (de l'astronomie du XVIIIe siècle, évidemment).

Des notes complètent chacune des lettres ; enfin un index très détaillé des noms propres doit permettre de mieux situer la plupart des personnages évoqués dans ces correspondances. Les sources de ces notices sont indiquées, et leur référence exacte est donnée dans la bibliographie générale qui clot le volume.

Nous avons eu assez peu de mal à rétablir l'ordre chronologique des lettres. Un travail d'édition fut nécessaire sur les lettres de Lalande, dont l'écriture difficile a rendu délicate l'interprétation d'un texte où manquent souvent la ponctuation et l'accentuation, que nous avons du rétablir. Nous avons complété les mots abrégés par Lalande. De plus, des points de suspension remplacent les mots ou parties de mots illisibles, et les quelques mots devinés sont en italique. Quelques points d'interrogation marquent nos hésitations.

REMERCIEMENTS

Nous avons été beaucoup aidés dans nos recherches. Nous sommes redevables à Mesdames et Messieurs

Dominik Hunter, Conservateur en chef de la section des Manuscrits de la Bibliothèque de l'Université de Bâle, et ses collègues, Tamara Rodel, et Hans Peter Frey, qui nous ont accueillis dans les locaux de cette bibliothèque et ont mis à notre disposition leur aimable compétence.

Felice Stoppa, qui a mis à notre disposition les cartes du ciel d'Elert Bode.

Claire-Lise Gauvain, Directrice de la Bibliothèque de l'Université de Bordeaux, qui à mis à notre disposition les ouvrages en allemand de sa riche collection.

Christine Delangle, au tout début de nos recherches sur Lalande (années 70), puis à

Claire Guttinger, Archiviste, d'avoir ouvert pour nous les archives du Collège de France, sous l'autorité de

Renée Cazabon, Conservateur en chef de la Bibliothèque du Collège de France.

Laurence Bobis, Directrice de la Bibliothèque de l'Observatoire de Paris, qui a aimablement mis ses archives et son personnel à notre disposition

Florence Greffe, Conservateur en chef du patrimoine, Académie des Sciences, et

Claudine Pouret, documentaliste, Académie des Sciences, qui ont découvert pour nous des documents nouveaux,

Mireille Pastoureau, Conservateur général de la Bibliothèque de l'Institut de France, et

Annie Chassagne, Conservateur en chef, qui nous ont découvert avec le sourire les arcanes de la bibliothèque de l'Institut.

Enfin, nos collègues et amis Peter Brosche, Anny Cazenave, Suzanne Débarbat, Bernard Guinot, qui nous ont aidé de leur compétence dans diverses parties de notre travail.

PREMIÈRE PARTIE

VOYAGE À BERLIN DU JEUNE LALANDE ET LA PARALLAXE DE LA LUNE

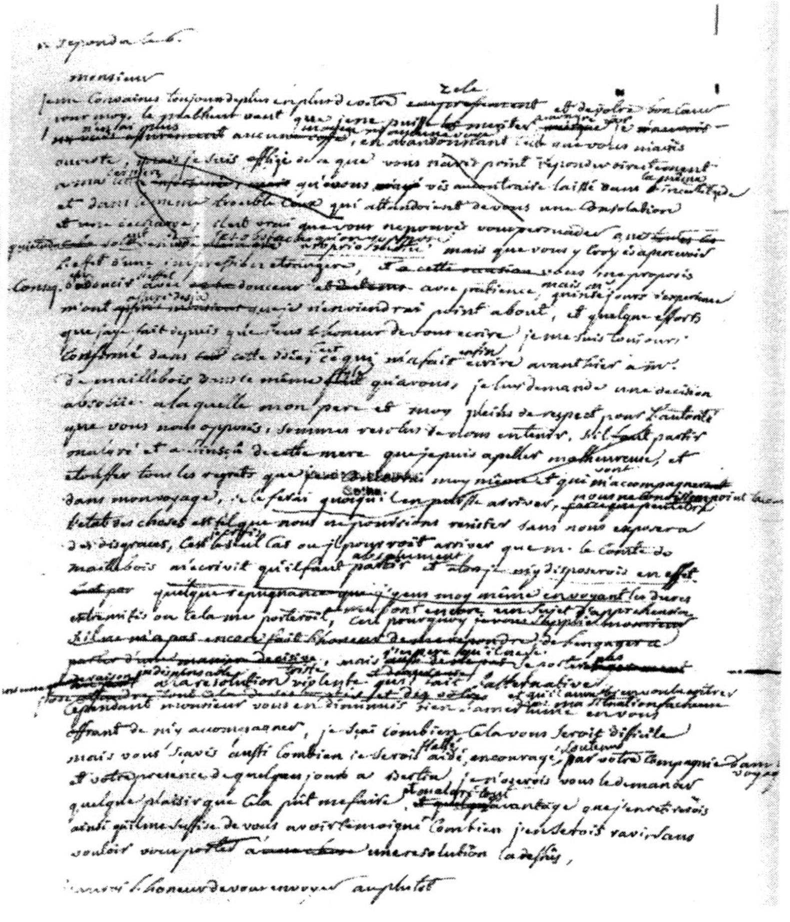

Figure 1 : Réponse de Lalande à LeMonnier (brouillon). Manuscrit Chart A2116(19).

PRÉSENTATION

LA MISSION DE LALANDE À BERLIN

Jérôme Lefrançois est le fils unique de parents qui l'adulent. Après des études excellentes chez les jésuites de Bourg-en-Bresse et de Lyon, ses parents envisagent pour lui une carrière d'avocat, orientation naturelle dans une famille bourgeoise et de fortune modeste. Venu dans ce but à Paris, âgé de 16 ans, il loge et travaille chez un procureur, dans l'hôtel de Cluny. Or Delisle, revenu de Russie, y a installé son observatoire. C'est une joie et une initiation pour le jeune homme. Il travaille avec Delisle à partir de l'automne 1749, et suit ses cours au Collège royal de France; il y suit aussi, en 1750, les cours de Le Monnier. Jérôme ajoute alors à son patronyme le nom « de la Lande », et abandonnera bientôt son patronyme originel. Il rencontre, par l'intermédiaire de Delisle, de nombreux astronomes, dont Maraldi, la Condamine, et surtout le P. Castel.

À la même période, l'abbé La Caille a été chargé par l'Académie des sciences d'effectuer au cap de Bonne-Espérance une mission, notamment pour cataloguer les étoiles de l'hémisphère austral, et aussi pour observer la Lune en vue de déterminer sa parallaxe (à laquelle nous avons consacré un texte ci-dessous, page...). La Caille fait diffuser par Delisle un *Avis aux astronomes*, en vue de leur faire observer la Lune avec les mêmes méthodes et à la même date que lui au Cap. Or Berlin est un lieu idéal pour de telles observations: il y a là un bel observatoire (à la même longitude, à peu près – 5° environ – , que le cap de Bonne-Espérance), et de plus, Maupertuis vient d'être nommé, par Frédéric II, président de l'Académie des sciences nouvellement créée à Berlin. Le Monnier, qui avait été pressenti pour une telle campagne d'observation à Berlin, suggère qu'elle soit plutôt confiée au jeune Lalande, dont il a apprécié les qualités, et auquel il confiera un excellent quart de cercle (voir Figure 1, p. 12). Le comte de Maillebois, président de l'Académie des Sciences, fait donc désigner Lalande par le roi pour cette mission; l'Académie en est informée le 22 juillet 1751, et, le 28 juillet, Maillebois annonce à l'Académie qu'une somme de 2500# est allouée à Lalande.

Ce voyage suscite aussitôt quelques inquiétudes dans la famille de Lalande. La correspondance ci-après témoigne de ces hésitations. Mais Lalande, très encouragé par Le Monnier et par le P. Castel, part pour Berlin, en septembre 1751, et sa campagne d'observation sera un succès qui assurera la réputation de Lalande.

CORRESPONDANCE[1]

BR1

Lettre de Maillebois à Lalande du 26 juillet 1751
Source : Columbia University

Monsieur le comte d'Argenson a pris les ordres du Roi, monsieur, sur votre voyage à Berlin et sa majesté m'a fait l'honneur de me dire qu'elle approuvait et qu'elle vous accordait ce que j'ai demandé pour ce voyage. J'espère que vous emploirez tout votre zèle et la valeur que vous avez pour répondre aux intentions du Roi. Je vous prie de me donner régulièrement de vos nouvelles et d'être persuadé des sentiments avec lesquels je suis, monsieur, votre très humble et très obéissant serviteur

À Compiègne, ce 26 juillet,

Maillebois

---

1. Les lettres notées BR se réfèrent à la correspondance relative au voyage à Berlin, et sont dans l'ordre chronologique.

BR2

Lettre de Le Monnier à Lalande du 30 juillet 1751
Source : Gotha, Chart. A2116 (9)

J'ai reçu enfin, Monsieur, votre lettre et j'en ai dit quelque chose à notre président qui vraisemblablement a connu comme moi la source d'où partaient les obstacles invincibles que vous annoncez. Vous ne croyez pas que les lettres que l'on a écrites d'ici en aient été cause, et moi je sui fâché de n'être pas de cet avis-là ; mais je pense tout le contraire.

En effet vos parents y consentaient d'abord et on leur a fait des monstres et des fantômes de ce voyage ; au lieu qu'on aurait pu leur dire que vous seriez à Berlin comme à Paris, pour ne pas dire mieux et à peine plus loin que n'est Paris de votre maison paternelle, car la distance ne passe guère le double et c'était leur dessein de vous envoyer encore à Paris, selon les arrangements que le Père Castel prétendait que Madame votre mère avait pris avec lui.

Il est fâcheux pour vous qu'au lieu de ramener avec vous la joie et tous les sentiments de gaieté en retournant comblé de gloire dans votre patrie, les artifices de ceux qui veulent vous nuire aient produit du trouble et des chagrins. La belle obligation que vous avez à ceux qui vous ont rendu ce service !

Après les scènes tragiques que vous m'avez racontées (à votre départ) que M. Delisle vous a faites par jalousie, <u>je me doutais bien qu'on allait terriblement prévenir vos parents sur ce voyage</u> & j'en désespérais déjà pour vous. Car les impressions fâcheuses sont bientôt prises et sont fort longues à détruire.

Avec de la douceur et de la modération, vous détromperez à la fin vos parents, animé du moins par ce trait de confiance que le flambeau qui nous éclaire, ce sont les seules raisons valables et tirées bien au clair. Vous avez, je crois représenté tout le respect qui est dû à vos parents, la volonté du Roi. Or dès que Sa Majesté s'est déclarée, comme je vous l'ai fait savoir, et qu'Elle veut absolument que votre voyage serve à décider une grande question qui intéresse sa marine et la gloire de son Etat, vous deviez y obéir.

On ne vous propose pas d'aller au siège de Prague, en Bohème, ou de vous faire tuer à la tête d'un régiment ou d'une compagnie, comme on l'exige en quelque manière de la fleur de notre noblesse française ; et pour ne parler que des Sciences, on ne vous a pas proposé d'aller à 2000 lieues sur les montagnes du Pérou ou bien dans les déserts et les glaces de la Laponie pour passer un hiver. Berlin est habité par moitié de Français et il y a de quoi rassurer Madame votre mère, puisque le Roi de Prusse y a fait bâtir des églises catholiques. En voilà assez sur tout ce tracas.

Je suis, Monsieur, bien sincèrement votre très humble et très obéissant serviteur.

Le Monnier

BR3

Lettre de Lalande à Maillebois du 4 août 1751
Source : Columbia University

Mercredi 4 août 1751

Monsieur,

La reconnaissance que je conçois des bontés dont vous m'avez honoré augmenterait infiniment mes regrets, si je suis obligé malgré moi de les voir devenir inutiles, et j'ai cru, monsieur, que vous excuseriez ma liberté, si en répondant à ce que vous m'avez fait l'honneur de m'écrire, j'osais vous communiquer les inquiétudes mortelles qui m'agitent, et la triste situation où trop de bonheur m'a réduit ; je m'en suis expliqué ouvertement à M. Lemonnier par une lettre du 25 de ce mois passé à laquelle il n'a point encore répondu ; et je lui ai marqué tout le chagrin que j'en conce*vais*. Je ne vous en occuperai pas, monsieur. Que toute l'amertume en reste désormais en moi-même, mais il faut partir et c'est ici l'embarras.

Je n'avais point eu recours à vos bontés, monsieur, pour le voyage de Berlin qu'après que j'eus appris que mon cher père y consentait et que ma mère ne s'y opposait point absolument, ces conditions (…) de ses parents rendait essentielles pour la moindre de mes démarches. J'étois fort pressé de me rendre à Bourg principalement pour (…) solution et calmer ces inquiétudes que j'avais appris que bien des personnes tachaient soit par écrit, soit de vive voix, de mettre dans l'esprit de ma chère mère ; mais quelle surprise pour moi, monsieur, lorsqu'à mon arrivée je l'ai trouvée tristement languissante et tellement ennemie de mon voyage et décidée à me retenir auprès d'elle qu'elle m'a déclaré avec autorité qu'elle ne voulait point que je partisse, et lorsqu'aux représentations que je lui fis ensuite pendant deux jours elle ne répondait qu'en me protestant que je lui otais la vie, qu'elle ne survivrait pas à mon départ qu'elle partirait aussitôt que moi pour aller se jeter à vos pieds et vous prier d'accorder à sa douleur un fils qu'elle croit qu'on veut lui arracher malgré elle. En vain lui opposais-je son aveu sur lequel je m'étais fondé en employant votre illustre protection qui avait avancé les choses au point où elles sont. Elle m'a toujours répliqué que j'étais libre de faire des réflexions et de changer de sentiment que vous auriez plus de compassion de sa douleur, que vous ne lui refuseriez pas de me retirer vous même du parti où je m'étais engagé sous vos auspices.

Telle est, monsieur, la circonstance où je me suis trouvé et qui m'a fait désirer d'être encore à temps d'abandonner le grand projet dont on avait bien voulu me charger. J'ai retenu ma mère prête à prendre la liberté de s'adresser à vous, et je le fais moi-même avec la confiance que m'ont inspiré vos bontés. Mon père, aussi inquiet que moi, mais qui ne voudrait pas sacrifier la vie de son épouse à la satisfaction ou à l'avancement de son fils, attend de vous une décision, monsieur, qui le mette à l'abri de tout reproche.

Si, depuis que vous avez eu la bonté d'en parler au Roi même, de l'annoncer à l'Académie, et de permettre qu'on fit partir l'instrument, les choses sont au point de ne pouvoir plus reculer, ordonnez et je suis prêt, du consentement de mon cher père, en trompant la vigilance de cette mère trop tendre, de m'échapper à sa douleur pour remplir la mission avec tout le zèle dont je serai capable ; mais si, comme nous le désirons, vous avez pitié de sa situation et que vous vouliez bien m'aider à en adoucir la tristesse et à ne point trahir la nature, en causant une douleur peut-être mortelle à ce que j'ai de plus cher au monde : daignez alors, monsieur, écrire en sorte que la chose puisse tomber sans éclat et qu'on ne puisse me savoir mauvais gré d'une faillite si involontaire et qui me cause tant de regrets.

J'aurais honte, monsieur, de vous occuper de ce détail de famille, si ce n'était pour remettre à votre décision et à votre justice les droits de la nature avec ceux de la reconoissance que je vous dois et qui m'oblige à abandonner tout pour une année, si vous croyez devoir exiger d'elle ce parti, quelque violent qu'il puisse être.

Qu'il est triste pour moi, monsieur, d'avoir à vous entretenir de mes disgrâces lorsque je ne devrais penser qu'à vous témoigner la vive reconnaissance et le très profond respect avec lequel j'ai l'honneur d'être,

Monsieur,
Votre très humble et très obéissant serviteur

BR4

Lettre (brouillon, voir Figure 1, p. 12) de Lalande à Le Monnier du 6 août 1751
Source : Gotha, Chart. A2126 (19)
Répondu le 6

Monsieur

Je me convaincs toujours de plus en plus de votre zèle et de votre bon cœur pour moi. Le malheur veut que je ne puisse les mériter à mon gré, car je n'en ai plus aucun moyen ni aucune voie, en abandonnant celle que vous m'avez ouverte. Il est vrai que vous ne pouvez vous persuader que ces inquiétudes soient les obstacles qu'on y oppose *proprio motu* mais que vous y croyez apercevoir l'effet d'une impression étrangère, et vous me proposez en conséquence d'en adoucir l'effet avec douceur, et avec patience ; mais, Monsieur, quinze jours d'expérience m'ont assuré déjà que je n'en viendrai pas à bout, et quelques efforts que j'aie faits depuis que j'eus l'honneur de vous écrire, je me suis toujours confirmé dans cette voie ; c'est ce qui m'a fait enfin écrire avant-hier à M. de Maillebois dans le même style qu'à vous ; je lui demande une décision absolue à laquelle mon père et moi, pleins de respect pour l'autorité que vous nous opposez, sommes résolus de nous tenir. Or l'état des choses est tel que nous ne pourrions résister sans nous exposer à des disgrâces. C'est je crois le seul cas où il pourrait arriver que M. le comte de Maillebois m'écrivît qu'il faut partir absolument ; c'est pourquoi j'espère qu'il ne se portera pas sans raison indispensable à la résolution triste [et] violente qui fait l'alternative, et qu'il aura bien voulu éviter dans ma situation fâcheuse. Cependant, Monsieur, vous en diminuez bien l'amertume en vous offrant de m'y accompagner ; je sais combien cela vous serait difficile, mais vous savez aussi combien je serais flatté, aidé, encouragé, soutenu par votre compagnie dans le voyage, et votre présence de quelques jours à Berlin ; je n'oserais vous le demander, quelque plaisir que cela pût me faire et malgré tout l'avantage que j'en retirerais ; ainsi qu'il me suffise de vous avoir témoigné combien j'en serais ravi, sans vouloir vous porter à une résolution là-dessus.

J'ai l'honneur de vous envoyer au plus tôt…(*brouillon inachevé*)…

BR5

Lettre de Lalande à Delisle du 3 septembre 1751
Source : Bibliothèque de l'Observatoire de Paris, Ms B 1-6

Adresse : (*en haut* : de Bourg)

À Monsieur / Monsieur de Lisle lecteur et professeur royal / membre de l'académie royale des sciences, / de la Société royale de Londres, des académies / royales des sciences d'Upsal et de Berlin, de / l'Institut de Bologne, et de l'académie impériale / de Pétersbourg, au Collège royal / Place Cambrai à Paris

Delisle a noté, en haut de la lettre : reçue le 9 septembre 1751

Monsieur,

J'espère que vous ne désapprouverez pas la liberté que je prends de vous donner avis de mon départ pour Berlin ; je l'aurais fait il y a déjà longtemps si la chose n'avait traîné jusqu'à ce jour en incertitude et en longueur ; enfin on s'est déterminé, et je vais dès à présent à Strasbourg. J'y attendrai mon passeport aussi bien que les commissions dont on voudra bien me charger ; je vous prie, monsieur, de ne pas m'épargner en tout ce qui pourrait vous être utile, soit sur ma route, soit à Berlin même. Vous ne trouverez jamais personne plus empressé que moi de vous marquer une vive reconnaissance et l'estime la plus respectueuse. Jugez de mes sentiments par les obligations que je vous ai, je les aurai toujours présentes à mon esprit, et je serai toujours prêt à en rendre un témoignage authentique. Heureux si je puis jamais être en état de faire honneur à mon cher maître, et de le persuader du très profond respect avec lequel j'ai l'honneur d'être

Monsieur
Votre très humble et très obéissant Serviteur
Lefrançois Delalande

À Bourg le 3 septembre 1751

Je vous prie de présenter à Madame mes très humbles respects et d'assurer aussi de mes devoirs, Monsieur de Barros, sans oublier Mademoiselle de Lisle.

Mon cher père et ma chère mère vous prient aussi bien que Madame d'être persuadée de son (...) reconnaissance, et elle prendra la liberté de vous la témoigner bientôt par lettre.

Si Monsieur l'abbé de la Cour, Monsieur Martin, Monsieur de la Porte voulaient bien me faire la grâce de se ressouvenir de moi, je vous prie, si vous voulez bien m'envoyer quelque commission ou du moins m'honorer de vos conseils à Strasbourg, je vous prie de les adresser à M. Brackenhofer.

BR6

Lettre de Delisle à Johann Kies, à Berlin, du 23 septembre 1751.
Il s'agit sans doute d'une copie de sa lettre conservée par Delisle.
Source : Bibliothèque de l'Observatoire de Paris, Ms B 1-6

À M. Kies, astronome de l'Académie / des sciences à Berlin

À Paris, le 23 septembre 1751

Monsieur,

Ayant appris par une lettre de feu M. le Maréchal de Schmettau écrite de Berlin le 26 mars (?) dernier que vous alliez commencer incessamment les observations correspondantes à celles de M. de la Caille dont je vous ai envoyé l'avertissement, j'espère que vous en aurez fait quelques unes ; vous m'obligerez beaucoup de me communiquer celles qui vous ont réussi en me rapportant tout le détail et toutes les circonstances du temps et des instruments que vous y avez employé &c. M. de Maupertuis ayant témoigné qu'il souhaitait que ces observations se fassent à Berlin avec toute la précision possible, a cru devoir demander un Astronome français et l'on a approuvé pour ce désir un jeune homme nommé François de la Lande qui s'est fort exercé aux observations astronomiques sous mes yeux dans un observatoire que j'ai élevé à Paris et garni d'instrument nouveau depuis mon retour de Russie. M. le Monnier a prêté pour les nouvelles observations à faire à Berlin un quart de cercle de Sisson de 4 pieds de rayon dont il a pu se passer ; cet instrument est peut-être déjà à Berlin et M. de la Lande ne doit pas tarder de s'y rendre, s'il n'y est déjà ; étant parti de chez lui il y a trois semaines pour se rendre à Strasbourg et de là à Berlin. Comme je ne sais pas sa demeure à Berlin et que je ne doute pas que vous ne soyez d'abord informé de son arrivée et que vous n'ayez ordre ou commission de M. de Maupertuis et des autres directeurs de votre Académie de travailler avec lui et de l'aider dans les observations qu'il fera, je vous envoie la lettre que je lui écris que je vous prie de vouloir bien lui remettre le plus tôt que vous pourrez.

Le quart de cercle que l'on a donné à M. de la Lande pour ses observations n'a point de micromètre ; l'on n'y estime les minutes et les secondes que par le moyen de la division du Vernier, de sorte que je crois que vous pouvez faire les observations correspondantes à celles de M. de la Caille avec autant de précision avec le quart de cercle que M. de Maupertuis a donné à l'Académie (qui a un micromètre) qu'avec cet instrument anglais que l'on vous envoie.

Quoiqu'il en soit, il sera avantageux de les faire avec les deux instruments pour examiner comment ils s'accorderont et jusqu'à quelle précision l'on peut espérer d'avoir à Berlin les différences des déclinaisons entre les étoiles prescrites par M. de la Caille et les bords de la Lune les plus voisins.

Je ne me souviens pas si vous avez à Berlin des micromètres de la nouvelle construction pour des lunettes de 6 ou 7 pieds & s'il vous sera possible de fixer vos lunettes assez fermement dans un mur aux environs du méridien pour observer les mêmes différences de déclinaison par le moyen de ces micromètres ce qui me paraît nécessaire pour les observations de la parallaxe de Mars et de Vénus, si vous avez l'ordre ou la curiosité de les observer aussi.

Si vous faites vos observations séparément de M. de la Lande, vous m'obligerez de vouloir bien me les envoyer aussi séparément en commençant par celles que vous avez faites avant son arrivée. Comme je ne sais si M. de la Lande aura la permission de communiquer ses observations à d'autres qu'au président de votre Académie, je vous prie de m'envoyer en secret ce que vous en pourrez apprendre. Je vous en garderai aussi le secret de même que des vôtres, si vous avez quelque raison que l'on ne sache (?) pas que vous me les ayez envoyées. Je ne les demande que pour mon usage particulier, sans avoir dessein de les communiquer à personne et il ne vous sera peut-être pas inutile que vous me les envoyez au plus tôt parce que je pourrai peut-être vous y donner des avis utiles qui vous feront plaisir et dont vous ferez l'usage qu'il vous plaira. Comme je ne sais pas de quelle manière M. de la Lande se comportera avec vous et jusqu'à quel point il aura ordre de correspondre à vos observations et vous aux siennes, je vous prie de me permettre d'avoir une correspondance avec vous indépendamment de la sienne et même sans qu'il sache ce que je vous mande. Je ne lui demanderai pas la communication de ses observations de crainte d'être refusé sur le prétexte qu'il n'a ordre de les communiquer qu'à ses supérieurs &c. Cependant je serai bien aise de savoir ce qu'il fera, au moins en général, et ce sera ce que je vous prie de me faire l'amitié de me mander en secret.

Comportez-vous avec prudence et réserve avec M. de la Lande parce que j'ai eu lieu de reconnaître qu'il est d'un caractère à demander cette précaution par la conduite qu'il a tenue à mon égard & à l'égard de quelques autres personnes &c.

Vous pouvez m'écrire directement en m'adressant vos lettres au Collège royal place de Cambrai à Paris.

Je vous prie de vous informer de M. Jean Léonard Frisch, recteur de gymnase à Berlin, s'il a encore les planches de cuivre de la carte de Sibérie de l'officier suédois nommé Strahlenberg et s'il les veut vendre et à quel prix ? Si elles étaient à bon marché, j'en ferais l'acquisition avec les autres planches de l'ouvrage que Strahlenberg a publié en allemand, et qu'il a offert à ceux qui voudraient publier cet ouvrage dans une autre langue ; ou il avait donné aussi l'alternative ou de vendre ces planches ou de fournir tant d'exemplaires imprimés que l'on souhaiterait. Je vous prie de vous informer exactement des prix de l'un et de l'autre et de me les mander le plus tôt que vous pourrez.

Je ne vous fais pas des compliments pour M. Euler car je ne crois pas qu'il soit nécessaire qu'il sache la correspondance que nous avons ensemble. Mais je ne peux oublier les demoiselles Kirch dont je conserve toujours un souvenir agréable, de même que de votre aimable épouse à qui je vous prie de présenter mes respects et de me croire véritablement attaché à tout ce qui peut vous faire plaisir.

> Je suis avec une profonde considération,
> Monsieur,
> Votre très humble et très obéissant serviteur

J'ai vu avec plaisir les observations que vous avez insérées dans le tome (?) français des *Mémoires* de l'acad*émie* de Prusse dont j'ai les 4 premiers. Je ne doute pas que vous ne continuiez de même dans les tomes suivants. Feu M. Schmettau m'avait donné aussi communication de quelques-unes de vos observations particulières comme des satellites de *Jupiter* &c, de même que de la latitude de Berlin qu'il m'a mandé que vous aviez trouvée de 52° 31' 25". Mais il ne m'a pas marqué par quelles observations ça (?) été, ni dans quel endroit de la ville vous avez trouvé cette latitude. Je vous prie de me le mander en particulier en m'envoyant le détail des observations que vous y avez employées ; si cela ne vous est pas trop incommode. Je ne sais si M. Ghrischov a eu le temps de vérifier cette latitude avec un instrument. Mandez-le moi ; comme aussi si vous avez correspondance avec lui depuis qu'il est à Pétersbourg, et enfin si vous avez ou pouvez avoir la communication des observations qu'il a faites à Cassel lorsqu'il y était avec feu M. le Maréchal Schmettau. J'espère que vous voudrez me mander l'état de l'astronomie de l'observatoire à Berlin, comme aussi la situation de vos affaires. Vous ne pouvez le faire à une personne qui s'y intéresse davantage, et qui en usera avec le plus de discrétion.

BR7

Lettre de Delisle à Lalande, à Berlin, du 23 septembre 1751.
Il s'agit d'une copie de sa lettre conservée par Delisle.
Source : Bibliothèque de l'Observatoire de Paris, Ms B 1-6

J'ai reçu, Monsieur, votre lettre datée de Bourg le 3 de ce mois, à votre départ pour Strasbourg ; comme je ne comptais pas que mes lettres vous y puissent trouver, j'ai cru que je ne devais vous écrire qu'à Berlin ; ce que je fais aujourd'hui sous le couvert de Monsieur Kies, votre collègue en astronomie, en attendant que vous m'appreniez votre adresse particulière. Je vous suis bien obligé des offres de service que vous me faites, soit pour Berlin ou les autres lieux de votre route ; je ne souhaite que de savoir, au moins en général, si vous réussissez dans vos desseins, et à remplir l'attente que l'on a conçue de vous ; vous savez à qui vous devez rendre compte en particulier de vos observations ; (?) qu'il me serait fort agréable ; et qu'il vous serait peut être avantageux que j'en eusse communication à mesure qu'il vous réussira d'en faire ; je m'en rapporte aux ordres et instructions que vous avez sur cela, pour n'en apprendre que ce qu'il vous plaira ou ce que vous aurez la permission de me communiquer ; quelque chose qui en arrive vous me trouverez toujours prêt à vous témoigner dans toutes les occasions que je suis toujours le même à votre égard que vous m'avez éprouvé jusqu'ici. C'est dans ces sentiments que je vous prie de me croire,

Monsieur,
Votre &c

BR8

Lettre de Lalande à Delisle du 29 décembre 1751.

Source : Bibliothèque de l'Observatoire de Paris, Ms B 1-6

À Monsieur / Monsieur de Lisle de l'académie royale / des sciences / à Paris

En haut de la lettre : reçue le 13 janvier 1752

À l'observatoire royal de Berlin, Le 29 décembre 1751

Monsieur

J'ai reçu en même temps que M. Kies la lettre obligeante que vous m'avez fait la grâce de m'écrire ; il m'est doux de voir un maître à qui j'ai tant d'obligation et pour qui je conserve tant de reconnaissance, s'intéresser à mes progrès et à la réussite de l'ouvrage dont j'ai été chargé ; je puis vous assurer que la plus grande satisfaction que pourra me donner le succès sera celle de faire honneur aux soins que vous avez pris pour moi, et de rendre plus digne de vous l'hommage que je vous dois du peu de connaissances que j'ai acquises et du fruit que je tâcherai d'en retirer ; j'espère jusqu'ici que je m'acquitterai bien du petit ouvrage que j'ai entrepris ; et M. de La Condamine m'a appris que vous en aviez conçu bonne espérance, malgré ce qu'on en avait dit ; ainsi j'espère que vous voudrez bien me continuer une amitié à laquelle j'ai toujours été si sensible, et que je mériterai peut-être mieux à l'avenir que je n'ai fait jusqu'ici. C'est en vous faisant pour le cours de cette année les souhaits les plus heureux aussi bien qu'à Madame de Lisle que je prends la liberté de vous la demander. Je finis en vous priant d'assurer aussi le père Castel et M. de Barros de mes devoirs et d'être persuadé du profond respect avec lequel j'ai l'honneur d'être

Monsieur,
Votre très humble et obéissant Serviteur,
Lefrançois Delalande

Le temps n'est pas trop beau jusqu'à présent, mais il le sera bientôt constamment. J'observerai la Lune tous les jours et Vénus, et les étoiles surtout qui sont entre votre zénith et le mien, pour trouver exactement la différence des latitudes, si vous prenez aussi la peine de les observer, par exemple α et γ de Persée, β et γ du Dragon.

Madame et M. Kies vous font et à Madame de Lisle mille compliments. Je suis logé chez lui et nous travaillons presque en commun, comme j'avais déjà l'honneur de faire avec vous. Après vous avoir appelé mon maître, pour avoir le plaisir de vous appeler mon confrère, je vous dirai que j'ai été ces jours passés dans l'Académie de Berlin en qualité d'associé étranger.

BR9

Lettre de Lalande à sa mère, du 15 janvier 1752
Source : Columbia University

Ma très honorée mère,

Ayant reçu il n'y a pas quinze jours de vos nouvelles il n'est pas encore temps d'en attendre, et mon impatience n'a d'autre soulagement que celui de vous écrire et de penser à vous ; ne sachant si vous pensez à moi j'ai du moins le plaisir de croire que vous serez charmée que je vous y fasse penser ; je n'ai pas encore pu vous envoyer la liste de l'académie royale de Prusse quoique j'en aie fort envie ; parce qu'elle n'est pas encore imprimée. Mais j'ai pris place jeudi passé dans l'assemblée en qualité de membre de cette académie ; et jeudi prochain nous aurons assemblée publique où assistera madame la duchesse de Brunswick, et S. A. Royale Madame la princesse Amélie. J'avais composé un mémoire savant, mais cette circonstance me le fera réserver pour une autre fois, et j'y lirai seulement un remerciement à l'académie, qui m'a donné beaucoup de peine, parce que n'y parlant point d'astronomie, il faut en mesurer toutes les phrases et toutes les pensées, et, sur un sujet qui a été souvent traité, dire des choses qui ne soient point triviales et qui soient dignes d'une académie. J'en suis assez content ; j'y parle du roi défunt, du roi régnant, du premier fondateur, du président actuel, de l'académie, du roi de France, et des princesses qui y assisteront ; il faut faire l'éloge de tout ce monde-là et en moins d'un quart d'heure de lecture ; je vous l'enverrai lorsqu'il sera imprimé, vous jegerez si je m'en suis bien acquitté.

Depuis ma dernière lettre, j'ai profité plusieurs fois de la connaissance que j'ai faite de la grande musicienne ; je me suis trouvé chez elle avec des personnes de distinction ; j'y ai fait la connaissance de M. Fredestorf, l'un des favoris du roi, et j'ai eu surtout le plaisir de l'entendre chanter ; je vous en ai assez entretenue, mais comme il est pour moi toujours nouveau,[…]

Le favori dont je viens de vous parler me porte à vous dire que le roi est dans une véritable tristesse depuis la mort du comte de Rotembourg ; il n'a point paru à l'opéra ni au bal, ni chez les reines, il l'alla voir dans sa maison le jour de sa mort, et lorqu'on lui annonça qu'il était à l'extrémité, craignant que ses équipages ne fussent pas assez tôt prêts, il courut dans un fiacre pour y être plus promptement. L'on ne trouve guère dans les rois le véritable attachement que celui-ci témoigne toujours pour ses amis ; il est vrai qu'il les a vus presque tous mourir, aussi s'écriait-il il y a quelques jours en présence de plusieurs personnes : « peut-on être heureux quand on perd tous ses amis ». Je crois que cette tendresse de cœur vient des malheurs et des ennuis qu'il a essuyés avant d'être roi. Son père, qui le haïssait parce que leurs inclinations étaient différentes a été même une fois sur le point de lui faire couper la tête, et la reine sa mère a été souvent maltraitée à son occasion. L'Allemagne avait plus de férocité dans ce temps-là qu'elle n'en a conservée depuis le règne d'un roi qui est le plus aimable, le plus spirituel, et le moins allemand de tous les rois ; avec ces qualités, il possède encore une fermeté royale qui l'empêche de se laisser conduire par les personnes à qui il témoigne le plus de confiance ; sa mère même pour laquelle il est toujours plein de respect ne saurait lui faire faire la plus petite chose contre les résolutions qu'il a une fois prises, et il répond à ces sollicitations d'un air tranquille : « Madame, la chose est faite ». Je ne puis m'empêcher de vous parler quelques fois de ce monarque qui me remplit d'admiration surtout lorsque je compare ce qu'il est avec le peu de soin que l'on a pris de son éducation ; pour en juger, il suffit de vous dire qu'il n'a jamais étudié le latin [1], et cependant, il écrit et versifie comme un ange ; insensible aux plaisirs les plus séduisants, il n'a jamais approché une femme, ~~pas même à ce qu'on dit, la reine son épouse~~ il ne peut comprendre que la chasse fasse un amusement, et il s'est moqué souvent du prince Ferdinand qui s'y occupe, en faisant courir des chats pour des lièvres et des porcs pour des sangliers. Il est toujours levé et occupé de grand matin ; il joue de plusieurs instruments d'une manière parfaite, flûte et clavecin. C'est là, avec ses livres, tout son délassement ; c'est aussi ce qui le fait aller à l'opéra presque toujours, mais jamais à la comédie. Voici une strophe sur sa constance à se garantir des femmes :

> Qu'un autre ivre de sa maîtresse
> Vende son peuple à ses faveurs,
> Frédéric aima sans faiblesse,
> Son épouse n'a que son cœur.
> Sous un roi que rien ne glace, étonne
> Une femme est une amazone

1. C'est sans doute pour cette raison que les mémoires de l'Académie de Berlin ont été publiés en français sous le règne de Frédéric II. Auparavant, ils étaient publiés en latin.

Dont les plaisirs sont les travaux
Sous un roi que la gloire enflamme
Penthésilée* est une femme
Et ses flèches sont des fuseaux.

* Fameuse amazone

Il me semble qu'il y a en général dans ce pays-ci beaucoup plus de beau sexe que dans les nôtres. Les femmes y sont surtout très blanches ; il est vrai que c'est une règle, en allant vers le nord, de trouver les visages plus blancs comme de les trouver noirs sous les zones torrides, dans tout le circuit de la terre ; aussi en Danemark, les femmes sont d'une blancheur éblouissante et ont la peau extrêmement fine ; mais il ne faut pas s'y tromper ; malgré tous ces appas, et malgré la froideur naturelle des Allemands il y aurait tout autant de danger à s'y livrer que dans les plus petites rues de Paris. Les Allemands, vous disais-je, sont froids ; je crois qu'il vaudrait mieux dire que n'ayant ni vivacité ni délicatesse, il leur est plus difficile de se laisser séduire ; mais la passion brutale et voluptueuse y tient souvent la place de la tendresse et les précipite dans les mêmes excès.

Je n'ai pas fait de visites cette semaine parce que jusque-là la Cour est en grand deuil pour la reine de Danemark, proche parente du roi, et que je me trouve ne pouvoir plus porter mon habit noir. Comme cependant nous avons encore cinq semaines de deuil, j'ai pensé à faire un habit noir que je pûsses porter même après le deuil fini ; et il n'y avait guère que le velours, comme vous l'avez déjà pensé ; j'en fais donc faire un surtout, qui ne me coûte que un tiers de plus qu'un habit noir ordinaire, doublé de soie j'entends ; car c'est une fort plate coutume que de faire une doublure de laine comme le mien en avait ; le velours que j'ai acheté est fort et ce me semble plus durable que les velours de France, mais non pas d'une si grande finesse ni si beau. Je l'aurai demain et j'irai dîner chez l'ambassadeur que je n'ai pas vu depuis le commencement de cette année. Vous saurez (*par*) le prochain ordinaire ce que cet habit me revient ; mais pour porter dessous hors de deuil je voudrais que vous voulussiez m'envoyer une veste de Lyon, travaillée au métier et toute faite, où il y eut un peu d'or, en la mettant dans une boîte et en l'envoyant à M. Brakenhofer à Strasbourg ; il me la ferait tenir facilement, et malgré la dépense du voyage, je crois que nous l'aurions encore à meilleur marché ; mais surtout nous l'aurions plus jolie, elle servirait aussi l'été. Pour l'habit que vous m'enverrez ou que je ferai ici, je me persuade que cela va vous inquiéter, mais en tout cas, vous vous en dispenserez pour peu que vous y ayez (…) répugnance.

Le plaisir d'avoir paru à la Cour à mon arrivée dans ce pays a pu facilement vous paraître une chose asez inutile et de peu de conséquence, cependant c'est ce qui m'a rendu le séjour de l'Allemagne beaucoup plus agréable ; je puis paraître partout entrer partout, et jouir, parmi les Allemands qui sont si jaloux de préséance et de rang, d'un rang qu'ils estiment beaucoup et dont ils font grand cas. C'est surtout à l'académie et aux spectacles que je m'aperçois du relief que cela me procure, enfin il pourrait arriver des circonstances où il me serait avantageux d'être connu dans cette Cour.

Le froid augmente tous les jours, les gens même du pays le trouvent rude, et pour moi, je ne suis pas fâché d'avoir une pelisse : je la porte toujours quand je sors, mais si je n'avais pas toujours un domestique avec moi, elle m'embarrasserait un peu ; elle me revient à 125 livres, mais si je m'en défaisais en quittant le pays, j'en retirerais la plus grande partie parce que c'est une espèce de peau qui ne s'use pas, comme bien d'autres qu'on aurait à meilleur marché ; j'ai cependant dessein de vous la porter, car elle pourra être, à vous et à mon cher père, d'une grande utilité.

Je finis en vous priant d'assurer de mes devoirs toutes vos dames, je vois avec plaisir augmenter le nombre des instants que j'ai déjà passés à Berlin parce que je me vois rapprocher de celui où j'aurai le bonheur de voir tant de personnes qui me font l'honneur de me vouloir du bien, à ce qu'il me paraît par vos lettres. Donnez-moi de temps en temps de vos chères nouvelles et soyez persuadée du profond respect avec lequel j'ai l'honneur d'être...

À Berlin, le 15 janvier 1752

(de mon fils)

BR10

Lettre de Lalande au Père Castel, du 22 avril 1752.
Source : Archives de l'Académie des sciences de l'Institut de France

Mon très révérend Père

Je commencerais par vous témoigner la satisfaction que m'a donnée la lettre que vous m'avez fait l'honneur de m'écrire. Si vous me défendiez tout ce qui sent des paroles je vais entrer en matière.

Vous me reprochez que mes lettres sont fort vagues. Vous convenez cependant que mes opérations ne vous intéressent guères. De quoi devrais-je vous entretenir si ce n'est de mes sentiments et de ma reconnaissance. J'ai été extrêmement touché des deux malheurs dont vous m'entretenez. Mais mon propre intérêt n'a eu que la moindre part à ma sensibilité, je me ferai toujours gloire de mériter l'estime de M. de Maillebois quand la fortune aurait changé mille fois davantage. Je ne crois pas qu'il prenne envie à qui que ce soit de le trouver mauvais. Je continuerai à m'adresser à lui suivant que M. d'Argenson l'a toujours prétendu et j'espère qu'il pourra bien encore m'aider à entrer dans l'Académie. Ce qui est la première chose que je désire et celle que j'ai le plus à cœur de l'aveu et du consentement de ma chère mère. Vous-même, mon révérend Père avez plus de moyens qu'il ne faut auprès de M. de Malesherbes pour me procurer le succès de cette entreprise. J'espère que vous daignerez en employer une partie en consé-quence de la protection dont vous voulez bien m'assurer et que je vous supplie de vouloir bien me continuer. Si l'Académie prend peu de part à mon affaire, ce n'est qu'une partie de l'Académie et peut-être n'est ce pas la plus forte. Si M. D. (*je crois devoir lire M. de l'Isle*) vous a fait entendre qu'on avait pris le parti de céder sur la parallaxe sans égard à mes opérations, il avait ses raisons pour le dire, mais j'en ai bien aussi pour n'en rien craindre. Si mes observations sont bonnes, elles vaudront par elles-mêmes, elles décideront les questions quand ce serait malgré toute l'aca-démie. Et pourquoi ne seraient elles pas bonnes, j'ai les meilleurs instru-ments qu'il y ait eu à Paris lorsque j'en suis sorti, avec lequel M. Le Monnier fait depuis 10 ans toutes ses observations, par conséquent puisqu'il a jugé que je pouvais en faire le même usage que lui surtout aidé de M. Kies avec qui je travaille ici de concert, on ne peut dire raisonna-blement que les observations qui se font à Paris soient supérieures aux nôtres de manière à les rendre inutiles, si l'on fait attention que la situation de Berlin est beaucoup plus avantageuse soit en long. soit en latitude que celles de Paris par rapport au Cap. L'Académie peut-elle honnêtement mépriser le choix du roi et du ministre, en condamnant une entreprise qui est pour ainsi dire la leur ; mais l'Académie ne l'a-t-elle pas adoptée lorsque dans l'assemblée du 22 juillet M. de Maillebois ayant déclaré les ordres du Roi à ce sujet, la Compagnie le remercia ainsi qu'il me l'a écrit lui-même et que plusieurs en particulier voulurent bien applaudir au choix. Enfin si M. de La Caille travaille plus spécialement pour l'Académie de Paris, je travaille pour celle de Berlin dont je suis membre ; s'il est là par ordre du Roi, je suis ici tout de même, s'il a des instruments parfaits, le mien l'est tout autant ; il a 20 ans de plus que moi, mais ce n'est pas ma faute, peut-être serait-il bien aise de ne les avoir pas [1]. L'âge ne peut faire un préjugé qu'autant que d'autres raisons y seraient jointes ; personne ne m'a accusé d'être incapable de ce dont on m'a chargé (car si M. de l'Isle l'a dit ainsi que me l'a écrit M. de Maillebois, il a dit le contraire à bien d'autres et je puis choisir de ces deux propositions celle qui est à mon avantage puisqu'elles sont du même auteur). Quel serait donc le fondement de cette étrange résolution qu'on prétend avoir été formée à mon désavantage.

Ma chère mère a pu, comme je le comprends assez, vous écrire souvent d'une manière qui ne répondait pas à vos bontés ; mais j'espère que vous en aurez eu assez pour l'excuser en faveur du mécontentement naturel que toutes les affaires ont dû lui causer. J'espère surtout que vous ne douterez pas pour cela de la reconnaissance et du profond respect avec lequel je serai moi-même toute ma vie

> Mon révérend Père,
> Votre très humble et très obéissant serviteur,
> Le françois De la lande

> Berlin le 22 avril 1752

D'une autre écriture : P. Castel

BR11

Lettre de Lalande à Maillebois, du 6 mai 1752.
Source : Archives de l'Académie des sciences de l'Institut de France

À Monsieur le comte de Maillebois

Monsieur

Depuis que vous avez bien voulu me faire l'honneur de répondre à ma dernière lettre et de me rassurer sur ce que je craignais de M. Le Gentil [2] et

---

1. On voit ici se dessiner une sorte de rivalité, marquant peut-être alors une certaine méfiance de La Caille pour le jeune homme. On verra ci-dessous, dans le récit des opérations de détermination de la parallaxe ds la Lune, se manifester ce sentiment. Par la suite les deux hommes revinrent sur ces premières impressions et gardèrent de bonnes relations.
2. Lalande et Le Gentil sont en effet en concurrence pour une place d'adjoint astronome à l'Académie des Sciences. Tous deux seront nommés le 4 février 1753, Lalande à la place de

de ceux qui le protègent, je n'ai plus songé qu'à mériter le bonheur que vous me permettez d'espérer et je n'ai point cru devoir autrement vous marquer ma vive reconnaissance. Je n'ai point osé non plus vous annoncer le premier le triste événement de la mort de M. Triconel. C'eut été ménager trop peu votre sensibilité en irritant la mienne. Cet accident si inattendu et si prompt a porté en effet autant de regret dans le cœur de ses amis que de désolation dans sa famille.

Mais je ne crains plus, Monsieur, d'abuser de vos moments lorsqu'il faut vous rendre compte des observations que votre protection m'a fait entreprendre, votre bonté m'a trop souvent rassuré contre l'appréhension de vous devenir ennuyeux et peut-être m'a-t-elle mis dans le cas de le devenir en effet.

Voici donc, Monsieur, la suite de ce que j'ai eu l'honneur de vous envoyer. C'est-à-dire ce qui s'est fait de plus considérable depuis que les observations concertées avec M. de La Caille ont été passées. J'y ai mis même les observations faites par l'astronome de cette Académie avec qui je travaille de concert depuis que j'en suis devenu membre moi-même et que j'ai vu que M. de Maupertuis le désirait.

M. de Maupertuis est toujours extrêmement languissant et ses crachements de sang quoique peu considérables le deviennent par leur durée qui n'avait encore jamais été si longue ; il n'attend que quelques moments de tranquillité pour se mettre en voyage, car il a besoin de l'air de son pays.

J'espère, Monsieur, que vous daignerez me continuer l'honneur de votre protection et d'être persuadé du profond respect avec lequel j'ai l'honneur d'être

Monsieur,
Votre très humble et très obéissant serviteur,
De la Lande

À Berlin le 6 mai 1752

Nicoli, décédé, et Le Gentil surnuméraire puis, en 1756, à la place de d'Alembert, promu associé.

ANNEXE I

MESURE DE LA PARALLAXE DE LA LUNE

Définitions de base

Lalande aborde son premier mémoire (L1 [1]) sur la parallaxe de la Lune avec l'enthousiasme du néophyte:

> L'utilité des Sciences n'a guère besoin d'être prouvée dans notre siècle; ceux qui n'auraient pu se mettre à portée de la connaître par eux-mêmes, en doivent juger par les entreprises nouvelles que la France forme de jour en jour pour accélérer leur perfection. Si la multitude, peu touchée de tout ce qui n'entre pas dans le détail de la vie, vouloit encore n'estimer leur valeur que par le peu de secours qu'elle croit en retirer, nous serons toujours sûrs de voir le Ministère, dans un Etat si éclairé, triompher du préjugé, et nous venger de l'ignorance [2]

Or l'élaboration du système du Monde, un des objectifs permanents des Sciences, impose à tous ses acteurs de savoir évaluer les distances qui nous séparent du Soleil, de la Lune, des planètes, des comètes, des étoiles, etc.

Déjà les Grecs, Aristarque principalement, avaient déterminé la distance de la Lune (assez bien) et du Soleil (fort mal); Copernic et Kepler avaient évalué correctement les distances relatives au Soleil des cinq

---

1. Lalande, *Histoire de l'Académie et Mémoires (HAM)*; 1752, p. 78
2. On pourrait, de nos jours, méditer ce texte avec profit!

planètes connues de leur temps, et du temps de Lalande. Quant aux étoiles, elles étaient... plus loin, sans qu'aucune évaluation ne soit encore possible.

La distance D_s du Soleil à la Terre et celle D_L de la Lune sont déterminées par un nombre sans dimensions d/D, rapport de deux longueurs, le diamètre d de la Terre, déjà fort bien mesuré par l'Alexandrin Eratosthène, et la distance D de l'astre.

On remplace cette donnée par celle, plus naturellement liée aux mesures, de la «parallaxe diurne» de l'astre[1], nombre sans dimension, fonction simple de d/D. C'est l'angle α sous lequel (figure 2A) on verrait, depuis l'astre A, le rayon de la Terre. On a : d/D = sin α. L'angle α n'est pas toutefois mesurable directement. Pour éviter toute confusion, on l'appelle «parallaxe horizontale» par opposition à la «parallaxe de hauteur» qui désigne l'angle α_h sous lequel on voit, depuis l'astre A, le rayon de la Terre séparant l'observateur et le centre de la Terre. On ne peut pas non plus mesurer la parallaxe de hauteur. L'observation ne se fait évidemment pas depuis l'astre A, mais depuis le lieu O de l'observation. En réalité, on détermine la différence de position (en ascension droite et déclinaison) par rapport aux «étoiles fixes» dont la parallaxe est nulle, – par définition! –. D'où la présence dans les textes de Lalande des termes, intermédiaires du calcul, de «parallaxe de déclinaison» α_d et «parallaxe d'ascension droite»α_a, et aussi de la «parallaxe de latitude», et de la «parallaxe de longitude» que nous ne définirons pas ici.

Mais donnons ici la parole à notre astronome; après avoir décrit deux méthodes utilisées par les Anciens et au XVIIe siècle pour déterminer la distance de la Lune, il explique sa propre démarche:

> La troisième méthode pour déterminer la parallaxe est celle qui suppose deux observateurs très éloignés l'un de l'autre, observant tout à la fois la hauteur d'un astre dans le méridien[2]; c'est aussi la plus naturelle, et la plus exacte; c'est celle que j'ai employée en 1751 lorsque la Caille étoit au cap de Bonne-Espérance, et que j'observois la Lune à Berlin, pour trouver sa parallaxe, qui n'avoit jamais été déterminée par une méthode aussi exacte. (A, liv. IX, p. 286 et *sq.*)

1. On se gardera de confondre la «parallaxe diurne» que l'on peut mesurer pour le Soleil ou la Lune, comme pour les planètes, avec la «parallaxe annuelle» (figure 2B) qui n'a de sens que pour les étoiles. Cette dernière notion n'est apparue qu'au XIXe siècle, lorsqu'entre 1830 et 1840, Henderson, Struve et Bessel, indépendamment ont pu déterminer les parallaxes annuelles de trois étoiles, – toutes trois étant inférieures à une seconde d'arc.
2. De fait c'est La Caille qui, ayant mesuré (assez mal) la parallaxe du Soleil depuis le seul observatoire du Cap, fit la suggestion d'utiliser deux observatoires placés sur le même méridien.

Figure 2A :

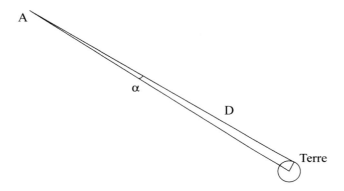

Parallaxe diurne, définition (cas de la Lune, du Soleil, des planètes).

Figure 2B:

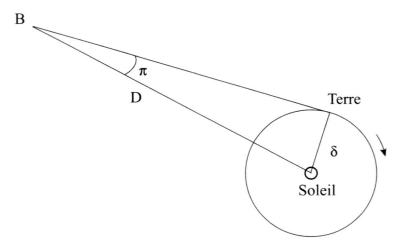

Parallaxe annuelle, définition (cas des étoiles).

Principe des mesures

Bien entendu, nous l'avons déjà signalé, on ne peut pas mesurer l'angle (α de la figure 2A), car l'observateur est sur la Terre, non sur l'astre A. De façon très schématique, on peut décrire la mesure (définie ci-dessus comme « troisième méthode ») comme suit (figure 3): de deux points de la Terre, P et Q, on observe la position de l'astre À sur le ciel, par rapport aux étoiles W,X,Y,Z, supposées à une distance infinie. L'angle ω sépare les directions (lorsque observées depuis A) de telle étoile Y et de telle autre étoile Z et sépare donc les directions (lorsque observées depuis A) des observatoires P et Q. Les étoiles Y et Z étant, par hypothèse presque rigoureusement à l'infini, l'angle ω est (presque rigoureusement) égal à l'angle θ des directions de A et Y, lorsque observés depuis Q, et de A et Z, lorqu'observés depuis P. La distance δ de P à Q peut s'exprimer en fonction du rayon terrestre d. On peut donc, compte tenu des circonstances astronomiques et géophysiques (réfraction) des observations, ramener θ à ω et, compte tenu du rapport (δ / d) connu (non sans difficulté!) par la géodésie, ramener ω à la parallaxe α (voir figure 2A) grâce à des constructions géométriques élémentaires.

Figure 3 :

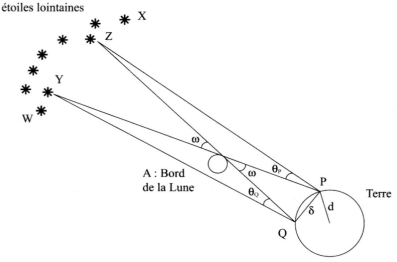

Mesure de la parallaxe de la Lune.

Pour estimer la distance D, il faut connaître δ, et la parallaxe α (voir figure 2A). La détermination de θ ne nécessite pas la connaissance de d ou de δ. Mais il faudra bien connaître d/δ pour déterminer (θ) et ensuite connaître d pour déterminer D. Or, ramener δ à d n'est pas chose si facile, en raison principalement de l'aplatissement de la Terre. Ce sera plus facile si l'on place P et Q sur le même méridien, et si l'on connaît la longueur du méridien. Mais surtout, la Lune passera au méridien au même moment pour les deux observateurs. Alors l'observation de l'astre A se fera aux mêmes heures depuis P et depuis Q. Or l'Académie des Sciences avait commissionné l'abbé La Caille pour faire au cap de Bonne-Espérance un catalogue des étoiles de l'hémisphère céleste austral. L'idée de profiter de ce voyage pour mesurer aussi la parallaxe de la Lune vint tout naturellement à l'esprit des membres de l'Académie. Or Le Monnier, professeur au Collège royal, disposait d'un instrument adapté à cette mesure, un quart de cercle mural transportable, fabriqué par Sisson, à Londres. Il fut envisagé qu'il pût se rendre à Berlin, situé presque sur le même méridien que Le Cap, et où Maupertuis, devenu président de l'Académie de Berlin, ne pouvait qu'accueillir avec faveur cette opération. Le Monnier, qui n'avait guère envie de cette mission, chargea son jeune élève, l'avocat Lalande (qui n'avait pas 20 ans) de cette opération. Après quelques semaines d'hésitation (partagé entre sa mère qui avait peur de ce voyage pour son petit Jérôme, et Le Monnier, impatient de voir les mesures démarrer à Berlin alors que La Caille était déjà au Cap), Lalande accepta cette mission (voir ci-dessus la correspondance échangée à cette époque). Le jeune et brillant Lalande effectua de bonnes mesures, fréquenta avec jubilation la cour de Frédéric II, se lia avec des sommités de l'époque, Euler et quelques autres, et devint Membre de l'Académie de Berlin [1].

Les mesures de Lalande

Les opérations de mesure, et les calculs nécessités par leur exploitation furent décrits dans trois mémoires de Lalande, dans un mémoire de La Caille, et dans l'*Astronomie* de Lalande [2].

L'instrumentation est décrite avec soin. «Le quart de cercle mural avec lequel j'allai faire à Berlin les observations qui devoient être

1. Voir S. Dumont, *Un astronome des Lumières, Jérôme Lalande, op.cit.*
2. Lalande, 1750, L1 : *HAM*, 1762, p. 78 ; L 2 : *HAM*, 1753, p. 97 ; L3 : *HAM*, 1756, p. 365 Lalande, *Astronomie, passim*, LaCaille : *HAM*, 1761, p. 1-57

correspondantes à celles de M. de la Caille au Cap, a cinq pieds [1] de rayon & il servoit depuis 1743 aux observations de M. le Monnier à Paris. Il a été fait à Londres par Sisson & vérifié en présence de plusieurs personnes de la Société royale de Londres; il porte deux divisions appelées communément de Nonnius, mais plus exactement divisions de Vernier, qui montrent immédiatement 15 secondes: Il est tout entier de cuivre, sans mélange d'aucun autre métal, parce que la dilatabilité du cuivre par la chaleur étant presque double de celle du fer, il ne peut manquer de se faire un effort considérable, qui altère la justesse d'un instrument, lorsque du cuivre appliqué avec force sur du fer vient à le dilater en tout sens.» Un élément important est la construction du micromètre et son utilisation. Lalande utilise un système classique de réticule placé au foyer de l'objectif, complété par un fil d'argent placé horizontalement, et mobile. Son épaisseur est, traduite en angle, de 6". Selon que la mesure concerne le bord inférieur ou le bord supérieur de la Lune, Lalande a donc «ajouté 3 secondes aux distances au zénith observées à la partie supérieure du fil, et soustrait 3 secondes de celles où (il s'était) servi de la partie inférieure.»

L'instrument est important, sa monture aussi, comme son installation:

> La lunette ou alidade, mobile dans le méridien, est soutenue dans la partie éloignée du centre par un balancier, pour qu'elle ne porte jamais sur le limbe : enfin ce quart de cercle est suspendu librement sur deux points; & les plus légers changemens dans la situation, produits par les différents degrés d'humidité ou de chaleur, s'y observent au moyen d'un fil à plomb suspendu du centre sur le commencement inférieur de la division. J'ai toujours eu soin de l'examiner avec un microscope à deux verres au moment de chaque observation , & de tenir compte de la petite quantité dont ce fil paroissoit s'écarter, à différentes heures du jour, du point où il devait répondre, quantité qui allait souvent à un tiers de minute.

Optique, monture… reste à installer l'instrument. C'est un instrument «mural», il faut donc l'installer sur un… mur. Ce mur doit être placé dans le méridien, être bien plan, bien vertical, et le quart de cercle doit pouvoir être mis alternativement sur les deux faces, à l'orient et à l'occident. «*les difficultés locales*» rendent cette construction «*comme impossible*». Sur ce point aussi, Lalande explique avec force détails comment il a fait hisser «*par le moyen d'un très grand appareil de machines*».... «*une grosse pierre de 6 pieds de haut sur 5 de large*»... «*qui pesoit plus de cinq*

---

1. Un pied = 32,48cm

milliers[1] », « *exactement plane et placée dans le méridien* », et « *une autre (*pierre*) de même grandeur...horizontale* ».

Après tous ces travaux (et Lalande rend hommage à l'aide qui lui a été apportée par l'Académie Royale des Sciences et Belles-lettres de Prusse – qui avait élu Lalande – et par M. de Maupertuis), les observations peuvent commencer, le 3 décembre 1751. Elles se poursuivront jusqu'au 24 février 1752, afin de couvrir environ trois mois lunaires, sachant qu'au cours d'un mois, la Lune décrit son orbite elliptique autour de la Terre. Elles se poursuivront ensuite, jusqu'à la fin d'août 1752, sans coordination préalable avec La Caille.

Mesures et réduction des données

Que mesure exactement Lalande ? La distance à la direction du zénith (c'est-à-dire la verticale, qui n'est pas nécessairement la direction du centre terrestre, la Terre n'étant pas sphérique), d'un bord bien identifiable de la Lune au moment de son passage au méridien, et l'heure de « temps vrai » au même moment.

La réduction des mesures est complexe. Pour utiliser encore les symboles définis ci-dessus (figures 3 et 4), il faut d'abord tirer θ des mesures, puis en un second temps corriger θ, pour obtenir ω en tenant compte de la forme réelle, et non pas sphérique, de la Terre.

L'observateur de Berlin comme celui du Cap mesure donc la hauteur d'un bord de la Lune. Il faut ramener cette donnée à celle du centre de la Lune, et pour cela connaître le diamètre apparent de la Lune au même moment. Il faut tenir compte des corrections de réfraction par l'atmosphère. Il faut avoir déterminé la latitude de l'Observatoire de Berlin, Lalande la trouve égale à 52° 31' 13" N, peu différente de celle mesurée par Kies (celle du Cap étant de 33° 55' 12" S), et la différence de longitude entre Berlin et Le Cap étant de 5° 24' 36". L'observation d'étoiles brillantes de comparaison permet de minimiser les erreurs.

Nous donnons ci-après, selon Lalande[1], les résultats bruts des mesures de Lalande lorsque pouvait leur correspondre une mesure de La Caille.

---

1. Un millier = mille livres. La livre est un poids qui varie, en France, de 380 à 552 grammes. La livre est divisée en 16 onces. On comprend pourquoi la nécessité d'un système cohérent, rationnel, unique de poids et mesures est apparu évident aux académiciens de la fin du XVIIIe siècle.

Date	auteur	étoiles de référence	distance de la Lune	au zénith d'un bord
031251	LL	Aldébaran	32°00'58"	(b. austr.)
	LC	Aldébaran	55°47'7",8	(b.a.)
061251	LL	Aldébaran	41 15 44	(b.a.)
	LC	Aldebaran	46 33 36,8	(b.a.)
271251	LL	Aldebaran	38 32 07	(b.a.)
	LC	Aldebaran	49 11 22	(b.a.)
281251	LL	Aldebaran	34 55 49	(b.a)
	LC	Aldebaran	52 48 18,8	(b.a.)
300152	LL	δ Tau, ζ Tau	40 56 37	(b.inf.)
	LC	δ Tau, ζ Tau	50 50 17.8	(b.boréal)
310152	LL	Procyon, Regulus	45 49 01	(b.a.)
	LC	Procyon, Regulus (α Ori, selon LC)	42 00 54,6	(b.sup.)
230252	LL	ζ Tau	32 04 08	(b.inf.)
	LC	ζ Tau	55 40 41	(b.a.)
240252	LL	Regulus	38.2746	(b.b.)
	LC	« cœur » du Lion	49 21 18,7	(b.inf.)

Dans son second mémoire (L2), Lalande décrit les mesures non strictement comparables (différentes étoiles de comparaison) à celles de La Caille au Cap. Ces observations, au nombre de 9, couvrent la période du 6 mars au 31 août 1952.

Les données brutes exigent des corrections; nous en donnons ci-après une description très allégée.

(a) Il faut tenir compte de la réfraction, en utilisant les tables de Halley;

(b) Il faut ramener les mesures relatives à un bord de la Lune, à ce qu'elles seraient pour le centre de l'astre, en utilisant les mesures simultanées du diamètre lunaire faites par Le Monnier à Paris, jour après jour. On sait qu'en raison de l'ellipticité de l'orbite de la lune, ce diamètre change de jour en jour; il change aussi d'un point de la Terre à l'autre, et Lalande tient compte de cet effet.

(c) Pour passer des mesures ainsi corrigées à la parallaxe, il faut ensuite évaluer, en termes de rayon terrestre moyen, la distance de Berlin au Cap, qui dépend surtout de la différence de latitude, mais un tout petit peu aussi de la très faible différence de longitude entre Berlin et Le Cap (20 min 5

1. Lalande, *HAM*, 1753, p. 97

sec, le Cap étant à l'est de Berlin). Une relation entre la longueur du degré de méridien et la latitude doit être utilisée. (i) Lalande utilise en un premier temps la représentation de Bouguer, qui suppose l'accroissement de la longueur du degré vers l'équateur proportionnel à la puissance 4 du sinus de la latitude. (ii) Dans un second essai, Lalande suppose cet accroissement proportionnel au carré de la latitude; et (iii) dans un troisième essai, il modifie une donnée de base du calcul, la longueur (en toises) du premier degré. Les différences entre les méthodes extrêmes aboutissent à des différences de parallaxe de l'ordre de 8". (iv) Dans son second mémoire, c'est la méthode d'interpolation décrite par Euler [1] qu'il utilise, et (v) corrige dans le troisième mémoire (L3 [2])

C'est cette correction de non-sphéricité qui exige des données géodésiques détaillées, et des calculs complexes de trigonométrie curviligne ; elle est la plus sujette à débat.

La Caille, Le Monnier et Lalande

Or le débat géodésique devint une véritable dispute. En un premier temps, La Caille et Le Monnier s'étaient opposés au sujet de la mesure du méridien d'Amiens à Paris, qui avait été effectuée par Picard en 1671 et refaite par Cassini de Thury (Cassini III) et La Caille. Un écart d'environ 100 toises est apparu entre ces deux mesures. Le Monnier en tient pour Picard, et La Caille, évidemment, pour Cassini. Une commission fut donc mise sur pied par l'Académie en juin 1756, en vue de trancher ce différent, en apparence purement scientifique. La commission, dont Lalande n'était pas, mais à laquelle il s'était joint, fit mesurer l'arc compris entre les clochers de Monthléry et celui de Brie-Comte-Robert. Elle trancha pour La Caille. Le Monnier en conçut un vif ressentiment pour La Caille, comme surtout pour son élève Lalande qui l'avait en quelque sorte trahi, et qui avait, surcroît de prétention, été chargé de la rédaction de la *Connaissance des Temps*, un rôle qu'ambitionnait Le Monnier pour Pingré.

Or, Lalande avait utilisé notamment, pour tenir compte de l'aplatissement de la Terre, une formule d'Euler modifiée, la modification étant simplement la correction d'une erreur de signe. Mais Le Monnier, toujours amer, accusa alors Lalande d'avoir fait des erreurs dans la correction

---

1. Léonard Euler, génie aux intérêts multiples, était convaincu de la possibilité de déduire des représentations mathématiques les lois physiques, à partir d'un petit nombre.
2. Référence du troisième mémoire : voir ci-dessus note 2, p. 37.

apportée aux mesures de parallaxe pour tenir compte correctement de l'aplatissement terrestre. L'Académie est donc contrainte de nommer une nouvelle commission pour trancher ce nouveau débat. C'est La Caille qui la préside, et qui donne raison à Lalande. La brouille entre Le Monnier et Lalande est consommée. On en retrouvera un nouvel écho en 1787 – Le Monnier étant vraiment très rancunier! –, lorsqu'il critiqua des mesures de passages de la Lune au méridien, effectuées par Lepaute d'Agelet, élève chéri de Lalande. Là encore, Lalande prouva que Le Monnier se trompait.

Le mémoire de La Caille

Dans son mémoire de 1756, La Caille décrit ses propres mesures au Cap, et ce qu'il en déduit en ce qui concerne la parallaxe de la Lune. Ce mémoire, postérieur aux débats rappelés ci-dessus au §5, est d'une intéressante lecture.

On est frappé dès l'abord par le fait que La Caille ne mentionne explicitement que fort peu son jeune confrère Lalande. En revanche, il utilise des observations «*faites en même temps en Europe & au cap de Bonne-espérance*», et publiées «*dans les Mémoires des Académies de Paris, de Berlin, et de Bologne*», auxquelles il joint celles «*extraites des Registres originaux de l'Observatoire royal de Paris*». Les observateurs sont (outre celui, – non nommé! –, avec lequel il fait les observations comparées de juin 1751 à mars 1752): MM. de l'Isle (Paris), Garipuy & d'Arquier (Toulouse), Sabatelli et le P. Carcani (Naples), M. Guilleminet (Montpellier), le P. Béraud (Lyon), le P. Pézenas (Marseille), MM. Bose (Wittenberg, Saxe), Grischof, (île d'Œsel), Wargentin (Stockholm), Zanotti (Bologne)… La Caille mentionne cependant quand même les observations de Lalande, à la 13ᵉ page de son Mémoire:

> À l'égard des observations faites à Berlin par M. de la Lande, je leur ait fait d'abord la même correction qu'à celle de Bologne, parce que les deux instruments sont pareils & de plus j'ai augmenté les distances au zénith à raison d'une demi-seconde par degré, parce que, selon une note que M. de la Lande m'a remise, l'arc de l'instrument dont il s'est servi est assez proportionnellement trop petit de 30 secondes, depuis le commencement de la division jusqu'à 60 degrés.

Les textes de La Caille sont assez embarrassants, à notre avis. Car s'ils montrent que si La Caille tient compte des mesures et des avis de Lalande, il a tendance à utiliser plus volontiers les observations de Bologne. L'on pourrait presque penser que l'astronome chevronné qu'il est méprise un peu le jeune et remuant Lalande, qui avait déjà publié son résultat, obtenu à partir des observations de Berlin et du Cap.

Après avoir exposé de façon détaillée sa méthode de détermination de la longitude du Cap, La Caille décrit *in extenso*, tout comme Lalande à Berlin, voire de façon encore plus précise, les observations qu'il a conduites au Cap et celles conduites ailleurs, et en particulier (en 5 pages denses, illustrées de 6 lourds tableaux) celle du 3 novembre: «*La Lune fut comparée au Cap aux étoiles* $\gamma \mathcal{V}$, $\varepsilon \mathcal{V}$, *à Bologne aux mêmes étoiles, à Paris à* $\gamma \mathcal{V}$ *seulement, à Greenwich à* $\alpha \mathcal{V}$ *pour l'ascension droite & à* $\gamma \mathcal{V}$ *pour la déclinaison.*» Tiens, et Berlin? La Caille cherche ensuite les positions apparentes des étoiles; puis le temps vrai du passage au méridien de ces étoiles, puis le temps vrai du passage de la Lune au méridien. La Caille construit ensuite des formules d'interpolation pour le mouvement de la Lune en ascension droite et en déclinaison, d'où il déduit le mouvement horaire de la Lune en révolution diurne. Il calcule ensuite le temps vrai du passage du centre de la Lune au méridien de chaque lieu, et en déduit une composante de la parallaxe.

Cependant, les mesures du bord lunaire sont difficiles; en effet: «L'effet de l'ondulation ou d'une espèce de bouillonnement des bords de la Lune, qui est si fréquent au Cap pendant que le vent du sud-est souffle, est d'en faire apparaître le diamètre un peu plus grand». La correction à effectuer est de l'ordre de 2 à 3 secondes.

Cette quantité de correction est fondée sur ce que j'ai remarqué plusieurs fois qu'ayant mis le fil de soie du curseur de mon micromètre le mieux qu'il était possible sur un des bords de la Lune ondoyante, si l'ondulation venoit à cesser tout-à-coup, ce qui arrivoit souvent, le fil se trouvoit écarté du bord terminé de la Lune de 3, 4, et même 5 secondes, selon que l'ondulation avoit été plus ou moins vive: dans cette observation du 3 novembre 1751, elle était médiocre.

Peut-on mieux décrire les effets de la turbulence atmosphérique? Des mesures, La Caille déduit ensuite ascension droite et déclinaison du centre de la Lune.

De façon plus restreinte, La Caille décrit ensuite les observations (les siennes, mais aussi celles de Greenwich, de Paris, de Bologne, de Stockholm, et parfois de Berlin) des 9 juin, 4 juillet, 2 août; 2 septembre, 3 octobre, 8 octobre, 10 octobre, 4 novembre, 5 novembre, 4 novembre, 5 novembre, 2 décembre, 27 décembre, 28 décembre, 29 décembre, 31 décembre 1751, 4 janvier, 25 janvier, 26 janvier, 30 janvier, 31 janvier

1752. Il s'agit là, le plus souvent, d'observations non simultanées avec celles de Lalande (sauf les 27, 28; 31 décembre; et le 30 janvier). La raison en est que celles-là ont été déjà suffisamment décrites dans le mémoire de l'Académie de Berlin de 1751 [1].

Pour le 27 décembre La Caille évoque les données de Lalande; « pour comparer l'observation faite ce jour au Cap avec celle de Berlin, M. de la Lande a conjecturé qu'il fallait ajouter 1' 0" à la distance de la Lune au zénith; que j'ai publiée dans nos *Mémoires* [2]. Je conviens de l'erreur, mais non pas de la quantité ». Le 28 décembre, aucune allusion à Lalande, le 30 non plus; le 31 janvier, La Caille critique le choix par Lalande des étoiles de référence; il estime que Lalande a estimé le diamètre de la Lune d'après les observations de Paris, en utilisant comme étoiles de comparaison Procyon et Regulus, La Caille utilisant, lui, α Orion. Pour le reste, nous pouvons accepter l'idée que La Caille valide les trois Mémoires antérieurs de Lalande, bien qu'il ne le dise pas explicitement.

La distance de la Lune à la Terre

L'orbite de la Lune autour de la Terre est une ellipse. De ce fait le diamètre apparent de la Lune, tout comme sa parallaxe, varient au cours de l'orbite, de façon évidemment concomitante.

Cela étant compris, nous choisissons ici de donner, comme conclusion de l'opération conjointe du Cap de Bonne-espérance et de Berlin, la dernière phrase du Mémoire de La Caille.

> En se servant d'une lunette de 6 à 7 pieds de longueur, avec une ouverture d'objectif, composé d'un seul verre de 10 à 12 lignes de diamètre, 1) le rapport du demi-diamètre horizontal de la Lune à la parallaxe horizontale polaire est comme 15' 0" à 54' 41" ou 42". 2) Le plus grand diamètre de la Lune est à très peu près de 33'40"

Dans son Astronomie (A § 1703) Lalande donne les valeurs suivantes:

> La parallaxe de la Lune pour le rayon moyen de la Terre… est de 57' 36""… et sa distance moyenne de 85351 lieues.

---

1. Lalande, *Exposé à l'Académie de Berlin* en 1751.
2. Auxquels il conviendra, pour une étude plus approfondie, de renvoyer le lecteur : 13 lignes = env 2. 25 mm

Lalande attribue la différence avec La Caille à la différence entre les deux instruments, Nous pouvons donc donner ici un tableau de l'évolution de la parallaxe depuis l'Antiquité., selon les publications de Lalande, et de La Caille.

Auteur	Source	parallaxe	distance	commentaire
Pythagore	LL/Pline	/	126000 stades = 6000 lieues	
Hipparque	LL/Pline	/	62 à 83 R	(correct à 1/6 près)
Posidonius	LL/Pline	/	2 millions de stades = 87165 lieues	
Ptolémée	LL	67'	34-64 R	
Tables Alphonsines	LL	53'-63'		
Copernic	LL	50-60	/	(1522)
Tycho	LL	56½-60		
Halley	LL	53' 29"-61'07"	/	(1719)
Cassini	LL	54 33 -62 11	/	(1740)
Le Monnier	LL	53 29 -61 08	/	(1746)
Mayer	LL	53 57 -61 26		
La Caille	LC	54 58 -61 23,1	/	(1756)
Lalande	LL	53 46 -61 36	/	(1753)
Lalande	LL	v. moy.57' 36"	85403 lieues	(177?)

Valeur moderne de la parallaxe horizontale-équatoriale

à l'apogée	53' 54",6	406 740 km
moyenne	57' 02",61	384 400 km
au périgée	61' 31",4	356 410 km

SECONDE PARTIE

LETTRES À JEAN BERNOULLI

INTRODUCTION

L'AMI JEAN III BERNOULLI

Le texte suivant de Lalande sur la dynastie des Bernoulli, parue dans *le Journal de Savants*, de décembre 1771, volume I, page 698, précise la généalogie de cette grande famille.

En annonçant l'Ouvrage d'un Bernoulli [1], on ne peut s'empêcher de penser à la suite des grands hommes qui ont illustré ce nom, & nos Lecteurs verront ici avec plaisir un abrégé de leur *Généalogie* qui est assez compliquée pour causer quelque confusion à ceux qui lisent leurs Ouvrages.

Jacques Bernoulli né en 1635 [1654] mort en 1705, & Jean [I] né en 1667 & mort en 1748, si célèbres l'un & l'autre dans la nouvelle Géométrie étaient fils de Nicolas né en 1623 & mort en 1708, qui était Membre du Grand Conseil de Basle & de la Chambre des Finances ; le père de celui-ci, Jacques Bernoulli, né en 1598 à Anvers, était venu s'établir à Basle en 1622 & il y mourut en 1634.

Les deux frères célèbres, Jacques & Jean, avoient un autre frère Nicolas, né en 1662, mort en 1716 qui eut quatre enfants, dont l'aîné fut Professeur de Mathématiques à Padoue, & mourut à Basle en 1760, il a imprimé peu de chose ; Jean [I] Bernoulli eut neuf enfants ; l'aîné Nicolas né en 1695 fut Professeur de Mathématiques à Pétersbourg où il mourut en 1726 ; le quatrième est Daniel né en 1700 actuellement vivant, célèbre par son Hydrodynamique & par beaucoup de Mémoires qui l'ont mis au rang des premiers Géomètres de l'Europe. Le septième des enfants de Jean [I] Bernoulli appelé Jean comme son père, né le 18 Mai 1770 [sic, en réalité 1710] est actuellement Professeur de Mathématiques à Basle ; il a eu huit enfants dont l'aîné appelé encore Jean [III] Bernoulli, né en 1744 est actuellement à Berlin Astronome du Roi de Prusse, & Auteur du Livre que

---

1. Il s'agit du *Recueil pour les Astronomes* de Jean Bernoulli, annoncé p. 791 de ce *Journal*.

nous venons d'annoncer ; il a un fils [1] né en 1770 à Berlin, le plus jeune de tous les Bernoulli, mais qui déjà est appelé à soutenir un jour dans les mémoires la célébrité de son nom. Nous avons passé sous silence tous les autres Bernoulli qui n'ont pas suivi la carrière des Sciences Mathématiques.

À Berlin, le jeune Jean III Bernoulli, nommé astronome par Frédéric II à l'observatoire de Berlin, a pris l'initiative d'écrire à Lalande son aîné, qui y avait fait ses observations de la Lune. Ce fut le début d'une longue correspondance amicale.

Une partie importante de cette correspondance concerne les publications faites pendant cette période (1768-1798), et notamment celles relatives aux passages de Vénus devant le Soleil, observés dans le but de déterminer la parallaxe solaire. À la suite de la correspondance, nous avons donc, p. 241-255, consacré un texte à cette détermination.

---

1. En réalité c'est une fille, voir lettre BA17, ci-après.

CORRESPONDANCE
LALANDE – BERNOULLI [1]

Source : Öffentliche Universität Bibliothek, Basel
Mscr. L. Ia 701
Manuscrits de la bibliothèque de l'Université de Bâle

BA1

La lettre n'est pas de l'écriture de Lalande, sauf la signature et la petite note en bas.

À Monsieur / Monsieur Bernoulli / Astronome de l'Académie Royale /
de Prusse / À Berlin

Lettre à *Jean III (79²)* [24]

À Paris le 25 mars 1768

Monsieur et cher Confrère

J'apprends avec la plus grande satisfaction par votre lettre du 8 de ce
mois que vous êtes installé dans l'observatoire et que vous vous préparez à
y faire un cours d'observations. Vous ne pouviez me faire un plus grand
plaisir que de m'en donner la nouvelle. J'aime beaucoup un observatoire
où j'ai commencé mes premiers travaux en Astronomie, une Académie
qui, la première de toutes, me veut dans son sein et une personne dont le

---

1. Les lettres notées BA à Jean III Bernoulli sont numérotées dans l'ordre chronologique.

2. Ici, dans la parenthèse en italique, un numéro qui est écrit au crayon sur le manuscrit
(numérotation des feuilles), et entre crochets en romain, un deuxième numéro (numérotation
des lettres) qui figure aussi sur le manuscrit. Nous ferons de même dans la suite.

nom et le caractère me sont aussi chers que les vôtres. Vous avez bien raison de désirer un Quart de Cercle mural de cinq pieds de rayon pour remplir les deux places que j'avais fait disposer à grands frais en 1751 sur les deux faces de votre observatoire[1]. C'est l'instrument le plus commode et le plus utile de tous parce qu'il sert à prendre les hauteurs et les passages tout à la fois. M. Canivet ne veut pas l'entreprendre à moins de 4500[1] mais il le fera certainement beaucoup meilleur que votre artiste, M. Brander qui n'en a jamais fait et qui n'a pas vu ceux de Londres et de Paris. Le télescope et la lunette achromatique que vous avez suffisent pour faire dès à présent de très bonnes choses en Astronomie, surtout pour observer les éclipses des satellites de Jupiter qui sont toutes très intéressantes et pour déterminer les diamètres de la Lune tous les jours plus exactement qu'on ne l'a fait jusqu'ici. Il ne vous manque plus qu'une lunette parallactique propre à observer Mercure et Saturne du côté de l'horizon dans les temps où on ne peut les voir au Méridien. Votre Quart de Cercle mobile n'a rien de trop pour prendre des hauteurs correspondantes exactement. C'est celui dont je me servais continuellement en 1751. Votre instrument des passages n'a pas besoin, je pense, de revenir à Paris quand vous y aurez fait les vérifications qui sont indiquées dans mon livre[2] page 979 et suivantes et que vous l'aurez dérouillé et que vous aurez déterminé ses erreurs par des hauteurs correspondantes, vous n'aurez pas besoin d'un niveau ni même de ligne méridienne. Mais la chose dont vous auriez certainement besoin pour mettre votre observatoire en bon train et tous vos instruments en état, ce serait un Astronome praticien accoutumé aux manèges de nos observatoires qui exige nécessairement une habileté que l'on ne peut presque point acquérir sans maître et que les livres ne donnent point. J'en ai un qui ferait très bien votre affaire, c'est un jeune homme de 17 ans qui demeure chez moi depuis quelques années, qui fait toutes mes observations et tous mes calculs[3]. Je pourrais vous le céder pour un ou deux ans et vous en auriez toutes sortes de satisfactions. Comme il n'a point de fortune, il est sans prétentions et quoique ce soit un enfant bien né, sa nourriture et son

1. En 1751, pendant sa mission à Berin (voir Partie I), Lalande a fait placer, au deuxième étage, sur la face Sud de l'observatoire de Berlin une pierre pour y fixer son grand quart de cercle de plan méridien; une deuxième pierre a été placée sur le face Nord pour l'observatoire des étoiles boréales.

2. Il s'agit de l'*Astronomie* de Lalande, première édition en deux volumes (1764)

3. Le jeune astronome proposé est probablement Jacques-Michel Tabary (dit Mersais) qui observe pour Lalande depuis plusieurs années à l'ancien observatoire de La Caille au Collège Mazarin (maintenant Institut de France).

entretien ne vous coûteraient peut-être pas 100 richsdals (*Reichsthalers*[1]) par an, et son voyage 50. Cette dépense serait la plus utile de toutes celles que vous pourriez faire pour votre observatoire. Vous seriez en état de nous fournir dès cette année un grand nombre de bonnes observations qui seraient même toutes réduites, opération très longue à laquelle un grand Géomètre comme vous ne devrait point s'amuser. Je vous invite à faire part de ce projet à M. de la Grange (*Lagrange*) en lui faisant mes plus tendres compliments, dites-lui que je le prie de faire contribuer l'Académie à cette dépense pour le bien de l'Astronomie, si vous n'êtes pas en état de la faire vous-même. Pour moi, qui ne suis point riche, je l'ai bien fait pendant plusieurs années par la seule envie d'être utile à cette science et j'ai actuellement un second élève que je destine au même usage[2]. C'est une occasion très favorable dont je vous conseille de profiter et j'attendrai sur cet article votre réponse avec impatience.

Je suis avec les sentiments les plus distingués, Monsieur et cher Confrère,

> Votre très humble et très Obéissant serviteur,
> Delalande

Des mém. et les prix ???

BA2

Adresse (*avec tampon* Bourg / en Bresse) :

À Monsieur / Monsieur Bernoulli de l'académie / Royale des sciences de Prusse / a Berlin

Lettre à *Jean III (83)* [25]

À Bourg en Bresse, le 4 oct. 1768

On m'a envoyé à cent lieues de Paris, mon cher confrère, votre lettre du 6 septembre, j'apprends avec regret que votre expédition pour la Laponie[3] n'a pas été agréée, mais puisque beaucoup d'autres astronomes

---

1. En français moderne : rixdale.
2. Lalande a accueilli en février 1768 le jeune Joseph Lepaute d'Agelet (Dagelet) qui, en deux mois, est devenu un bon observateur.
3. Jean III Bernoulli a dû demander à participer à une expédition en Laponie pour observer le passage de Vénus sur le Soleil du 3 juin 1769.

observeront dans le nord, la perte n'est pas irréparable, j'aurais mieux aimé encore que l'on eut accepté mon élève, mais il n'est plus temps actuellement, j'en ai disposé autrement.

Je vais écrire aussitôt à M. Canivet pour qu'il commence le sextant de 18 pouces et la machine parallactique que vous demandez, et je tirerai sur vos banquiers une partie de la somme pour le payer d'avance, d'autant plus que j'ai reçu avis de leur part qu'ils avaient ordre de me compter jusqu'à 1500 livres, ce qui sera certainement beaucoup au-delà de la somme nécessaire, à moins que vous ne vouliez la lunette achromatique fort considérable, par exemple de ces lunettes de Dollond de 3 ½ pieds qui ont 3 ½ pouces d'ouverture et qui coûtent 600#. Il est vrai qu'elles font l'effet de lunettes ordinaires de 20 pieds. Je vous prie de me répondre là-dessus.

Je suppose aussi qu'il vous suffira d'un réticule rhomboïde sans micromètre ; tel que je l'ai décrit dans mon grand traité d'astronomie et que le sextant n'aura pas besoin d'un grand pied de fer portant sur terre, mais seulement d'un pied de cuivre propre à mettre sur une table de gros bois de chêne fort solide que vous ferez faire à cet effet ; et qu'il ne faut point de micromètre aux lunettes du sextant. Je vais envoyer à M. Desaint[1], mon libraire, la note des livres que vous désirez, et il ne tardera pas à vous les envoyer, à l'exception des *Connaissances des temps* qu'il est impossible de trouver actuellement.

Je vous prie de faire mille compliments de ma part à M. de la Grange (*Lagrange*), mon cher et digne ami ; je souhaite que vous parliez quelquefois d'un confrère qui vous chérit l'un et l'autre si tendrement. Je vous prie de dire aussi bien des choses pour moi à M. Formey, le Fontenelle du nord, pour qui nous sommes tous remplis d'estime à Paris.

Je vous prie de vouloir demander à votre libraire combien me coûteraient les mémoires de votre Académie, depuis son renouvellement jusqu'à présent, à l'exception des 4 derniers volumes qui ont paru.

Je n'oublierai pas de faire parvenir la lettre de M. Beguelin. Je vous prie de le lui dire en l'assurant de mes devoirs.

Je suis, avec la considération la plus distinguée, et l'attachement le plus inviolable,

> Monsieur et cher Confrère,
> Votre très humble et très obéissant serviteur,
> Lalande

---

1. Desaint (écrit « de Saint » par Lalande), puis sa veuve, a édité les principaux ouvrages de Lalande de 1764 à 1792.

En voulant monter un observatoire, je vous conseille de lire dans la *Connaissance des temps*[1] de 1766 le catalogue de livres et de cartes que j'ai donné.

Avez vous le mémoire[2] de M. Pingré sur le passage de Vénus, qui a paru postérieurement au mien ?

BA3

Lettre à Jean III (85) [26]

Monsieur et cher confrère

J'ai reçu avis de MM. Necker et Thelusson[3], conformément à votre lettre, qu'ils avaient ordre de payer 1500# sur mes mandats, je n'en ai pas encore profité mais je n'ai pas laissé de faire commencer chez Canivet votre sextant et votre machine parallactique. Nous ne pourrons pas faire faire la gouttière qui doit porter la lunette, jusqu'à ce que vous m'ayez dit quelle espèce de lunette vous y voulez mettre. Si ce sera une lunette achromatique de 3 ½ pouces d'ouverture, elle vous coûtera 26 ½ louis ou 27, et il faudra la faire venir d'Angleterre, ou si vous vous contenterez d'une lunette achromatique telle qu'on la peut faire dans ce pays-ci où il n'y a pas de belles pièces de flint-glass.

Je viens de faire charger pour Strasbourg, le 14 novembre, 3 caisses d'instruments pour l'académie de Pétersbourg[4], adressées à MM. Franck frères et compagnie négociants à Strasbourg, qui doivent les faire passer à

1. La *Connaissance des Temps*, almanach annuel (calendrier, éphémérides, tables utiles pour la navigation…) paraît pour chaque année depuis 1679. Ce premier volume est rédigé par La Caille. En 1758, Lalande en devient le rédacteur et publie deux volumes, l'un pour 1760 et l'autre pour 1761.
2. Il s'agit probablement du dernier mémoire de Pingré au sujet du passage de Vénus devant le Soleil du 6 juin 1761 paru dans *Histoire de l'Académie Royale des Sciences et Mémoires pour l'année 1765* (HAM), édité en 1768, page 1, où il critique un article anglais donnant une parallaxe du Soleil de 8,6" ; lui-même avait trouvé 10" avec ses observations à l'île Rodrigue. Voir ci-après, p. 248 *sq.*, les informations sur les opérations au sujet des deux passages de Vénus devant le Soleil.
3. Ce sont deux banquiers installés à Paris. Necker (Suisse) a été commis chez Thelusson, puis son associé. Il sera ministre de Louis XVI de 1777 à 1781.
4. Lalande est en relation avec l'académie de Pétersbourg dont il est membre honoraire depuis le 5 mars 1764. De plus, Leonhard Euler est à Pétersbourg avec ses enfants depuis 1766, invité par Catherine II. Lalande a été son élève à Berlin en 1751-52 et le camarade de son fils aîné Albert.

Berlin. Je vous prie en grâce, soit en mon nom, soit au nom de l'académie de Pétersbourg et des sciences, en général, que vous fassiez toutes les diligences possibles pour accélérer le départ de ces caisses pour Pétersbourg par terre et par la voie la plus prompte, quelque dépense que cela puisse occasionner. L'ambassadeur de Russie à la cour de Prusse que je vous prie de voir à ce sujet ne refusera pas ses bons offices pour l'accélération d'une commission aussi importante. Priez-le de faire toute la dépense nécessaire pour que cela arrive promptement et sûrement, car l'académie ne plaindra pas l'argent mais seulement le temps.

Mille compliments, je vous prie, à M. de la Grange et à M. Formey. Je suis avec le plus tendre et le plus sincère attachement,

> Monsieur et cher confrère,
> Votre très humble et très obéissant serviteur,
> Delalande

> à Paris, le 17 nov. 1768

BA4

Au-dessus de l'adresse : 2_____ 1. 10
Dead Letters / on Friday

To / M. Bernoulli / astronomer, at M. Vattravers / at Hammersmith-Mall / London

Lettre *à Jean III (86)* [27 ª]

> à Paris le 17 janvier 1769

Monsieur et cher confrère

J'ai été fort étonné en recevant votre lettre d'Angleterre ; je vous fais mon compliment sur cet agréable voyage, et je voudrais fort y être avec vous. Je me réjouis surtout de ce qu'il me procurera le plaisir de vous voir à Paris. Notre ami monsieur de la Grange conjointement avec M. Formey se sont acquittés de la commission que je vous avais donnée et que je savais bien que vous feriez avec plaisir par zèle pour le bien des sciences. M. de la Grange m'a écrit qu'aussitôt qu'il aurait reçu vos ordres, il m'enverrait les volumes de l'Académie de Berlin [1] que vous voulez bien me faire le plaisir de me remettre, c'est-à-dire les 13 premiers, finissant à 1757 inclusivement. Je vous prie de le lui mander dans votre première lettre et je vous enverrai l'argent en Angleterre à moins que vous ne vouliez le recevoir à Paris quand vous y passerez ; cela m'est absolument indifférent.

Votre sextant et votre machine parallactique sont fort avancés mais je suis toujours fort embarrassé de savoir quelle lunette nous y mettrons. On ne peut point encore en avoir à Paris, si ce n'est à un prix excessif. Ainsi je vous conseille d'acheter un objectif chez Dollond de 3 ou 4 pieds de foyer, que vous nous enverrez et que nous ferons monter à Paris. Vous feriez peut-être encore mieux d'acheter une de ces belles lunettes de 25 guinées qui vous servirait non seulement pour la machine parallactique mais encore pour les satellites de Jupiter. J'attends là-dessus vos derniers ordres ; l'argent que nous avons à vous suffira probablement pour tout cela. Je n'ai encore donné que 600# à M. Canivet, et je puis vous en envoyer si vous le voulez.

M. de la Grange m'écrit que vos livres sont arrivés en bon état à Berlin.

Quand vous verrez M. Maskelyne, je vous prie de lui dire que les immersions du 3e satellite arriveront cette année 7 à 8 minutes plus tard et les émersions 18 ou 20 minutes plus tôt que dans la Connaissance des temps, parce que j'ai supposé avec M. Wargentin que l'inclinaison de son orbite avait cessé d'augmenter. Actuellement qu'il est dans ses limites, nous voyons bien que son inclinaison est arrivée jusqu'à 3° 29' et qu'elle continuera probablement encore d'augmenter.

J'ai écrit au Docteur Bevis pour le prier de nous faire faire un Octant pour l'abbé de Rochon, astronome de la Marine, qui en fera un très bon usage comme il nous l'a déjà prouvé. Je vous prie de l'engager à se prêter avec ardeur à cette commission et de vouloir bien m'en donner des nouvelles le plus tôt qu'il vous sera possible.

Si vous pouviez obtenir de M. Maskelyne une 30e [*trentaine*] d'observations des hauteurs méridiennes du Soleil, elles nous seraient fort utiles pour un nouveau travail sur les réfractions : il faudrait qu'elles fussent prises avec le grand quart de cercle de huit pieds qui est à l'observatoire de Greenwich et à différentes hauteurs entre les deux solstices. Il est honteux que nous ayons encore 10" d'incertitude sur les réfractions à la hauteur du pôle de Londres et de Paris.

---

1. Ce sont les volumes demandés par Lalande dans la lettre BA2.

Mille compliments, je vous prie, au docteur Maty, à M. Pringle, à M. Shepherd [1], professeur d'Astronomie de Cambridge, à M. Hornsby, professeur d'Oxford, si vous avez occasion de les voir. Je vous prie en grâce de demander à M. Maskelyne quand est-ce qu'il nous accordera la nouvelle édition des tables de la Lune de Mayer [2]. J'en ai grand besoin ; il serait digne de la magnificence Anglaise de ne pas nous faire attendre si longtemps une chose qui doit contribuer au bien de la science. Les savants devraient-ils donner l'exemple d'une si basse jalousie [3]. S'il vous dit que cela ne dépend pas de lui, demandez-lui s'il veut que j'écrive une lettre au bureau des longitudes qui doit tenir une assemblée le mois prochain. Je suis persuadé que cette illustre compagnie se piquerait d'honneur et m'accorderait une copie de ces tables que je sais déjà être imprimées. J'ai envie aussi d'écrire à ce sujet à M. West qui vient d'être élu président de la Société Royale ; ne pourriez-vous point lui *(en)* dire deux mots, tant en mon nom, qu'au nom de l'Académie des sciences. Pardon, mon cher confrère, si je vous fournis tant d'ennuyeuses occasions de nous rendre votre voyage de Londres utile ; nous tâcherons de vous rendre la pareille à Paris.

M. Nourse, libraire dans le Strand, avait été chargé par M. Shepherd de remettre des livres pour moi à M. Molini, libraire de Ba(...), qui loge chez son frère libraire de Londres. Je vous prie en grâce de savoir ou de son frère ou de M. Nourse, ou de M. Shepherd, si je recevrai ces livres. M. Molini demeurait en 1763 <u>at the Simyrna Coffee house in Pall Mall</u>. Je ne sais pas s'il y demeure encore mais vous le saurez aisément de M. Nourse ou de M. Vaillant libraire français dans le Strand vis-à-vis de <u>Covent Garden</u>.

Je suis avec la plus parfaite considération, Monsieur et cher confrère,

Votre très humble et très obéissant serviteur,
Delalande

Feuille suivante : 88 [27ᵇ]

« *Démonstration de la formule de l'article 2086 [2 pas sûr] de l'Astronomie* ».

---

1. Pendant son premier voyage en Angleterre (1763), Lalande a rencontré tous ces messieurs. Shepherd viendra à Paris et deviendra un grand ami de Lalande et de Mme du Pierry. C'est lui qui accueillera Lalande lors de son deuxième voyage en Angleterre (1788), voir dans *Lalandiana I* les lettres UR2 à UR7.
2. Les tables de la Lune de Tobie Mayer ont été achetées par le Bureau des longitudes de Londres, le premier volume en 1755 et le deuxième (acheté à sa veuve) en 1762. Lalande souhaite publier ces tables de la Lune (utiles pour déterminer les longitudes en mer) et en réclame la publication par les Anglais.
3. Les Anglais seraient-ils jaloux de garder ces nouvelles tables de la Lune pour eux ?

BA5

À Monsieur / Monsieur Bernoulli le jeune, astronome / du Roy de Prusse, actuellement à Basle / en Suisse

Lettre *à Jean III (89)* [28]

26 juin 1769

Monsieur et cher confrère

Je vous fais mon compliment sur le plaisir que vous avez d'être rendu dans votre famille et dans votre patrie[1].

Je vous remercie de tout mon cœur de m'avoir donné une marque de votre souvenir. J'ai fait vos commissions auprès de M. de la Condamine et de M. du Séjour. J'ai retiré vos deux chemises et je les ai envoyées à M. de Saint [*Desaint*], j'ai payé 36ˢ à la blanchisseuse. Vous me faites le plus grand plaisir de vous adresser à moi pour les petites choses, elles sont toutes intéressantes dès qu'un ami en est l'objet.

Je suis bien sensible aux bontés de M. votre père et de M. votre oncle[2]. J'enverrai donc à celui-ci mes difficultés et si ce que je demanderai est trop long, il sera le maître de ne point y répondre. Comme je puis faire par des méthodes astronomiques et indirectes tout ce que la géométrie fait avec des équations, je me rabattrai là-dessus quand je trouverai que les géomètres n'ont pas voulu se donner la peine d'être intelligibles. Mais on doit cette justice à M. Bernoulli qu'il n'en est aucun qui soit plus exempt de ce défaut que lui. J'ai aussi envoyé à M. Desaint la note des livres qu'il fallait ajouter à votre envoi, État du Ciel, Zodiaque, Histoire Céleste, mém. De M. le Roy ; et j'ai écrit à Avignon pour les mém. du P. Pézenas. Si vous écrivez à Berlin, demandez un peu des nouvelles de nos livres, et mille tendres compliments à M. de la Grange. Si vous écrivez à Pétersbourg, demandez aussi à M. Albert Euler[3] des nouvelles des livres qu'il m'a annoncés de

1. Après son passage à Paris où il a visité les observatoires et observé le passage de Vénus devant le Soleil à Colombes chez le marquis de Courtanvaux le 3 juin 1769, Jean Bernoulli s'est arrêté à Bâle pour visiter sa famille avant de revenir à Berlin. Il publiera en 1771 le récit de ce voyage d'un an en Allemagne, Angleterre et France dans *Lettres astronomiques*.
2. Lalande a demandé à Jean Bernoulli d'obtenir de son père (Jean II) et de son oncle (Daniel) qu'il puisse les consulter sur ses problèmes mathématiques pour l'astronomie.
3. Lalande était à Berlin (1751-1752) le camarade d'Albert, fils de Leonhard Euler, et a suivi en sa compagnie les leçons de celui-ci. Il est resté en relation avec Albert, qui était à Pétersbourg depuis 1766.

Pétersbourg. Je suis avec le plus sincère attachement, Monsieur et cher confrère, votre *très humble* et *obéissant serviteur.*

Lalande

Suivent deux pages de gribouillages arithmétiques.

BA6

À Monsieur / Monsieur Bernoulli de l'Académie royale des / sciences de Prusse / à Berlin

Lettre *à Jean III (91)* [29]

À Paris le 1 er février 1770

Monsieur et très cher confrère

Il y a longtemps que j'aurais prévenu la demande que vous me faites par votre lettre du 6 décembre, si j'avais pu me tirer des mains de M. Canivet, mais vos instruments ne sont faits que de cette semaine et il n'y a pas un quart d'heure que j'ai le mémoire définitif; Canivet a toujours été languissant, car même pendant mon absence qui a été fort longue, mon secrétaire ne cessait d'y aller. Soyez convaincu, mon cher confrère, que j'ai autant à cœur que vous-même l'établissement de votre observatoire, et en général les choses dont vous voulez bien me charger.

Je vous remercie de m'avoir donné une idée de la méthode de M. Euler pour les comètes; c'est dommage que M. Euler n'ait pas eu une observation du 1 er décembre, qui serait bien plus concluante que celle du 24 octobre. Je suis persuadé qu'on peut en effet trouver la période de cette comète [1] à cinq ans près, du moins en faisant plusieurs comparaisons d'observations; mais j'ai peur que la période soit de 341 ans, car je vois une différence bien marquée dans un mois de temps entre la parabole et l'ellipse. Vous avez pu voir mes éléments dans la *Gazette*, ils sont exacts, et ceux que le P. Mayer m'a envoyés de Pétersbourg extrêmement défectueux; mais peut-être que c'était ceux qu'on avait calculés avant que d'avoir les observations de M. Messier. Quand il aurait envoyé quelques observations à Pétersbourg, ce ne serait pas un grand malheur, puisqu'il

---

1. La belle comète de 1769 a été vue pendant quatre mois (de mi-août à mi-décembre). Lalande l'a observée à Bourg-en-Bresse et a calculé son orbite à la demande de Messier.

vous réserve effectivement un travail fort vaste et fort complet sur les observations de cette comète ; qu'il n'a pas même communiqué à l'académie de Paris, si ce n'est à moi pour calculer son orbite, car personne alors n'y songeait et il me pria de m'en charger ; il serait bien extraordinaire qu'on lui en fit un crime, ce serait nous replonger dans la barbarie du XIVe siècle[1].

M. Desaint vous a envoyé avec les livres que vous lui aviez demandés un paquet dont il ne savait pas le contenu, et dans lequel vous trouverez sûrement tout ce que vous demandez ; à l'égard de l'Histoire céleste de M. Le Monnier, il m'a promis de l'envoyer à M. de Lalain [*Delalain*], pour la faire passer à M. Formey.

Vous avez dû voir dans la Gazette le résultat[2] de 9" 3/17 que j'ai tiré de l'observation de la baie d'Hudson ; M. Pingré est occupé à calculer d'autres observations, car nous en avons 7 d'Amérique.

Si vous aviez celle du P. Hell[3] à Wardhus, vous me feriez plaisir de me l'envoyer, c'est la seule qui nous manque. Le volume de l'académie pour 1767 va paraître. Nous avons aussi reçu les *Trans. Philosoph.* de 1768 où est la mesure du degré en Amérique.

Je vous prie d'assurer de mes devoirs M. de la Grange et M. Formey, et de les engager à songer à moi quand ils auront occasion de me procurer les *Mémoires* de Berlin annuellement ; M. de Maupertuis me les avait promis après que j'eus travaillé une année pour l'académie, et donné plusieurs mémoires ; j'en donnerai davantage si cela est nécessaire.

Je suis avec le plus tendre attachement

Monsieur et cher confrère,
Votre très h*umble* et très ob*éissant* serv*iteur*,
Delalande

Le bas de la page est déchiré. La signature est coupée.

On y devine une ligne où on peut lire seulement…confrère de me..

1. La barbarie du XIVe siècle : s'agit-il de la Guerre de Cent Ans ?
2. Ce résultat est la parallaxe du Soleil calculée à partir d'observations du second passage de Vénus devant le Soleil obtenues en Amérique. (voir ci-après p. 241 *sq.*).
3. Lalande attend avec impatience les observations du Père Hell, faites au voisinage du cap Nord. (voir ci-après p. 253).

BA7

À Monsieur / Monsieur J. Bernoulli, de l'Académie / royale des Sciences de Prusse / à Berlin

Lettre *à Jean III (92)* [30]

À Paris, le 3 mars 1770

Monsieur et cher confrère

Je ne me serais point aperçu de mon erreur de calcul, si vous ne m'en aviez pas fait l'observation : heureusement je vous avais mis sous les yeux tout ce qui était nécessaire pour me contrôler : l'affaire sera bientôt réglée et finie. Si vous voulez que je vous envoie les 144 # par une lettre de change, j'ai envoyé en attendant à M. Desaint la note des livres que vous demandez, avec un exemplaire de la *Connaissance des temps* de 1771, que je vous prie d'accepter de l'auteur ; mais il m'a fait dire qu'il n'y avait pas de quoi en faire un ballot de 50 livres, et que par conséquent cela coûterait beaucoup de port par les voitures de messageries ; je vais le prier de faire en sorte de le joindre à quelque autre ballot, de M. Delalain ou autre.

Les observations astronomiques de M. Le Monnier ne se vendent point [1] : j'ai écrit à M. le marquis de Courtanvaux pour l'engager à les lui demander pour vous, en lui envoyant la note des choses obligeantes que vous avez dit de lui dans le volume de votre académie. Mon *Astronomie* ne paraîtra pas d'ici à plus d'une année.

Je vous suis infiniment obligé de la démarche que vous avez la bonté de faire pour me procurer vos mémoires ; mandez m'en le succès bon ou mauvais.

J'ai reçu il y a longtemps les volumes que vous avez bien voulu me remettre ; j'en suis très content, et je vous en remercie de nouveau. Pourriez-vous me trouver aussi les *Miscellanea berolinensia* [2], au même prix ou à peu près.

Parmi les livres que vous me demandez, il y en a un que l'on ne trouve plus ni à Paris, ni à Pétersbourg où il était imprimé ; je connais une personne

---

1. C'est-à-dire : ne sont pas à vendre. Lalande, brouillé avec Le Monnier, ne s'adresse pas directement à lui.
2. Les *Miscellanea berolinensia* sont les sept volumes des mémoires de l'Académie de Berlin rédigés en latin.

qui en a un mais qui en veut 3 louis ou 72#. Cela est exorbitant, mais le mien m'a coûté fort cher. J'entends les mémoires de M. de Lisle [*Delisle*].

Les erreurs des tables de Halley pour Saturne jusqu'en 1765 sont dans mon Mémoire[1] sur l'inégalité que j'ai découverte dans Saturne, dans le volume de nos mémoires pour 1765. Les accroissements et décroissements réguliers que vous voyez dans les tables de Halley sont biens différents actuellement. J'ai démontré que l'attraction de Jupiter ne suffit pas pour expliquer ces inégalités ; mais j'ai fait des tables nouvelles de Saturne qui représentent fort bien son mouvement depuis 30 ans, et c'est tout ce qu'il est possible de faire quant à présent. L'équation séculaire est de 47" pour un siècle.

Les époques pour

1750 [7. 20 38 53] mouv.	[4 ^{S}23° 14' 30"] l'excentricité 53174/954008
[8. 29 53 30] sécul.	[2 23 20]
[3. 21 31 17]	[0 50 0]

Les observations de M. Maskelyne continueront bientôt à s'imprimer, dès que les nouvelles tables de Mayer seront finies ; on me les promet pour ce mois-ci.

Je n'ai nullement entendu parler de l'ouvrage du professeur Shepherd sur la réfraction ; je n'espère pas grand-chose de lui.

Je suis enchanté de la bonté du prince Henry[2], je vous prie bien de lui présenter mes hommages et de lui dire combien j'ai pris de part à ses exploits et à sa gloire.

J'ai écrit dans mon pays pour savoir le nom du régiment où notre homme[3] avait servi ; mais sur les registres des déserteurs, ne serait-il pas possible de savoir, s'il y était, s'il est mort.

---

1. Mémoire *Sur un dérangement singulier observé dans le mouvement de Saturne* (HAM pour 1765, publié en 1768) dans lequel Lalande montre que cette singularité ne peut pas être due à l'attraction de Jupiter (serait-elle due à celle d'Uranus, planète alors inconnue ?).

2. Le prince Henry (ou Henri), frère de Frédéric II, s'est illustré pendant la Guerre de sept ans.

3. Au sujet de ce déserteur, la feuille *(221)* nous apprend son nom, Louis Bochard [*ou Rochard*], qu'il s'est engagé, a déserté et s'est réfugié en Hollande. Son père a négocié avec le capitaine pour lui éviter le conseil de guerre et a souhaité le retour de son fils. Le père mort, le fils n'est pas revenu et s'est engagé à nouveau pour déserter encore. Arrêté, il a subi la peine infligée à un déserteur dans un régiment de Prusse. Les personnes de Bourg-en-Bresse qui le recherchent demandent seulement « *si l'on le trouverait sur les registres du Bureau de la guerre l'on voudrait avoir son extrait mortuaire ou un certificat de vie* ». Lalande a peut-être demandé quelques renseignements à Berlin ?

Mille compliments à M. de la Grange, M. Formey, M. Merian, M. Beguelin ; je répondrai à celui-ci dès que j'aurai pu faire l'examen qu'il demande sur les oculaires de ma lunette achromatique.

Le volume de l'Académie pour 1767 va bientôt paraître.

J'ai bien de la peine à croire avec M. Euler que la période de la dernière comète soit de plus de 300 ans, parce que j'ai vu que les observations du commencement de décembre différaient beaucoup de l'orbite calculée sur les premiers mois d'observation. Ce qui annonçait une ellipse bien plus différente de la parabole que ne serait celle de 300 ans.

On dit ici que la pièce [1] de M. Euler sur la Lune qui est au concours est bien inférieure à ce qu'on en avait publié, et qu'elle ajoute bien peu à nos connaissances dans cette partie.

Je suis avec le plus tendre attachement, et la plus parfaite considération,

Monsieur et cher confrère,
Votre très humble et très obéissant serviteur,
Delalande

Je viens de recevoir une lettre de Mrs. Franck de Strasbourg en date du 2 mars qui m'apprend que vos instruments sont partis de Strasbourg pour Berlin.

BA8

À Monsieur / Monsieur Bernoulli de l'Académie royale / des sciences et belles lettres de Prusse / à Berlin

Lettre à *Jean III (94)* [31]

À Paris, le 14 mai 1770

Monsieur et cher confrère

J'ai reçu avec un extrême plaisir votre lettre du 22 avril ; j'ai envoyé tout de suite à M. Desaint la note des livres que vous désirez, et on vous les

---

1. Les prix proposés par l'Académie des sciences de Paris en 1770 et 1772 avaient pour sujet la théorie de la Lune. Les pièces d'Euler et de Lagrange ont toutes deux été couronnées. Lagrange a traité plus généralement le problème des trois corps tandis qu'Euler a répondu plus précisément à la question posée. Elles sont publiées en décembre 1776 dans le tome IX (et dernier) du *Recueil des pièces qui ont remporté les prix de l'Académie royale des sciences*. Les neuf volumes ont été publiés de 1732 à 1777.

enverra avec les autres par le premier envoi de M. Delalain, si le paquet n'est pas suffisant pour être envoyé séparément.

M. Le Monnier a promis ses observations à M. de Courtanvaux pour vous, mais celui-ci a voulu se charger de vous les envoyer, et il l'oubliera facilement si vous ne lui écrivez pas pour le lui rappeler.

N'ayez point d'inquiétude, je vous prie, sur la multiplicité des lettres ou des commissions, je me ferai toujours le plus grand plaisir de contribuer à vos travaux et à votre satisfaction, je le fais pour tous les astronomes, à plus forte raison pour celui qui mérite autant que vous et qui m'est aussi cher à tous égards.

La Cométographie [1] de M. Pingré n'est point imprimée, ce n'est qu'un projet.

Les nouvelles tables de Mayer ne sont point encore publiques.

Les mémoires de Marseille du P. Pézenas ne se trouvent point ici, mais j'ai fait écrire un libraire pour vous les procurer ; vous aurez tout le reste de ce que vous demandez.

M. de Quimpy n'a rien imprimé que les 2 ou 3 mémoires qui sont dans le journal. C'est un très habile officier de marine à Brest.

La *Trigonométrie* de Brackenhofer a actuellement 2 parties, c'est un fort bon ouvrage, mais vous le tirerez plus facilement de Strasbourg où il est imprimé.

M. David est un chirurgien de Rouen, gendre de M. Le Cat, qui a la folie de faire des découvertes dans la physique céleste dont il ne sait pas le premier mot.

Je voudrais savoir quels sont les éclaircissements que vous désirez sur les méthodes d'observer et de réduire les observations : car je n'ai pas ajouté grand chose à cet égard à mon *Astronomie* [2], croyant qu'il y en avait assez. Mais je suis encore à temps d'y suppléer pour tous les articles que vous m'indiquerez ; je vous prie de le faire au plus tôt, et de me dire aussi où est ce que vous auriez désiré des exemples de plus.

Je vous prie de vous souvenir des *Miscellanea berolinensia*.

---

1. Pingré prépare un ouvrage rassemblant toutes les observations connues de comètes. Il paraîtra sous le titre : *Cométographie ou Traité historique des comètes* (2 volumes) en 1783-1784.

2. Lalande qui prépare la seconde édition de son *Astronomie* (qui paraîtra en trois volumes en 1771) demande à Jean Bernoulli des précisions sur ses remarques.

Votre Recueil[1] pour les astronomes me fera grand plaisir; je l'annoncerai dans le Journal des savants, dans la Connaissance des temps, dans mon *Astronomie*, dans les *Mémoires de l'Académie*, et je n'oublierai rien pour le répandre et le rendre utile en le faisant connaître. Je vous fournirai certainement divers morceaux, si vous voulez bien les accepter: je serais honteux s'il paraissait un journal astronom. où il n'y eut rien de moi. Je vous prie d'y annoncer d'avance ma seconde édition avec les tables nouvelles qui y seront, des planètes, des satellites &c. afin que les traducteurs allemands soient avertis de ne pas travailler sur la première édition.

C'est à M. Desaint que vous pourrez adresser directement le ballot; je traiterai avec lui sur la partie d'intérêt.

Il est bien sûr que je ne fais aucun cas des objections de M. de Thury[2] contre l'abbé de La Caille, ces êtres ne sont pas de même genre, à peine de même classe, on ne peut pas les comparer, à moins qu'on ne mette $0/\infty$.

La hauteur du pôle de Berlin que j'emploie actuellement est celle que j'ai corrigée *pour* les erreurs de la division du mural de M. Le Monnier, dont je me servais à Berlin, car j'ai fait beaucoup de calculs sur ces observations, depuis ceux que j'ai imprimés, et si vous voulez j'en ferai un mémoire pour l'académie de Berlin.

Je ne vous conseille pas de vous arrêter à la comparaison du catalogue de M. Le Monnier avec celui de l'abbé de La Caille. S'il s'accorde avec lui, cela ajoute bien peu de chose à la confiance plénière que mérite le travail immense et complet du premier, qui travaillait avec un scrupule, une facilité, une constance dont M. Le Monnier n'approche pas. S'ils ne s'accordent pas, je dis sans balancer que ce dernier[3] s'est trompé.

Cependant pour vous satisfaire autant qu'il est en moi, je vais vous en transcrire quelques-unes pour 1750.

	asc. de La Caille	M. Le Monnier
ε du Taureau	63° 30' 40"	63° 30' 45"
β du Taureau	77 37 26½	77 37 30
η des Gémeaux	89 56 40	89 56 35

1. Le *Recueil pour les Astronomes* de Jean Bernoulli tome I, a été annoncé par Lalande dans le *Journal des savans* de novembre 1771, p. 753. Il propose ici quelques contributions à ce *Recueil* pour les volumes à venir.

2. Cassini III (M. de Thury) a probablement attaqué un ouvrage de La Caille?

3. La brouille avec Le Monnier dure toujours. Elle a commencé en 1756 lorsque Le Monnier a contesté le résultat de la mesure du méridien effectuée en 1744 par La Caille et Cassini III et qu'il a été démontré qu'il avait tort. Lalande soutenait La Caille.

ε des Gem.	97	8	6	97	8	0
ε du Lion	142	54	3	142	53	57 ½
ζ de la Vierge	187	15	7	187	15	5
δ de la Vierge	190	45	19 ½	190	45	20
β de la Balance	225	53	52	225	53	50
π du Scorpion	235	56	45 ½	235	56	45
λ•du Sagittaire	273	8	11 ½	273	8	15

Ce catalogue de M. Le Monnier a paru en 1754, dans le second livre de ses observations, celui de l'abbé de La Caille en 1757.

Faites-moi le plaisir d'adresser vos lettres pour moi, sous enveloppe, à M. le duc de Praslin, ministre de la Marine à Versailles ; ce sera une petite économie, car il m'en coûte encore cent écus de ports de lettres, malgré cette précaution que je prends avec tous ceux à qui j'écris un peu fréquemment, et vous mettrez sur mon adresse à M. de la Lande astronome de l'Académie des sciences et de la Marine, rue St. Honoré à Paris.

Si vous voulez imprimer des tables dans votre journal, je vous en ferai calculer de différentes espèces qui seront utiles à l'astronomie.

Mille compliments, je vous prie, à M. de la Grange, à M. Formey, à M. Merian. Est-il vrai que celui-ci est auteur du *Système de la nature* [1], ou savez-vous quel est le véritable auteur ? Si c'est lui, il écrit singulièrement bien en français ; il me semble que ses mémoires dans les volumes de l'Académie sont moins bien pour langage.

Je suis, avec la considération la plus distinguée,

> Monsieur et très cher confrère,
> Votre très humble et très obéissant serviteur,
> Lalande

BA9

Adresse en bas, renversé : De la Lande à Bourg (*en très petits caractères, écrit par Lalande*)
Cette lettre est sans doute écrite par un secrétaire. Le post-scriptum est de la main de Lalande, ainsi que la signature.

À Monsieur / Monsieur Bernoulli de l'Académie / Royale des sciences de Prusse et / directeur de l'observatoire royal / à Berlin

---

1. L'auteur en est la baron d'Holbach, voir BA9.

Lettre *à Jean III (96)* [32]

À Bourg ce 14 7bre (*septembre*) 1770

Monsieur et cher confrère

Je serais honteux de n'avoir pas encore répondu à votre lettre du 12 juin, si un voyage et ensuite une maladie ne me servaient d'excuse. Je vous ai une véritable obligation des observations que vous m'envoyez et des questions que vous me faites sur mon *Astronomie*. Je satisferai à toutes dans ma nouvelle édition, mais je n'ai pas encore assez de forces actuellement pour entrer dans ces détails avec vous. Mais je le ferai incessamment. Il suffit qu'une personne de votre mérite ait trouvé quelque chose d'obscur pour que l'auteur soit obligé de l'éclaircir, et j'ai fort à cœur que cette partie de mon ouvrage puisse servir à toutes les personnes qui n'ont pas fréquenté nos grands observatoires et qui veulent en établir eux-mêmes.

Lorsque le réticule rhomboïde [1] fut employé en 1750 par M. l'abbé de La Caille, Maskelyne n'était qu'un enfant et je ne m'imagine pas qu'il puisse le revendiquer.

Je vous prie de dire à Monsieur Beguelin que je n'ai plus en mon pouvoir la lunette dont je lui ai envoyé les dimensions, mais j'engagerai l'abbé de Rochon à qui je l'ai cédée de nous donner la note des oculaires. À l'égard des foyers que je lui ai envoyés, c'est par la réflexion des surfaces et par l'observation des foyers qu'ils ont été conclus [2].

Comme le dernier envoi des livres que Monsieur de Saint vous a fait, n'a point encore épuisé l'argent que j'ai entre les mains, et que je lui ai écrit pour lui en demander le compte, mandez-moi si vous voulez que je vous envoie le surplus par une lettre de change, ou si vous avez encore des commissions de livres à me donner.

Je comptais trouver dans l'envoi que M. Formey vient de me faire les *Miscellanea berolinensia* que vous m'aviez promis. Cela m'aurait dédommagé de l'embarras extrême que m'ont donné toutes les commissions renfermées dans ce ballot où il n'y avait presque rien pour moi et qui a coûté fort cher. Je vous prie de m'envoyer ces *Miscellanea* le plus tôt que vous pourrez.

---

1. Jean Bernoulli prépare un mémoire sur *L'usage du réticule rhomboïde* qui sera dans les *Mémoires de l'Académie de Berlin* de 1773.
2. Béguelin, physicien de l'Académie de Berlin, a demandé des renseignements sur divers instruments.

Je vous conseille d'écrire à M. Le Monnier[1] pour lui rappeler qu'il avait promis son livre pour vous à Monsieur le marquis de Courtanvaux. Vous le prierez par votre lettre d'avoir la complaisance de le donner à celui qui lui remettra votre lettre sans lui dire que ce soit par mon canal. Vous m'enverrez la lettre et je ferai retirer le livre.

Le titre d'astronome de la marine est une suite de la pension que le roi m'a donnée il y a plusieurs années pour travailler à ses progrès et il me donne droit de me servir de l'adresse du ministre de la Marine.

Où en est l'impression de votre *Recueil*? Vous aurez certainement (*déchirure*) un petit mémoire sur la hauteur du pôle de Berlin.

Nous sommes persuadés actuellement que le Système de la Nature[2] est de M. Diderot.

Je suis également fâché que l'on traduise la 1ère édition du Voyage en Italie, puisque je vais travailler à la seconde qui sera beaucoup meilleure.

Mille tendres compliments à M. de la Grange. Recommandez-lui bien de travailler pour la théorie de la Lune ; il aurait remporté le prix sur M. Euler s'il n'eut pas été effrayé par l'assurance avec laquelle il nous avait annoncé des prodiges.

Je suis avec le plus tendre attachement

> Monsieur et cher confrère,
> Votre très humble et obéissant serviteur,
> La Lande

Pardonnez la liberté que je prends de vous envoyer ces deux lettres, faites-moi le plaisir de les cacheter et de les faire parvenir.

BA10

Billet *(98)* [32 b] sans adresse, sans nom et sans signature.

Je vous écris, mon cher confrère, de la maison de votre illustre Daniel[3], pour vous apprendre le plaisir que j'ai eu de passer deux jours avec MM. Bernoulli ; et vous prier de ne pas oublier mes *Miscellanea*, je vous

---

1. Le livre de Le Monnier est sans doute *Histoire céleste*, 1741.
2. Il s'agit certainement de l'ouvrage du baron d'Holbach.
3. On verra plus loin (lettre BA12) que cette visite de Lalande est intéressée : Daniel Bernoulli, associé étranger de l'Académie royale des sciences de Paris, y est un correspondant de Dortous de Mairan. Celui-ci étant décédé, Lalande est venu demander à Daniel de l'accepter comme son nouveau correspondant académique.

écrirai plus au long de Bourg. Mille compliments à M. Formey et à M. de la Grange. M. d'Alembert est à Ferney chez M. de Voltaire avec M. de Condorcet, ils vont en Provence pour quelques mois.

À Basle le 7 oct. 1770

BA11

Lettre à *Jean III* (99) [33]

Paris, 7 déc. 1770

J'ai reçu, mon très cher confrère, votre lettre du 13 octobre, je vous suis très obligé du présent que vous me faites concurremment avec M. de la Grange, du volume de 1767 [1], je vous prie de le remercier de tout mon cœur.

J'attends avec impatience les *Miscellanea*, le 1768, et votre *Recueil* que vous m'avez annoncé pour la fin de novembre.

Je ne vous conseille pas d'en envoyer tant à M. Desaint pour la première fois, car vous ne pouvez faire des conventions et des échanges que quand il aura vu de quoi il s'agit [2].

Vous qui avez plus d'ordre que moi, je vous prie de faire entrer dans nos comptes 3 articles que j'ai acquittés pour vous chez M. Desaint:

un du 20 novembre 1769   150#   10s
8 février 1770, chez M. Delalain   13
25 juin   196.   4.

C'est à moi que vous compterez de tout cela.

Le nouveau Gardiner [3] paraît à Avignon, avec les quatre premiers degrés, en secondes, 36# en feuilles, en aurez-vous besoin, je vais en recevoir plusieurs exemplaires.

M. Bauer de Strasbourg a des mémoires de Marseille du P. Pézenas, je crois que vous n'avez pu les avoir à Paris.

---

1. Il s'agit d'un volumes des *Mémoires de l'Académie Royale des Sciences et Belles Lettres* de Berlin, alors édités en français, que Lalande a demandés à Jean Bernoulli; celui-ci, en accord avec Lagrange, les lui envoie gratuitement (le cadeau).

2. Le *Recueil*, tome I, paraîtra en 1771. Ici Lalande qui a demandé au libraire Desaint de le prendre, conseille Jean Bernoulli sur la quantité de livres à envoyer à Paris.

3. Gardiner a publié à Londres en 1742 des *Tables de logarithmes*. Lalande annonce ici l'édition (révisée) de ses Tables à Avignon, due à Pézenas et Dumas en 1770.

M. Le Monnier est encore en Normandie, je lui enverrai votre lettre dès qu'il sera de retour.

J'ai satisfait dans mon 13e et 14e Livre [1] à tout ce que vous aviez désiré dans mon livre, j'aurais voulu que vos remarques fussent plus multipliées. Je n'aime pas plus que vous les nœuds dans les aplombs. Ce n'est que par le moyen d'une vis dont les pas sont égaux et bien connus qu'on peut évaluer combien de secondes répondent à un certain mouvement de la bulle [2].

Je vous prie de faire mille compliments pour moi à M. Beguelin, et de lui dire qu'il trouvera les dimensions qu'il m'a demandées dans nos *Mémoires* de 1767, p. 460, détaillés par M. le duc de Chaulnes. M. l'abbé de Rochon est à Paris, attaché au dépôt de la Marine, mais il se propose bien de voyager encore sur mer.

M. de Fleurieu fait imprimer la relation de son voyage [3]. M. Berthoud a fait réellement à peu près la même chose que Harrison et on lui avait promis la pension s'il en venait à bout.

On nous a envoyé une observation de Californie, de M. Doz, elle ne donne que 8" de parallaxe, elle paraît mal conditionnée, nous avons écrit et fait écrire pour avoir les originaux de l'abbé Chappe [4].

Je vous prie de faire vos efforts pour découvrir celui pour qui je prends la liberté de vous envoyer une lettre.

Je suis avec le plus tendre attachement et la considération la plus distinguée

Monsieur et très cher confrère,
Votre très humble et ob*éissant* serv*iteur*
La Lande

Mille compliments à M. de la Grange et à M. Formey.
N'avez-vous encore personne pour vous aider dans votre observatoire?

(Ceci est écrit à côté des formules de politesse)

---

1. Lalande révise son *Astronomie* et a tenu compte des remarques de Jean Bernoulli; les « livres » de cet ouvrage sont ce que nous appelons maintenant les « chapitres ».

2. Il s'agit sans doute d'un niveau à bulle.

3. Voyage en mer en 1768-1769 pour éprouver les horloges marines.

4. Les observations de Californie sont celles du passage de Vénus sur le Soleil le 3 juin 1769. Doz faisait partie de l'expédition de Chappe d'Auteroche.

BA12

Lettre à *Jean III* (100) [34]

À Paris le 1 er Avril 1771

Je suis en peine, mon cher confrère, de savoir quel bon usage vous avez fait de votre mural depuis qu'il est en place ; le mien était bien employé pendant les beaux froids de l'hiver lorsque j'occupais votre observatoire, et deux fois l'année, je donnais à l'académie la collection de toutes mes observations ; je vous invite à en faire autant, cela vaut mieux que de les donner séparément, la collection de vos *Mémoires* ne se perd point.

N'avez-vous point trouvé d'occasion pour m'envoyer les *Mémoires* de 1768 et les anciens *Miscellanea*? Dans ce cas je vous prie de les adresser à M. Bauer à Strasbourg, par les voitures ordinaires. Cependant vos libraires ont certainement des relations habituelles avec Paris. Durand [1] m'a dit que je n'avais qu'à lui remettre les 2 exemplaires de Gardiner que vous m'avez demandés et les observations de M. Le Monnier, et qu'il vous les ferait passer.

Vous ne vouliez pas promettre votre *Recueil* pour avant Pâques, voici Pâques passées, et le *Recueil* ne paraît point, donnez m'en des nouvelles.

M. Eustache Zanotti n'est point vieux ni malade, c'est François Zanotti, mais il est paresseux, voilà pourquoi il vous adresse à M. Canterzani.

Vous avez à Pise M. Slop, adjoint au professeur d'astronomie, qui vient de donner un livre d'observations. À Padoue, M. Toaldo qui vient de publier un bon traité de météorologie ; à Rome le P. Asclepi jésuite, à Milan, le P. de la Grange, et le P. Boscovich, si vous voulez des correspondants en Italie.

À Londres, M. Maskelyne, M. le docteur Bevis, M. Magalhens qui répond volontiers. À Oxford M. Hornsby, à Cambridge M. Shepherd qui m'écrit assidûment [2].

M. Messier ne se rappelle point d'avoir oublié de répondre à M. Mallet, et il vous répondra volontiers. Pour faire servir la comète de 1769 à la

---

1. Durand, libraire, a publié en 1759 le premier grand ouvrage de Lalande : *Tables astronomiques de M. Halley...*
2. Ici Lalande propose à Jean Bernoulli une liste de correspondants en Italie et en Angleterre.

parallaxe [1], il faudrait des observations faites en Amérique ou aux Indes, et je n'en ai pas encore, d'ailleurs il faudrait que ces observations fussent faites avec une précision dont les observations de comètes ne sont jamais susceptibles, et que sa théorie, c'est-à-dire son rayon vecteur fut connu plus exactement que ne le donnent les hypothèses paraboliques. J'ai bien le livre de M. Lambert sur les comètes et je l'ai même cité dans le 19ᵉ Livre de mon *Astronomie*. Je vous prie de lui dire que je voudrais fort avoir occasion de lui dire combien je fais cas de ses ouvrages, et avoir une idée de ceux qu'il a donnés en allemand et dont je n'ai pas l'honneur de pouvoir approcher. Vous devriez bien l'engager à m'en donner au moins un extrait pour le Journal des savants, avec le titre entier du livre allemand, suivant la forme de notre Journal.

M. Desaint mon ami et mon cher libraire est mort à la fleur de son âge, j'en suis au désespoir. Cependant sa veuve et son commis M. Rançon continueront le commerce. Outre l'article de M. Desaint de 196 # 4 ˢ, qui est du 25 juin 1770, il y en a un autre que j'ai en écrit, que je lui ai payé le 8 février 1770 et qui est sur ses livres de 13 # seulement, envoyé par la voie de M. Delalain, ainsi c'est 64 # 18 ˢ au lieu de 51 # 18 ˢ dont vous me ferez raison, quand nous aurons des comptes ensemble ; mes comptes ne sont pas trop en règle, mais heureusement les livres de M. Desaint y sont à merveille.

Mille compliments je vous prie à M. de la Grange, nous comptons après Pâques le nommer à une place d'associé étranger [2], quoiqu'il ait deux Anglais pour concurrents M. Franklin et M. West, président de la Société royale.

Les observations faites par M. de Fleurieu et M. Pingré dans le voyage des montres [3] avec (??) de Berthoud va bientôt paraître. L'*Hydro-dynamique* de l'abbé Bossut a été durement attaquée par M. le chevalier de

1. C'est pour cette recherche que Jean Bernoulli a réclamé (Lettre BA6) les observations de la comète de 1769 faites par Messier.
2. Le jour de Pâques 1771 étant passé (début de cette lettre), Lalande annonce sans doute l'élection de Lagrange comme associé étranger « après Pâques », donc en 1772. Cette annonce très prématurée paraît étrange, car, en avril 1771, aucun poste d'associé étranger n'est disponible. Le décès de Morgagni (5 décembre 1771) en donnera un (celui de Lagrange, nommé en mai 1772), puis le décès de Van Swieten (18 juin 1772) en donnera un autre, attribué en août à Franklin.
3. Le voyage des montres sera publié en 1773 par M. d'Eveux de Fleurieu sous le titre : *Voyage fait par ordre du roi, en 1768 et 1769, en différentes parties du Monde, pour éprouver en mer les horloges marines*. Pingré était de ce voyage de *l'Isis* pour vérifier les montres de M. Berthoud et a observé, pendant une escale, le passage de Vénus sur le Soleil le 3 juin 1769 au cap François à Saint-Domingue.

Borda, on prétend qu'il se trompe dans ses objections. M. d'Alembert est toujours un peu faible de santé ; cependant il travaille de temps en temps. Je vous fais bien des remerciements d'avoir envoyé notre lettre à Gardlegen en Prusse. C'est avec un extrême regret que je vous ai donné cette peine, je n'ai pu le refuser à une dame respectable qui demeure dans la ville d'où je suis et où je passe l'automne.

Depuis la mort de M. de Mairan, M. Daniel Bernoulli que j'ai été voir à Basle cet automne a bien voulu me prendre pour son correspondant, et je lui écris aujourd'hui. C'est une conquête pour moi que d'avoir un nouveau Bernoulli pour ami, ne me donnez pas un démenti si je me trompe, et daignez agréer les sentiments du plus inviolable attachement avec lequel j'ai l'honneur d'être

Monsieur et cher confrère,
Votre très humble et trè obéissant serviteur
De la Lande

Place du Palais-Royal du côté de l'Opéra

BA13

À Monsieur / Monsieur Bernoulli / de l'académie des sciences de Prusse / à Berlin

Lettre de Mme Veuve Desaint à *Jean III (101)* [35]
Et sa note.
Bernoulli, à Berlin

À Paris ce 19 juin 1771

Monsieur,

Je suis bien persuadée de la part que vous prenez à mon extrême affliction. La conduite qu'a tenue celui qui en est l'objet et sa fin très véritablement chrétienne, servent à me faire sentir plus vivement la grandeur de la perte que j'ai faite.

Vous trouverez d'autre part facture des articles contenus dans une caisse remise aux rouliers le 31 mai. J'ai attendu pour vous l'expédier que l'on m'eut délivré les tome 1ers de votre *Recueil* pour les astronomes, qui avaient été arrêtés à notre chambre syndicale. Des 100 Ex. (*exemplaires*) que vous m'avez adressés, la chambre en a retenu 2 pour le magistrat et le censeur, ainsi reste à 98 que j'ai reçus pour votre compte. Je ne puis en fixer le prix au-dessus de 4# pour le particulier broché et 3# 10s pour le libraire.

J'ai débité votre compte de 66# 5 s que j'ai payé pour les frais de voiture, douane et chambre. Si M. Dalembert me tient compte au prorata de ce qui est pour lui, je vous en créditerai.

Je me charge de la brochure et vous m'accorderez le bénéfice que vous jugerez convenable.

J'ai l'honneur d'être très parfaitement

> Monsieur,
> Votre très humble et très obéissante servante,
> V ve Desaint

Fourni à Monsieur Bernoulli à Berlin par V ve. Desaint le 29 mai 1771

Caisse emballée remise aux rouliers à l'adresse de Mrs. Franck frères nég ts à Strasbourg

1. *Voyage astronomique et géographique* 4°	13 #.
2. *Navigation* de Bouguer, 4°	14.
1. *Abrégé du Pilotage*, 8°	4.
1. *Les Mesures itinéraires*, 8°	2. 10
1. Bézout, *Marine et artillerie*, 6 e édition	25. 4
1. *L'Art des expériences*. 3 e édition	
2. cf.	7. 10.
1. *Exposé* de Mrs. Harrison et Le Roy	2.
1. *Connaissance des temps*. 8°. 1772	2. 10.
1. *Almanach* de Cassini 1770	5. 10.
1. Description d'un Instrument pour prendre les hauteurs en mer	1. 15
1. Tom. 3 et 4. *Récréations de phys*	5. 10.
1. *Uranographie* de Robert 8 e édition	6.
1. *Les Oiseaux* de Buffon 4°	13. 10.
1. Acad. des Sciences 1768	11.
1. Tom. 15 à 20. *Hist. mod.*	12.
1. *Navigation* de Bézout Tome VI	4. 15.
1. *Traité de Westphalie* 4°	24.
1. *Abrégé* de ?enout 8° 3 vol.	12.
1. *Tables* de Gardiner rem. par M. Lalande	0.
1 *Abrégé de l'hist. d'Anglet*. 8° 2 vol.	7. 10.
Caisse et emballage	5.
	179 #. 4.

T.S.V.P.

Au verso :

La *Théorie des satellites de Jupiter* par Bailly manque.
On n'a pas trouvé la *Carte du Zodiaque* par Le Monnier.
La Nou*velle Édition* de l'*Astronomie* par M. Delalande paraîtra dans 3 Mois.

BA14

À Monsieur / Monsieur Bernoulli astronome du Roi / membre de l'académie royale des sciences de / Prusse / à Berlin

Lettre à *Jean III (103)* [36]

À Paris le 22 juin 1771

Monsieur et cher confrère

J'attendais pour répondre à votre lettre du 20 avril que le ballot fut arrivé, et que les embarras de la chambre syndicale fussent terminés, nous avons enfin reçu nos livres. Je vous fais bien des remerciements des *Miscellanea*, je n'en sais pas le prix, mais nous compterons quand vous voudrez. Je vous ai envoyé par M. Durand et M. Desaint deux exemplaires de Gardiner qui font 72# et les observations de M. Le Monnier ; les avez-vous reçues ? Je crois même en avoir envoyé trois 108#. J'ai adressé tout de suite les exemplaires [1] de Mrs. de Courtanvaux, du Séjour, Le Monnier, La Condamine ; j'ai présenté celui de l'Académie qui m'a chargé de vous remercier. Je vous remercie surtout de celui que vous avez eu la bonté de me destiner. Je n'ai pas osé demander le port à ces messieurs, c'est un sacrifice qu'il faut bien que vous leur fassiez. Si le libraire eut été chargé de cette distribution, cela eut été plus facile pour lui ; mais il s'est chargé seulement du paquet de M. d'Alembert parce qu'il était gros.

Je ferai payer à M. de La Condamine le port de ses deux volumes des *Mémoires* de votre Académie.

Je suis bien sensible à la complaisance que vous avez eue de me les procurer à moi-même.

Mme Desaint, qui comme veuve craint les embarras, ne s'est chargée qu'avec peine de vos 100 exemplaires ; cependant je l'ai déterminée ; ainsi

---

1. Il s'agit sans doute des exemplaires du *Recueil*, tome I, qui viennent d'arriver et que Jean Bernoulli offre à ces personnes et à l'Académie des sciences de Paris.

qu'à faire promptement votre commission de livres ; mon *Astronomie* n'y sera pas, car il faut encore un mois pour qu'elle soit en état de paraître, mais vous serez servi des premiers.

L'envoi du 10 février 1770, porté sur le registre de M. Desaint comme ayant été remis chez M. Delalain, n'était-il point l'*Histoire céleste*[1] de M. Le Monnier, je trouve que vous me la demandiez dans une lettre où vous m'annonciez comme chose finie le mémoire de 150# 10s du 10 nov. 1769. Mais je tâcherai de le retrouver sur le livre de M. Desaint. Le mémoire du 25 juin 1770 de 196# 4s vous est-il parvenu ?

Les observations de Mrs. Fleurieu et Pingré paraîtront bientôt.

Je ne sache pas que personne ait fait venir celles de Slop, il n'y a que moi à Paris qui le sait. M. de Charnières n'est point à Paris, et je ne sais où le trouver ; il y a deux brochures[2] de lui, mais elles se vendent point. Dès que je saurai où il est, je les lui demanderai pour vous. Je suis charmé de ce que vous avez un mural, et un aide, ménagez votre santé et faites le travailler tant que vous pourrez.

C'est à Bouillon que se réimprimera l'*Encyclopédie de Paris* ; j'ai promis à M. d'Alembert de travailler aux *Suppléments*, mais ils ne se publieront pas de longtemps. En attendant, je fais tous les articles d'*Astronomie* pour l'édition *in 4°* de M. de Felice à Yverdon[3], dont le 6e volume *in 4°* est sous presse.

Vous pouvez m'écrire à l'adresse de M. le duc de La Vrillière, secrétaire et ministre d'état. Avez-vous un moyen d'éviter pour vous-même les frais de la poste.

Je vous enverrai sûrement un *Mémoire* sur la hauteur du pôle de Berlin, et quelques *Tables*, si vous ne craignez pas les chiffres.

Si vous pouvez faire annoncer dans quelque journal d'Allemagne la nouvelle édition de mon *Astronomie* en 3 vol. *in 4°* de 900 pages chacun, vous me ferez grand plaisir. Je voudrais bien qu'on la traduisit en latin ou en allemand, je fournirai des additions et des corrections.

On avait assuré que le prince Jablonowsky et le prince de Lowenstein étaient morts et nous comptions en remplacer un par M. de la Grange, mais la nouvelle n'est pas sûre ; je m'en faisais un grand plaisir, je vous prie de le

---

1. L'*Histoire céleste* de Le Monnier, parue en 1741, donne les observations astronomiques effectuées en France depuis la fondation de l'Académie des sciences.

2. Ces brochures sont : *Mémoire sur l'observation des longitudes en mer* (1768) et *Expériences sur les longitudes faites à la mer en 1767 et 1768* (1769)

3. Lalande a écrit les articles sur l'astronomie de l'*Encyclopédie, ou Dictionnaire universel raisonné des connaissances humaines*, éditée par F.-B. de Felice de 1770 à 1780.

lui dire. Je vous prie en grâce de m'envoyer les *Tables* publiées par M. Lambert, par la première occasion, je suis très curieux de ce qui vient de lui. Vous nous rendrez un grand service si vous donnez dans votre second volume la traduction et les extraits des choses astronomiques qu'il a données en allemand, car personne dans l'Académie ne l'entend. M. Messier est fort exact à répondre ; il a très bien répondu à M. Mallet ; il m'a dit qu'il serait très flatté de votre correspondance ; il peut vous envoyer beaucoup d'observations, et il me l'a promis. La comète qu'il a découverte le 1ᵉʳ avril a été calculée par M. Pingré de la manière suivante :

Nœud	0ˢ 27°56'29"	
inclin*aison*	11 16 6	
périh*élie*	3 14 20 11.	19 avril, 7h 54m
dist*ance*	0, 901 18 directe.	

Pour déterminer la parallaxe de la comète de 1770, il faudrait qu'on l'eut observée en différentes parties du Monde, et qu'on eut bien déterminé son mouvement en Europe. C'est ce qu'on n'a pas fait, et l'on a beaucoup de peine à accorder le calcul avec les observations.

J'ai été mortifié de trouver à la première page de votre livre[1] une fausseté et une impertinence de M. Maskelyne, que vous ne pouviez pas deviner. Il a menti quand il dit qu'il m'a communiqué ses idées sur l'équation de temps. J'étais en Angleterre en 1763, les gazettes en font foi et j'avais lu à l'Académie dès 1762 mon *Mémoire* sur ce sujet, la date est dans le volume et elle est de même dans les registres originaux de l'Académie. Je vous enverrai une réclamation que vous imprimerez si vous le jugez approprié dans votre second volume.

Il y a une autre impertinence des Anglais à la page 104, où ils prétendent, selon leur coutume, que tout ce qui se publie en France avait été trouvé en Angleterre. Le fait est que jamais personne avant moi n'avait pensé ni écrit, que je sache, sur l'effet de l'aplatissement de Jupiter dans les éclipses des satellites ; mais le docteur Bevis est si fort mon ami que puisqu'on veut lui en faire honneur, je ne répondrai rien. Votre amitié pour moi cherchait à m'excuser sur ce que je ne les avais pas cités ; vous n'avez pas remarqué que ma date étant plus ancienne que la leur, je ne pouvais pas citer ce qui n'était pas imprimé, et dont je n'avais jamais oui parler.

Mais la chose sur laquelle je suis le plus fâché de ne vous avoir pas prévenu, c'est l'affaire de M. Bailly à qui vous semblez donner une partie de la découverte de la cause des changements d'inclinaison des satellites ;

---

1. Lalande, dans la suite de cette lettre, se plaint des informations que Jean Bernoulli a publiées, page 1, dans son *Recueil*, tome I.

tandis que tout est à moi, et qu'il n'est que le plagiaire d'une idée neuve, à laquelle j'ai attaché quelque importance et que j'ai revendiquée hautement comme vous le verrez dans ma nouvelle édition, sans qu'il ait osé ouvrir la bouche pour se plaindre. Il sent bien qu'il n'en résulterait pour lui qu'une plus grande publicité de sa friponnerie.

Toutes ces minuties ne valent pas la peine de vous occuper si longtemps, mais il est désagréable pour moi de voir que depuis 15 ans personne en Angleterre ni en France n'a donné d'idée un peu nouvelle pour les astronomes et qu'on veut piller les miennes de tout côté ! Au reste, vous m'avez si bien traité dans tous les coins de votre livre que je ne me plains à vous que comme à mon meilleur ami. D'ailleurs, je n'ai pas de rancune, j'écris à M. Maskelyne, à M. Mitchell, je vis avec M. Bailly et nous ne parlons point d'affaires contentieuses.

M. Maskelyne a raison quand il me reproche d'avoir employé la nutation toute entière dans l'équation du temps, tandis qu'il n'en faut employer qu'une partie, mais j'avais négligé cette petite différence pour ne pas compliquer le calcul pour quelques dixièmes de secondes ; au reste, je démontre bien plus simplement que lui la manière de faire ce partage des deux portions de la nutation dans l'équation du temps.

Je vais annoncer votre ouvrage comme il le mérite dans le *Journal des savants*[1]. Vous devriez en envoyer un exemplaire au *Journal encyclopédique*, à Bouillon ou à Paris ; je m'en chargerai si vous le jugez à propos. Je vais aussi donner un extrait des deux nouveaux volumes de vos Mémoires.

Mille compliments à M. Formey, M. Merian, M. Beguelin.

Je suis, avec le plus tendre attachement et la considération la plus distinguée,

> Monsieur et très cher confrère,
> Votre très humble et très obéissant serviteur,
> DelaLande

---

1. L'annonce du *Recueil* est dans le *Journal des savans* de novembre 1771. Lalande en profite pour faire connaître ses protestations au sujet des écrits publiés au début de cet ouvrage. Lalande annonce aussi les *Lettres astronomiques* de Jean Bernoulli et les *Mémoires* de Berlin dans ce même *Journal*.

BA15

À Monsieur / Monsieur Jean Bernoulli, de l'académie royale / des sciences de Prusse, de celle de Stockholm & / à Berlin

Lettre à *Jean III (105)* [37]

À Bourg en Bresse le 30 oct. 1771

Monsieur et cher confrère

Je me reproche de n'avoir pas encore répondu à votre lettre du 16 juillet que j'avais reçue le 27 peu avant mon départ de Paris. Actuellement que je suis sur le point d'y retourner, je me fais un plaisir de vous l'annoncer, et de vous remercier des choses obligeantes que vous avez bien voulu me dire. Je suis fâché que vous ayez frémi en ma faveur, d'avoir été dupe des Anglais, cela n'en vaut pas la peine, mes dates sont assurées, je les ferai valoir dans l'occasion, et surtout dans votre *Recueil* pour lequel je vous enverrai une lettre dès que je serai à Paris. J'ai bien revendiqué [1] sur M. Bailly ma petite découverte de la cause des changements d'inclinaison dans mon *Astronomie* ; lorsqu'il a eu lu l'article il a voulu s'en expliquer avec moi, prétendant que je n'avais pas été jusqu'au bout de la difficulté, mais je lui ai fait voir que j'avais détaillé les changements d'inclinaison pour les planètes, que j'avais dit expressément, qu'il devait y en avoir de semblables pour les satellites, en promettant de les discuter dans une autre occasion ; il avait cité lui-même le *Mémoire* où cela se trouve ; il m'est impossible de supposer qu'il ait pris ailleurs son idée, ou plutôt il est absurde de prétendre quelque chose à l'idée quand on n'a fait que suivre et imiter un calcul déjà imprimé.

J'ai donné au *Journal* l'avis imprimé que vous m'avez adressé ; je n'ai point encore vu les *Lettres astronomiques* dont vous me parlez, et je ne sais pas si elles sont arrivées à Paris.

On avait tiré 1050 exemplaires de mon *Astronomie*, ils ne durèrent que deux ans, mais c'est parce que M. Desaint, qui avait une correspondance immense, en avait tout de suite échangé la moitié avec des libraires de Hollande &c. en prenant en retour des livres qu'il a gardé bien plus longtemps et qu'il a peut-être encore ; ainsi je crois que c'est trop de 1000 exemplaires de votre *Recueil*. On tire 1200 exemplaires de la

---

1. Lalande expose à nouveau ses griefs envers Bailly, au sujet du texte paru dans le *Recueil* de Jean Bernoulli (voir BA14).

Connaissance des temps, mais un almanach connu depuis un siècle doit nécessairement avoir plus de débit qu'un ouvrage particulier, et nécessaire seulement aux astronomes.

L'impôt que l'on vient de mettre de 60 livres de France sur cent livres pesant [1] des livres venant de l'étranger rendra plus difficile et plus rare le commerce des livres étrangers en France.

J'ai fait payer à M. de La Condamine le port des *Mémoires de l'académie*, comme j'ai pris sur mon compte celui de mon volume, cela est juste ; je ne vous en ai pas moins d'obligation de m'avoir procuré ce présent.

Nous ne pourrons demander à Mme Desaint le compte de ce qu'elle vous doit qu'au mois de janvier où elle recevra les comptes de ses correspondants à qui elle en a envoyés.

Quoique vous ayez dit à M. Robinet que j'étais en état de bien faire les *Suppléments* de l'*Encyclopédie*, je n'ai point entendu parler de lui ; sans doute parce qu'il sait que je travaille pour l'Encyclopédie de Yverdon, et qu'il est en rivalité avec l'éditeur M. de Felice. Pour moi, j'ai promis à ce dernier et je ne manque point à mes engagements, c'est ce que j'ai répondu à M. d'Alembert et aux autres qui m'ont parlé à ce sujet ; ainsi mon cher confrère, vous pouvez faire ce que vous jugerez à propos à M. Robinet [2]. S'il ne veut point de mes suppléments tandis que je travaillerai pour Yverdon, il s'en passera, et j'emploierai mon temps peut être à quelque chose de mieux ; il m'aura rendu service sans le vouloir. Je suis charmé que vous fassiez un bon article sur l'astronomie tabulaire, pour moi, je ne mettrai dans mon encyclopédie que les choses familières aux astronomes, et une légère idée des autres choses de curiosité. Je ne manquerai pas de citer votre *Mémoire* ; je serai flatté si dans vos suppléments vous citez un peu mon *Astronomie*.

Je suis enchanté d'apprendre votre mariage, et que vous ayez un enfant. J'en ai déjà parlé dans le *Journal des savants*, en rapportant une partie de la généalogie [3] de votre illustre famille, à l'occasion de votre livre. Je ne sais pas si cet extrait est imprimé.

Je suis enchanté de voir que Mad*ame* votre épouse écrive mieux que moi, je voudrais bien avoir une femme qui me rendit le même service ; mais

---

1. « Livre » désigne ici une monnaie, puis un poids, et bien entendu un ouvrage imprimé. Sur le prix d'un colis de livres venant de l'étranger, un impôt a été prélevé.

2. Robinet est, semble-t-il, chargé de recueillir les articles pour les *Suppléments* à la grande *Encyclopédie* de Diderot et d'Alembert. C'est lui qui en a rédigé la Préface.

3. Voir cette généalogie dans l'Introduction de cette partie II.

d'un autre côté, je crains assez les inconvénients du mariage, pour aimer mieux payer la taxe, si on en mettait une sur les célibataires.

Le *Traité du calcul différentiel et intégral* qu'on vient de mettre en vente à l'hôtel de Thou est en effet le même qui parut en 1764, qu'on a rhabillé par un nouveau titre pour tâcher d'en vendre quelques exemplaires.

Le tome 8 des pièces des prix [1], dont j'ai procuré la publication, est une suite de celui qui parut il y a deux ans ; vous aurez vu sans doute déjà dans le Journal des savants ce qu'il contient. Le 9, dont on va bientôt commencer l'impression, commencera par une pièce de M. de la Grange sur la nutation, c'est la seule chose dont (*sic*) je me rappelle actuellement.

Je ne crois pas que le P. Boscovich ait fait imprimer son *Mémoire sur les réfractions* ; en tout cas il est fort bon, et j'en ai mis une grande partie dans mon *Astronomie*.

Le *Triennum observationum* de Ceratti est la même chose que le livre de M. Slop dont je vous avais parlé. Il vient de donner un petit livre sur les comètes qu'il m'a fait l'honneur de me dédier à ce que l'on m'a mandé.

Dès que je serai à Paris, j'éclaircirai chez M. Desaint ce qui concerne l'*Histoire céleste* de M. Le Monnier dont on a fait un double emploi à ce que vous soupçonnez.

Vous avez vu sans doute le *Quadrans novus* du P. Ammann d'Ingolstadt, la *Directio meridiani* du P. Mayer, les *Éphémérides* du P. Hell de 1771, le *Nautical Almanac* de 1773, voilà tout ce que je connais de nouveau, mais j'ai vu par votre livre que vous êtes mieux servi que moi dans votre *Correspondance*, et j'en suis bien aise. Recevez-vous les *Mémoires de Stockholm* ?, entendez-vous le suédois ? Dans ce cas, vous ferez une chose utile d'en extraire tout ce qu'il y aura de bon sur l'astronomie, dont personne ne peut profiter en France, en Angleterre, en Italie, surtout les observations.

Vous aurez reçu sans doute les observations de la mer du Sud [2] je les ai publiées dans notre gazette avec le résultat que j'en ai tiré 8" ½ pour la parallaxe moyenne. Si vous voulez quelques détails à ce sujet je vous les enverrai volontiers.

---

1. Titre de ce volume : *Recueil des pièces qui ont remporté les prix de l'académie des sciences*. Le tome VIII vient de paraître ; le tome IX (et dernier) paraîtra en 1777.

2. Les observations de la mer du Sud (océan Pacifique) sont celles du passage de Vénus devant le Soleil le 3 juin 1769 faites à Tahiti par le capitaine Cook et l'astronome Green (premier voyage de Cook). Lalande, qui les a reçues en 1771, en a tiré la valeur de la parallaxe du Soleil qu'il donne ici.

Adieu mon cher ami, mille tendre respects à Madame votre épouse, à M. votre Père et à M. Daniel quand vous leur écrirez ; mes compliments à M. de la Grange, à M. Formey, à M. Merian ; je suis avec le plus sincère et le plus tendre attachement

> Monsieur et cher confrère,
> Votre très humble et très obéissant serviteur
> De la Lande

BA16

Une note, (peut-être) lettre envoyée par *Jean III*, *(106)* [37 b]

À M. de la Lande le 26 nov. 1771

Prière de m'envoyer sa lettre pour le *Recueil* ; lettre table qu'il voudra et le mémoire sur la latitude de Berlin [1].

L'impression du 2e Vol. du Rec*ueil* commencée, à 500 ex.

Je n'ai pas vu son extrait du 1er.V

Des tables d'étoiles circumpolaires ; et si son nouv. catalogue d'étoiles sera différent et en quoi de celui des fondamentales.

Je reçois son *Astronomie* par occasion.

Des suppl*éments* de l'*Encyclopédie*.

Commission de m'envoyer :

L'Instrument universel [2] de M. de Thury en omettant les pièces qui ne servent que pour la *Géographie*, en cas qu'on ne puisse l'avoir autrement à moins de 44 #. Item les écrits sur cet instrument.

Item

1) *Mém*oires *de l'Acad*émie pour 1789 et 1770 (s'ils ont paru)

2) *Manuel de Médecine pratique*, Roye et Bourge. par M. Buchoz

3) *Mém*oires *Présentés par des sav*ants *Étrang*ers T. VI, s'il a paru

4) *Conn*aissance *des T*emps pour 1773

5) *Histoire moderne* T. XXI et XXII

---

1. Jean Bernoulli demande la lettre de réclamation de Lalande (voir BA14) qui paraîtra dans le tome II du *Recueil* et quelques travaux proposés par Lalande, par exemple dans la lettre BA8.

2. Cet instrument universel de Cassini III est peut-être un petit quart de cercle pour déterminer l'heure, créé en 1770. Il est annoncé dans le *Journal des savants* de juin 1771, volume I (voir l'opinion de Lalande dans BA17).

6) Feuillets p. 183 et 184 de Bézout suite de la 4ᵉ p. Si je dois envoyer à mes risques des lettres astronˢ. à V ᵛᵉ Desaint pour avoir une occasion de lui envoyer des tables de M. Lambert et des livres pour M. d'Alembert.

En marge de cette note, et de haut en bas, il est écrit :
dans quelles vues il a mis une table de jaugeage dans la Conn*aissance* des T*emps*.

BA17

Lettre à *Jean III (108)* [38]

À Paris le 13 décembre 1771

Monsieur et cher confrère

J'ai reçu le 7 décembre votre lettre du 26 novembre, j'y réponds avec empressement, et je vous envoie la lettre qu'un de mes élèves[1] a faite sur les trois objets dont vous me permettez de me plaindre ; je vous envoie deux Tables du nonagésime calculées avec soin par un de mes élèves, que je serai charmé de voir imprimées ; je vous prie de dire que vous les tenez de moi, car ces ouvrages que je fais faire me donnent assez de peine pour que j'aie au moins le petit mérite de les avoir procurés. À la suite de la grande feuille, il y a une partie de la *Table* de la petite feuille recalculée avec plus de soin, c'est celle-là dont vous vous servirez, quoique après tout la différence soit petite. Il ne sera pas nécessaire d'imprimer les secondes différences.

Si vous voulez imprimer une *Table des hauteurs et des azimuts* pour Berlin, semblable à celle qui est pour Paris dans la *Connaissance des temps* de 1762, je vous la ferai calculer. À l'égard de mon *Mémoire* sur la hauteur du pôle de Berlin, je vais le mettre en ordre incessamment, je vous l'enverrai dans le mois de janvier et je serai charmé qu'il paraisse dans les *Mémoires* de votre Académie, ce serait un trop long détail dans votre *Recueil*.

L'extrait de mon *Astronomie* a paru dans le *Journal des savants* du mois d'août, il en a paru un aussi dans le *Journal* de Bouillon ; je vous en envoie un que je voudrais que vous puissiez faire imprimer en Allemagne, dans quelque journal ou autrement.

1. L'élève est Dagelet qui a probablement écrit cette lettre sous la dictée de Lalande.

Vous trouverez dans le *Journal* de décembre une lettre sur le passage de Vénus observé à Tahiti ; je vous enverrai bientôt un grand *Mémoire* [1] que je vais faire imprimer qui contiendra le résultat général de tout ce qui s'est fait sur le passage de Vénus ; et d'où vous tirerez ce que vous jugerez à propos pour votre *Recueil*. Cela s'imprimera dans le mois de janvier.

J'ai vu M. Robinet ces jours passés à Paris ; je suis convenu de travailler aux *Suppléments* après que vous lui aurez envoyé ou à moi la note des articles que vous vous réservez, outre celui de *Tables*, je vous les abandonnerai tous avec plaisir, il ne s'agit que de s'entendre pour ne pas faire un double emploi.

M. Slop vient aussi de donner une brochure à Pise sur les comètes de 1769 et 1770 dont il a bien voulu me faire la dédicace, mais cela se trouvera difficilement à Paris.

N'ayez aucune inquiétude, mon cher ami, sur nos comptes, Mad*ame* Desaint me doit encore de l'argent, ainsi je n'ai rien déboursé pour vous. Elle a vendu peu de vos livres, et je vois qu'elle aurait de la répugnance à se charger de la suite, surtout à raison de l'impôt qu'on vient de mettre sur les livres étrangers. Mais nous trouverons bien un autre libraire qui s'en chargera pour votre compte.

Je ne vous conseille nullement *l'Instrument universel* dont vous me parlez pour un amateur ; un petit quart de cercle en bois vaudrait mieux. Si vous l'aviez vu, vous n'en voudriez plus ; on en fait actuellement de 360 livres.

Si M. de la Grange veut envoyer des livres à M. d'Alembert, et vous à moi, faites-en un petit ballot, mettez-y quelques exemplaires de vos *Lettres*, je tâcherai d'en trouver le débit, et joignez-y le tome 26 de vos *Mémoires*, s'ils ont paru. Vos libraires n'envoient-ils rien ici, ou à M. Bauer de Strasbourg ; on pourrait l'y joindre.

La *Table du jaugeage* dont vous me parlez ne venait pas trop à l'astronomie, mais elle sert dans la physique ; et du temps de M. Picard on mettait dans ce livre [2] beaucoup d'observations et de *Tables* de cette espèce.

1. *Mémoire* (édité en 1772) *sur le passage de Vénus*, observé le 3 juin 1769, pour servir à l'explication de la carte publiée en 1764. Dans ce mémoire, il y a l'éloge du docteur Bevis, mort en 1771.
2. Ce passage est une réponse à la note de Bernoulli dans BA16. « Ce livre » est la *Connaissance des Temps* qui en principe traite seulement d'astronomie. Dans son *Abrégé de navigation historique, théorique et pratique* (1793), Lalande consacre le chapitre V au jaugeage des navires où il signale différents ouvrages des années 1721, 1724 et 1725 puis les

Les *Mémoires* de 1769, le 6ᵉ vol. des étrangers[1] n'ont point encore paru. Je vais chercher une occasion pour vous envoyer, la Connais*sance* de 1773, le *Manuel de médecine* et l'*Histoire moderne*.

J'ai fait une faute en donnant votre généalogie dans le *Journal* de décembre ; je croyais que vous aviez un fils au lieu d'une fille ; mais cela se rectifiera à sa première couche. Vous êtes heureux d'avoir un si bon secré-taire[2] ; présentez-lui mes respects, je vous prie. Mille compliments à M. de la Grange, M. Forney, M. Merian, M. Beguelin ; ce sont je crois les seules connaissances qui me restent depuis 20 ans que j'ai quitté Berlin. Je suis avec la considération la plus distinguée et le plus sincère attachement

Mon cher confrère et ami
Votre très humble et très obéissant serviteur
DelaLande

Rép. le 3 mars 71 (écrit par Jean Bernoulli ; mais ce doit être 72),

BA18

À Monsieur / Monsieur Jean Bernoulli astronome / de l'académie royale des sciences de Prusse / à Berlin

Lettre à *Jean III (109)* [39]

À Paris le 18 mars 1772

J'ai reçu hier, mon très cher confrère, votre lettre du 3 mars. Je m'étais douté du dérangement de votre santé, par la longueur de votre silence, et je vois avec un extrême regret que j'avais trop bien conjecturé. Je vois avec plaisir arriver une saison qui vous sera sans doute plus favorable ; elle ne le sera jamais tant que je le désire. Mais il ne faut point désespérer à votre âge ; j'ai été aussi languissant que vous et je me porte à merveille.

Vous êtes bien le maître de modérer dans la lettre de M. d'Agelet tout ce que vous trouverez trop fort ; mais comme elle ne portera point votre nom, vous ne serez point responsable de ce qui pourrait s'y trouver.

---

nouvelles méthodes exposées dans un rapport à l'Assemblée nationale le 22 septembre 1791 et recommande surtout la méthode de Borda.

1. Tome VI (paru en 1774) de *Mémoires de mathématiques et de physique*, présentés à l'Académie royale des sciences par divers savants.

2. Madame Bernoulli.

Vous pourrez toujours m'envoyer une vingtaine d'exemplaires de vos Lettres et de votre second volume[1]. Si Madame Desaint ne veut pas s'en charger, je les placerai chez quelque autre libraire ; vous m'avertirez à temps pour que j'obtienne une permission afin que la chambre syndicale de Paris n'en retienne pas dix exemplaires comme elle fait quelquefois.

J'ai bien été ou envoyé dix fois pour le feuillet de Bézout, chez M. Muzier libraire, il le promet tous les jours, je vais y envoyer encore aujourd'hui. Défiez-vous des remarques du P. Hell, il se trompe à coup sûr, et cela ne figurera pas bien dans votre ouvrage[2].

Je n'ai rien corrigé dans le *Catalogue d'étoiles* de l'abbé de La Caille.

Si vous pouvez m'envoyer la *Bibliographie mathématique* de Breslau, je vous serai bien obligé !

Messieurs du Séjour, père et fils, ont quitté leurs charges et sont tranquilles citoyens de Paris avec 50 milles livres de rente. Mrs. du Séjour, d'Alembert, La Condamine vous remercient de votre bon souvenir.

Je vous suis très obligé de la lettre de Mlle. Kirch ; j'ai été très sensible à son souvenir et très charmé de savoir de ses nouvelles ; je vous prie de lui envoyer demander sans délai et aussitôt la présente reçue les deux volumes de *Machina Cœlestis* d'Hevelius[3] ; de lui demander le prix qu'elle y veut mettre ou celui que vous arbitrerez vous-même, et je le lui enverrai sans délai. Je ferai mon possible pour lui faire vendre les autres livres dont elle m'envoie la note, mais je vous demande par grâce, mon cher confrère, de vous assurer de celui-là pour moi. Il n'y a que le second volume qui me manque, mais je pense qu'elle ne voudra pas le donner sans le premier ; mais le premier n'est pas cher et je les prendrai tous les deux pour ne pas manquer le second. Je vous aurai une véritable obligation, mais je vous supplie de m'écrire un mot dès que vous aurez le livre et de me l'envoyer avec vos *Lettres sur l'astronomie*, et votre second volume du *Recueil*. Je vous demande encore le volume où est le *Catalogue d'étoiles* avec le *Firmamentum sobiescianum*[4].

---

1. Ce sont les *Lettres astronomiques* et le *Recueil*, tome II de Jean Bernoulli.

2. Lalande critique Hell qui a envoyé tardivement ses observations du passage de Vénus sur le Soleil du 3 juin 1769.

3. Lalande a une belle bibliothèque en astronomie et cherche à l'enrichir avec l'aide de Jean Bernoulli.

4. La constellation créée par Hevelius en hommage à Jean Sobieski (1623-1696), roi de Pologne, est, en français, *L'écu de Sobieski*, soit aujourd'hui : *L'écu (Scutum)*.

Le Volume des *Éphémérides*[1] pour 1775-84 ne paraîtra que l'année prochaine, mais si Mlle. Kirch a besoin avant ce temps-là des nombres qui y sont, je la prie de vous le dire et je lui ferai copier la partie dont elle aura besoin.

Mille compliments à M. de la Grange, je compte sous peu de jours qu'il sera élu chez nous à la place de M. Morgagni, j'espère aussi qu'il partagera le prix à Pâques ; mais sur tout cela il n'y a que des probabilités, il faut attendre l'événement.

Bien des compliments aussi à M. Formey, à M. Merian, à M. Lambert j'attends ses tables allemandes que je vous ai demandées.

Je vous enverrai dans peu mon recueil général des observations et des résultats du passage de Vénus, vous verrez que la parallaxe ne saurait aller au delà de 8"50 ou 8"55 au plus[2].

Comment se porte votre chère épouse, elle écrit si bien ! Pourquoi ne lui dictez-vous pas, quand vous êtes paresseux, ou languissant? Je la prie de ne pas me faire attendre la réponse pour le livre du *Machina Cœlestis*, je me recommande à ses bontés pour cette affaire, qui m'intéresse beaucoup.

Je vous prie d'examiner si le livre 3 et le liv*re* 4 sont dans le second volume, sans cela le prix de l'ouvrage serait beaucoup moindre.

Je suis avec le plus tendre et le plus inviolable attachement

Monsieur et cher confrère,
Votre très humble et très obéissant serviteur
De la Lande

Vous n'avez point répondu à l'article principal de ma lettre qui était pour vous demander quels articles, précisement, vous vous proposez de faire dans les Suppléments de l'encyclopédie ; je suis bien étonné que Rousseau n'ait pas annoncé vos lettres[3], vous vous trompez peut-être, envoyez lui une petite annonce toute faite, ou je la lui enverrai moi même dès que j'aurai vu les lettres, alors il n'aura point de prétexte.

1. Tome VII des *Éphémérides* qui sont établies pour dix années sous la responsabilité de Lalande, après La Caille et Desplaces. De 1706 à 1708, Desplaces a publié les Éphémérides de l'Académie. En 1716, il a commencé la publication des Éphémérides pour dix années (1715-1725), tome I, suivi de deux autres tomes. En 1745, La Caille a continué ce travail et publié trois tomes ; le dernier, tome VI, a été publié en 1763 (pour les années 1765-1774) après sa mort. Avec ce tome VII, Lalande prend la relève. Cette série s'achèvera avec le tome IX.

2. La valeur de la parallaxe solaire est longuement disputée à cette époque entre les tenants de la valeur élevée (en France) et ceux de la valeur basse (en Angleterre). Voir p. 249.

3. Rousseau (Pierre) publie le *Journal encyclopédique*.

Il faudra me faire votre prochain envoi par le moyen de Bauer libraire à Strasbourg.

Voulez-vous des tables du nonagésime pour 40° 41° 43° ? Je les ai déjà, on calcule les autres.

Je viens d'avoir enfin la feuille de Bézout, je suis surpris qu'il vous manque un feuillet tout seul attendu qu'il n'y a point de carton dans cet endroit, c'est probablement une feuille retournée, quoiqu'il en soit je vous envoie une partie de la feuille, si vous la voulez toute entière je vous réserverai le reste.

Encore une fois mes 3 volumes d'Hevelius, je tremble que vous ne me négligiez, mais vous me feriez bien de la peine. Je lui enverrai l'argent sur le champ.

BA19

Lettre à *Jean III (111)* [40]

À Paris le 19 avril 1772

Monsieur et cher confrère

J'ai reçu le 16 votre lettre du 4, et j'y réponds avec empressement, en vous faisant mille remerciements de votre attention et de votre exactitude. J'ai été fort trompé dans mes espérances pour la machine céleste, dans la lettre de Mlle. Kirch j'avais lu ces mots <u>et pour ce qui est du prix de ces livres je ne saurais mieux faire que de m'en remettre à vous,</u> je croyais donc que s'en rapportant à un astronome elle y mettrait le prix qu'un astronome peut raisonnablement offrir ; mais je vois que cela est fort différent, ce livre a été vendu 100, 150 et 200 livres de France, à ma connaissance, je croirais donc faire un effort extraordinaire en donnant de ce second volume d'Hevelius 240 livres de France ou dix louis neufs, qui font environ 60 richsdales de votre pays, j'y renoncerai s'il est plus cher.

Firmamentum Sobiescianum, Prodromus, Catalogus fixarum que l'on a mis à 5 richsdales qui font environ 20 livres de France, cela ne vaut pas la peine de disputer, et je vous prie de retenir celui-là comme d'un marché fait et conclu.

Ne rendez pas cependant encore le second tome d'Hevelius, jusqu'à ce que vous m'ayez écrit le dernier prix, et reçu ma réponse, avec laquelle je vous enverrai une lettre de change si je me détermine à accéder à la nouvelle proposition qu'on nous fera.

Je viens d'écrire à M. Robinet pour le prier de me procurer des nouvelles de vos livres, de l'argent du libraire, et un extrait de la part de Rousseau.

Le catalogue de M. Bradley est déjà dans le *Nautical almanac* de 1773. Si les prétentions[1] du P. Hell n'avaient d'autre tort que de ne pas cadrer avec nos idées, vous pourriez les imprimer, mais si ce sont des paralogismes comme j'en suis sûr, vous ferez tort à lui et à votre livre, car je le relèverai encore, à moins que vous me le défendiez.

On trouve bien peu d'annonces de livres astronomiques dans nos journaux hors le *Journal des savants* ; nous avons le *Mercure de France*, le *Journal de Trévoux* ou des *Beaux Arts*, le *Journal de Verdun*, l'*Année littéraire* de Fréron ; l'*Avant coureur* et les *Affiches de Province* ; mais cela ne vaudrait pas la peine d'être rassemblé pour votre objet.

J'ai en effet quelques fautes pour l'ancienne édition de Gardiner que j'ai découvertes en faisant collationner l'édition d'Avignon à Paris tout de nouveau ; j'ai trouvé cette édition très bonne, je mettrai l'errata dans la *Connaissance des temps*[2], mais certainement il y avait plus de fautes dans l'édition anglaise au temps où elle parut qu'il n'y en a dans celle-ci, et les Anglais ont grand tort de la décrier, elle vaut mieux que la leur, pour le papier pour le caractère pour l'étendue des tables.

Nombres		logar*ithmes*[3]
101213	lisez	3630
4		4059
5		4488
6		4917
7		5346

Je chercherai de mon mieux le livre de la Loubère[4] que M. de la Grange demande, je vous prie de lui faire mes plus sincères compliments.

---

1. Les résultats du P. Hell sont critiqués par Lalande, à tort, comme il le reconnaîtra bien plus tard, en 1792 à la mort du P. Hell. Voir aussi p. 253.

2. Dans la *Connaissance des temps pour 1775*, publiée en 1774, les « Errata des Tables des Logarithmes… de Gardiner » sont aux pages 271-274.

3. La mantisse du logarithme naturel de 10121 est .0052234; celle du logarithme naturel de 10122 est .0052663 Les nombres figurant dans la seconde colonne de ar Lalande doivent être lus : .005223630, etc, .005225346, obtenus par simple interpolation sur une table de logarithmes à 7 décimales.

4. Ce livre de La Loubère est *Relation de Siam* (1691). « Dans le tome II, on trouve les *Règles de l'astronomie siamoise* pour calculer les mouvements du Soleil et de la lune, traduites du siamois, examinées et expliquées par M. Cassini ; les *Réflexions sur la chronologie*

Je ne connais pas même de nom l'observatoire de M. de Villermosa. On ne fait rien à l'observatoire de la Marine à Cadix, ni à Lisbonne.

Je vous remercie de tout mon cœur de l'extrait que vous avez donné [1] de mon *Astronomie*.

J'ai calculé l'orbite de la nouvelle comète voici mon résultat, on ne l'a pas revue depuis le 3 avril.

Nœud   8^s 12°43'
Inclin.   19   0'
Périhélie   3   18   6 le 18 fév. 20h51m T*emps* moyen à Paris
Dist. p.   1, 01814 mouv*ement* direct

Je n'ose vous envoyer par la poste mon *Mémoire sur le passage de Vénus* qui a 44 p. mais je vais tâcher de vous le faire passer par quelque libraire.

Je ne me porte pas si bien aujourd'hui que quand je vous écrivis en dernier lieu mais j'espère que ce ne sera rien.

Bien des respects à votre chère épouse, pourquoi ne vois-je point de son écriture actuellement, surtout que vous êtes indisposé ?

Je suis avec le plus tendre et le plus sincère attachement

Monsieur et cher confrère,
Votre très humble et très obéissant serviteur
De la Lande

BA20

Lettre à *Jean III* (112) [41]

À Paris le 22 mai 1772

Je vous fais mes plus sincères remerciements, mon cher ami, de la peine et de l'exactitude pour une commission [2] que j'avais fort à cœur. Je vous envoie tout de suite une lettre de change de 250#, il y aura quelque chose de

---

chinoise, par M. Cassini ; et le *Discours sur l'île Taprobane*, par le même. » (Lalande dans B&H, p. 324).
1. Extrait paru dans le *Recueil*, tome II de Jean Bernoulli.
2. C'est l'achat du volume d'Hevelius.

plus, mais vous joindrez ce que je pourrais vous devoir avec notre ancien compte. Je vous prie de joindre à l'envoi dont vous me parlez

1 e le second volume du *Machina Cœlestis*, je n'ai pas besoin du 1 er, je l'ai eu pour un demi louis, il y a longtemps.

2 e le volume qui contient *Prodromus astronomiæ cum catalogo firanum et firmamento sobiesciano*. On peut en détacher si on veut *Annus climactericus* qui paraît relié avec, mais que j'ai déjà.

3 e le *Mémoire* qui a remporté le prix de Berlin sur la meilleure construction des fours.

4 e le *Mémoire* qui a remporté le prix sur la question : les hommes abandonnés à leurs facultés naturelles pourraient-ils se former une langue.

5 e les *Tables* de M. Lambert, la *Bibliographie* de Breslau, vos *Lettres*, votre *Recueil*, les *Mémoires* de l'acad*émie* et le 3 e volume allemand de M. Lambert avec une petite note en français de ce qu'il contient, à moins qu'elle ne soit dans votre *Recueil*.

Je presserai Mad*ame* Desaint de faire un compte que je vous enverrai.

M. Durand, libraire, m'a promis de vous faire passer mon *Mémoire sur le passage de Vénus*.

M. de Buffon a donné son second volume d'oiseaux.

L'Académie va donner 1769 dans peu – 1770 est fort avancé d'imprimer.

J'ai déjà fait chercher partout le livre de La Loubère, inutilement, mais je continuerai. M. de la Grange sait déjà sans doute qu'il a été élu par l'Académie mercredi 20 ; il ne lui a manqué qu'une seule voix, de M. Hérissant qui hait M. d'Alembert et moi, et qui voyait que nous avions fort à cœur d'avoir l'unanimité des suffrages.

Notre *Géographie* de Nicole de la Croix est la plus estimée, pour un abrégé élémentaire, en 2 vol. *in 12°*, en y joignant l'Atlas moderne, à Paris chez Lattré, 2 vol. de 48 livres.

Il n'y a en France que le *Journal des savants*, le *Journal des Beaux Arts*, le *Mercure*, la *Gazette*, le *Journal de Verdun*, *l'Année littéraire*, le *Journal de Bouillon*, *l'Avant-coureur* et *les Affiches de Province* où l'on puisse rencontrer quelquefois des notes d'astronomie ; mais le Journal des savants est le seul où il y en ait souvent et de bien choisies [1].

Vous pouvez me citer tant que vous voudrez, pourvu que vous adoucissiez un peu les choses trop dures que ma confiance épistolaire pourrait hasarder avec vous ; mais je ne crains point d'être accusé d'erreur ou de partialité dans mes jugements en matière d'astronomie.

1. Lalande est le responsable de cette rubrique, donc les articles sont bien choisis.

M. Shepherd ne m'a rien envoyé de lui, mais il m'écrit les nouvelles et m'envoie les livres nouveaux. J'attends avec impatience le *Nautical Almanac* de 1774.

J'ai fait un *Mémoire*[1] sur le passage de *Mercure* de 1769, et j'ai trouvé le résultat des observations exactement conforme à mon annonce de la *Connaissance des temps* de 1769.

J'ai un correspondant à Lisbonne, un à Cadix, un à Copenhague, mais ils font peu de chose et écrivent fort peu.

La tragédie des *Druides*[2] de M. Leblanc a eu un si grand succès que les prêtres ont fait défendre de la continuer, ou de l'imprimer.

Les 1ers Volumes de l'Encyclop*édie* de Genève ne sont point encore, ce me semble, à Paris.

M. de la Place, géomètre habile, qui sera de l'Académie à la première occasion, pourrait-il faire imprimer un *Mémoire* dans vos volumes, en supposant que vous le trouvassiez bon, quoiqu'il ne soit pas de votre académie ; dites-le à M. de la Grange, cela nous ferait grand plaisir à M. d'Alembert et à moi.

M. Robinet m'a écrit qu'il avait répondu le 10 février à la lettre qui accompagnait votre article des Couleurs accidentelles, et qu'il allait communiquer à M. Weissembruch l'article de ma lettre qui concerne votre *Recueil* et vos *Lettres*.

Vous verrez dans le *Journal des savants*[3] un abrégé de la vie du docteur Bevis, à l'occasion de mon *Mémoire sur le passage de Vénus*. Vous y verrez aussi un extrait d'un livre très mal fait de M. Le Monnier intitulé *Astronomie nautique lunaire*.

1. Dans *Histoire de l'Académie et Mémoires* pour l'année 1772, ce long mémoire de Lalande, lu le 8 avril 1772, est publié sous le titre : « Passage de Mercure sur le Soleil, observé dans l'île de Java & en Pensilvanie le 9 novembre 1769 ». Non visible en Europe, ce passage a été observé à l'Est, dans l'île de Java et à Manille par Véron (la sortie seulement) et à l'Ouest, à Norriton (l'entrée et le milieu seulement), observation organisée par la Société philosophique Américaine présidée par Benjamin Franklin à Philadelphie. Ces observations ayant été publiées dans les *Transactions Philosophiques* de 1770 et 1771, Lalande les a utilisées et a pu en conclure l'exactitude de ses *Tables* de Mercure.

2. « Les *Druides* (tragédie en 5 actes et en vers), représentée pour la première fois sur le Théâtre Français, le 7 mars 1772. […] Cette pièce renferme, sous une versification âpre et bizarre, des idées hardies et philosophiques qui encoururent la réprobation du clergé et l'interdit de la police. » J. M. Quérard, *La France littéraire…*, tome V, 1833.

3. Dans le *Journal des savants* de septembre 1772, p.613, Lalande a publié un extrait de son mémoire sur le passage de Vénus qui contient l'éloge de Bevis, (note 2, BA17).

Adieu, mon cher confrère, je souhaite que vous vous portiez aussi bien que moi qui suis très bien rétabli. J'attends avec impatience votre envoi, et suis avec autant de considération que d'attachement

Monsieur et bon ami,
Votre très humble et très obéissant serviteur
De la Lande

S'il vous vient idée de faire pour M. Robinet d'autres articles que celui de *Tables*, vous me ferez le plaisir de me le dire pour que je ne les double pas.

BA21

Lettre à *Jean III* (113) [42]

À Paris 20 juillet 1772

J'attendais avec bien de l'impatience, mon cher confrère, votre lettre du 28 juin qui m'a appris que mes livres étaient partis, depuis le 6. Je suis surpris de n'en avoir encore aucune nouvelle. Si vous m'aviez dit par où et à qui vous les avez envoyés j'aurais été aux enquêtes, un mot je vous prie à ce sujet.

Je ferai avec soin la distribution de vos livres étiquetés[1], et je placerai les autres chez un libraire. Je vous remercie du soin que vous avez pris de me faire toutes mes emplettes et surtout Hevelius, à bon marché.

Quand la pièce[2] de M. Hennert sera imprimée, je vous prierai de m'en envoyer 3 exemplaires, avec quelques volumes de vos Mémoires qui manquent à M. Bézout. Les mss [*manuscrits*] de M. Godin[3] m'arrivent et sont en chemin pour 300# de France avec les 13#15s que je vous dois, je joins 24# que je vous prie de donner à M. de la Grange, M. d'Alembert me les a remis pour lui. C'est une restitution de l'huissier de l'Académie qui avait demandé deux louis et à qui on n'en a laissé qu'un sur l'argent du prix. Je vous en tiendrai compte dans le mémoire que nous ferons ensemble,

---

1. Les livres étiquetés : c'est-à-dire ceux qui ont une étiquette portant le nom du destinataire.

2. Hennert, mathématicien, a obtenu le prix de l'académie de Berlin avec sa « pièce ».

3. Godin, de l'expédition au Pérou, est mort à Cadix en 1760 ; Lalande a sans doute acheté ses manuscrits.

lorsque Mme Desaint m'aura donné sa note ; je viens encore de la lui envoyer demander.

M. de la Place travaille à un *Mémoire* que je vous enverrai ; j'en ai envoyé un pour lui à Pétersbourg. Si M. Euler ne pouvait pas l'y faire imprimer, je le prierais de vous le faire passer. Je vous prie de remettre à M. de la Grange le *Mémoire* imprimé de M. de la Place, qui vous remercie ainsi que moi de ce que vous voulez bien vous intéresser pour lui.

Je vous remercie de l'avis au sujet de la traduction de mon *Astronomie* en hollandais [1]. J'ai écrit là-dessus à M. Hennert. N'avez [-*vous*] point entendu parler de traduction en allemand ou en latin ?

Un de vos libraires qui était ici l'année dernière m'avait promis un exemplaire de la première édition en allemand ; faites-moi le plaisir de le lui rappeler, je serais bien curieux de l'avoir.

Je suis bien touché de votre langueur, je me porte mieux que jamais, et je voudrais bien partager mon trop de santé avec vous, qui avez une femme aimable, et que je suis fâché de ne pas connaître. J'irai quelque jour à Berlin pour faire connaissance, en allant à Pétersbourg pour voir la femme de mon cher Albrecht Euler.

Vous avez bien fait, selon moi, d'irriter un peu l'amour-propre des Anglais ; il est trop exigeant et trop révoltant pour les autres nations.

Avez-vous reçu mon *Mémoire sur le passage de Vénus*, ne trouvez-vous pas que j'ai bien prouvé les 8"1/2 .

Le voyage de l'abbé Chappe [2] par M. Cassini va paraître la semaine prochaine. Il y a un détail sur la parallaxe, qui n'est qu'un extrait de mon Mémoire.

Je n'ai encore rien fait pour les *Suppléments* de *l'Encyclopédie*, mais j'y travaillerai l'hiver prochain.

---

1. C'est donc Jean Bernoulli qui a informé Lalande que M. Steenstra fait traduire en hollandais son *Astronomie* par M. Strabbe ; le dernier volume paraîtra en 1780.

2. Le « Voyage en Californie, pour l'observation du passage de Vénus sur le disque du Soleil le 3 juin 1769, contenant la description de la route de l'auteur à travers le Mexique » par feu M. l'abbé Chappe d'Auteroche ; rédigé et publié par M. Cassini le fils (Cassini IV), directeur en survivance de l'Observatoire royal. Il paraît chez Jombert, libraire à Paris en 1772 (Journal des savans, décembre 1772). Les notes de Chappe ont été rapportées à l'Académie royale des sciences de Paris par l'ingénieur Pauly, survivant de cette expédition.

On est à EC, Tome XIV de l'*Encyclopédie* d'Yverdon *in 4°*. L'article
éclipse est fort long.

Mille compliments à M. Formey, M. de la Grange, M. Merian.

Je suis avec le plus tendre et le plus sincère attachement

Monsieur et cher confrère,
Votre très h*umble* et t*rès* ob*éissant* serv*iteur*
La Lande

BA22

Lettre à *Jean III (114)* [43]

À Paris le 3 août 1772

Monsieur et très cher confrère

J'ai reçu avant-hier le ballot de livres que vous m'avez expédié, où j'ai
trouvé mon *Hevelius*[1] avec un véritable transport ; je vous ai bien de l'obligation de votre complaisance, de votre empressement, de votre attention,
vous avez complété une bibliothèque astronomique dont je suis très jaloux
parce qu'elle m'a coûté beaucoup de soins, et d'argent, avec l'aide de
circonstances qui ne se retrouvent pas.

Je vais placer chez un libraire vos *Recueils* et vos *Lettres* ; je vais les
annoncer dans le *Journal*[2] ; j'ai distribué ceux qui étaient étiquetés.

Je n'ai point trouvé la pièce sur le Langage, qui a remporté le prix, et
que vous m'annonciez. Il est vrai que j'y ai trouvé un livre de M. Herder sur
le langage *Über der Ursprung der Sprache*, si c'est cela, je n'ai qu'à vous
remercier. Mais celui qui me l'a demandé sera bien attrapé car il la croit en
français.

Je vous prie de m'envoyer à la première occasion les *Mémoires* de
Berlin depuis 1758 inclusivement en feuilles, jusqu'en 1770, pour
M. Bézout. Mais il ne faudra pas faire de cela un ballot à part car celui-ci a
coûté 67 livres de frais, y compris le droit d'entrée. Peut-être quelqu'un de
vos libraires aura-t-il une occasion d'envoyer à Paris et vous en profiteriez.

---

1. C'est le second volume de *Machina cœlestis* dont Lalande a demandé l'achat, négocié
par Jean Bernoulli auprès de M elle Kirch (BA 18 et 20).
2. Le *Recueil* est annoncé dans le *Journal des savants* de décembre 1772 et les *Lettres*
dans celui de janvier 1773.

Je vous prierais d'y joindre la traduction allemande de la 1ère édition de mon *Astro*nomie que M. Spener m'a promise.

J'ai écrit à M. Robinet pour votre *Encyclopédie*.

J'écris encore aujourd'hui pour avoir un compte de Mad*ame* Desaint et savoir ce que je vous dois. Je n'ai pas pu l'avoir jusqu'à ce moment ; quand je saurai ce qui reste de votre 1er volume, je lui ferai la proposition de s'accommoder en bloc.

Je ne saurais vous remercier assez de la complaisance avec laquelle vous parlez sans cesse de moi et de mon livre dans vos ouvrages ; vous flattez plus mon amour propre que je ne flatte votre esprit par mes écrits. Je vous remercie en particulier d'avoir inséré la lettre de M. Dagelet au sujet des Anglais, vous avez bien fait d'en retrancher quelques mots trop durs [1], que je n'aurais pas laissés si j'avais été censeur de l'ouvrage.

Le catalogue où l'on a taxé 150 écus le livre d'Hevelius a tort, car je ne le donnerais pas pour 300, et je crois que tous ceux qui le possèdent sont dans le même cas.

On vient de publier la relation du voyage et les obser*vations* de l'abbé Chappe en Californie. M. de Alzate m'a envoyé une nouvelle carte manuscrite du Mexique, avec des observations de satellites qui rectifient la position de Mexico.

M. Bergeret, receveur général des finances, écrit à Londres à ma sollicitation pour avoir un mural [2] de 8 pieds, de Bird.

M. Le Monnier est absent, je ne sais quand je pourrai lui envoyer son exemplaire de votre livre ; vous a-t-il envoyé son *Astronomie nautique lunaire*, ridiculement faite ? Elle ne se vend point ; je ne l'ai eue que par ricochet [3].

Je suis, avec le plus tendre attachement et la considération la plus distinguée, mon cher confrère et bon ami

> Votre très humble et très ob*éissant* serv*iteur*
> La Lande

---

1. La lettre (annoncée dans BA17) écrite pour protester contre des allégations de Maskelyne et de Bailly publiées par Jean Bernoulli dans son *Recueil* tome I, a probablement été dictée par Lalande ; elle devait en effet être assez méchante.

2. Ce quadrant mural sera prêté à Lalande pour les observations à l'École militaire et acheté à sa demande après la mort de Bergeret. Le grand catalogue d'étoiles de Lalande y sera commencé par Dagelet en 1778 et achevé en 1801 par Michel Lefrançois, « neveu » de Lalande.

3. Lalande, toujours brouillé avec Le Monnier, ne s'adresse jamais directement à lui.

BA23

Lettre à *Jean III (115)* [44]

À Paris le 1 e déc. 1772

En répondant, mon aimable confrère, à votre lettre du 29 sept. souffrez que je commence par vous demander un plaisir qui intéresse l'envie extrême que j'ai de compléter ma bibliothèque astronomique. Dans le catalogue que M lle. Kirch m'envoya le 1 er mars de ses livres d'astronomie, il est dit que dans le 1 er livre de *Machina cœlestis* [1], sont reliés plusieurs ouvrages ; je les ai tous excepté le dernier :

Epistola de Cometa anno 1672 Gedani observatio

Pourrait-on me détacher celui-la qui est bien peu considérable, en payant beaucoup plus qu'il ne vaudrait seul ? Sinon il faut que j'achète le volume tout entier à cause de cette lettre. Daignez vous charger encore de cette négociation.

Ne serait-il pas possible de trouver à Berlin ces *Tables des sinus* de Pitiscus, dont j'ai donné la description dans le *Journal des savants* [2] ? Je payerais bien volontiers quelqu'un qui voudrait en aller faire la recherche chez les marchands de vieux livres.

Si vous prévoyez que les *Tables du nonagésime* ne puissent pas paraître dans un 3 e volume, je vous prierai de me les renvoyer, pour que je les mette dans la *Connaissance des temps*, avec d'autres que j'ai rassemblées depuis ce temps-la.

La dernière fois que Mme Desaint m'a fait un compte, il (*sic*) a marqué qu'il (*sic*) avait encore 75 exemplaires du Tome 1 du Recueil ; il en est resté deux à la chambre syndicale. C'est 23 de vendus, mais il a déboursé 61 # pour le port de la balle ; il a fait un envoi le 31 mai 1771 de 179 # 4 s ; et suivant vos lettres vous lui deviez 52 # sur l'envoi du 25 juin 1770 de 196 # 4 s ; ainsi, en mettant les 23 exemplaires à 4 #, ce qui fait 92 #, vous devriez encore 200 # à M. Bernoulli (*à Desaint ?*). Pour moi, il s'agit de 151 #, savoir 108 # pour 3 Gardiner et 43 # pour la part vous concernant de la caisse des 2

---

1. Lalande qui a acheté *Machina cœlestis* (ouvrage d'Hevelius, publié à Gedanus, nom latin de la ville de Danzig, en polonais Gdansk) s'aperçoit qu'il lui manque un texte : nouvelle demande.

2. Dans le *Journal des savants* de septembre 1771, page 579, Lalande a publié une lettre sur les Tables des sinus de Pitiscus, titre de ce livre : *Trigonometriæ sive de dimensione triangulorum, libri quinque* (4 e éd. 1612, 1 ère éd. 1595).

volumes du Recueil et des Lettres ; elle a coûté 67#, j'en prends 24 pour moi à raison de Hevelius, je vous dois 39# de trois articles, reste 112. Au reste, mon cher confrère, tout ce compte n'est que pour votre satisfaction, ne vous gênez point pour Mad*ame* Desaint ni pour moi. Je vous enverrai l'argent des livres que je vous ai demandés pour M. Bézout ; je vous prie de me les faire passer le plus tôt possible, ou par quelque ballot de libraire ou autrement.

Je vous remercie bien d'avoir remis les 24# de M. d'Alembert à M. de la Grange, je les ai compris dans les 39# ci-dessus.

Vous avez bien fait de m'expliquer les comptes de la commission économique pour que je ne m'expose pas à vous faire coûter de trop gros ports de lettres sans nécessité.

M. d'Alembert a voulu que je me chargeasse de retirer pour M. de la Grange les volumes que l'Académie lui doit comme associé étranger ; quand j'aurai occasion de vous envoyer quelque chose, j'y joindrai les livres de M. de la Grange, à moins qu'il n'ait quelque autre occasion à m'indiquer.

Vous m'étonnez de dire qu'il n'y a point de traduction allemande de la 1ère édition de mon Astronomie ; j'ai vu ici un jeune Spener qui m'a promis de me l'envoyer dès qu'il serait de retour à Berlin ; demandez lui un peu ce qu'il voulait dire.

Je vous enverrai le voyage de l'abbé Chappe dans le premier ballot.

Pour l'*Astronomie nautique lunaire*[1] de M. Le Monnier, il a dit qu'il vous l'enver*r*a.

Il y a actuellement 9 volumes de la réimpression de l'*Encyclopédie* à Genève et 17 de celle d'Yverdon *in 4°* à laquelle je travaille toujours.

Je ne connais personne qui eut le temps, le zèle, les connaissances et la correspondance nécessaire pour continuer votre Recueil ; c'est dommage que votre santé ne vous le permette pas, mais je prévois qu'il ne sera pas continué si vous l'abandonnez.

J'aurais tout autant de peine à trouver un libraire qui voulut s'accommoder de l'édition ; ils sont trop avides ou trop pauvres dans ce pays-ci. Cependant dites-moi combien vous en avez d'exemplaires, et le plus bas prix auquel vous puissiez le donner, et j'en parlerai à tous les libraires de ma connaissance

Je suis fâché que M. Bode perde encore son temps à faire des *Éphémérides*[1]. Celles de Bologne et celles de Paris se continuent, cela

---

1. *Astronomie nautique lunaire, où l'on traite de la latitude et de la longitude en mer* de Le Monnier, avec les tables du nonagésime, des observations de la Lune, etc. (B&H, p. 520).

n'est-il pas plus que suffisant. Ne vaudrait-il pas mieux que vous copiassiez les nôtres, et que vous l'employassiez à calculer des observations, des Tables plus utiles à l'astronomie. Le *Nautical Almanac*, la *Connaissance des temps* paraissent 18 mois d'avance. M. Lexell va donner une réfutation[2] du livre du P. Hell contre moi, car il y est aussi un peu attaqué ; mais il soutient que la parallaxe est 8" 60 au lieu de 8" 54 que j'avais trouvé ! Voilà ce me semble sur quoi peut rouler l'incertitude sur cet élément.

Nous venons de recevoir les *Transactions* de 1771 où il y a encore quelques observations du passage, comme celles de Tahiti, et les *Transactions* de la nouvelle Société américaine de Philadelphie où il y a une grande section qui comprend des observations, mais dont une partie a déjà été publiée.

Avez-vous des nouvelles de Mrs. Jean et Daniel ? Je suis obligé de vous en demander n'ayant pu aller en Suisse cet automne, et n'ayant point eu de lettres de Basle depuis 3 mois.

Bien des compliments à M. de la Grange, M. Formey, M. Merian, M. Lambert.

Je suis avec le plus tendre et le plus sincère attachement

> Monsieur et cher confrère,
> Votre très humble et très obé*issant* serviteur
> De la Lande

Donnez moi des nouvelles de votre santé, de celle de votre aimable secrétaire et de vos enfants. M. Le Monnier vient de donner encore un autre petit livre, et M. de Charnières un nouvel *Abrégé* pour les longitudes; mais vous verrez tout cela dans le *Journal des savants*.

---

1. Bode calcule les *Éphémérides* de Berlin. C'est pour cela que Lambert l'a fait venir.

2. Lexell répond au livre (au sujet de ses observations du passage de Vénus devant le Soleil) du P. Hell dont les résultats ont été discutés, réfutés. Dans le *Journal des savants* de février 1773, p. 90, Lalande qui avait attribué cette réponse à Euler, rectifie. Pour calmer les disputes au sujet des observations du P. Hell, il écrit, à propos du P. Hell, que : «*notre correspondance a toujours été pleine d'amitié & de respect de ma part, que je l'ai célébré dans toutes les occasions & que je n'ai mis dans notre dispute actuelle d'autre plainte personnelle contre lui, que celle d'avoir fait attendre si long tems aux Astronomes une observation qui leur était si nécessaire.*»

BA24

Lettre à *Jean III (116)* [45]

À Paris 17 février 1773

Monsieur et cher confrère

Je réponds à la fois à votre lettre du 8 décembre et à celle du 30 janvier, car j'attendais celle-ci pour savoir vos intentions sur ce qui est dû à Mme Desaint.

Je vous fais bien des remerciements des peines que vous vous êtes données pour moi auprès de Mlle. Kirch. Il faut absolument que j'aie l'épître d'Hevelius sur la comète de 1672, et si elle veut absolument 3 pistoles du volume entier, je vous prie de les donner et de le retirer chez vous de peur qu'il ne me manque ; je vous en serai très obligé. Elle aurait trouvé mieux son compte à détacher cette pièce moyennant une pistole.

J'ai découvert un Pitiscus [1] à Montpellier, qui est complet, et que l'on va m'envoyer. Je voudrais bien savoir si la partie qui manque à l'exemplaire de Paris, quoique annoncé dans le titre, manque aussi à l'exemplaire de votre bibliothèque de Berlin. N'avez-vous pas ma lettre sur ce sujet dans le *Journal des savants*, septembre 1771, c'est le commencement des sinus pour un rayon de 26 chiffres, et jusqu'à 35' avec 23 chiffres.

J'ai donné à Madame Desaint la note de tous les livres que vous me demandez par vos deux lettres, et elle m'a promis de vous les expédier incessamment.

Mais je n'ai pu la déterminer à se charger de vos livres malgré le rabais considérable que vous lui faites. J'en chercherai d'autres.

Vous avez dû voir votre lettre à Dom Noël que j'ai fait mettre très promptement dans le Mercure [2]. C'est un charlatan qui voudrait à toute force qu'on parlât de lui.

---

1. Lalande a trouvé l'ouvrage de Pitiscus à Montpellier (*Journal des savants*, juillet 1773, p. 511) ; ce livre lui a été offert par Poitevin, astronome de la Société des sciences de Montpellier.
2. Le journal *Mercure* a été fondé par Visé en 1672 sous le titre *Mercure galant*. A sa mort, il est repris successivement par différentes pesonnes, en 1714 par Lefèvre qui change le titre en *Mercure de France*. En 1758, il est dirigé par Marmontel, puis, en 1788, Panckouke en achète le privilège...

M. de la Place veut absolument que je vous envoie son paquet par la poste, il me rendra l'argent qu'il vous aura coûté, vous aurez la complaisance de me l'écrire.

Je vous prie de m'envoyer le 3ᵉ volume de M. Lambert dont vous m'avez envoyé un extrait, que j'ai mis avec grand plaisir dans notre Journal[1].

Je ne conçois pas que vos calculateurs aient besoin de faire copier des *Éphémérides* pour 1775, tandis que 1773 est à peine commencée, je n'ai personne actuellement pour cet ouvrage, qui est long, et qui me paraît inutile ; vous avez la *Connaissance des temps* pour 1774. D'ailleurs ils n'ont pas besoin des satellites, des conjonctions d'étoiles, des planètes ; ainsi j'aurais fait copier bien des choses inutiles ; dites moi ce dont on a besoin et je le ferai faire.

Je ne travaille pas encore à ma *Bibliographie*. Je fais imprimer un *Abrégé* de mon *Astronomie*. Je suis occupé des préparatifs du voyage de M. Dagelet et de M. Mersais aux Terres australes avec M. de Kerguelen qui avait reconnu déjà une terre vers 50° de latitude sous le méridien de l'île Rodrigue. J'ai aussi le procès des professeurs royaux contre l'Université qui m'occupe, et je n'ai pas fait grand chose cet hiver.

M. Robinet m'a écrit trois lettres pour les *Suppléments* et je lui ai promis d'y travailler incessamment.

Je ne voudrais pas que vous passassiez tant de temps à des *Tables* dont les astronomes ne se serviront guère et dont l'usage est trop limité, telles que vos *Tables* des étoiles circumpolaires ; il suffit d'avoir les principales, et cela est d'ailleurs très bien entendu. Ce que vous pouvez faire de plus utile sont des observations à votre mural, réduites et calculées ; cela n'est pas pénible. Votre aimable secrétaire pourrait très bien apprendre à les réduire, comme Madame Lepaute, et vous en tireriez des conséquences à loisir.

---

1. Cet extrait est dans le *Journal des savants* de mars 1773, p. 155-157.

Voici quelques observations de Tyrnaw [1], correspondantes à celles de M. Lichtenberg :

25 juin imm. du 1er sat.	14h20m 1s	
11 juillet	12h32	25 moins bonne à cause des nuages
22 octobre émersion	6h53	28
et à Senones	6h 11m	37s
29	8h50	14

à Paris le 6 octobre 7h 47m 40s, à Senones par M. Messier
L'éclipse de Lune du 11 octobre a été observée fort en détail à Paris et à Tyrnaw. Il ne s'agit que de savoir quelles phases M. Lichtenberg a observées, pour ne pas écrire inutilement.

Le commencement de l'émersion à Tyrnaw	7h 29m 17s
la fin décidée	8h 36m 16s

M. Bézout vous fait bien des remerciements des soins que vous vous donnez pour ses livres des Mémoires de Berlin ; il attendra bien l'envoi que vous nous ferez des Mémoires de 1771, mais je vous prierai de faire l'envoi dès qu'ils paraîtront.

Speiner (Spener) m'avait dit à Paris non pas qu'on traduirait mais que l'on avait traduit ma première édition [2] et qu'il l'avait chez lui, qu'il me l'enverrait ; il faut donc que ce jeune homme ne fut point au fait de sa boutique.

Mon Mémoire sur la hauteur du pôle de Berlin exigerait encore quelques jours et je ne puis les trouver à moi, tant que mon Astronomie, mes Ephémérides, mes Encyclopédies, mon Journal, les procès et les voyages se réuniront pour m'excéder ; sans parler du Collège royal et de la correspondance ; surtout n'ayant bientôt plus de secrétaire.

Je n'ai pas eu le temps de me mettre au fait de votre nouvelle espèce de calcul proportionnel ; il m'a semblé que cela ne pouvait pas différer de ma Table de la correction des secondes différences que j'ai donnée dans la Con. des temps fort en détail.

Les Tables qui donneraient sur le champ le 4e terme d'une proportion comme celle-ci 1° 25' 39" : 3h 0m 0s : 29 &c. seraient trop volumineuses

1. L'observatoire de Tyrnaw est l'observatoire de l'université où les observations ont commencé en 1762 sous la direction du P. Weiss. En 1780, il sera transféré à Pest (maintenant partie de Budapest).

2. Au sujet d'une traduction en allemand de l'Astronomie de Lalande, Jean Bernoulli a écrit dans son Recueil, Tome I, p. 246 : « M. Scheibel, professeur de physique et de mathématique et astronome à Breslau, a commencé à traduire « Astronomie », obligé d'abandonner, il attend la 2e édition »

pour être mises entre les mains de tout le monde ; et l'on préfèrera les logarithmes à cause de leur peu d'étendue.

Adieu, mon très cher confrère, mille respects à votre aimable compagne. Je suis avec le plus tendre attachement votre très humble et très obéissant serviteur

De la Lande

BA25

En haut, à gauche : M. Bernoulli / à Berlin
Note de M. Rançon, commis de Madame Desaint *(117)* [46]

Paris le 17 mars 1773

Monsieur

Je remets au carrosse, à l'adresse de Mrs. Franck frères à Strasbourg pour vous faire passer un paquet contenant ce qui suit :

1. *Hist*oire de l'*Acad*émie année 1769, 4°	11#
1. Tom*es* 3 et 4 des *Oiseaux*	5
1. Id. br. en Carton	5
1. Tom*es* 21 et 22 *Hist*oire *mod*erne Br	4
1. *Connaiss*ance *des temps* br 1774	8
1. Voyage de Chappe en Californie	7
1. *Astronomie nautique*	2
2. Planisphère de Vaugondy	12
Emballage	1
	50#

M. Delalande m'a chargé de vous faire passer cette petite note à laquelle il manque le Tome VI des *Mémoires* présentés qui ne paraît pas.

On n'a pas trouvé la carte des routes de *Mercure* par M. Libour, l'*Almanach astronomique* annoncé chez Desnos, ni le livre gravé qui accompagne les *Zodiaques* d'Heulland.

Il n'y a pas de *Nécrologe* des hommes célèbres complet ; ce titre paraît annoncer beaucoup de choses, et ne contient que des annonces de deuil, et comment et combien de tems on les porte. On ne trouve dans ce Bureau que les feuilles de l'année courante.

Il n'y a plus de *Connaissance des tems* de 1773, ni des *Éphémérides*. M. Delalande m'a dit que je ne trouverai pas ce dernier.

Vous trouverez dans le paquet plusieurs remises pour différentes personnes de votre ville. Les 1er et 2e *Recueil des Astronomes* vont bien doucement, ainsi que les *Lettres*. Je l'ai dit à M. Delalande.

J'ai l'honneur d'être très parfaitement

> Votre très humble
> Et très obéissant serviteur
> Rançon
>
> Pour V ve. Desaint

BA26

À Monsieur / Monsieur Jean Bernoulli / astronome de l'académie royale des sciences / de Prusse / à Berlin

Lettre à *Jean III (118)* [48]

À Paris le 22 juillet 1773

Monsieur et cher confrère

J'ai reçu avec grand plaisir votre lettre du 26 juin et ensuite la caisse de livres que vous m'annonciez, et dont je vous remercie de tout mon cœur. Je vois avec bien du regret que votre santé est toujours faible ; je vous invite mille fois à la ménager, vous ferez plus quand elle sera rétablie, oubliez tout jusque-là.

Vous m'annoncez 14 volumes pour M. Bézout, savoir 5 volumes de rencontre, 10th. 7 volumes pris chez le libraire 6th 16gr 21th. et 2 volu*mes* des nouveaux *Mém*oires 6th. 16g. Or il n'y en avait que 13 dans la caisse, celui de 1758 que je vous avais demandé n'y était pas, il sera probablement resté chez vous.

Vous évaluez ces 37th. 16gr. à 135# 12s de France ; cela ferait 3# 12s ¼ pour chaque thaler, mais ils valaient 4# de France quand j'étais à Berlin, les richsdales d'Empire ne valent que 3# 6s. Je ne sais pas ce calcul-là ; combien évaluez-vous vos thalers, comment se subdivisent-ils ?

Vous comptez 5 pour faux frais emballage &c ; est-ce des livres de France ou des thalers ? Je ne comprends rien à votre compte et je vous prie de me le détailler pour que je rende à M. Desaint pour votre compte tout ce que je recevrai de M. Bézout, accompte sur les 200# que vous lui devez suivant votre lettre du 8 déc. dernier et de l'envoi qu'il vous a fait postérieurement.

J'ai remis à M. d'Alembert le paquet de M. de la Grange, à M. l'ambassadeur et à M. de Condorcet ce qui les concernait.

Je prie en grâce M. de la Grange de ne pas négliger l'*Opus palatinum* qu'il me fait espérer.

La caisse a coûté 60# de Berlin à Paris, sans compter les 5th que vous aviez payés vous-même. Mais enfin, une fois l'année, il faut bien en passer par là et avoir les livres dont on a besoin. Je vous enverrai par le premier envoi avec les livres que j'ai de l'Académie pour M. de la Grange les choses que Mme Desaint ne vous a pas envoyées, et le livre du P. Gaubil[1] que je trouverai facilement, si vous en avez envie.

Je voudrais bien avoir aussi un exemplaire du *Commercium*[2] d'Adelbulner.

Je voudrais bien que l'on vint à bout de publier les mss. (*manuscrits*) de Kepler et en attendant, je vous prie de me donner un détail de ceux qui les ont, et de ce qu'on fait à ce sujet.

Le procès[3] des professeurs royaux a été gagné et il nous procure à chacun 600 livres de rente d'augmentation.

La carte sélénographique de La Hire est encore entre les mains du marchand ; l'Académie voudrait bien la faire acheter par le Roi, mais il n'y a pas apparence qu'on la fasse graver. Dès que je serai un peu débarrassé, je mettrai au net mon *Mémoire*[4] sur la hauteur du pôle de Berlin.

Le Tome 7 des Éphémérides.[5] ne paraîtra qu'à la fin de l'année, ainsi que le Tome 6 des Mém*oires* présentés.

Les *Mémoires* de 1770 dans un mois.

---

1. Le P. Gaubil (1689-1759) a effectué en Chine un très long séjour, comme missionnaire ; le livre dont il est question est sans doute son histoire de l'astronomie chinoise.

2. Adelbulner a publié en 1733 et 1735, à Nuremberg, « Commercium litterarium ad astronomiæ incrementum inter hujus scientiæ amatores communi concileo institutum ».

3. Le procès des professeurs royaux a opposé le Collège royal de France à l'Université de Paris. Lalande a été chargé à ce sujet de démarches auprès de l'abbé Mignot, neveu de Voltaire (pour plus de détails voir S. Dumont, p. 120).

4. Lalande n'a toujours pas envoyé à Jean Bernoulli ce mémoire qu'il avait proposé en 1770 (lettre BA8).

5. Le tome 7 des *Éphémérides* est le volume pour dix années, préparé sous la direction de Lalande (voir lettre BA18) ; les *Mémoires* de 1770 sont ceux des membres de l'Académie des sciences de Paris.

Vous aurez facilement :

La carte de Libour[1]
Les tablettes de Desnos[2]
Le livre du Zodiaque
Les sinus versés (?) de M. Le Monnier
Le nécrologe[3] où est l'éloge de M. Delisle

Je n'ai pu trouver d'acquéreur à la place de Mad*ame* Desaint, et je sais malheureusement trop la difficulté qu'il y a d'en trouver. M. Magalhaens est un jésuite de Londres, très zélé pour notre correspondance, un peu marchand ce me semble. Son travail sur les quartiers de réflexion[4] paraît très bon et nous lui sommes tous fort attachés.

La supercherie des anti-newtoniens[5] ne m'étonne point ; il y a des fripons dans tous les genres.

M. de la Place m'a remis 16# 13s de France pour le port de son paquet, et vous pouvez les mettre sur mon compte. M. de la Place demande un *Mémoire* que M. de la Grange avait à lui envoyer.

Je vous prierai de m'envoyer vos *Éphémérides* quand elles paraîtront.

Je vous aurais bien fait copier la partie dont vous aviez besoin, mais vous ne vous étiez pas assez expliqué ; vous n'aviez que faire de nos saints, de nos satellites, des planètes, &c.

M. Scheibel, à la page 468 de sa *Bibliogr*aphie, demande qu'on l'avertisse s'il se faisait quelque traduction de mon *Astronomie* en

1. Carte des routes de Mercure sur le disque du soleil dans les passages de 1776, 1782, 1786, 1789 et 1799, par M. Libour, 1772.

2. Il s'agit du cosmoplane de l'abbé Dicquemare (fabriqué par Desnos ?). Cet instrument de géographie et de cosmographie est composé de deux plaques, dont l'une tourne concentriquement dans l'autre, qui a vingt pouces de diamètre. Cette dernière offre, à sa partie supérieure, une portion de cercle d'environ 50°, sur laquelle est marquée la déclinaison du soleil ; au-dessous est un demi-cercle où sont marqués les climats, les zones, les durées des jours. (Lalande, B&H).

3. Le *Nécrologe des Hommes célèbres de France* paraît chaque année depuis 1766. On y trouve les éloges des personnages célèbres décédés dans l'année.

4. Ce travail a été publié en 1775 dans les mémoires de l'Académie sous le titre : « Description des octans et sextans anglais, ou quarts-de-cercle à réflexion, avec la manière de s'en servir ».

5. Au XVIIe siècle, une querelle agressive avait opposé, les newtoniens, avec Cassini I, aux cartésiens, qui défendaient la théorie des tourbillons de Descartes; en 1773, les tenants obstinés des tourbillons restaient encore actifs, malgré le résultat des expéditions académiques (1735-1745) de Laponie et du Pérou, qui démontrèrent que la Terre était aplatie aux pôles.

allemand. Ne savez-vous point s'il aura reçu quelque avis en conséquence, et pourriez-vous le lui demander :

Il m'a traité assez mal relativement à ma dispute [1] avec le P. Hell. Dites-lui, je vous prie, que je vous en ai porté mes plaintes. M. Lexell de Pétersbourg, M. Wargentin et M. Planman ont travaillé à ma justification. Mille respects à votre aimable secrétaire ; pourquoi n'aurait-elle pas le temps de calculer un peu pour vous soulager ? Cela vaudrait mieux que de faire des enfants.

Je ne vous écris pas des nouvelles astronomiques, vous voyez le Journal des savants et je les y mets exactement ; mais je vous remercie bien des vôtres que je ne pourrais pas savoir si vous ne me les écriviez pas.

Je suis avec le plus tendre attachement

Monsieur et cher confrère,
Votre très humble et très obéissant serviteur
DelaLande

Rép. Le 25 sept. (écriture de J. Bernoulli ?)

BA27

Lettre à *Jean III (120)* [49]

Paris le 19 nov. 1773

Vous êtes bien à plaindre, mon cher confrère, d'avoir un rhume horrible le 25 sept. J'étais ce jour-là à <u>Cette</u> (*Sète*) en Languedoc, sous le plus beau ciel, que n'y étiez-vous et vous n'auriez pas été enrhumé. J'ai observé l'anneau de Saturne ou plutôt la phase ronde [2] le 28 et j'ai suivi le beau canal de Languedoc. Je suis revenu par Bordeaux, Rochefort, Tours et Orléans. Après avoir fait mes 400 lieues, et je retrouve votre lettre en arrivant à Paris à laquelle je réponds ainsi qu'à notre cher Daniel.

---

1. Le P. Hell a eu des soutiens (Scheibel et, par exemple, Pingré) dans sa dispute contre Lalande qui en a eu de son côté : « *Planmann réfute Hell avec aigreur* » (Lalande dans le *Journal des savants*, juin 1773, vol. 2, p. 365).

2. Lalande est allé en Languedoc pour observer la disparition puis la réapparition de l'anneau de Saturne. Le 28 septembre, il est à Béziers, un peu plus tard, il est à Toulouse où il observe avec Darquier la réapparition de l'anneau.

M. de la Grange a bien de la bonté de s'occuper de mon *Opus palatinum* ; je lui en serai bien obligé, mais je ne fixe point de prix, quoi qu'il coûte je serai très content de l'avoir, et de le devoir à ses soins.

Je n'ai point encore fait partir les trois Arts[1] que j'avais à lui ; je vais y joindre les suivants, avec les *Mémoires* de l'Académie et les livres que vous me demandez pour faire un envoi direct ; car quand on attend les ballots de libraires, on a le temps de s'impatienter, il vaut mieux payer 3# par volume. Le Tome 7 des *Éphém*érides n'est pas encore achevé d'imprimer. Comment le *Commercium epistolicum* d'Adelbulner imprimé à Nuremberg se trouve-t-il en Suède.

Je vous remercie de la note détaillée des manuscrits de Kepler, je tâcherai de la publier dans le Journal.

M. Lambert a beau continuer d'écrire en allemand, je ne l'apprendrai pas, je suis trop vieux ; mais dites-lui que je voudrais plutôt apprendre le grec, et faire de bons ouvrages ; je les écrirai dans cette langue que peut-être il ne sait pas afin de lui rendre la pareille.

Mad*ame* Bernoulli aurait dû me détromper elle-même de la persuasion qu'elle ne s'amuse qu'à faire des enfants, j'aurais eu avec une extrême satisfaction des nouvelles de ma promise[2] et de celles de sa maman que j'assure de mes plus tendres respects. Si elle ne s'offre pas de bien bonne grâce à calculer je pense bien que vous ne lui donnerez pas de calculs à faire, mais en tout cas n'en faites point que votre santé ne soit bonne. Ne faites pas non plus de cri-out[3], donnez-moi plutôt votre délégation, j'irai la recevoir à Berlin.

Le livre de M. de la Grange pour M. le M. Caraccioli est encore au logis quoique j'eusse écrit avant mon départ à son Excellence de le faire prendre chez moi et que je l'ai laissé chez M. Lepaute[4]. Je viens d'écrire une seconde fois. Il a coûté 3#15s de France de port et de droit d'entrée, de même que chacun des volumes *in 4°* qui étaient dans le ballot.

---

1. Les «*Arts*» : les membres étrangers de l'Académie des sciences reçoivent les publications de l'Académie. Les *Arts* (description de métiers) sont édités par l'Académie depuis 1761, c'était un projet de Colbert enfin réalisé. Le 60ᵉ volume paraît en 1773. Pour plus de détails, il faut consulter le livre d'Annie Chassagne, p. 159. Lalande a rédigé neuf de ces volumes de 1761 à 1767. Jean Bernoulli en commandera quelques-uns (voir BA33 b).

2. «Ma promise» est sans doute le premier enfant des Bernoulli qui a environ quatre ans. C'est là une gentillesse de Lalande à l'intention de Madame Bernoulli.

3. Expression anglaise : «*cry out*» est une réclamation.

4. Depuis 1772, Lalande habite place du Palais-Royal, dans la même maison que les horlogers Lepaute. En son absence, il a déposé chez eux ce livre pour M. Caraccioli.

Si M. de la Grange pouvait trouver les *Éphémérides* de Kepler pour 1618 &c. ou si on pouvait les avoir de la personne qui a les manuscrits, et qui a aussi ce livre-la, cela me ferait grand plaisir. C'est le livre le moins intéressant de Kepler, mais c'est qu'il me manque et que j'ai tous les autres. C'est une folie que de demander un si grand prix de mss. de Kepler ; j'ai eu à Cadix ceux de M. Godin, de Tycho, d'Hevelius, de Louville, pour cent écus, rendus à Paris ; je crois qu'on devrait me donner pour le même prix ceux de Kepler qui ne sont importants qu'à cause du nom, mais dans lesquels il ne peut rien se trouver d'utile pour nous ; il a trop imprimé pour que ses belles idées soient restées dans ses papiers.

Adieu mon cher confrère, mille amitiés à M. de la Grange, M. Formey, M. Merian, M. Lambert.

Je suis avec les sentiments inaltérables que vous me connaissez

> Mon cher ami,
> Votre très humble et très Obéissant serviteur
> De la Lande

N'oubliez pas le volume[1] de 1758 que M. Bézout m'a payé et qu'il attend par la première occasion.

Avez-vous observé ou quelqu'un en Allemagne la disparition de l'anneau de Saturne ?

BA28

Lettre à *Jean III* (121) [50]

À Paris le 26 février 1774

Depuis votre lettre du 14 décembre, mon très cher confrère, j'ai toujours attendu de voir venir les choses que vous me faisiez espérer, et je viens vous les rappeler, car je suis impatient : les *Mémoires* de l'Académie 1758, vos *Éphémérides*, l'*Opus palatinum* que M. de la Grange me promet (le prix n'y fait rien) et surtout les *Éphémérides* de Kepler dont vous m'avez flatté. J'aime mieux payer le port un peu cher et avoir tout cela le plus tôt possible. Vous êtes bien aimable de vouloir me donner les *Éphémérides* de Kepler que je cherche depuis si longtemps ; la

---

1. Ce volume est celui des mémoires de l'Académie de Berlin.

Connaissance des temps de 1773, quoique difficile à avoir actuellement ne sera pas un sacrifice proportionné. Dites-moi comment je pourrai m'en reconnaître.

Mes *Éphémérides*[1] ne sont point encore tout à fait achevées mais elles paraîtront d'abord après Pâques ainsi que la Connais*sance* des T*emps* de 1775. Vous recevrez tout cela avec les autres commissions que vous m'avez données.

Comme j'avais déjà mis dans le *Journal des savants* une notice sur les mss. de Kepler, je n'ai pas pu y mettre votre lettre, mais je la garde pour en faire usage quand on aura oublié l'autre.

Pourrez-vous me procurer un petit extrait en français de vos *Éphémérides* tudesques.

Je m'occuperai de mon *Mémoire* sur votre hauteur du pôle aussitôt que j'aurai fini mon *Encyclopédie*[2]. Car je ne veux plus faire de diversion, et il faut m'ennuyer tout d'une fois pour n'y plus revenir. L'article *Tables astronomiques* que vous avez préparé pour les *Suppléments* est-il fini, pourriez-vous m'en envoyer une copie pour l'*Encyclopédie* d'Yverdon? Y donnerez-vous une notice de tous les grands recueils de *Tables*.

M. de la Grange a-t-il reçu le paquet que j'ai remis le 30 juillet 1773 contenant 3 *Arts de l'Académie* : le fabriquant de soie, le plombier, le menuisier en meubles. J'en ai encore un gros paquet à lui envoyer à la première occasion.

M. Bailly a mis une réponse dans le Journal encyclop*édique* à laquelle je répondrais[3] volontiers dans le 3e volume de votre *Recueil*, s'il paraît quelque jour, mais les journaux fugitifs ne valent pas la peine.

Mon *Abrégé d'Astronomie* paraîtra cette semaine ; c'est un volume *in* 8°, comme celui de l'abbé de La Caille.

Le P. Boscovich qui est à Paris, et à qui le Roi a donné 8000# de pension, m'a chargé de vous faire bien des compliments et de vous remercier du bien que vous avez dit de lui dans votre *Recueil*.

J'ai bien parlé de vous ces jours ici avec M lle. de Beausobre, personne fort intéressante. M. de Beaumarchais vient d'être condamné au Blâme[1],

---

1. Mes *Éphémérides* : il s'agit à nouveau des *Éphémérides des mouvements célestes pour le méridien de Paris*, tome VII, établies sous la direction de Lalande.

2. C'est l'*Encyclopédie, ou Dictionnaire universel raisonné des connaissances humaines* imprimée à Yverdon par de Felice de 1770 à 1780, pour laquelle Lalande rédige les articles sur l'astronomie.

3. La réponse de Bailly aux accusations de Lalande parues dans le *Recueil* tome II a été publiée à Paris ; il l'a aussi envoyée à Jean Bernoulli pour son *Recueil*, tome III. Celui-ci ne la publie pas et annonce qu'il refusera dorénavant toute polémique.

note infamante, malgré les beaux *Mémoires* qui lui ont fait tant d'honneur. On assurait que le R. de P. [2] les avait trouvés si bien faits qu'il lui avait offert un asile avant le jugement.

Mille compliments à Mrs. de la Grange, Formey, Merian, Lambert et à Mrs. B. de Basle quand vous leur écrirez.

Je suis avec autant de considération que d'attachement

Monsieur et cher confrère,
Votre très humble et très ob*éissant* ser*viteur*
De la Lande

Qu'est-ce que M. de P. – on dit *Paw* –, qui a fait les recherches sur les Égyptiens et les Chinois ; comment prononce-t-on ce nom, où demeure-t-il, que fait-il, quelle réputation a-t-il ? Son ouvrage est bien attaqué dans ce pays ci.

Mille tendres respects à votre aimable secrétaire, je ne vois plus de son écriture, ne fait-elle plus que des enfants?

Avez-vous remarqué votre généalogie dans le *Journal des savants*?

Autre écriture (sans doute de J. Bernoulli) :
Mét*hode* d'obs*ervation* sur la mer h (*hauteur*) des astres par M. Bouguer
État du Ciel de M. Pingré
Qui a réduit les asc*ensions* d*roites* et les décl*inaisons* en Long*itude* et lat*itude* et com…

Algèbre de M. Euler *(ceci est d'une autre écriture, mais peut-être de Lalande)* de M. de Murr

---

1. Beaumarchais est poursuivi en calomnie par M. Goëzman auquel il a réclamé la restitution complète du présent qu'il lui a fait en tant que rapporteur dans un procès (car Goëzman s'est prononcé contre Beaumarchais, ayant obtenu davantage de son adversaire). Faisant appel à l'opinion publique, Beaumarchais publie ses *Mémoires judiciaires*. Le parlement Maupéou, ainsi ridiculisé, rend un arrêt bizarre et condamne toutes les parties au *blâme* (1774) (pour plus de détails, voir P. Larousse, *Grand Dictionnaire universel du XIXᵉ siècle*).

2. Le R. de P. est le roi de Prusse.

BA29

Lettre à *Jean III* (122) [51]

Paris, 4 avril 1774

Je vous fais mille et mille remerciements, mon cher et aimable confrère, des *Éphémérides* précieuses que vous m'avez envoyées ; c'était la seule partie de Kepler qui me manquât, et j'en étais bien curieux, c'est un trésor pour moi.

En revanche, je vous envoie la *Connaissance des temps* de 1773 ; c'était le seul exemplaire qui me restait, excepté celui qui est à mon usage ; mais ce sacrifice ne vaut pas l'autre, il y a d'ailleurs toute la différence de Kepler à moi. J'y ai joint 4 exemplaires de mon *Mémoire*[1] sur les comètes, le livre de M. de Charnières et mon portrait.

Je vous enverrai le reste avec les *Éphémérides*, du moins ce que je pourrai trouver, car *Fontaines des Crutes*, et la *Théorie des comètes* de M. Le Monnier sera difficile à avoir. Le *Nécrologe* ne peut se trouver, il en manque deux années, et les autres coûtent 3 livres chacune. J'ai envoyé le petit paquet à M. Durand.

Voulez-vous aussi les *Mémoires* de 1770 et le livre[2] du P. Gaubil ; je ferai chercher celui-ci car il est déjà ancien.

Le Tome VI des *Mémoires* présentés et la *Connaissance des temps* de 1775 ne paraissent pas encore.

Je vous envoie une lettre de Mad*ame* de La Condamine pour Mad*ame* de Maupertuis, je ne sais pas son adresse ; si vous la savez, je vous prie de me l'apprendre, et si vous la voyez de l'assurer de mes respects.

Samedi 2, on avait perdu ici l'anneau de Saturne, je ne faisais plus que le soupçonner.

---

1. Ce mémoire est : « *Réflexions sur les comètes qui peuvent approcher de la Terre* » publié en 1773. Cet ouvrage a semé la panique dans Paris : une comète arrive et va heurter la Terre ! Fausse interprétation, Lalande avait seulement écrit que certaines comètes pourraient, dans certaines conditions, tomber sur la Terre. C'est cette panique qui a conduit Lalande à pourfendre toutes les superstitions irrationnelles : peur des comètes, ou peur des araignées.

2. C'est peut-être : « *Traité historique et critique de l'astronomie chinoise* », publié en 1732, ouvrage le plus célèbre du P. Gaubil. Les manuscrits qu'il a envoyés en France, pendant sa mission à Pékin, ont été publiés (avec d'autres) par le P. Soucier dans *Observations mathématiques, astronomiques, géographiques, chronologiques et physiques tirées des anciens livres chinois...* (1729, 1732).

N'oubliez pas de m'envoyer vos *Éphémérides tudesques*, je tâcherai d'en tirer quelque chose au moyen d'un interprète. Si vous pouvez vous procurer Adelbulner ne m'oubliez pas. J'ai écrit en Suède inutilement, du moins je n'ai pas encore de réponse.

Le manuel de la grive est encore une chose que personne que moi ne pouvait vous procurer ; mais je ne prétends pas vous faire valoir le sacrifice.

M. de la Grange a écrit à M. Marguerie une lettre par trop flatteuse ; l'insolence de cette petite grenouille en a été furieusement enflée ; je voudrais bien au contraire savoir le sentiment rigoureux de M. de la Grange pour remettre l'avorton à sa place.

M. Bézout vous remercie bien du volume de 1758.

Est-il possible de trouver encore la *Dissertation*[1] de M. Veidler (*Weidler*) sur les différents observatoires de l'Europe.

Savez-vous qui est-ce qui a acquis les mss de Kepler ; je voudrais bien ne pas les perdre de vue ; et si quelque jour, je suis un peu plus au large, je ferai une nouvelle tentative pour les avoir à un prix honnête.

Je crois vous avoir fait les remerciements du P. Boscovich ; il a ses 8000 livres de pension et travaille beaucoup.

Mille compliments à M. de la Grange, à M. Formey, à M. Merian. J'ai bien parlé de vous avec Mlle. de Beausobre, dont j'avais connu le père à Berlin.

Je suis avec le plus tendre attachement

> Votre très humble et très obéissant serviteur
> De la Lande

---

1. De Weidler : *Commentatio de præsenti specularum astronomicarum statu*, édité à Wittemberg en 1727, autrement dit : description de divers observatoires.

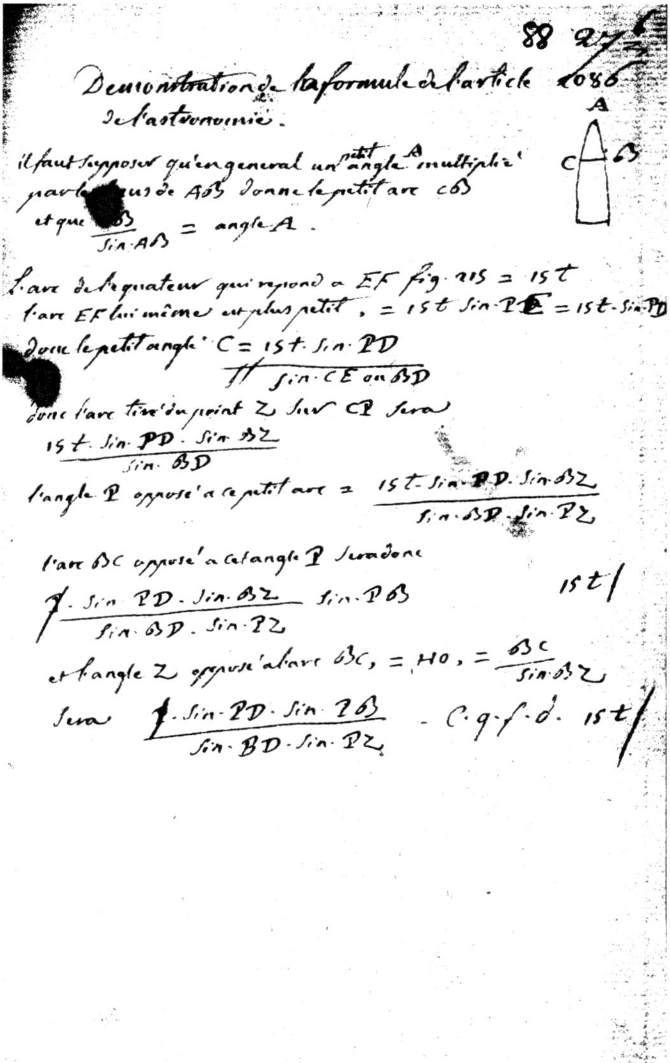
88 2776

Demonstration de la formule de l'article 1086 de l'astronomie.

il faut supposer qu'en general un petit angle A multiplié par le sinus de AB donne le petit arc CB et que $\frac{CB}{\sin AB}$ = angle A.

l'arc de l'equateur qui repond a EF fig. 215 = 15t

l'arc EF lui même est plus petit, = 15t sin PE = 15t sin PD

donc le petit angle C = $\frac{15t \sin PD}{\sin CE \text{ ou } BD}$

donc l'arc tiré du point Z sur CP sera $\frac{15t \sin PD \sin BZ}{\sin BD}$

l'angle P opposé a ce petit arc = $\frac{15t \sin PD \sin BZ}{\sin BD \sin PZ}$

l'arc BC opposé a cet angle P sera donc

$\frac{15t \sin PD \sin BZ}{\sin BD \sin PZ} \sin PB$

et l'angle Z opposé a l'arc BC, = HO, = $\frac{BC}{\sin BZ}$

sera $\frac{15t \sin PD \sin PB}{\sin BD \sin PZ}$ C.q.f.d.

Figure 5 : Une page des calculs de Lalande.

BA30

À Monsieur / Monsieur Bernoulli, astronome de l'académie / royale de Berlin / à Basle

Lettre à *Jean III (123)* [52]

1er août 1775

Je vous félicite, mon cher confrère, de votre voyage ¹ et de votre retour. Je me reproche de ne vous avoir point écrit pendant votre tournée, mais j'étais dérouté par votre fréquent changement, et ne pouvais vous parler d'affaires pendant que vous étiez hors de chez vous.

J'étais cependant fort impatient de me plaindre à vous de l'affectation de M. Lambert à parler contre moi dans vos deux volumes d'*Éphémérides*, tandis que j'ai fait son éloge dans toutes les occasions. Sachez-en, je vous prie, la cause et tâchez d'affaiblir la prévention ou l'inimitié qu'il affiche. C'est une chose bien singulière que sa manière de réfuter le dérangement que j'ai prouvé dans le mouvement de Saturne, que de dire que les observations françaises s'accordent moins avec ses formules que les observations d'Angleterre et d'Allemagne ; a-t-il eu une suite d'oppositions de Saturne depuis 30 ans observées ailleurs qu'en France.

Je vous remercie de tout mon cœur d'avoir fait des notes sur mon voyage d'Italie ; je désire beaucoup que vous les publiiez, mais Mad. Desaint qui se propose de faire une seconde édition de mon voyage avec beaucoup de corrections que je lui ai promises gratis, ne se déterminerait pas à traiter pour d'autres additions ni pour un autre voyage d'Italie ; mais je vous invite de tout mon cœur à les faire imprimer par M. de Felice ou autres pour que je puisse en profiter ; je vous permets de tout dire, je ne demande point de ménagement ; il n'y a que les affectations qui annoncent de la mauvaise volonté qui me font de la peine, et celles de M. Lambert sont bien dans ce cas.

Je vous prie de m'envoyer le plus tôt que vous pourrez le vol*ume* de Berlin pour 1773.

Si vous pouvez vous charger de quelques *Tables* pour votre 3e volume d'*Éphémérides*, j'en ai que je voudrais bien faire imprimer : angles de

---

1. Jean Bernoulli revient d'un grand voyage en Italie.

l'éclipt. avec le méridien, *Tables des hauteurs et azimut* pour Greenwich, Dantzig, Uranibourg, &c., pour servir aux calculs des observations imprimées.

On imprime à Avignon les *Tables du nonagésime de tous les degrés.* Je m'occupe beaucoup des taches du Soleil.

J'ai bonne envie de vous aller voir à Berlin, mais je ne sais pas quand je pourrai réaliser ce projet ; si je vais à Pétersbourg, comme j'en ai grande envie, ce sera une occasion, mais je ne quitterai pas Paris cette année, je suis trop occupé de mon nouvel observatoire [1] qu'on a bâti au Collège royal, où j'ai un grand et beau logement, et une jolie gouvernante. M. de la Grange a-t-il oublié mon *Opus palatinum*, le prix n'y fait rien. A-t-il reçu le livre de La Loubère que je lui ai envoyé avec un *Descrutes* pour vous. J'ai encore plusieurs livres de l'Académie à lui envoyer ; on imprime sa pièce sur la [2] *(lumière dans)* le volume des prix ; je voudrais bien qu'il s'occupât un peu *(de la théorie)* des satellites de Jupiter, qu'il a déjà ébauchée dans la *(pièce qui a)* remporté le prix.

Mille respects à votre illustre *(oncle Daniel et)* aimable papa. J'enverrai bientôt au premier les *(?, déchirure)*.

Je vous prie d'adresser vos lettres à monseigneur de Malesherbes, ministre et secrétaire d'État. C'est une excellente acquisition que nous venons de faire. Il n'y a rien de bien intéressant dans les nouveautés de l'astronomie.

J'espère avoir au Collège royal le beau mural de Bird que M. Bergeret a fait faire. Que fait-on du vôtre à Berlin, votre aimable secrétaire et faiseuse d'enfants se porte-t-elle bien ; votre santé est-elle rétablie par le voyage. M. Slop observe-t-il bien à Pise, de quel pays est-il, quel est son âge, son caractère, son talent.

Je suis avec la considération la plus distinguée et le plus tendre attachement

Monsieur et très cher confrère,

Votre très humble et très ob*éissant* serv*iteur*

DelaLande

---

1. Lalande vient de s'installer dans le nouveau bâtiment du Collège royal achevé en 1775 (architecte Chalgrin). Il y a fait installer un observatoire où ses élèves pourront commencer des observations astronomiques. Il avait obtenu en 1774 la transformation de sa chaire de mathématiques en chaire d'astronomie.

2. Ce passage est partiellement interpolé (textes en italique), le bas de la lettre étant déchiré.

BA31

Lettre à *Jean III* (125) [53]

À Paris le 27 sept. 1775

Je suis enchanté, Monsieur et très cher confrère, que vous soyez de retour dans vos pénates, après un voyage agréable et qui doit profiter à votre santé, mais ménagez-la beaucoup pour ne pas perdre le fruit de votre course. Pour moi, je travaille moins que je ne faisais autrefois et je m'en trouve à merveille. Vous m'avez tranquillisé au sujet de M. Lambert, j'ai bien vu qu'il n'aimait pas les Français, par le passage ridicule et absurde de vos *Éphémérides* où il dit que les observations françaises s'accordent moins bien avec sa théorie que celles d'Angleterre et d'Allemagne. Dès que des gens plus habiles que moi se passent de ses politesses, je m'en passerai bien aussi.

Je n'ai point reçu de M. Le Monnier le livre IV de ses observations. Si vous voulez le lui demander par une lettre, je la lui ferai porter en lui demandant le livre dont il s'agira dans la lettre.

Je vous enverrai la *Connaissance des temps* de 1775, les *Éphémérides* et les portraits, par M. Durand ; à l'égard du titre du manuel de trigonométrie, comme je n'ai eu ce livre que par hasard, et qu'il ne se trouve plus, je ne sais si je trouverai le titre, à moins que je n'en aie encore un exemplaire dans mon grenier ; je le chercherai au premier moment, je sais que j'en ai acheté plus d'un à la fois. Il n'y a point de préface.

Je ne voudrais vous envoyer mes *Tables*[1] que quand vous en aurez besoin, et quand vous m'assurerez que M. Lambert n'en empêchera pas l'impression, car elles sont faites par des Français. Ce sont 4 Tables de hauteurs et d'azimuts calculées pour les latitudes de Greenwich, Danzig (*écrit* Dantzick[2]), Uranibourg et Pétersbourg, à cause du grand nombre d'observations qu'on y a faites, et de la facilité que cela donne pour les réduire. Par lesquelles voulez-vous commencer ?

J'ai aussi une grande *Table des angles* de l'écliptique et du méridien pour chaque minute de longitude, en supposant l'obliquité 23° 28'. Elle

---

1. Le premier volume des *Éphémérides* de Berlin (pour l'année 1776 et publié en 1774) contient des tables de Lalande. Dans le deuxième volume, elles sont remplacées par celles de Bode et Schulze, astronomes de l'observatoire de Berlin. Lalande ne veut donc pas en envoyer d'autres sans être assuré de leur publication.

2. Aujourd'hui Gdansk, rattaché à la Pologne depuis 1945.

correspond aux Tables d'ascensions droites et de déclinaisons qui sont dans mes *Éphémérides*[1] et dans les anciennes de Desplaces ; mais il me fâche d'attendre dix ans pour les faire imprimer. Il y a 15 pages *in 4°* bien serrées qui en feraient bien 40 *in 8°*. Pourra-t-on en faire emploi dans un de vos volumes.

Quand vous écrirez à votre illustre parent, dites lui, je vous prie, que je n'entends point sa question sur quoi sont fondées les masses et les densités, cela tient à un long détail qui est dans mon *Astronomie* ; en changeant néanmoins la parallaxe du Soleil que j'y avais fait de 9" et qui n'est plus que de 8",6.

Je vous envoie des programmes de notre prix, pour donner à ceux de vos académiciens qui peuvent y prendre intérêt, et s'il est possible le faire insérer dans quelqu'un de vos journaux.

Mille remerciements à M. de la Grange de la lettre honnête qu'il m'a fait l'amitié de m'écrire. Je suis bien éloigné de vouloir le priver de son *Opus palatinum*, j'attendrai bien qu'il en trouve un second. Sa pièce[2] des satellites est imprimée, mais il se passera bien encore quelques mois avant que le volume soit fini. Les éléments de toutes les Tables qu'il paraît désirer sont dans mon *Astronomie in 4°*. L'*Abrégé*[3] n'est pas fait pour un grand géomètre. Je n'ai point encore vu son *Mémoire* sur les inclinaisons des planètes ; je le demanderai pour le lire. Mais l'incertitude sur la masse de Vénus est un obstacle fondamental à de semblables recherches de théorie.

Je suis avec le plus tendre et le plus respectueux attachement,

Monsieur et cher confrère,
Votre très humble et très obéissant serviteur
De la Lande

Au Collège royal place de Cambrai

En adressant vos lettres aux ministres, il faudrait bien les cacheter avec du pain à cacheter, et non de la cire, et leur donner une forme un peu plus

---

1. Ces *Éphémérides*, tome VII, sont établies, sous la direction de Lalande, pour dix années (voir lettre BA28).
2. La pièce de Lagrange qui a obtenu le prix de 1766 de l'Académie est : *Recherches sur les inégalités des satellites de Jupiter causées par leur attraction mutuelle*. Elle sera donc publiée par l'Académie dans le recueil des prix.
3. Le volume *Abrégé d'Astronomie* publié en 1774 est en effet un abrégé du grand traité d'astronomie de Lalande qui a 3 volumes. Il est établi à l'intention des amateurs d'astronomie. Il sera souvent rédité et traduit en plusieurs langues.

carrée pour que la contrebande[1] soit moins apparente. Comment se portent M. Merian, et M. Formey ? Faites-leur, je vous prie, mes compliments. (*ceci est écrit à côté de la formule de politesse*)

BA32

À Monsieur / Monsieur Bernoulli astronome de l'académie / royale des sciences de Prusse / à Berlin

Lettre à *Jean III (126)* [54]

29 janvier 1776

J'aurai grand soin, mon cher confrère, de ne plus vous envoyer par la poste de paquet aussi inutile que nos programmes ; mais notre académie m'en avait chargé et je croyais que la vôtre en payait les ports ; il me semble que vous me l'aviez dit.

Je suis enchanté d'apprendre que vous faites imprimer un 3e volume de votre *Recueil* intéressant, et que vous n'êtes point dégoûté par la lenteur du débit des deux autres. J'espère que vous n'y mettrez pas la lettre que Bailly a publiée contre moi, ou bien que vous mettrez ma réplique[2] à côté ; elle sera bientôt faite, je tirerai sa condamnation de sa propre lettre.

J'ai chargé tout de suite Madame Desaint de vous faire l'envoi de livres que vous demandez pour l'académie, et je lui ai remis tous les ouvrages de l'Académie que j'avais à envoyer à M. de la Grange, afin qu'elle les mette dans le même ballot ainsi que mon portrait. Je vous presserai d'en faire accélérer le payement, car il y a longtemps que nous sommes les débiteurs de Madame Desaint.

Tout le monde a ici les *Mémoires* de Berlin excepté moi ; cependant Bauer de Strasbourg tire beaucoup de livres de Berlin, ne pourriez-vous pas remettre mon exemplaire à son correspondant, avec celui que je vous ai demandé pour M. Bézout.

1. Par économie, Lalande fait envoyer son courrier personnel à l'adresse d'un ministre (qui ne paye pas le port des lettres qu'il reçoit) ; c'est ce qu'il appelle une « contrebande ».
2. Ce troisième tome du *Recueil* est le dernier. La querelle avec Bailly (et d'autres) commencée par Lalande dans le tome II (voir les lettres BA14 et BA22) ne sera pas continuée dans le tome III. Jean Bernoulli a décidé de ne plus publier de polémique.

Je travaille actuellement à ma grande description[1] du canal de Languedoc ; je voudrais bien y joindre une notice des autres canaux remarquables. On a écrit que le Roi de Prusse venait d'en faire creuser un près de Bromberg pour joindre l'Oder et la Vistule. Tâchez d'en avoir une petite notice : la longueur, le nombre d'écluses, les lieux par lesquels il passe, la différence des niveaux, les principaux avantages, et ce qu'il a coûté ; on m'a dit 18 millions de France.

Aubert libraire d'Avignon m'a écrit que vous lui aviez envoyé deux mss. : une *Cosmographie* suédoise et un *Traité sur les Tables astronomiques*. Je lui ai mandé que le premier devait être très bon puisque vous aviez pris la peine de le traduire, et que c'était un livre à se bien vendre ; quant à l'autre, si c'est dans le goût de ce que vous avez envoyé pour les *Suppléments* de l'*Encyclopédie*, cela est bien bon pour les astronomes, mais cela ne vaut pas grand chose pour les libraires.

Je n'ai pu avoir encore aucune réponse de M. Trudaine au sujet de la traduction que vous lui proposiez de faire ; on le voit difficilement, et je vais encore plus difficilement faire des visites le matin ; d'ailleurs j'ai appris depuis qu'il y a un abbé qui a entrepris la traduction. Cela aurait été bien mieux fait sous les yeux de l'auteur.

Je n'ai pu avoir encore de réponse de M. Le Monnier à votre lettre ; un de mes élèves a été dix fois chez lui, et a été obligé de laisser la lettre et de lui écrire qu'il irait chercher la réponse ; il n'y manquera pas. Si vous avez d'autres commissions pour l'académie, je les ferai volontiers, comme M. Magellan à Londres, M. Dagelet me secondera également.

Je vois qu'il n'y a rien à faire pour mes *Tables* avec M. Lambert, je ne veux pas séparer les hauteurs des azimuts, puisqu'on a pris la peine de les calculer ; et comme je crains pour les manuscrits, je ne voudrais envoyer la *Table* des hauteurs pour Dantzig que quand j'aurai parole positive pour tel volume. Ce n'est pas une grâce que je croirais demander, c'est une offre que je faisais, et dès que c'est M. Lambert qui est le chef des *Éphémérides*, je ne m'aviserai pas de lui faire des offres. Car sûrement, les *Tables* calculées en France ne valent pas mieux que les observations de France qui diffèrent d'une semaine pour Saturne des observations d'Allemagne et d'Angleterre. Au reste, les observations d'Allemagne sont rares actuellement. Que faites-vous de votre mural. Nous avons eu le 27, 14° de froid, presque comme en 1709 ; vous en avez sans doute davantage et cela n'invite pas à passer les nuits.

---

1. Lalande prépare son livre sur les canaux (suite de son voyage en Languedoc) et désire des informations sur les canaux du royaume de Prusse.

C'est bien involontairement si je n'ai pas cité votre observation de Vénus. Je réparerai cette omission à la première occasion.

Ma *Bibliographie astronomique* est faite[1], mais je ne la ferai pas imprimer que je ne l'aie encore revue et augmentée ; cela ne doit pas vous empêcher de la faire, elle sera toujours plus ample et plus détaillée que la mienne. Je l'ai empruntée de vos deux volumes pour la partie que vous aviez traitée et si vous voulez je vous enverrai la note de ce que j'ai pour les 4 autres.

Je vous enverrai des notes sur la vie de Mersais et une copie de l'éloge de Véron que j'ai mis dans le *Nécrologe*, si vous ne l'avez pas. M. Dagelet a parlé de Mersais dans le Journal[2] de juin, mais j'y ajouterai quelque chose. C'est un autre de mes élèves, nommé Mazure, qui vous offrit un petit déjeuner au Luxembourg en 1769 ; je lui avais prêté pour y loger ; M. Dagelet y était, c'est lui qui me le rappelle.

Les *Tables* de nutation pour le nœud non corrigé, ne sont pas plus exactes, mais plus commodes que celles qui exigeaient qu'on corrigeât le nœud. S'il y a de la différence, elle ne peut venir que de quelques fautes de calcul, et je crois que les dernières qui sont de M. Mallet valent bien les premières.

Envoyez moi donc, ou publiez vos observations des taches du Soleil. Qui est ce qui a eu le prix de l'académie de Copenhague en 1772, sur quelle matière.

Je suis avec le plus tendre attachement et la considération la plus distinguée

> Monsieur... *(ce passage de la lettre a été déchiré)*,
> Votre très humble et très obéissant serviteur
> De la Lande

---

1. Lalande se vante, sa bibliographie paraîtra en 1803.
2. Dagelet a évoqué Mersais dans le *Journal des savants* de juin 1775 où se trouve, p. 349, un résumé du mémoire de Dagelet sur l'expédition Kerguelen pendant laquelle Mersais est mort en se jetant à la mer.

BA33

Lettre à *Jean III* (132 & 133) [56]

15 mars 1776

J'ai reçu, très cher confrère, le 7 mars votre lettre du 24 février. Je vous fais mes plus sincères remerciements de la carte du canal de Bromberg ; ma seule difficulté est de savoir si les Rheinland Ruthen sont les mêmes qu'en Hollande ; combien contiennent-elles de pieds [1], et le pied est-il le même que celui dont M. Lulofs m'avait donné la détermination et qui est dans mon Astronomie. Au reste, vous m'avez fait un vrai plaisir de m'envoyer cette carte.

M. du Séjour m'a donné un exemplaire de son livre sur l'anneau de Saturne pour vous. Mais M. Le Monnier chez qui M. Dagelet a été dix fois pour avoir les observations promet toujours et ne tient rien ; je pense que quand vous lui enverrez un exemplaire de votre nouvel ouvrage, cela le déterminera.

Il y avait longtemps que la caisse était partie de chez Mad*ame* Desaint en sorte que je n'ai pu y joindre les 5 ouvrages dont vous me parlez ; mais j'en ferai un nouvel envoi.

J'ai reçu les *Mém*oires de Berlin dont je vous fais bien des remerciements ; envoyez m'en un pour M. Bézout par le premier envoi qu'on fera à Bauer de Strasbourg, et dites m'en le prix.

J'ai peine à croire que Mad*ame* Desaint renonce à l'ancien mémoire pour des exemplaires de votre Recueil, en ayant si peu vendu ; mais j'évite de toucher cette corde.

Les cornets [2] de M. de La Condamine ont été vendus avec ses meubles ; mais on vous en ferait bien faire un par les mêmes ouvriers si vous aviez le malheur d'en avoir besoin.

---

1. Lalande s'est toujours intéressé aux mesures dans ses voyages. Dans son ouvrage sur les canaux, il a donné les valeurs des unités de longueur de l'Académie des sciences de Paris et du Châtelet, ainsi que celles des différents pays cités, réduites en pouces, lignes et décimales de ligne.
2. La Condamine, devenu sourd, utilisait des cornets acoustiques dont il est peut-être l'inventeur. Il mettait à l'oreille ce cornet dans lequel on lui parlait, en criant probablement. Ses cornets ont été vendus après sa mort. Lorsque La Condamine est admis à l'Académie française (1760), Piron donne cette épigramme : *La Condamine est aujourd'hui / Reçu dans la troupe immortelle ; / Il est bien sourd : tant mieux pour lui / Mais non muet : tant pis pour elle.*

C'est une chose bien inutile que de citer pour astronomes des gens qui ont prétendu une fois par hasard faire une observation et qui ne l'ont pas faite comme M. Belleri (?), Joly, Lestrés, Desmarets et tous les autres dont les noms me sont inconnus ; M. Joly est mort, il était très amateur d'astronomie. Si vous faites cette liste[1], je vous engage à ne pas oublier : M. Lemery qui a fait beaucoup dans mes *Éphémérides*, M. Cartauld qui a fait beaucoup de calculs utiles, M. Mougin à la Grand Combe des bois en Franche-Comté qui fait des calculs, des observations, et des verres, M. Lévêque à Nantes, M. Guérin à Amboise, M. Méchain, très habile astronome du dépôt de la Marine qui est de l'académie de Flessingue.

Je tâcherai de raccommoder ce que j'ai fait de mal en écrivant à Aubert ; mais je crains bien que ce livre ne se vende pas, et je ne lui aurais jamais proposé d'imprimer les *Tables du nonagésime* si je n'eusse déterminé auparavant le ministre d'en prendre 100 exemplaires qui payeront l'édition toute entière.

M. Trudaine est en Italie pour deux mois ; je lui ai écrit dans le temps, il ne m'a point fait de réponse ; j'ai appris qu'on y travaillait ici.

Je n'ai vu en Hollande que deux petits mauvais observatoires à La Haye et à Leyde, presque abandonnés ; je suis aussi étonné que vous d'y voir traduire mon *Astronomie*. Vous ne savez point si j'aurai le bonheur de la voir traduire en allemand ou en latin.

Je ne donnerai point ma *Bibliographie* que vous n'ayez donné votre 3e vol[2]. Car vous avez bien plus d'érudition que moi. Je viens de faire faire une *Table* générale des *Mémoires* d'astronomie de toutes les académies de l'Europe, qui enrichira bien ma *Bibliographie*.

Je vous envoie des articles[3] pour M. Véron et M. Mersais, vous les publierez si vous jugez à propos ou en entier ou par extrait. Je ne vous les enverrais pas par la poste si je ne voyais que votre livre avance.

---

1. Jean Bernoulli a annoncé dans son *Recueil*, tome III, une *Liste des astronomes connus, actuellement vivants &c.*, Lalande lui signale ses collaborateurs.
2. C'est le tome III du *Recueil.*
3. Véron, du voyage de Bougainville autour du monde, et Mersais, du deuxième voyage de Kerguelen aux îles australes, sont décédés. Jean Bernoulli publiera les articles, annoncés ici, dans le premier cahier de ses *Nouvelles littéraires de divers pays,* en 1776. On y trouve aussi les suppléments à la Liste des astronomes vivants et le nécrologe des astronomes décédés.

(La fin de la lettre manque)

BA34

À Monsieur / Monsieur Bernoulli de l'académie royale / des sciences de prusse / à Berlin

Lettre à *Jean III (131)* [55]

Qui accompagne la note de Madame Desaint

24 mars 1776

Voilà mon cher confrère le mémoire de Madame Desaint, qui demande comme vous voyez 650# de vieux ; je vous prie du moins de faire payer le plus tôt possible le dernier envoi, puisque je l'ai annoncé et que vous l'avez promis. Je vois avec regret que les livres d'astronomie ne se vendent point ici, et qu'en général les libraires vendent mal les livres des auteurs, quand ce n'est pas pour leur compte ; mais enfin on ne peut pas les obliger à tenir des conventions qu'ils n'ont point faites. Je n'ai jamais fait imprimer que mon *Mémoire* sur les comètes à mes frais, et je n'en ai pas retiré mon argent ; je n'ai point du tout de disposition pour le commerce, et je ne sais pas faire mes propres affaires, ne soyez pas étonné si je réussis si mal dans celles de mes amis.

J'ai reçu pour vous le livre [1] de M. du Séjour, je le joindrai au premier envoi que je vous ferai.

Ne pourriez vous point me procurer la défaite [2] des 700 belles planches d'oiseaux enluminés, qui accompagnent l'*Histoire des Oiseaux* de M. de Buffon. Je suis bien fâché de m'être engagé dans cette dépense que je ne croyais pas avoir une suite si considérable. Je consentirais volontiers à y perdre deux louis.

On a fait à Paris une traduction de la *Géographie* de M. Bushing ; il y en a déjà 8 vol*umes* d'imprimés, il y en aura encore quatre. L'auteur n'a-t-il fait que 12 volumes, ne prépare-t-il point une nouvelle édition ?

---

1. *Essai sur les phénomènes relatifs aux disparitions périodiques de l'anneau de Saturne* par M. Dionis du Séjour, 1776.
2. C'est-à-dire : la vente des ouvrages dont il veut se défaire.

M. Cassini m'a remis un exemplaire de son voyage [1] d'Allemagne pour
le Roi, aurez-vous occasion de le lui faire remettre sûrement.

Je suis avec autant de considération que d'attachement

> Monsieur et cher confrère,
> Votre très hum*ble* serviteur
> Lalande

Il manque quelques mots dans la formule de politesse.

BA34 b avec BA34 qui précède

Note de Mme Desaint *à M. Bernoulli (128)* [54 b]

24 mars 1776

(date de l'écriture de Lalande ; le mémoire est de Mme Desaint)

Fourni à Monsieur Bernoulli à Berlin par V ve. Desaint, et remis aux
Rouliers le 23 févr. 1776

1. Facteur d'Orgues 1 ère part.	25 #
1. *Id.* 2 e et 3 e part.	28. 4
1. Instruments de Mathém.	10. 10
1. Menuisier 2 e partie	61. 16
1. Carrossier	30.
1. Brodeur	5. 10
1. Indigotier	9.
1. Charbon de bois suppl.	0. 10
1. Colles fortes	2. 10
1. Coutelier 1 ère Partie	36. 16
1. Relieur	10. 16
1. Pesches 2 e Part. 1 ère sect.	16. 18
1. 2 e sect.	12.
1. Addition à la 2 e part. 1 ère sect.	0. 10
1. Années 1771 et 1772, Acad. S ce	22. 10

1. Relation d'un voyage en Allemagne, qui comprend les opérations relatives à la figure
de la Terre et à la géographie particulière du Palatinat, du duché de Wurtemberg, du cercle de
Souabe, de la Bavière et de l'Autriche, fait par ordre du roi, suivie de la description des
conquêtes de Louis XV depuis 1745 jusqu'en 1748 par M. Cassini de Thury (Cassini III),
1775.

1. *Connaissance des temps* 1776	3.
1. *Mém*oires présentés à l'Acad*émie* Tome 6	11. 5
1. Tomes 5 et 6 des *Oiseaux*	5.
1. *Éphémérides* 1776 à 84, 4°	12.
Remise de M. Delalande	0.
Emballage	3.10
	307 #. 5 s.

T.S.V.P.

De l'autre part   307#. 5

Les Articles suivants sont dus
par M. Bernoulli

17769.	(*sic : pour 1769*) 20. 9bre. Envoi remis aux Rouliers		150. 10
1770	8 févr. [Hist. céleste de Lemonnier]		13.
	[Remise chez M. Delalande]		
	25 juin.	Envoi remis aux Rouliers	196. 4
1771.	31 mai.	Autre	179. 4
		2 Tom. 1 des Astronomes donné à	
		M. de Sartine et au censeur	4.
	17 juin.	Frais du port de son envoy	61.
1773.		Envoi remis aux Rouliers	50.
			961 #. 3 s.

Déduction faite de 5 #. 5 s payés par M. Delalande

Des 100, Tom. 1, *Rec*ueil *des Astronomes*, il en reste : 72 Ex*emplaires*, du Tom*e* 2 : 6

Des *Lettres* sur le dit ouvrage : 8

que M. Bernoulli est prié de faire retirer.

Le *Mémoire* ci-dessus a déjà été donné à M. Delalande.

NB. Madame Desaint annonce l'envoi de onze volumes des *Arts* de l'Académie puis celle des *Pesches* (Pêches) de Duhamel du Monceau (voir lettre BA38).

BA35

À Monsieur / Monsieur Bernoulli astronome du Roi..... / à Berlin

Lettre à *Jean III (135)* [57]

À Paris le 22 avril 1776

J'ai reçu, mon cher confrère, votre lettre du 6 avec un mandat de 302 #
5 s, mais comme il est payable à votre ordre et que vous ne l'avez point
passé à l'ordre de Mad*ame* Desaint, on n'a pas voulu le payer ; ainsi je vous
le renvoie pour mettre au dos, <u>payez à l'ordre de madame la veuve Desaint,
libraire à Paris. À Berlin, le... Bernoulli</u>.

Je ferai faire vos nouvelles commissions par Mad*ame* Desaint dès
qu'elle aura reçu le montant du dernier envoi ; mais je vous préviens que
l'*Essai sur les probabilités de la vie humaine* de M. Deparcieux est fort rare
et fort cher ; la *Connaissance des temps* de 1777 n'a pas encore paru.

La Lettre sur la division du Zodiaque est-elle celle de l'abbé Roussier,
extraite du *Journal des Beaux Arts* ; donnez moi une indication de plus.

M. l'abbé Rozier est en campagne, mais selon les apparences il me
remettra son *Journal*[1] pour l'Académie, car il me le remet pour l'académie
de Pétersbourg.

J'ai fait vos remerciements à M. du Séjour. Vous avez raison de ne
point donner votre *Recueil* à personne, il vous coûte trop cher, et ce n'est
rien pour chacun en particulier.

Je doute que Mad*ame* Desaint ait envie de faire des entreprises dans
lesquelles vous puissiez lui faire des propositions d'auteur ; elle en refuse
tous les jours, ne voulant pas augmenter les embarras de son commerce. Au
reste, je le lui proposerai quand elle me parlera de votre article, et comme
elle me doit de l'argent, elle ne vous en demandera pas bien fort pour cette
année. Vous ferez vous-même la déduction de ce qu'il y a de vendu pour
votre compte, au prix que vous jugerez à propos. J'espère que le 3 e
volume[2] que nous ferons annoncer de notre mieux, fera vendre les autres
un peu plus. Vous pouvez toujours en envoyer une 30 e (*trentaine*) à
Mad*ame* Desaint. Elle le mettra sur son catalogue, comme elle a fait les
autres, sans cela il n'y aurait pas 4 personnes qui les fissent venir.

Je ne sache pas que M. de Fouchy ait donné de planisphère.

---

1. L'abbé Rozier publie le *Journal de Physique*.
2. C'est le tome III (et dernier) du *Recueil pour les astronomes* de Jean Bernoulli, 1776.

J'ai bien les ouvrages de M. Struyck en hollandais, mais je n'ai personne actuellement à qui je puisse recourir pour y chercher ce que vous désirez sur la comète de 1742.

Je ne vois pas que vous puissiez faire mieux que déterminer le mouvement de l'étoile polaire que de comparer l'ascension droite dans Flamsteed et l'abbé de La Caille, en tenant compte de l'inégalité de la précession en ascension droite. Je trouve que la précession était en 1750 de 2' 30" 83 par année et qu'elle augmente chaque année de 0" 7285, en sorte qu'en 1776 elle devait être 2' 49" 77, ainsi pour 25 ans il y a 1° 9' 28" 3, et au commencement de 1776 elle [1] était de 11° 50' 24" la moyenne. Je trouve à peu près la même chose par le calcul direct ; mais je n'ai pas eu égard à la diminution de l'obliquité de l'écliptique. Il faudrait réduire les hauteurs correspondantes de l'abbé de La Caille en supposant la même obliquité que Flamsteed &c.

Si vous faites un extrait de vos réflexions sur mon voyage pour un ouvrage allemand, ne pourriez vous pas me les faire copier ; je payerai avec plaisir les frais du copiste ; je voudrais bien les avoir pour quand je ferai une seconde édition. Il y a 25 ans que dans la liste de l'académie de Berlin j'étais déjà qualifié d'avocat au parlement de Paris, et je l'étais dès 19 ans ; c'est mon premier état. J'ai quelquefois griffonné sur des matières analogues, et M. de Felice a voulu malgré moi me mettre dans le titre [2] ; je lui ai bien dit qu'étant connu en astronomie, cela ferait d'autant plus mal à la tête d'un livre de droit.

Il parait donc que le pied Rhinlandique à Berlin n'est pas exactement le même que celui qu'a Leyde, où M. Lulofs l'estimait de 139 [li], 183 au lieu de 139,135 que l'on l'estime chez vous. Votre académie ne nous donnera-t-elle jamais une comparaison exacte de ses mesures avec celles qui sont utilisées ailleurs [3].

Mille compliments à M. de la Grange ; comment n'a-t-il point concouru au prix sur les comètes ; M. d'Alembert et M. de Condorcet le lui auraient certainement donné.

1. Il s'agit vraisemblablement de l'ascension droite.
2. De Felice va publier le *Code de l'Humanité ou Législation universelle, naturelle, civile et politique*, dès 1778 en 13 volumes. Il a demandé sa collaboration à Lalande et a placé son nom dans le titre. On sait que Lalande a été reçu avocat à Paris en 1751 et qu'il s'est inscrit au barreau de Bourg-en-Bresse où il a plaidé quelques causes.
3. Lalande s'intéressait vivement à la comparaison des unités utilisées dans divers pays d'Europe.

Je suis avec le plus tendre attachement et la considération le plus distinguée

> Monsieur et très cher confrère,
> Votre très humble et très obéissant serviteur
> DelaLande

BA36

À Monsieur / Monsieur Bernoulli de l'académie royale des sciences / de prusse / à Berlin

Une déchirure dans la colonne de gauche où le nombre manque.

Mémoire de Madame Desaint *(142)* [62]

Fourni à Monsieur Bernoulli à Berlin par V ve. Desaint le 28 juin 1776 et remis au carrosse à l'adresse de Mrs. Franck frères nég ts. à Strasbourg

1. Addition à l'Essai de Deparcieux, 4°	2 # 10 s.
1. Orthographe de Poitiers, 8°	7. 10.
1. Géométrie de Bossut, 8°	6.
1. *Mém*oires de Vaugondy	1. 4.
1. *Éloges des Académ*iciens de Condorcet	1. 16.
1. *Tables des Mém*oires de l'*Acad*é*mie*	48.
1. *France littéraire*, 2. Vol.	9.
Nécrologe des hommes célèbres, 10 vol.	27. 10.
Supplément au charbon de bois qui a manqué précéd.	0.
1. *Traité des pêches*, 7 e Cahier	18.
1. *Traité des pêches*, 8 e Cahier	8. 12.
Emballage	2.
	132 #. 2.

Manque le vol*ume* de 1768 qui ne paraîtra que dans le cours du mois prochain.

BA37

Lettre à *Jean III (136)* [58]

1er juillet 1776

J'ai reçu, mon très cher confrère, votre lettre du 4 mai, le 13, et j'ai remis à Mad*ame* Desaint le mandat ; je l'ai prévenue sur le désir que vous avez de la payer en ouvrage ; elle n'a pas encore accepté ma proposition, mais j'espère la lui faire accepter. Cependant je vous prie de ne pas augmenter la dette ; faites comme moi qui aime bien les livres, mais qui n'en achète jamais que quand l'argent est dans mon tiroir réellement et comptant. Elle recevra volontiers les 30 que vous lui envoyez du 3e volume.

Vous m'avez envoyé le 3e volume des *Beytrage (sic) zum gebrauche der Mathem.* [1] de M. Lambert, imprimé en 1772 ; je voudrais avoir aussi les deux premiers, je vous prie de me les envoyer. Vous recevrez dans la première caisse ma *Connaissance des temps* de 1775, je me fais un plaisir de vous offrir le dernier exemplaire qui me restait.

Il y a déjà un volume de l'Hydraulique allemande qui est traduit ; l'auteur n'aurait-il point quelques additions ou corrections à y faire ; M. l'abbé Vasseur à la communauté de S. Séverin à Paris, qui a entrepris cet ouvrage [2], en serait bien enchanté, et moi aussi.

C'est M. le marquis de Condorcet qui avait reçu la *Connaissance des temps* pour M. de la Grange ; il m'a promis de la chercher chez lui, car il ne me l'a pas remise. Si M. de la Grange ne l'a pas reçue dans votre envoi, avec les autres livres de l'Académie publiés en 1775, il la recevra toujours à l'avenir. Celle de 1777 ne paraîtra pas d'ici à 2 mois et je n'ai pas voulu différer jusque là votre envoi.

Quand vous aurez vu les *Mémoires* de l'académie de Bavière, faites moi le plaisir de me transcrire le titre des *Mémoires* d'astronomie pour ma *Table* générale [3], car je voudrais bien que cet article n'y manqua pas. Il y a

---

1. Lambert a publié en 1770 et 1772 : *Beiträge zum gebrauche der mathematik*, c'est à dire, *Contribution ou Mémoires sur l'usage des mathématiques*, et de leur application.

2. L'abbé Vasseur qui connaît l'allemand a ici traduit un ouvrage scientifique. Nous verrons qu'il recherche des traductions, qu'il a appris le suédois dans cette intention.

3. *Table générale* des mémoires d'astronomie de toutes les académies de l'Europe (annoncée dans BA33). Lalande a déjà des renseignements sur les mémoires de quatre

dans les 5 volumes de Sienne plusieurs *Mémoires* d'astronomie, dans ceux de Haarlem, de Flessingue, de Stockholm, de Mannheim dont j'ai eu le catalogue ; il n'y a guère que l'académie d'Edimbourg que je n'ai pas vue, et je crois qu'elle ne contient pas d'astronomie.

M. l'abbé Rozier est encore en Corse, et je n'ai pu lui demander les cahiers de son Journal pour 1774 et 1775 qui vous manquent ; mais celui qui prend soin de ses affaires m'a donné en attendant les 4 volumes de cette année, et vous les trouverez dans l'envoi que Mad*ame* Desaint va vous faire avec 5 exemplaires du volume de M. du Séjour, où sont marqués les noms de ceux à qui il les présente, l'exemplaire du Voyage de M. Cassini qui est pour le Roi et 2 volumes de l'Académie pour M. de la Grange.

Le 9e volume des prix de l'Académie est achevé d'imprimer, il finit par la théorie de la Lune de M. de la Grange. J'ai reçu le *Nautical Almanac* de 1777, les *Éphémérides* de Milan pour 1776, où il y a un *Mémoire* sur le nouvel observatoire ; je ne me rappelle pas de livre nouveau d'astronomie qui mérite de vous être envoyé ; au reste, vous trouverez dans le *Journal des savants* tout ce qui est venu à ma connaissance.

M. Le Monnier fait graver une réduction de l'atlas de Flamsteed, mais il n'y a pas mis la nouvelle constellation du Messier [1] ; si vous avez l'occasion d'en parler, vous me ferez plaisir ; vous la trouverez dans le Journal de juin 1775. Vous connaissez sans doute celle que le P. Poczobut a consacré au Roi de Pologne sous le nom du Taureau royal de Poniatowski, dans son recueil d'observations faites à Vilna qui s'imprime actuellement. Elle est entre l'Aigle et la queue du Serpent et la tête d'Ophiucus. M. Messier s'occupe actuellement à faire le catalogue des étoiles [2] qui portent son nom.

L'académie de Haarlem, à ma sollicitation vient de proposer pour le prix de 1779, les inégalités des satellites. J'ai bien espéré que cela nous procurerait un *Mémoire* de M. de le Grange. Je vous prie de le lui dire en lui faisant mille compliments, il y a apparence que je serai consulté sur les pièces ; et j'aurai bien du regret si je n'y voyais pas quelque chose de lui ; je reconnaîtrai bien sa touche.

---

académies et en demande d'autres. Les catalogues qu'il cite lui suffisent pour sa Bibliographie.

1. La constellation *Messier* a été formée par Lalande. Il l'a introduite, en 1775, sur le globe céleste d'un pied de diamètre qu'il a préparé ; Bonne a fourni les dessins pour le globe terrestre. Ces globes sont annoncés dans le *Journal des savans* de juin 1775, p. 441. Lalande en expliquera la fabrication à la fin du tome III de la troisième édition de son *Astronomie*, 1792 : articles de 4082 à 4085.

2. Il ne s'agit pas d'étoiles, mais d'objets nébuleux (amas, nébuleuses, galaxies).

Je vous prie de nous procurer le plus tôt possible le prix du *Mémoire* [1] ci-joint. Je suis avec le plus tendre attach*ement*

Votre tr*ès* h*umble* s*erviteur*
La Lande

BA38

À Monsieur / Monsieur Bernoulli astronome de l'académie / royale des sciences de Prusse / à Berlin

Lettre à *Jean III (139)* [60]

(cette lettre n'est pas de la main de Lalande)

Bourg en Bresse par Lyon,
ce 29 7 [bre] 1776 (*septembre*)

Monsieur et très cher confrère

On m'a renvoyé au fond de ma province la lettre que vous m'avez fait l'amitié de m'écrire le 23 juillet. Elle me serait également parvenue quand vous l'auriez envoyée à l'adresse de quelques uns de nos ministres anciens ou modernes, car ils ont tous la même franchise, lors même qu'ils ne sont plus en place, et elle n'aurait pas coûté trente sols de port. C'est un fort petit inconvénient, je ne vous en parle que pour l'avenir. Je vous remercie d'avoir donné tout de suite commission pour que madame Desaint soit payée. Il lui a paru que vous faisiez venir la collection complète des Arts de l'Académie, et comme le traité [2] des pêches est regardé comme en faisant partie, elle a cru devoir vous l'envoyer ; mais vous serez fort le maître de nous le rendre. À l'égard des *Mémoires* de l'Académie, ils n'avaient point encore paru lorsque je suis parti, mais j'aurai soin de vous les faire parvenir, dès que je serai de retour à Paris, vers la Saint Martin, de même que la Connaissance des temps de l'année prochaine, les deux premiers volumes du *Supplément* de l'*Encyclopédie* qui ont paru quelques jours

1. C'est un mémoire de Mme Desaint dont Lalande réclame le règlement. Il n'est pas avec les lettres de Lalande de l'Université de Bâle.
2. Jean Bernoulli s'est plaint sans doute de l'envoi (voir BA34 [b]) des *Pêches* de Duhamel du Monceau, ouvrage qui n'est pas publié par l'Académie dans la série des *Arts*. On verra par la suite qu'il commandera les volumes suivants des *Pêches*.

avant mon départ. Vous verrez par l'éloge[1] que fait de vous M. Robinet dans la préface qu'il fait plus de cas de ce que vous lui avez fourni que de mes articles qui sont cependant en plus grand nombre ; ainsi il n'y a pas doute qu'il vous en enverra un exemplaire puisqu'il m'en a envoyé un.

M. de la Grange trompera bien mes espérances s'il n'envoie rien à l'académie de Haarlem. Car je n'ai engagé l'académie à proposer ce sujet que dans l'espérance d'engager M. de la Grange, qui a déjà de très grandes avances là dessus, à faire un pas de plus. Je voudrais bien surtout qu'il examina les deux équations empiriques du troisième satellite dont j'ai parlé dans l'article 2903 de mon Astronomie pour leur trouver un équivalent si cela est possible, conformément à la théorie.

Je n'oublierai point le *Journal* de Monsieur l'abbé Rozier, non plus que les prix des *Arts* que vous demandez.

Vous verrez dans le *Journal des savants* que je connaîtrais bien le Decerium[2] du père Fixlmillner qui m'a fait l'amitié de me l'envoyer aussitôt qu'il a été publié, et il m'a fait grand plaisir. Je vous ai une bien véritable obligation de la notice que vous m'avez envoyée des volumes 1, 2 et 5 de l'académie de Bavière ; vous me ferez bien plaisir, quand vous aurez vu les neuf autres, de m'en donner aussi une idée. J'ignorais en effet les deux autres Recueils allemands dont je n'avais en effet aucune idée. Je ferai certainement usage de toutes les notes que vous m'avez envoyées. Je ne veux pas qu'aucun de vos moments soit perdu, et tout ce qui a rapport à l'astronomie entre dans mon plan.

Il me sera impossible de vous envoyer les fuseaux de nos nouveaux globes ; nos marchands regardent comme chose capitale de les vendre sans être montés, parce qu'il serait trop facile de les leur contrefaire ;

---

1. Les *Suppléments* de l'*Encyclopédie* (ici les deux premiers volumes) sont imprimés par Panckouke, Stoupe et Brunet. Lalande se montre un peu vexé (voir aussi BA41). En effet, Robinet a rédigé l'*Avertissement* dans le premier volume des Suppléments où il a écrit : « l'*Astronomie* a été revue & complettée par M. de la Lande, de l'Académie Royale des Sciences de Paris. Auteur de l'Ouvrage le plus instructif & le plus complet que nous ayons sur l'astronomie, & de plusieurs autres Livres généralement estimés. Les articles *Couleurs accidentelles, Instrument-Balistique, Tables, Tables Astronomiques*, appartiennent à M. Jean Bernoulli de l'Académie Royale des Sciences de Berlin. Ce savant, mis par ses contemporains au nombre des premiers Astronomes de l'Europe, jouira dans la postérité d'un titre acquis par tant d'ouvrages & de découvertes astronomiques. »

2. *Decerium astronomicum, continens observationes præcipuas ab anno 1765 ad annum 1715 (inclusive)...* est le recueil des observations, pendant dix années, du P. Placide Fixlmillner, faites à l'observatoire de l'abbaye de Cremmunster (*ou Kremmunster, Autriche*), d'après le *Journal des savants* de novembre 1776, p. 758.

moi-même j'ai eu la complaisance de ne pas leur demander un exemplaire pour moi.

Je ne manquerai pas d'envoyer à Mons*ieur* de la Grange le livre[1] de M. du Séjour sur l'anneau de Saturne. Je vous prie de lui faire mille compliments pour moi. Je vous enverrai une explication des nouveaux globes dans lesquels vous verrez l'article de la constellation du Messier. Il est occupé actuellement à déterminer astronomiquement la position des petites étoiles qui la composent, de même que le père Poczobut pour la constellation du Roi de Pologne[2].

Vous direz peut-être en recevant cette lettre que ce n'était pas la peine de vous écrire, de vous donner si peu de satisfaction sur les principaux objets de la vôtre ; mais il fallait bien vous dire que mon absence en était la cause, et que tout sera réparé à mon retour.

Il faut bien encore vous dire pourquoi je suis arrivé dans ma province plus tôt que de…(*mot manquant ; peut-être :* coutume). Vous qui êtes si bien marié, mon cher confrère, et qui faites des enfants (*mot manquant? Peut-être :* cela) fait que vous ne serez pas surpris de ce que je voulais suivre votre exemple depuis longtemps. J'ai (*mot effacé*[3]) gouvernante, mais j'étais résolu de la troquer contre une femme riche, jeune et jolie ; le mariage était décidé[4], mais la gouvernante a fait une scène qui a rompu la partie. Cependant je ne désespère pas de remplir encore mon projet et toujours d'une manière à n'avoir point à me reprocher d'avoir changé d'état ; vous en jugerez par vous-même quand vous viendrez à Paris.

Je suis avec autant de considération que d'attachement

Monsieur et très cher confrère,
Votre très humble et très obéissant serviteur
DelaLande

Post-scriptum – écrit à côté de la formule de politesse :

J'ai fait part au traducteur de l'Hydrolique (*sic*), de la réponse de l'auteur je vous en remercie vous et lui, mais le traducteur aimerait mieux

---

1. Ce livre est : Essai sur les phénomènes relatifs aux disparitions périodiques de l'anneau de Saturne, par Dionis du Séjour (444 pages), 1776.
2. Cette constellation est le « Taureau de Poniatovski », qui sera dessiné dans l'atlas de Bode.
3. Dans une autre lettre, Lalande a écrit « une jolie gouvernante ».
4. En 1774, Lalande a demandé en mariage la troisième fille de M. Chesne de Bourg-en-Bresse, qui a quatorze ans (« riche, jeune, et jolie »). En 1776, la demande est acceptée, mais le mariage est rompu à cause de la « scène » de la jolie gouvernante de Lalande.

ne pas envoyer le manuscrit si loin, il craint qu'il ne s'égare en chemin. Je vous prie en grâce de lui procurer les additions, et les suppléments dont il voudra bien vous favoriser.

BA39

À Monsieur / Monsieur Bernoulli astronome du Roi / de prusse / à Berlin

Texte non daté de Lalande sur l'astronomie en Hollande (143) *[63]*

Astronomie en Hollande

M. Bernoulli, dans le premier cahier de ses Nouvelles littéraires[1], dit que M. Strabbe a traduit l'*Abrégé d'astronomie* de M. de la Lande. C'est le grand ouvrage d'astronomie en 3 vol. *in 4°* qui s'imprime ici *8°*; et le libraire l'a enrichi d'une belle gravure du portrait de l'auteur dont la planche a été exécutée à Paris par M. Malleuvre, habile graveur.

L'observatoire de La Haye est un petit donjon que le prince d'Orange a confié dans son palais à M. Klinkenberg, habile astronome, mais occupé des fonctions d'un emploi de clerc de la secrétairerie des États généraux. Il était charpentier son talent pour l'astronomie fut l'effet d'une impulsion de la nature; M. Konig qui était bibliothécaire de la princesse d'Orange l'attira à La Haye, et lui procura la construction de ce petit observatoire sur la cour; mais on n'y trouve que deux télescopes, il n'y a ni quart de cercle ni pendule.

M. Hemstruys a formé du cabinet de son jardin à La Haye une espèce d'observatoire fourni de très bons instruments d'optique; il a un télescope de 12 pieds fait par Van der Bildt à Franeker, des lunettes de van Deylen, opticien d'Amsterdam qui valent celles du célèbre Dollond de Londres, des binocles ou lunettes doubles, c'est un instrument que M. Hemstruys affectionne beaucoup, qu'il a varié et même perfectionné; il croit qu'en regardant des deux yeux dans deux lunettes différentes, on ménage ses yeux, qu'on juge mieux des distances, et qu'on a la sensation d'un champ plus vaste.

---

1. Le premier cahier des *Nouvelles littéraires* de Jean Bernoulli paraît en 1776. Il annonce la traduction de l'*Abrégé d'astronomie* de Lalande, qui rectifie: c'est son *Astronomie* en trois volumes (2ᵉ édition) qui est traduite en hollandais.

M. Royer, secrétaire des États de Hollande, petit neveu du célèbre Huygens (*écrit Huïgens*) de Zuÿlichem, a sa première pendule d'équation, et une partie de ses manuscrits.

Dans la célèbre université de Leyde, il y a un simulacre d'observatoire qui est une vieille tour peu solide et sans commodités, avec de vieux instruments, moitié bois moitié cuivre, et un théologien du pays qui a le titre de professeur d'astronomie. Cela parut à M. de la Lande également indigne de la réputation de l'université de Leyde et de la majesté du gouvernement.

Mais il y a à Leyde un homme célèbre et que l'on peut regarder comme astronome parce que toutes les sciences lui sont familières et lui sont chères ; c'est M. Allamand, né à Lozane (*Lausanne*) en 1714, et qui fut attiré à Leyde en 1736 par la réputation de S'Gravesande et qui a fini par s'y établir lui-même. Il est professeur et il y a formé un cabinet d'histoire naturelle et un cabinet de physique où il y a beaucoup de choses relatives à l'astronomie. Il se propose de publier une édition de tous les ouvrages du célèbre Dominique Cassini, de concert avec M. Cassini le jeune, arrière petit fils de ce grand astronome.

M. le comte de Bentink de Rhoon, qui était le premier seigneur de Hollande, et amateur de toutes les sciences, avait une résolution formelle de procurer la construction d'un bel observatoire pour l'université de Leyde, et il demandait déjà en 1774 à M. de la Lande un professeur d'astronomie qui eut de la réputation et de l'habileté. L'Etat dépense plus de 50 mille florins pour cette université, et les curateurs demandent des fonds extraordinaires dans le besoin, et les obtiennent.

D'après cela, on sera étonné que M. de la Lande qui allait en Hollande pour prêcher l'astronomie en Hollande, spécialement pour la marine, qui a sollicité, donné des *Mémoires* et reçu des promesses formelles des principaux membres du gouvernement, n'ait pu réussir à rien pour cette partie du bien public dans les Provinces Unies. M. le comte de Rhoon est mort en 1775, et c'était l'homme le plus capable d'y procurer cette révolution dans les sciences et la marine.

À Haarlem, M. Eisenbrock a un très bon télescope de van der Bildt avec lequel il a fait quelques observations.

(à partir d'ici le texte n'est pas écrit par Lalande, mais il a ajouté de sa main des suppléments ou des corrections)

À Amsterdam M. van de Wal a un très bon télescope de huit pieds fait vers 1748 par lui-même ; le grand miroir a huit pouces 3 quarts de diamètre et il fait pour cet instrument une espèce d'observatoire en bois, disposé avec beaucoup d'intelligence ; le toit tourne sur des rouleaux de gayac [1] et il est environné par des roulettes de cuivre ; les ouvertures du toit sont formées avec trois plaques de cuivre, une en bas, une en haut et une au milieu ; elles glissent dans trois rainures différentes et chacune des trois peut parcourir tout l'espace par le moyen de deux cordes.

Le télescope est placé au milieu sur quatre piliers de brique bâtis sur pilotis à cause de l'instabilité du terrain de cette ville ; le plancher sur lequel on marche en est tout à fait séparé pour garantir le télescope de toute espèce d'ébranlement.

M. Strenstra est le seul dans les sept Provinces Unies qui ait donné des ouvrages élémentaires et méthodiques en astronomie, en langue hollandaise, comme en géométrie ; le grand cours de mathématique de M. Hennert est écrit en latin et il renferme 2 vol. *in 8°* d'astronomie.

L'observatoire d'Utrecht est proprement le seul qu'il y ait dans les sept Provinces Unies. La ville a destiné pour cet effet une grosse tour sur une des portes, disposé avec un toit tournant, et plusieurs autres commodités, M. Hennert a quelques instruments de peu d'importance à la vérité mais avec lesquels il n'a pas laissé de faire plusieurs bonnes observations.

Voici ce qu'écrivait M. Hennert à M. de la Lande en 1768 : notre observatoire a de très grands désavantages, j'ai tâché de remédier à quelques inconvénients. Mais il m'est impossible de réparer tout, à moins de ne pas renverser l'observatoire de fond en comble. Il est bâti sur une vieille tour carrée située sur les remparts de notre ville à la hauteur de 60 pieds [2]. La tour destinée aux observations est très petite, environ huit pieds de diamètre et 10 pieds de hauteur. Elle est garnie d'un toit tournant, comme à l'observatoire [3] de M. de L'isle (*Delisle*). Je possède un bon instrument de passage, une pendule, un excellent micromètre à la façon de Bradley, un instrument pour observer les hauteurs correspondantes, dont il est fait mention dans l'Optique de Smith. au 6 chapitre du 3e livre, plusieurs grandes lunettes, une pendule et deux quarts de cercle, mais les quarts de cercle n'ont que 18 pouces de rayon, et ne sont pas garni de micromètre, l'un est entièrement usé, et l'usage de l'autre quart de cercle de même rayon, qui est fait en Angleterre, est très incommode. L'axe

1. Gayac ou gaïac, arbre ou arbuste originaire d'Amérique Centrale à bois dur.
2. Cet observatoire sur la Tour du Soleil (Zonenburg), a été utilisé presque jusqu'à la fin du XXe siècle.
3. A son retour de Russie en 1747, Delisle installe un observatoire (devenu observatoire de la marine) au sommet d'une tour de l'hôtel de Cluny, voisin du Collège royal (mais il n'a pas un toit tournant). C'est là que Lalande a fait ses premières observations, avec Delisle, en 1749.

ou l'arbre auquel le quart de cercle est attaché, tourne dans un pivot ; il faut le caler moyennant un niveau d'eau, ce qui est très fatigant. Vous voyez donc, Monsieur, qu'il me manque un bon quart de cercle. J'aurais plutôt pensé à acquérir un meuble si utile ; mais les revenus que la ville destine tous les ans à l'entretien de l'observatoire ne sont point assez considérables pour acheter des instruments de prix. C'est pourquoi j'ai dû ménager la caisse de la ville afin de ramasser une somme assez satisfaisante pour acheter un quart de cercle meilleur, et c'est de quoi je m'occupe actuellement.

Ainsi on voit qu'il y a actuellement à l'observatoire d'Utrecht deux quarts de cercle, une lunette méridienne, un excellent micromètre ; il y a aussi plusieurs grandes lunettes, mais on aimerait mieux une lunette achromatique. M. le Bourgmestre Lotten qui est bien instruit en astronomie et qui a chez lui un excellent quart de cercle de Bird, désirait beaucoup de procurer ce petit secours à l'observatoire et il avait promis à M. De La Lande d'employer pour cela son crédit auprès de la Régence d'Utrecht ; mais comme elle est composée de 40 personnes dont la plupart sont indifférentes pour ce genre de science, il na rien pu obtenir [1].

BA40

Lettre à *Jean III* (145) [64]

À Paris le 7 fév. 1777

J'ai bien reçu, mon cher confrère, votre lettre du 23 juillet et je vous ai remercié par une lettre écrite de Bourg en Bresse de toutes les notes intéressantes qu'elle renfermait pour ma Bibliographie. J'ai ensuite reçu à mon retour à Paris votre lettre du 26 oct. où vous me chargiez de diverses commissions en m'annonçant un envoi que j'attendais déjà depuis longtemps ; j'ai différé de jour à autre ma réponse pour le voir arriver ; enfin je l'ai reçu il y a trois jours ainsi que votre lettre du 21 janvier. J'ai vu avec plaisir vos *Nouvelles littéraires* que je vais annoncer dans le Journal, et placées chez Valade, libraire rue St. Jacques ; mais je crains qu'on n'en vende bien peu. Quand paraîtra le second cahier, combien doivent-ils se vendre.

---

1. Le voyage en Hollande fera l'objet d'un volume ultérieur de la série *Lalandiana*.

Vous ne m'avez point envoyé votre liste des astronomes, ni les *Beytrage (sic)* de M. Lambert, Tomes 1 et 2 ; quelque injuste qu'il soit à mon égard, même dans la préface de ses nouvelles *Tables*, je reçois avec plaisir ses ouvrages, et je me fais un devoir de lui rendre justice.

Ne croyez pas que j'attache aucune importance à la manière dont M. Robinet a parlé de moi dans sa préface, je ne lui en ai même pas parlé ; quant à vous, je ne pourrais vous rien imputer, en supposant que je fusse mécontent.

J'ai retiré vos 3 vol. de Suppléments et je les enverrai avec les livres de M. de la Grange.

Je n'ai pas retiré les 3 volumes de planches de l'*Encyclopédie* parce que cela est fort peu intéressant et fort cher, 187 livres; et comme vous savez que je suis déjà caution envers Mad*ame* Desaint d'un mémoire considérable, je ne voudrais pas multiplier mes dettes. M. Panckoucke attendra tant qu'on voudra. Le volume des prix est imprimé, mais il n'est point encore en vente.

L'instrument universel[1] de M. Cassini dans son dernier état coûtait 300 liv*res*. Ce serait une grande folie, un anneau astronomique, un cadran équinoxial, sont bien plus commodes pour la campagne.

J'ai envoyé il y a 3 mois votre certificat[2] à M. Magellan par l'entremise de M. Shepherd.

Je vous remercie des soins que vous avez pris pour la traduction[3] de M. l'abbé Vasseur ; il n'y a rien encore d'imprimé, nous attendrons et nous recevrons avec grand plaisir les additions de M. Silberschlag pour le 1er vol. nous avons reçu le second.

Je vous dois donc 2 écus pour les *Éphémérides*[4] de 1778, 8 écus pour les 2 exemplaires des *Tables* (je tâcherai d'en placer un) et 3 écus peut-être pour le volume de l'académie. Cela fait environ 13 écus, combien en monnaie de France ? n'est-ce pas 52#. Ainsi je vais vous faire envoyer les livres que vous me demandez, Cassini, Bailly, gnomonique, académie de 1772, *Connaissance des temps* 1777 et 1778 ; cela passera 64#. Je n'ai point encore pu tirer de M. Le Monnier le 4e livre[5] de ses obs*ervations*. Si vous voulez, je lui enverrai un exemplaire de vos *Nouvelles littéraires*, en lui

---

1. Lalande est toujours désagréable envers Cassini III.
2. Ce certificat doit avoir été rédigé pour soutenir la candidature de J. Bernoulli à la *Royal Society of London*.
3. L'abbé Vasseur a-t-il été aidé par J. Bernoulli pour cette traduction (voir BA36) ?
4. C'est le troisième volume des *Éphémérides* de Berlin, publié en 1776.
5. Le livre IV des observations du Soleil, de la Lune, etc. de Le Monnier, publié en 1773, donne celles de 1743 à 1746.

faisant une nouvelle demande. Je vous ai envoyé par la voie de M. Durand, libraire, la réponse et les observ*ations* de M. Messier, il y a un mois. M. Bailly me demandait l'autre jour quand paraîtrait le 3e vol. de votre *Recueil* ; vous en parlez dans vos *Nouvelles littéraires*, et je ne l'ai jamais vu. Il demande si sa réponse [1] à la lettre de M. Dagelet y est imprimée, et je lui ai répondu que je croyais que vous ne l'imprimeriez pas sans y ajouter mes observations ; comme vous ne m'avez point parlé de ce 3e volume, peut être aurez vous mis en effet la lettre de M. Bailly sans m'en avertir ; dans ce cas, vous pourriez réparer cette injustice dans le second cahier de vos *Nouvelles littéraires*. Suivant votre lettre du 4 mai, vous deviez en envoyer à Mad*ame* Desaint, mais je n'en ai plus entendu parler, non plus que du volume de 1773 pour M. Bézout qui devait être dans le même paquet, avec la liste des astronomes.

Je vous enverrai des notes sur l'astronomie en Hollande, où j'ai fait un voyage, tant pour essayer de l'y établir, relativement à la Marine, que pour mon traité des canaux navigables. Vos additions [2] sur le Voyage d'Italie en français ne paraîtront elles point ; il me semble que M. de Felice qui a imprimé mon livre à Yverdon, pourrait bien se charger du vôtre.

Ayant une grosse entreprise avec Mad*ame* Desaint, actuellement, je n'ose entamer une négociation pour des choses étrangères ; je compte cependant lui en parler.

Je vous envoie la réponse de M. l'abbé Rozier, de sa main.

Je ne sais point encore ce que deviendront mes projets [3] de mariage, il y en a plusieurs d'entamés, mais le principal est que je suis débarrassé de ma gouvernante ; je n'en aurai plus de cette espèce ; quand elles sont jeunes et jolies, elles sont trop ambitieuses, et subjuguent trop facilement leur maître. Mes respects à votre chère compagne, mille compliments à M. de la Grange, à M. Formey, M. Merian. Je suis avec le plus tendre et le plus sincère attachement

Mon cher confrère et ami,
Votre très humble et très ob*éissant* serviteur
De la Lande

1. J. Bernoulli n'a pas publié la réponse de Bailly à la lettre de Dagelet (parue dans son *Recueil*, tome II), Bailly l'ayant donnée au *Journal encyclopédique* du 1er juin 1773. Jean Bernoulli décide de ne plus accepter de polémiques.

2. J. Bernoulli a-t-il publié en allemand des additions au voyage en Italie de Lalande, ou son propre récit ?

3. Si Lalande a eu réellement d'autres projets de mariage, aucun n'a abouti.

Avez-vous reçu la description de la machine à diviser de Ramsden pour laquelle il a eu une grosse récompense du Bureau des longitudes, 5 shellings.

Voulez vous que je vous envoie le recueil des observations de Mrs. Tofino et Varela de Cadix, petit *in 4°* ; vous l'aurez vu annoncé dans le Journal des savants, 9#.

Voulez-vous les *Tables* du nonagésime 2 vol. 8°, 12#.

Le livre de M. Le Monnier sur les variations de l'aimant.

Qui est-ce qui fait le journal de Berlin en français, il me paraît fort bon ?

Ne m'écrivez plus par la poste directement ; cela est trop cher quand on peut l'éviter, et tous les ministres s'en font un plaisir ; il m'en coûte 400# en ports de lettres malgré l'attention que j'ai de donner l'adresse des ministres à mes correspondants d'habitude.

Quoique je sois très occupé à cause de l'impression de mon traité des canaux, j'ai pris le temps de parcourir mon Journal de voyage en Hollande en 1774 pour vous donner les notices d'astronomie qui vous manquaient.

Note de l'abbé Rozier annoncée dans cette lettre :

Répondez je vous prie M. et c. f. (*cher frère ?*) à M. Bernoulli que j'ai adressé à M. Cartillon par la voie de M. Rossel avocat à Paris et son correspondant la collection complète de mon journal et je fais remettre chaque mois les cahiers qui paraissent. Le même envoi contient les *Tables* de l'académie également pour l'académie. Priez M. Bernoulli de me mettre en correspondance avec un libraire de Berlin afin de couler (*écouler ?*) quelques exemplaires de mon journal.

BA41

Lettre à *Jean III* (147) [65]

14 avril 1777

J'ai écrit à Francfort, mon cher confrère, pour votre ballot, et je ne reçois point de réponse, faites vous-même quelques informations à ce sujet.

J'ai demandé à nos anatomistes des nouvelles des oreilles[1] du P. Sébastien, mais on ne sait point ce que cela est devenu, l'on a fait mieux depuis ce temps-là, et l'on ne se souvient plus du P. Sébastien.

J'ai fait partir le 1er avril une grande caisse pour Strasbourg à l'adresse de MM. Franck pesant 200# qui a coûté 13# d'emballage où il y a 4 exemplaires des *Suppléments de l'Encyclopédie* pour vous et les autres souscripteurs de vos amis. Vous partagerez entre eux les frais ainsi que le port que je n'ai pas payé.

Les livres que vous m'avez demandés, avec ces frais, montent à 107#. Vous en déduirez le montant de ce que vous m'avez envoyé, et de ce que vous m'enverrez dans votre premier ballot.

Je n'ai point payé les planches de l'*Encyclopédie*, on me les a envoyées sans en demander le prix, et j'ignorais même que c'était ces planches, je croyais que c'étaient les *Suppléments*.

J'ai mis dans votre caisse les *Tables* du nonagésime[2], mais je ne vous les compte pas, et j'ai écrit à M. Aubert que je les mettrais sur son compte, si comme je le croyais, son intention était de vous en donner un exemplaire. Il est fort occupé des observations de M. Darquier qu'il imprime.

Je n'ai point parlé à Mad*ame* Desaint de son compte avec vous, parce que j'en ai moi-même un fort considérable avec elle, et qu'il faut faire l'un après l'autre.

Croyez vous que si j'écrivais au Roi pour lui demander une notice des canaux[3] qui sont dans ses états, il n'y aurait pas quelque apparence de l'obtenir. Y aurait-il un moyen plus direct, M. Silberschlagh ne pourrait-il point par les bureaux dont il est ?

J'ai fait vos commissions auprès de Mrs. Messier, Rozier, Fontane.

1. J. Bernoulli recherche des aides auditives.
2. Ces tables ont été éditées à Avignon pour Lalande (voir BA33).
3. Lalande achève son grand ouvrage sur les canaux et souhaite des renseignements sur ceux de Prusse.

D'après ce que vous me dites que 13 écus font un peu moins de 48 #, je les compterai à l'avenir sur le pied de 3 # 12 s pour que nous puissions nous entendre.

Si vous avez quelque bon livre allemand dont vous ou vos amis croient la traduction utile en France, il faut l'indiquer à M. l'abbé Vasseur qui a du courage et du loisir, et qui entend bien l'allemand.

Adieu mon cher confrère, je suis avec autant de considération que d'attachement, votre très humble et très obéissant serviteur

Delalande

On n'a point encore distribué aux Académiciens les pièces des prix, ce qui fait que je ne vous en envoie point pour M. de la Grange. Faites lui mille compliments pour moi ainsi qu'à Mrs. Formey, Beguelin et Merian.

BA42

Lettre à *Jean III* (149) [66]

Cette lettre a été dictée par Lalande car l'écriture et l'orthographe diffèrent de la sienne. C'est par contre bien sa signature.

Bourg en Bresse le 27 août 1777

Je n'ai pas répondu, mon très cher ami, à votre lettre du vingt-six mai, parce que vous me mandiez que vous alliez partir pour la Prusse, et que vous ne reviendriez qu'au mois d'août, mais je me suis acquitté de vos différentes commissions.

J'ai donné votre premier volume[1], suivant vos intentions, à ceux qui m'ont paru disposés à acheter les autres ; et cela en a fait vendre.

Mme Desaint dit que s'il faut vous rendre 4 # du premier volume on n'en vendra point parce qu'il faut 10 s pour le libraire de province , et 10 s pour elle sans compter les frais de voiture. On ne peut pas faire payer cela 6 # ; dites moi votre avis à ce sujet.

Vous m'aviez demandé un instrument de M. Cassini, j'en ai trouvé un pour sept louis, il en a coûté quatorze, c'est une bonne occasion.

---

1. Premier cahier des *Lettres astronomiques* de J. Bernoulli.

Monsieur Dagelet a été trois fois chez M. Le Monnier pour avoir le quatrième livre, mais il ne l'a pas chez lui, dès qu'il en aura, il le lui remettra.

Vous avez oublié dans votre liste [1] des astronomes, M. le président de Saron qui non seulement a une collection de beaux instruments, mais qui s'en sert utilement, et qui est un très habile astronome, M. le chevalier d'Angos à Toulon officier d'infanterie qui a fait beaucoup d'observations dans ses différentes garnisons, qui entend supérieurement la théorie, M. le duc de Croy qui a fait différentes observations dans son gouvernement à Calais, et qui a fait bâtir un observatoire [2] très bien placé sur la montagne de Chatillon près de Paris, M. Maillette à Nancy qui a observé le passage de Vénus, et quelques éclipses.

Envoyez-moi le plus tôt que vous pourrez les *Beitrage* tom*es* 1er et 2e, les nouveaux *Mémoires* de votre académie, le second cahier de vos *Nouvelles littéraires*, et les *Éphémérides* de 1779, si elles ont paru.

Je n'ai point encore reçu les observations du père Poczobut, et je ne sais pas si l'impression est achevée.

Je ne puis pas vous dire grand chose de M. Bouret, la seule chose que je sache de lui, c'est que je lui achetais en 1763 à Londres un grand télescope de 8 pieds de Short, et qu'il a fait présent à M. Messier de deux grands globes qui valent bien 100 louis, et dont il voudrait se défaire.

Il me semble vous avoir marqué le prix de tout ce que je vous ai envoyé, si je ne l'ai pas fait, mandez moi quels sont les articles dont j'ai oublié le prix.

Je vous remercie de la note sur les canaux du Roi de Prusse, puisqu'on m'annonce qu'il va paraître un livre sur cette matière, je vous prie de me l'envoyer aussitôt qu'il paraîtra, je voudrais bien en avoir une petite notice d'avance, parce que l'impression de mon traité sur cette matière est fort avancée, et que je voudrais pouvoir indiquer, et annoncer cet ouvrage allemand, mais j'imagine que cela me donnerait trop de peine pour pouvoir l'espérer, à moins que M. Silberschlag ne voulût bien s'y prêter, mais les notes qu'il m'a envoyées sont si courtes que je n'ose pas espérer grand

---

1. Cette brochure *Liste des Astronomes connus, actuellement vivants, &c.* a été annoncée par Jean Bernoulli dans le tome III de son *Recueil*.

2. En 1763, le duc de Croÿ passant à Chatillon, admire la belle vue sur Paris et souhaite installer un belvédère en bois qui est construit de 1764 à février 1766, avec au sommet un salon ayant huit fenêtres. C'est la tour *dite* de Chatillon ou de Croÿ qui n'existait plus en 1810. En 1793, Delambre l'avait utilisée comme repère dans un triangle du méridien.

chose de sa complaisance à cet égard, il sera pourtant cité dans mon livre, mais ce sera pour bien peu de chose.

Je n'ai rien pu apprendre de nos académiciens sur les oreilles artificielles du père Sébastien ; si cela vous intéresse beaucoup, je ferai des informations plus soigneuses, mais je ne vois guère ce que vous en pouvez espérer.

Pourquoi ne voulez-vous pas que j'écrive au Roi pour avoir les détails de ses canaux ; il m'a témoigné tant de bonté autrefois, la princesse d'Orange m'en parlait encore lorsque j'étais en Hollande, en m'assurant qu'il ne m'avait point oublié, elle lui avait parlé de moi dans une lettre avant que j'eusse eu l'honneur de lui faire ma cour. Il n'aime pas qu'on publie des cartes de son pays, mais pour des canaux, cela est fort différent, cela ne peut que lui faire honneur, sans lui porter aucun préjudice. Je me souviens encore qu'il me disait en 1751, que je pouvais disposer de tout ce qui dépendait de son académie, et de lui pour le progrès des sciences. C'est un Roi qui n'a ni jalousie ni petitesse ; conseillez moi mon cher confrère à ce sujet ; écrivez moi à Paris toujours à l'adresse du ministre Monsieur Amelot, on me renverra vos lettres ici ; j'ai donné à M. Durand libraire un Mémoire que m'a remis M. le marquis de Condorcet pour M. Lagrange, déjà imprimé pour faire partie de nos *Mémoires* de 1774. Demandez lui à ce sujet s'il voudrait me faire le plaisir de m'expliquer comment en employant les mêmes masses que moi pour Jupiter et Vénus, il trouve un effet moitié moindre pour la diminution de l'obliquité de l'écliptique, dans un temps assez court pour que les quantités soient réputées infiniment petites ; je voudrais bien qu'il prit la peine de lire mon *Mémoire* qu'il connaît déjà puisqu'il m'a fait l'honneur de le citer ; et de me marquer l'endroit où commence la différence entre nous.

Nous avons élu M. Margraff au préjudice du président de la Société de Londres pour qui l'on réclamait l'ancien usage, et l'ancienne liaison entre les deux académies, mais la réputation de M. Margraff, la multitude de ses travaux importants, son grand âge, ont déterminé la pluralité, aussi un peu l'intérêt que M. d'Alembert et moi prenons à tout ce qui touche le Roi de Prusse, et son académie. Présentez mes respects à cet illustre vieillard pour qui j'ai cabalé de bien bon cœur ; travaille-t-il encore un peu, veuillez me dire quelque chose de son âge, de sa santé, de sa fortune et de sa famille.

Quand vous m'enverrez les *Mémoires* de l'académie pour moi, je vous prie d'y joindre un exemplaire pour M. Bézout, et de vouloir bien m'en mander le prix.

Je suis avec le plus tendre attachement

Mon cher confrère et ami,
Votre très humble et très obéissant serviteur,
Delalande

BA43

Adresse *avec tampon :* Bourg en Bresse

À Monsieur / Monsieur Bernoulli astronome / de l'académie des sciences de prusse / À Berlin

Avec l'adresse, il est écrit (par Bernoulli ?) : rép. le 4 Nov. 77

Lettre à *Jean III* (151-152) [67]

Cette lettre a été dictée par Lalande car l'écriture et l'orthographe diffèrent de la sienne. C'est par contre bien sa signature. Lalande a ajouté, de sa main, après Monsieur : « et cher confrère »

À Bourg le 3. 7 bre (*septembre*) 1777

Je vous fais mille remerciements, mon très cher confrère, de l'empressement avec lequel vous vous êtes acquitté de ma commission [1] auprès de M. Silberschlag et de M. Holsche. D'après les offres qu'ils veulent bien me faire, il est inutile que j'écrive au roi, d'autant qu'il ne me resterait plus assez de temps pour attendre des détails qu'il ordonnerait infailliblement de me communiquer. Il y a déjà trois cents pages de mon livre qui sont imprimées, et avant la fin de l'année nous en serons aux canaux de l'Allemagne. Je ne demande à ces messieurs que cinq à six lignes sur chacun des canaux des états du roi de Prusse qui contiennent les articles suivants comme je les écrirai sur le feuillet suivant.

Vous voyez que je ne demande point les cartes ni les dessins, ni des descriptions très détaillées.

Je recevrai avec empressement vos *Éphémérides* pour 1780.

---

1. Lalande a demandé des renseignements sur les canaux du royaume de Prusse.

Ce n'est pas M. Bourete qui avait fait faire le mural, mais bien M. Bergeret, receveur général des finances, au reste, il est encore chez lui et je n'ai pu le déterminer à le placer ni chez lui ni chez moi.

Les masses que M. de la Grange a employées pour Jupiter et pour Vénus diffèrent peu des miennes, et le résultat diffère prodigieusement ; je lui demande donc avec instance une chose qui lui sera facile après les recherches prodigieuses qu'il a faites sur cette matière, quelle supposition renferme mon théorème ou mon calcul qui puisse m'éloigner si fort de la méthode de M. La Grange ; s'il y avait une faute dans les siens, il me serait très difficile de la marquer à cause de l'énorme complication de sa théorie ; mais s'il y en a dans les miens, il lui sera facile de les assigner vu l'extrême simplicité de mon procédé ; c'est une grâce que je le prie de ne pas me refuser.

Vous pouvez être persuadé, mon cher confrère, qu'aussitôt après la rentrée de l'académie, je ferai un nouveau certificat [1] pour la Société royale de Londres, et que je l'enverrai après l'avoir fait signer par plusieurs de nos académiciens qui sont déjà de cette académie.

Je distinguerai avec soin une autre fois les prix des différents articles que je vous enverrai.

Je ne pourrai vous envoyer l'instrument universel de M. Cassini que lorsque je serai de retour à Paris, c'est-à-dire dans un mois.

Je suis avec le plus tendre attachement, et la considération la plus distinguée

>Monsieur et cher confrère,
>Votre très humble et très obéissant serviteur
>Delalande

>Questions sur les canaux [2]

Quelle est la longueur de chacun depuis une rivière jusqu'à l'autre ?

Quel est le nom de l'endroit où il commence, de celui où il finit, et des principaux endroits par où il passe ?

Quel est le nombre des écluses, et leur chute, ou du moins la différence totale des niveaux ?

Quel est l'objet d'utilité qui l'a fait entreprendre, le genre de commerce qui s'y fait ?

---

1. Ce nouveau certificat pour soutenir la candidature de J. Bernoulli comme membre de la *Royal Society of London* sera signé par plusieurs académiciens de Paris.

2. Lalande indique les renseignements qu'il désire sur les canaux de Prusse.

Par qui, et dans quel temps a-t-il été construit ?

S'il y a quelqu'une de ces questions auxquelles Mrs. Silberschlag et Holsche ne puissent pas répondre, je n'en serais pas moins satisfait de recevoir la réponse des autres questions, et je leur en aurai une véritable obligation.

BA44

Lettres à *Jean III* (153) [68]

Pas de date : sûrement 1777 après la rentrée de l'Académie

Je me suis acquitté, mon très cher confrère, de vos commissions le mieux que j'ai pu. J'ai donné votre détail du tableau [1] à M. Pierre, premier peintre du roi, pour savoir si M. le comte d'Angivillers, directeur général des bâtiments, voudrait en faire faire l'acquisition ; mais il m'a fait observer que sans le voir cela serait impossible ; nos grands amateurs, M. le prince de Conti, M. de Gagnies, M. Randon de Boisset, sont morts. Les tableaux flamands sont ici très recherchés, mais les tableaux d'Italie, surtout les grands tableaux, se vendent bien moins. J'ai fait un extrait pour le publier dans les petites affiches ; envoyez moi un plus grand nombre de vos imprimés, à l'adresse du ministre, cela ne coûte rien, je les placerai de mon mieux. Mais surtout dites-moi ce que vous espérez en avoir, car personne ne fera d'offres sur une chose inconnue ; mettez le au moindre prix, cela n'empêchera pas que nous n'en demandions davantage.

M. Le Monnier n'a toujours point d'exemplaire de son 4e livre, mais il en aura dans quelques mois, et il vous le promet avec bien des compliments.

Tout ce que M. Maskelyne demande qui soit dans le certificat, est très bien dans celui que j'avais envoyé ; j'ai donc écrit à M. Shepherd que je le priais d'en faire l'observation, et il m'écrit du 18 nov. qu'il s'en charge et que nous pouvons être tranquilles.

J'ai reçu vos 7 louis, et j'ai l'instrument de M. Cassini que je vous enverrai dans le premier ballot que j'aurai à faire pour vous.

---

1. J. Bernoulli veut vendre un tableau d'un peintre italien dont on saura seulement qu'il a vécu en France quelque temps et que le tableau est grand.

Rien n'empêchait que vous m'envoyassiez en un seul paquet toutes les
notes de M. Silberschlag, puisque les paquets gros ou petits ne coûtent rien.
Je vous remercie bien de me les avoir procurées, mais il est impossible de
lire les noms propres[1] et je suis obligé de vous envoyer le manuscrit de la
traduction pour engager l'auteur à les corriger en les écrivant en CAPITALES
lorsqu'ils ne seront pas bien dans la traduction ; je le prie aussi d'éclaircir 8
difficultés que j'ai écrites sur le dernier feuillet. Je vous prie de mettre sur
mon compte le port de cette lettre par la poste. Je vous envoie aussi les
questions de M. l'abbé Vasseur sur l'hydrothermie, mais elles ne sont pas
si pressées que les miennes, parce que mon livre s'imprime à force.

Le volume[2] de 1774 n'est pas encore achevé d'imprimer.

Je ne connais point de vocabulaire de navigation anglais et français,
ainsi il faudra vous expliquer davantage sur cet article.

Est ce que votre célèbre astronome, l'ennemi des Français, M. Lambert
est mort[3]? Quand et comment? N'oubliez pas les volumes qui me
manquent de ses Essais.

Je suis avec le plus tendre attachement, mon cher confrère et bon ami

Votre très humble et très obéissant serviteur
DelaLande

J'ai remis à M. Durand, libraire, pour le faire passer à Strasbourg à
M. Bauer 3 volumes pour M. La Grange, deux pour Margraff, une
Connaissance des temps pour M. Lagrange ; j'y ai joint un exemplaire des
observations[4] de M. Darquier, que j'ai cru que vous seriez bien aise
d'avoir, à 6# 10s de France ; on le vend 9# chez le libraire.

BA44 bis

Reçu
J'ai reçu de Messieurs Delessert & Comp. d'ordre de Monsieur
Emanuel Beck à Basle & pour le Compte de Monsieur Bernoulli astronome

1. Lalande a des difficulté dans la lecture d'un manuscrit.
2. C'est le volume Histoire de l'Académie royale des sciences et Mémoires pour l'année
1774, Paris.
3. Lambert (l'ennemi des Français, selon Lalande, et surtout l'ennemi de Lalande,
comme on peut le voir dans quelques-unes des lettres ci-dessus) est mort le 25 septembre
1777.
4. Darquier a fait publier ses observations à Avignon, à ses frais en 1777.

royal à Berlin Cent soixante huit Livres de France, dont quittance en double ne servant que pour simple. Paris le 7. 9 bre *(novembre)* 1777

                            Delalande
L 168

BA45

Sur papier gris (155 & 156) *[70 & 71]*

Vor Königs Professores der Academie, Hern D. Bernoulli, Wo (????, *signature*)

Traduction de la réponse de M. Silberschlag adressée à M. Bernoulli sur la question de M. de la Lande

J'avais à peine, Monsieur, commencé à satisfaire le désir de M. de la Lande dont la commission ne pouvait être que fort agréable pour moi, lorsque M. Holsche, intendant des bâtiments, me demanda quelque avis sur nos canaux et ports de mer, j'appris par cette occasion que M. Holsche s'est proposé de publier pour Pâques 1778, une relation imprimée de tous nos ports de mer et canaux accompagnée de leurs desseins *(sic)* et que quant à ceux-ci c'est même déjà fort avancé ; ce qui m'a fait changer de résolution, je vous prie donc, monsieur, de mander à M. de la Lande en l'assurant bien de mes respects, que j'aurai l'honneur de l'en avertir dès que cet ouvrage aura paru. Mes occupations trop multipliées ne me permettent pas de donner une description fort détaillée, j'ajouterai cependant les noms des canaux et ports de mer qui se trouvent au nombre des plus considérables.

[71] est une note signée Silberschlag.
  colonne de gauche en allemand et à droite la traduction en français

I. Canaux

Der grosse Friedrichs Canal		1) le grand Canal Frédéric
Der kleine	in Preusse	2) le petit	en Prusse
Der Bromberg Canal		3) le Canal de Bromberg
Der Friedrich Wilhelm Canal		4) le Canal Frédéric Guillaume
Der Finow Canal		5) le Canal Finow
Der Parcy Canal		6) le Canal de Parey
Der Pander Canal und noch einige ?????		7) le Canal de Pander et plusieurs autres moins considérables

II. Ports de mer

1) der Pillau ?	1) le port de mer de Pillau
2) der Colberger	2) le de Colberg
3) der Augenwarder	3) le de Augenward
4) der Schwine munder	4) le de Schwinemund
??	

Silberschlag

BA46

À Monsieur / Monsieur Bernoulli de l'académie royale des
~~inscriptions~~, / Sciences et belles lettres de Prusse/ à Berlin
Lettre à *Jean III (157 & 158)* [72]

5 janvier 1778

On m'a écrit, mon très cher confrère, que l'académie de Pétersbourg
fait chercher des tableaux, surtout des maîtres d'Italie, ce serait une bonne
occasion pour le vôtre. Ici le Roi n'achète point guère à présent, d'ailleurs il
a de très beaux morceaux de ce maître, qui a travaillé en France assez
longtemps. Le directeur général des bâtiments n'a pas même voulu me
donner d'espérance, pour le cas où, en le voyant, on le trouverait aussi beau
que vous le dites ; car il faudra toujours voir avant que de conclure.

Sur l'avis que j'ai fait imprimer dans nos affiches, il m'est venu un
peintre nommé Pioger qui m'a dit que le prince de Salm, à Senones, qui va
venir à Paris, achète des tableaux, et qu'il lui en parlera.

Mais votre prix de 120 mille livres n'est pas proposable, on ne fait plus
de ces folies-là actuellement. Il est arrivé que, dans des ventes, les amateurs
à l'envi les uns des autres ont poussé assez haut des tableaux flamands,
mais il faut de la pique et par conséquent un peu de folie.

Je vous remercie bien de votre empressement à m'envoyer les réponses
de M. Silberschlag ; je vous prie de me procurer encore les nouvelles
réponses que je demande ci-après, surtout relativement à la contradiction
indiquée d'un *.

Vous avez très bien fait d'écrire à M. de Malesherbes et à M. de Bissy,
je voudrais que vous eussiez de meilleures cordes, car je n'ose espérer que
vous tiriez seulement 500 louis de ce tableau. Les affiches ne m'ont produit
qu'une seule visite, comme je viens de vous le dire.

Si Aubert vous envoie un exemplaire[1] de Darquier par moi, je le garderai et vous ne payerez point celui que vous avez.

Comme il faudra faire une caisse pour vous envoyer l'instrument azimutal[2], j'en profiterai pour mettre les livres que vous avez demandés en dernier lieu.

Je demanderai à M. d'Alembert des nouvelles de M. Bitaubé et des 2 cahiers de vos *Nouvelles littéraires*[3] que je suis fort impatient de voir.

Je suis avec autant de considération que d'attachement

Monsieur et très cher confrère,
Votre très humble et très ob*éissant* serviteur
LaLande

Je prie M. Silberschalg[4] de vouloir bien encore répondre aux questions suivantes, je lui en aurai bien de l'obligation ainsi que de la peine qu'il a déjà prise jusqu'ici et dont je lui fais mille sincères remerciements.

M. Oberlin dans son ouvrage sur les canaux parle d'un canal dans le comté de Ruppin, Dossam cum Rieno val Rhyno jungens, je voudrais bien savoir ce que c'est.

On parle aussi d'un canal de Postdam qui va de l'Havel dans le Havel., je voudrais savoir ce que c'est.

Le canal de Frédéric Guillaume est appelé ailleurs canal de Muhlrose, je voudrais savoir le nom vulgaire usité réellement dans le pays. Dans la carte de ce canal publiée par Wolfgang, il n'y a que 8 écluses au lieu de 10, et il est dit que le Roi les a réduit à 8, serait-ce l'état actuel? Dans le détail de M. Silverschlag on trouve 64 ½ pieds de montée, et 10 de descente, et cependant il a écrit de sa main en rouge qu'il y a 60 pieds de chute depuis la Spree jusqu'à l'Oder.

---

1. Les observations de Darquier ont été publiées par Aubert, imprimeur et libraire à Avignon. Lalande pense qu'un exemplaire lui sera envoyé pour Jean Bernoulli. En conséquence, il le gardera pour lui et Jean Bernoulli ne devra pas payer celui que Lalande lui a déjà envoyé.

2. C'est sans doute l'instrument que Cassini III vend et que Lalande a acheté d'occasion pour Jean Bernoulli (voir BA42).

3. Les deux premiers cahiers des *Nouvelles littéraires* de Jean Bernoulli ont paru en 1776 et 1777.

4. Le livre de Lalande, *Des canaux de navigation, et spécialement du canal de Languedoc*, va paraître prochainement (en 1778). Ce sont là les dernières demandes de l'auteur. Le chapitre XIX est consacré aux canaux de Suisse, d'Allemagne, de Pologne & de Suède. Pour l'Allemagne, Lalande commence par le canal de Mulhrose (1662-1668) et ajoute qu'il a a « 10 écluses suivant les notes de M. Silberschlag ».

* Dans l'article du canal de Finow M. Silberschlag dit que l'Oder est plus élevé de 30 pieds que le Havel ; et cependant la Spree est de 60 pieds plus haute ; cela ne saurait s'accorder, car le Havel et la Spree ne peuvent pas différer beaucoup.

En voulant me fixer pour l'orthographe, vous avez augmenté mon embarras, on a écrit en rouge Lieben-Wald et en noir Liben-Walde, ici fluth, là flout,

En rouge	En noir
Torpen	Zerpen
Neu Stadebenwald	Neustad-eberswalde
Oder	Odre
Lebuss	Lebus
Muhlrohez	Muhlrose
Busch	Bousch
Ahlinis	Ahlim
Bees	Beeskow
Szerkow	Storkow

BA47

Lettre à *Jean III (159)* [73]

À Paris le 30 janv. 1779

Vous allez vous plaindre, mon cher confrère, de ce que je n'ai pas répondu plus tôt à votre lettre du 30 nov., mais elle m'annonçait des livres par les premières voitures, et je croyais en effet qu'ils allaient arriver ; je m'étais adressé à M. de la Grange pour savoir si vous étiez mort, il ne m'a pas répondu. J'ai reçu de Genève un extrait de vos *Éphémérides*, mais je n'ai pas vu le livre lui-même ; il vaut mieux que je m'arrange avec Bauer de Strasbourg qui m'enverra chaque année les *Éphémérides* et les *Mémoires* de l'Académie, et que je vous évite une peine qu'aussi bien vous ne voulez plus prendre [1], car que votre ballot soit allé à Leipzig, retourné à Berlin, &c. *nec pueri credunt*, surtout n'ayant rien reçu depuis deux ans, tandis que nos libraires ont ces livres depuis longtemps. Dans ces circonstances, comment pouviez vous exiger que je vous envoyasse des livres peu importants pour

1. Lalande se fâche et il est à peine poli. Les livres annoncés n'arrivent pas.

vous comme trois exemplaires du petit Atlas de Fortin &c. dont vous même peut-être serez embarrassé.

J'ai vu l'autre jour un volume de lettres de vous sur différents sujets, dont je ne soupçonnais pas même l'existence.

Je n'ai pas voulu vous acheter les oreilles [1] de M. Bernard sans vous dire en quoi cela consiste. C'est un tuyau demi-circulaire qui passe derrière la tête, dont un bout entre dans l'oreille et l'autre s'évase près de l'autre oreille et peut se cacher dans les cheveux ; ils sont faits avec la membrane de l'épiploon du bœuf, et coûtent 12# chacun ; il faut savoir si c'est pour une personne très sourde, ou seulement d'oreille dure, car ils sont plus ou moins évasés ; si c'est pour l'oreille droite, cela me paraît un meuble assez embarrassant.

M. de la Grange n'a pas voulu travailler aux satellites pour l'académie de Haarlem, il n'y a eu qu'une pièce ; j'ai conseillé de remettre le prix double, persuadé qu'il se déterminera à suivre cette importante matière, surtout pour les inégalités du 3e, qui ne sont connues qu'empiriquement ; dites-moi, je vous en prie, si l'on peut l'espérer, faites-lui mille tendres compliments.

Je vous fais mon compliment sur votre très agréable voyage [2] de Russie, vous êtes fort heureux de pouvoir suffire à de pareilles dépenses, tandis que je n'essuie que des pertes, mais je ne perds pas l'espérance d'aller en Russie au moins par mer.

Je sens tous les jours la nécessité d'apprendre l'allemand comme vous le conseillez, mais le grand nombre de choses que je vois à faire en astronomie me détourne d'une entreprise difficile à mon âge de 47 ans. Je ne laisse pas que de déchiffrer quelque chose dans les *Éphémérides*, et je verrai avec plaisir vos additions à mon voyage d'Italie en allemand. Si la partie française peut être proposée à Mad*ame* Desaint, je le ferai volontiers. Je ne vois pas cependant que vous ayez à vous plaindre d'elle, il n'a pas dépendu d'elle de vendre vos livres ; et elle vous a attendu bien patiemment.

J'ai fait passer à M. Caussen et à M. de Servières votre réponse au sujet des observations météorologiques, elle me paraît fort naturelle ; si

---

1. Lalande a trouvé une nouvelle aide auditive, que J. Bernoulli souhaite acheter.

2. J. Bernoulli s'est rendu en Russie où son frère, Jacques (Jakob) II Bernoulli, est professeur de mathématique et membre de l'académie des sciences de Pétersbourg. Il a épousé une petite fille de Leonhard Euler revenu à Pétersbourg en 1766. J. Bernoulli publiera ses récits de voyage en allemand dans *Sammlung kurzer Reisebeschreibungen...*, série qui commence en 1781 ; il y aura 6 volumes.

cependant *v*ous pouvez contribuer à leur entreprise, vous ferez une bonne chose. Nous ne pouvons pas trouver à faire imprimer la traduction que j'ai fait faire de M. Silberschlag ; j'ai envie de la proposer à Aubert d'Avignon. N'avez vous point donné une 3e suite de vos *Nouvelles astronomiques* ? Le Journal[1] de M. de la Blancherie a commencé cette semaine, il paraîtra une feuille chaque semaine.

L'éloge de Voltaire par le Roi de Prusse est-il imprimé, sera-t-il dans les *Mémoires* de l'académie.

J'avais fait mettre vos tableaux dans les petites affiches, mais il ne m'est venu personne. J'ai parlé à celui qui achète pour le Roi, je n'ai pu parvenir à rien.

Je suis avec le plus tendre attachement

> Mon très cher confrère
> Votre très h*umble* serv*iteur*
> DelaLande

BA48

Lettre à *Jean III (160)* [74]

Paris le 3 mars 1779

Pardonnez-moi, mon cher confrère, la malhonnêteté d'une expression d'humeur[2], si elle vous a fait croire que je soupçonnasse votre bonne foi ; j'en suis fort éloigné ; mais vous ne m'aviez point donné avis de l'envoi, vous pouviez avoir été négligent et chercher à vous excuser ; mais tout soupçon passe par votre assurance. Vous avez aussi de l'humeur quand vous dites quelque petit bout de lettre tous les 18 mois ; je vous ai écrit 4 fois au moins depuis un an.

Je me hâte de vous répondre pour vous dire que Mad*ame* Desaint a encore 20 exemplaires du tome III de votre *Recueil*, beaucoup plus du premier, mais elle n'a plus du second, ainsi vous devriez en envoyer 20 pour compléter, de même que de tous vos 4 cahiers, exceptés du premier

---

1. En janvier 1779 est parue la première feuille hebdomadaire des *Nouvelles de la République des lettres* de M. de la Blancherie, correspondance générale sur les sciences et les arts (les métiers).
2. On sait que Lalande est coléreux ; il essaie d'atténuer ses reproches de BA47.

dont j'ai beaucoup, et 15 de vos Lettres parce que Mad*ame* Desaint n'en a que 5. Quand je lui aurai remis tout cela, et votre mss. sur l'Italie, je pense qu'elle pourra bien vous laisser tranquille. Je suis charmé qu'il y ait beaucoup de titres de livres.

Les oreilles de M. Bernard ne se mettent pas à double, car c'est un demi-cercle qui sort d'une oreille et qui va aboutir près de l'autre oreille en passant par derrière la tête et qu'on cache comme on peut sous les cheveux ; ainsi on n'en peut mettre qu'un à la fois ; le voulez-vous pour partir de l'oreille gauche.

Je ne présume guère de pouvoir déterminer nos libraires à imprimer vos mss. sur les tables ; j'ai souvent fait des tentatives inutiles auprès d'eux, le P. Boscovich ne peut en trouver pour ses ouvrages, non plus que moi pour mon traité sur le flux et le reflux, sur les taches du Soleil, ni M. du Séjour qui a fait les frais de ses deux ouvrages en grande partie, comme M. Darquier pour ses observations.

Dites-moi, je vous prie ce que l'académie de Russie entend dans son programme par « 100 nummi aurei sive ducati ».

J'ai fait votre commission [1] auprès de M. de la Blancherie.

La comète paraît toujours, vous verrez dans le Journal des savants de janvier les éléments de M. Méchain ; elle paraîtra probablement jusqu'en avril qu'elle sera dans la Chevelure de Bérénice. Savez vous qui est-ce qui l'a aperçue le premier en Allemagne.

Je n'ai point pu voir l'éloge de Voltaire par le R. de P. ; si vous pouvez en mettre un exemplaire dans le ballot, vous me ferez plaisir.

Le *Mémoire* sur la latitude de Berlin exigerait une nouvelle discussion des erreurs de mon mural ; j'espère qu'on les fera à l'Observatoire où il va être placé ; en attendant je trouve par toutes les comparaisons et corrections que j'en ai faites 52° 31' 30" et vous pouvez l'employer ainsi en toute sûreté.

N'avez-vous pas aussi un mural à l'observatoire de Berlin, de qui est-il, de combien de pieds. Nos mémoires pour 1776 sont fort avancés ; on imprime mon grand travail [2] sur les taches du Soleil. Où en sont les vôtres pour 1777 ?

---

1. Lalande a dû souscrire au journal de La Blancherie pour Jean Bernoulli.
2. Il s'agit sans doute du «*Mémoire sur les taches du Soleil et sa rotation*», paru p. 457, dans *HAM* pour 1776 (publié en 1779).

M. Bode et M. Schulze feraient bien mieux de chercher des comètes que de calculer des éphémérides [1]. Voilà le *Nautical Almanac* de 1781 qui paraît, c'est dommage du double emploi.

Adieu mon cher confrère et ami je vous embrasse de tout mon cœur,

DelaLande

Vol. de 1772 pour (?) M. Bézout *(autre écriture)*

BA49

Adresse : *(la première ligne manque* : à Monsieur)

Monsieur Bernoulli astronome de l'académie / royale des sciences de Prusse / à Berlin

Lettre à *Jean III (161)* [75 ?]

À Paris le 3 mai 1779

J'ai reçu enfin le 27 avril votre ballot de livres, mon très cher confrère, je vous pardonne [2] l'impatience que l'attente m'a causée, et je vous prie de me pardonner les reproches trop vifs que je vous en avais faits.

J'ai remis à Mad*ame* Desaint 30 exemplaires des 4 cahiers de vos *Nouvelles littéraires* ; il faudrait qu'elle eut autant de la Liste des astronomes et des 3 volumes de vos Lettres, pour que vos ouvrages y fussent en entier et qu'on pût se les procurer complets.

N'oubliez pas alors les *Mémoires* de 1772 pour M. Bézout.

Le ballot a coûté 27# 8s, je les ai réparties entre M. d'Alembert, M. Bézout, vous et moi ; si vous m'aviez mandé ce que vous coûtait l'emballage, je l'y aurais compris, au lieu qu'il faudra partager cet article à nous deux seulement.

Je voudrais bien que vous me permissiez de vous tenir compte du prix de tous vos ouvrages que vous m'envoyez ; ils vous coûtent trop cher, et vous en retirez trop peu pour que vos amis même ne doivent pas contribuer pour leur petite part à ces frais ; c'est ce que j'ai dit à vos autres amis de Paris ; ainsi je vous prie d'ajouter cet article à mon compte.

---

1. Depuis 1775, Bode et Schulze calculent des tables pour les *Éphémérides* de l'académie de Berlin : « *Astronomisches Jahrbuch für das Jahr...* »
2. Curieuse expression : Lalande s'est fâché et il pardonne (!) à J. Bernoulli, cause involontaire de sa colère.

Il y avait un double broché du 3ᵉ cahier seulement (non du 4ᵉ), je l'ai présenté à l'Académie de votre part pour avoir occasion de parler à haute voix de ce travail très intéressant pour les astronomes, et qui devrait être imité dans les autres sciences. J'ai donné un article[1] à ce sujet dans le *Journal des savants*, et un à M. Jeaurat pour qu'il le mette dans la *Connaissance des temps* qui est sous presse pour 1782 ; et je lui en donnerai un pareil pour la seconde partie du 4ᵉ cahier quand elle nous parviendra.

Quand j'aurai reçu les mss. que Aubert doit vous renvoyer, je ferai mon possible pour les faire imprimer, si je n'y parviens pas je vous les enverrai.

J'ai bien reçu la réponse de M. de la Grange et je vous prie de lui faire mes très humbles remerciements. Son travail sur les satellites serait plus utile que tout ce qu'il pourra faire.

J'ai fait votre commission auprès de M. de la Blancherie.

Qui est ce qui a vu la comète[2] le premier, M. Schulze ou M. Bode, en ont ils été instruits ou les cherchent-ils eux mêmes comme M. Messier.

Je conserve sans doute avec empressement toutes vos lettres depuis 1770, et j'ai bien celles des 16 sept., 4 nov., 20 déc. 1777, 13 et 20 janv. 1778, 30 nov. 1778 ; c'est à celle-ci que je répondis quand vous fûtes choqué de mon doute. Il me semble que quand vos *Mémoires* paraissent, vous pourriez tout de suite[3] en faire un paquet avec les *Éphémérides* et autres ouvrages astronomiques, et les envoyer à Bauer de Strasbourg qui tire sans cesse des livres de Berlin et qui doit avoir un correspondant à Berlin ou à Leipzig.

Les livres que vous m'envoyez et dont les prix sont marqués se montent à 47# de France suivant votre note du 19 février. Il en faut déduire 9# 14ˢ pour le port des cahiers, à proportion de 27# 8ˢ pour le port total du ballot ; ainsi je vous dois compte de 37# 6ˢ.

J'évalue le Richsdale [*Rixdale*] à 3# 14ˢ avec vous, auparavant vous le supposiez 3# 12ˢ ; je ne sais pas quel est le pair de nos monnaies, mais cela est bien indifférent pour un si petit commerce que le nôtre.

Lorsque les *Mémoires* de 1776 auront paru, je ferai une caisse pour M. Lagrange, et j'y mettrai ce que je pourrai avoir pour vous.

---

1. Dans la rubrique « Nouvelles littéraires » du *Journal des savants*, juin 1779, 1ᵉʳ volume, p. 373.

2. Dans le *Journal des savans* de mai 1779, il est question de la comète de 1779, vue le 19 janvier par Messier et calculée par Méchain.

3. Lalande s'impatiente à nouveau : les *Mémoires* et les *Éphémérides* de Berlin devraient lui être envoyés dès parution.

Le livre de M. Darquier que je vous envoyai le 28 nov. 1777 et dont vous me parlez le 20 déc., 6# 10s étant déduit encore des 37# 6s, reste 30# 16s, défalquant le prix des oreilles, reste 5# 12s.

Votre aimable secrétaire ne vous aide-t-elle plus, et ne fait elle que des enfants ; je voudrais bien faire connaissance avec elle, et suivre votre exemple en allant à Pétersbourg, mais la dépense m'effraye ; peut-être quelque jour serai je plus à mon aise.

Si je ne vous avais pas tenu compte de votre dernier envoi, vous me feriez plaisir de m'en avertir, mais il me semble que dans mon envoi du 1ᵉ avril 1777 tout a été soldé jusqu'alors.

Messier vous fait bien de compliments ; il m'avait chargé de vous demander des nouvelles de son *Mémoire* sur l'anneau de Saturne, dont il était en peine, il verra avec plaisir qu'on l'a imprimé dans le volume de 1776.

Le traité des canaux est trop cher, et je suis trop peu au large pour pouvoir satisfaire l'envie que j'avais de le présenter à votre illustre académie, et encore plus à vous mon cher confrère. Je suis ruiné par ceux que j'ai été obligé de donner aux personnes qui m'avaient fourni des matériaux.

Méchain (et non Méchin) ne demeure point à Toulouse, il est astronome hydrographe du Dépôt de la Marine à Paris ; c'est lui qui a calculé [1] sur les *Tables*, et deux fois, sur les observations de M. Darquier. Pierre François André Méchain.

Page 8, comète de 1776, il n'y en a point eu cette année-là.

M. Méchain trouve aussi 44' 8" ou 10" par plusieurs éclipses de Soleil ou d'étoiles qu'il a calculées car c'est un de nos meilleurs astronomes.

Les observations de la comète jusqu'au 17 avril s'accordent toutes à la minute avec les éléments suivants Ω (*nœud*) 0 25 5 51, incli. 32 24 0, périhélie 27 13 11, dist. 0,713127, 4 janvier 2h 12m 0s T. moyen. Journal des savants mai.

Vos notes [2] sur mon *Voyage d'Italie* sont bien étendues, il serait agréable d'en profiter pour la seconde édition de mon *Voyage d'Italie*, mais il faudrait les refondre en abrégé, car Mme Desaint ne veut pas faire plus de 8 volumes ; et je lui ai déjà dit plusieurs fois que j'avais moi-même rassemblé plus de 500 pages de corrections et d'additions, de tous mes

---

1. J. Bernoulli a publié dans ses *Nouvelles littéraires*, 5ᵉ Cahier, que Méchin (*pour Méchain*) était à Toulouse. En réalité, tout en étant à Paris, Méchain a calculé pour Darquier. C'est une aide financière que Lalande a procurée à son élève.

2. Lalande envisage d'utiliser les notes envoyées par J. Bernoulli au sujet de son voyage en Italie, dans la deuxième édition de son *Voyage d'un Français…* qui sera publiée en 1786.

correspondants, Italiens et voyageurs. Je ne sais donc pas si elle voudra faire l'acquisition de vos notes pour en améliorer seulement la 2ᵉ édition ; je négocierai tout cela de manière qu'elle n'ait rien à vous demander, et mieux encore, s'il est possible qu'elle vous rende des livres.

Je vais vous envoyer les 2 oreilles de M. Bernard par M. Rosset qui demeure rue de la Perle ou par quelque autre voie. Elles coûtent 25# 4ˢ y compris la boîte, reste 5# 12ˢ. Je reçois la *Théorie générale des équations algébriques* vol. 4 de M. Bézout, 478 pages, il l'enverra sans doute à M. de la Grange.

M. Durand libraire s'est chargé de la boîte et il me promet qu'elle partira dans la huitaine ; M. Rosset était en campagne et je n'ai pu lui parler.

Quand est-ce que paraîtront vos *Mémoires* de 1777 et vos *Éphémérides* de 1781 ?

Adieu mon cher confrère je vous embrasse tendrement et suis toujours avec autant d'attachement, que de considération et de reconnaissance

Votre très humble serv*iteur* confrère et ami

La signature manque

Au verso de la première page de cette lettre, on trouve, écrit au crayon
Auszugsweise abgedruckt [ ]
In Berlin. Eph. 1782 p. 132
3. Mai 1779

BA50

À Monsieur / Monsieur Bernoulli astronome du Roi &c. / à Berlin
Lettre à *Jean III (163 à 165)* [76]

Lettre dictée par Lalande à son secrétaire de Bourg ; signée par lui

À Bourg-en-Bresse le 8 8ᵇʳᵉ 1779 (*octobre*)

Je me reproche, mon très cher confrère et ami, de n'avoir pas encore répondu à votre lettre du cinq juin, mais je suis en voyage[1] depuis longtemps, et me voici actuellement dans le fond de ma province, où

---

1. Cette année, Lalande a fait un voyage en Bretagne pour la marine (il est membre de l'académie de marine). Comme toujours, il s'est intéressé à d'autres sujets, ici à l'agriculture de cette province.

j'oublie un peu tout ce qui est si antifique [1], pour me livrer à la nature ; mais c'est ce sentiment là même, qui me rappelle à un ancien ami que j'aime tendrement, et qui connaît si bien le prix de l'amitié et les sentiments de la nature.

Dès que je serai de retour à Paris, c'est-à-dire dans un mois environ, je présenterai à l'Académie, de votre part, ce qui pourra lui manquer de vos ouvrages, et je tâcherai de tirer de M. Valade un compte du peu que je lui avais remis ; j'ai mieux aimé remettre la suite à Madame Desaint, à cause du compte que nous avons avec elle et du grand nombre de livres d'astronomie qu'elle a dans son fond ; ce qui peut accélérer la vente des vôtres.

Il y a longtemps que je songe à représenter à l'Académie, si nous avons le malheur de perdre votre illustre oncle, qu'on devait le remplacer par son neveu [2] ; mais comme il a déjà été question plusieurs fois de M. Wargentin, je prévois qu'on me dira qu'il est bien vieux, et qu'attendu votre jeunesse, vous devez attendre sa succession, car votre nom et votre mérite personnel vous assure que tôt ou tard vous ne sauriez nous échapper ; mon suffrage et celui de mes amis vous sont assurés ; et il pourrait bien arriver que nous l'emportassions, malgré les réflexions dont je viens de vous faire part ; puisque l'élection de M. Tronchin a scandalisé, il faut bien que je vous révèle notre turpitude [3]. Madame Necker l'a voulu, et son mari nous promettait douze mille livres de rentes que nous sollicitons depuis longtemps. M. le duc d'Orléans s'en est mêlé, et tout cela nous a persuadé que M. Tronchin était le plus célèbre médecin de l'Europe, et qu'ayant fait une révolution immense dans la médecine pratique, il pouvait être considéré comme un des hommes les plus illustres actuellement.

Quand je vous ai conseillé d'envoyer trente exemplaires de vos *Lettres* à Mme Desaint pour compléter la collection de vos ouvrages, je supposais qu'elles étaient également à vous. Puisqu'il en est autrement, je n'entreprendrai point de lui faire faire une acquisition ; surtout étant actuellement dans la négociation de votre manuscrit sur l'Italie, pour l'acquittement de l'ancien mémoire. Je ne sais pas encore si nous imprimerons votre ouvrage séparément, ou si nous le refondrons dans le mien ; Madame Desaint m'a demandé de lui dire mon avis à ce sujet, et je n'ai pas encore pu lui donner une réponse décisive. Si je prends le parti de le fondre, j'aurai soin d'en

---

1. Antifique : terme dérivé de l'adjectif *antife, ive* : *ancien* (vieux mot, selon Pierre Larousse).
2. Lalande souhaite faire élire son ami J. Bernoulli comme associé étranger à l'Académie des sciences de Paris.
3. Humour de Lalande.

avertir dans la préface, et de vous citer encore dans tous les endroits qui en vaudront la peine, afin que vous ne perdiez rien du côté de la gloire non plus que du côté de l'intérêt ; j'attends avec impatience[1] vos nouveaux cahiers avec le nouveau volume de vos *Mémoires* pour moi et M. Bézout, et de vos *Éphémérides* ; vous pourriez facilement, ce me semble, les envoyer à Strasbourg par le moyen du libraire qui fait des envois à M. Bauer, et je les recevrai dans un mois, en arrivant à Paris.

J'ai toujours envoyé la *Connaissance des temps* avec les autres ouvrages de l'Académie pour M. Marggraff ; s'il y en a deux volumes de perdus, on sera bien obligé de les racheter, et dans ce cas, je vous les enverrai avec mon premier envoi, aussitôt que vous m'aurez mandé s'il faut le mettre aux voitures, et quels sont décidemment les livres qui vous pressent le plus.

Je suis avec le plus tendre attachement, mon cher confrère et ami, votre serviteur à toujours

DelaLande

Note de Lalande non datée, non signée, peut-être post scriptum de la lettre ci-dessus :

Je n'ai pas encore terminé avec Mad*ame* Desaint pour votre mss (*manuscrit*) sur l'Italie, parce qu'elle imprime le 4e volume de mon Astronomie contenant des suppléments, une bibliographie, et un traité du flux et du reflux de la mer. Après que cela sera fini, je commencerai la 2e édition de mon *Voyage d'Italie*, et je traiterai votre (*déchirure*) avec la mienne.

---

1. Lalande de plus en plus impatient.

BA51

Lettre à *Jean III (166)* [77]

Non datée. Cette lettre doit être de janvier ou février 1780, car la lettre suivante, du 15 juin 1780, dit que l'envoi a été fait le 29 janvier. Les Éphémérides de Berlin pour 1782 ont été imprimées en 1779.

J'ai reçu, mon cher ami, le ballot que vous m'avez envoyé, j'ai remis à Madame Desaint les 20 exemplaires du 2ᵉ volume du *Recueil* et des *Nouvelles littéraires*, 2. 3. 4., 1ᵉʳᵉ p (*partie*). Les 30 exemplaires du n°4, 2ᵉ partie et du n°6, les 15 exemplaires des Lettres astronomiques de 1771. Comme le ballot a coûté 37 # de port, j'ai évalué cette partie à 27 #.

J'aurais voulu que Mad*ame* Desaint me les remboursat, mais comme elle ne prend ces livres que pour votre compte, elle n'a pas voulu faire cette avance

J'ai remis à M. Bézout les *Mémoires* de 1772 et 1777 pour lesquels je vous dois : 22 #.4.

J'ai remis à M. d'Alembert le paquet de M. de la Grange, et les *Mémoires* de 1777, à M. Messier les *Éphémérides* de 1782.

J'ai reçu pour moi les *Éphémérides* de 1782 pour lesquelles je vous dois, ce me semble : 7. 8

L'éloge de Voltaire, dont je ne sais pas le prix, je l'estime : 1.4

et je vous fais mes remerciements pour les *Nouvelles littéraires* n°5 et 6, et le 3ᵉ tome de vos *Lettres* dont vous ne voulez pas recevoir le prix.

J'ai présenté pour vous à l'Académie, les Cahiers[1] 4, 5 et 6, et j'ai été chargé de vous faire ses remerciements.

Je ne négligerai pas de faire valoir vos droits à la première occasion pour la place d'associé étranger.

Votre Académie n'envoie-t-elle pas ses *Mémoires* à la nôtre ; cela serait convenable, la nôtre enverrait les siens, parlez-en au secrétaire[2].

Les expériences de M. Achard pour faire du cristal n'ont point réussi ici ; n'est ce point un hâbleur ; dites-moi ce qu'on en pense, je ne vous citerai point.

J'ai acheté pour vous l'*Astronomie* de Bailly : 30 #, ses *Lettres* : 6 #, l'*Italia* : 3 # 39 #

---

1. Les Cahiers des *Nouvelles littéraires* de Jean Bernoulli.
2. Lalande souhaite établir un échange des *Mémoires* entre les deux Académies de Paris et de Berlin.

Les *Connaissances des temps* de 1779 et 1780 : 7 # 4 s, *la France littéraire* : 5 #, 12. 4

J'envoie à M. de la Grange pour M. Margraff la *Connaissance des temps* de 1781. J'ai sûrement envoyé les précédentes.

Lettres sur la Sicile : 1 # 4 s, *Vie de M. Passement* : 1 # 4, 2. 8 Emballage du tout : 3.

Je n'ai pu trouver les *Lettres* sur la littérature italienne.

Je n'ai point reçu de M. Aubert votre manuscrit.

M. l'abbé Bossut m'a promis de me remettre les œuvres de Pascal pour M. de la Grange qui seront dans le même ballot.

Les *Éphémérides* se vendent-elles toujours deux Richsdals ou 7 # 8 s ; cela n'est-il pas bien plus cher que vos *Mémoires*, proportion gardée.

J'ai envoyé le 25 mon ballot, pesant 75 livres, au Grand Cerf, où sont les volumes de Strasbourg ; il partira le 29 à l'adresse de M. Miville et Perrin à Strasbourg, à qui j'ai recommandé de vous le faire passer.

Vous vous ferez rembourser par M. Lagrange et M. Margraff leur part du port et de l'emballage.

Comme je vous devais 5 # 12 s par mon dernier compte du mois de mai, en joignant cela aux articles précédents, vous trouverez que je suis en avance de 47 # de France que vous m'enverrez ainsi que vous me l'avez promis.

Je n'ai pu avoir le *Nécrologe* de 1768. Ce sera pour le 1 er envoi.

Je suis avec autant de considération que d'attachement

Monsieur et cher confrère,
Votre très humble et très ob*éissant* serviteur
DelaLande

BA52

À Monsieur / Monsieur Bernoulli astronome du Roi / à Berlin

Lettre à *Jean III (167 & 168)* [78]

15 juin 1780

Je vous adresse aujourd'hui, très cher confrère et ami, M. Prévost qui va être un de vos confrères et j'espère de vos amis, il le mérite bien par ses connaissances et par son caractère, je vous prie de le présenter de ma part à M. de la Grange et à M. Merian et de leur demander leur amitié pour lui, comme pour un de mes plus dignes amis.

Je n'ai pas répondu plus tôt à votre lettre du 29 février parce que j'espérais que je pourrais placer quelque-uns des livres de votre catalogue, pour moi je les ai tous, exceptés ceux qui me sont inutiles, et nos confrères n'achètent guère de livres.

Je vous remercie d'avance de votre *Table* sexcentenaire [1] que je verrai et que j'annoncerai avec grand plaisir. Quand vous écrirez à M. Magellan faites l'en souvenir.

Mon 4ᵉ volume ne va pas vite, je n'ai encore que 128 pages d'imprimées, mon traité du flux et du reflux sera précieux par un grand recueil d'observations faites à Brest et que j'ai eu le bonheur de recouvrer.

Ma bibliographie vous aura bien de l'obligation, aussi y êtes-vous souvent cité. Vous verrez dans la *Connaissance des temps* de 1782 un article sur vos *Nouvelles littéraires* que j'y ai fait mettre.

M. le comte de Tressan habite à la campagne, il ne vient pas à l'Académie et il y a longtemps que je ne l'ai vu.

Le jeune Cassini [2] prend en effet le titre de comte de Cassini, comme son oncle prenait depuis longtemps le titre de marquis, après s'être fait reconnaître de l'ancienne famille des Cassini de Sienne.

Je ne puis déterminer Mad*ame* Desaint à faire des avances pour des livres dont elle ne se charge qu'avec regret ; mais quand les comptes de mon *Voyage d'Italie* et de ce que vous lui devez d'ancien seront réglés, je lui ferai rendre compte de vos livres, et le port vous sera restitué.

Quant à moi, il y a toujours 47#, ou 48 si vous n'avez pas payé *l'éloge de Voltaire*.

Vous devez avoir reçu actuellement l'envoi que je vous fis le 29 janvier. Quand vous m'enverrez les *Mémoires* de 1778 pour M. Bézout et pour moi, je vous prie d'y joindre les *Éphémérides* de 1779 que j'ai perdues.

Je suis avec le plus tendre attachement

> Mon cher confrère et ami,
> Votre très humble et très obéissant serviteur
> De la Lande

---

1. Jean Bernoulli a publié à Londres en 1779 : *A sexcentenary Table exhibiting at sight, the result of any proportion, where the terms do not exceed 600 seconds, etc.* Le mot *sexcentenary* qualifie une table à divisions sexagésimales.

2. Jean Dominique Cassini, ou Cassini IV.

BA53

Lettre à *Jean III* (169) [79]

À Paris le 22 avril 1781

J'ai reçu, mon cher confrère, les *Mémoires* de l'Académie et les *Éphémérides* que vous m'avez envoyés, et dont je vous remercie. Ensuite j'ai reçu d'Angleterre votre *Table* sexagésimale (*appelée en BA52 Table sexcentenaire*) par M. Magellan, le 24 février.

Vous travaillez à un recueil d'occultations, en avez-vous de l'Epi de la Vierge ? Dans ce cas, je vous prie de m'en envoyer la date ; il est étonnant que je n'en trouve pas une à pouvoir citer pour exemple, exceptée celle du 20 fév. 1764.

J'ai fait traduire votre prospectus allemand [1] pour l'annoncer dans le *Journal des savants*.

Mon 4e volume avance, vous y êtes cité bien souvent, car vos *Recueils* et vos *Cahiers* m'ont bien servi ; c'est dommage que vous ne puissiez pas continuer.

Pourriez-vous me procurer deux ouvrages de M. Lambert, qui me manquent :

1. Les propriétés remarquables de la route de la lumière, Leyde 1759, *in 8°*

2. une petite brochure sur les comètes, du même, qui a paru il y a plusieurs années

3. Les *Lettres cosmologiques* [2]. J'ai bien une brochure imprimée à Bouillon sur le *Système du Monde*, qui est tirée de ces *Lettres*, mais je n'ai pas les *Lettres* mêmes.

Je vous prie de dire à M. Prévost que j'ai reçu avec plaisir son extrait, que j'en ferai usage ; mais je voudrais savoir auparavant s'il n'en a point envoyé de copie à quelque autre journal, car on m'a quelquefois joué ce mauvais tour.

1. Ce prospectus : *Fernere Nachricht, etc.* ou prospectus d'une collection géographique est traduit en français dans le *Journal des savants* d'août 1781, p. 561-562.
2. Les *Lettres cosmologiques* de Lambert ont été publiées en 1761, en allemand. Merian en a donné un extrait, imprimé à Bouillon en 1770, sous le titre : *Système du Monde* ; c'est la brochure que possède Lalande. Plus tard, Darquier en donnera une traduction complète en français, publiée à Amsterdam en 1801 : *Lettres cosmologiques sur l'organisation de l'Univers* (fac-similé édité en 1977 par Alain Brieux, éd.).

Ma lettre était commencée depuis longtemps, mais je ne la trouvais pas digne de partir ; mais voici une comète singulière [1] dont je crains que vous ne soyez pas instruit, on l'a vue en Angleterre, elle ressemble exactement à une étoile de 6e grandeur, aussi petite et aussi brillante.

		Déclin.
4 avril à 8h	84°23'35"	23°34'14" B
19	84°58'11"	23°35'08"

M. Magellan est ici depuis longtemps. M. Lexell est en Angleterre.

Je suis avec le plus tendre attachement votre serviteur confrère et ami,

Lalande

Après tout ce que vous avez donné sur l'Italie, en allemand et en français, il me semble difficile d'engager Mad*ame* Desaint à faire imprimer le manuscrit que vous nous avez envoyé l'année dernière.

Notre nouvelle comète ne serait-elle point une étoile fixe qui voyage plus rapidement que les autres [2] ; il me semble que les systèmes doivent voyager, comme je l'ai fait voir à la fin de mon *Mémoire* [3] sur les taches du Soleil.

Mille compliments à M. Formey, Merian, Prévost, Lagrange.

1. Cette « comète singulière » découverte par Herschel le 13 mars 1781 est la planète qui sera appelée d'abord Herschel, puis Uranus.

2. Lalande est conscient de ce que cette « comète » est en réalité une planète. Voir note 1 p. 170, lettre BA 54

3. Ce *Mémoire* est le premier de Lalande sur les taches du Soleil. Il est dans *HAM* pour 1776 (publié en 1779) avec pour titre : *Mémoire sur les taches du Soleil et sur sa rotation.* Dans ce long mémoire, Lalande critique (paragraphe 6) l'hypothèse de Wilson qui montre que les taches sont en creux sur le Soleil, d'après ses observations de taches au bord du Soleil. Lalande (qui a tort) pense à des montagnes. Par contre, dans le paragraphe 7 qui a pour titre *Du déplacement de notre Système solaire*, Lalande émet une idée nouvelle qui sera confirmée peu après par Herschel dans la lettre qu'il a adressée à Lalande et que celui-ci a publiée dans le *Journal des savants* de juillet 1783, p. 481.

BA54

Lettre à *Jean III (171)* [81]

26 février 1782

J'ai été enchanté, mon cher confrère, de recevoir de vos nouvelles par M. Méchain. Je conviens que mon annonce de votre Table sexantenaire [1] est un peu courte, mais je pensais qu'il suffisait de l'annoncer aux astronomes, qui ne peuvent s'en passer ; au reste j'aurai occasion d'y revenir. Vous ne m'avez point envoyé les *Mémoires* de 1779, ni les *Éphémérides* de 1784, ni les 2 volumes de M. Lambert, quoique tout cela ait dû paraître.

Sur les 31 # qui restaient de notre compte, j'ai pris pour 20 # 10 s de vos articles, chez Mme Desaint il reste 10 # 10 s qui entreront dans le mémoire de ce que je vous demande.

J'ai été bien surpris de recevoir le *Nécrologe* ; les libraires de votre pays reprennent-ils ainsi au bout de quelques années les livres qu'on les a chargés d'acheter, quand ils sont bien usés ; mais je les garderai pour mon compte. Le volume qui manque est facile à remplacer ; je ne me souvenais pas qu'il vous manquait.

Le compte de Mad*ame* Desaint ne devait pas vous tourmenter beaucoup puisqu'elle ne vous demande rien et que je vous ai écrit qu'elle se payerai ou avec vos *Recueils* ou avec votre manuscrit. Quant à celui-ci, comme il ne contient que quelques remarques détachées que vous avez imprimées ailleurs plusieurs fois, vous ne pouvez pas le lui compter pour beaucoup ; vos livres ne se vendent pas et ce n'est pas sa faute ; il me semble que vous n'avez pas beaucoup à vous plaindre de Mme Desaint.

---

1. Dans le *Journal des savants* de 1781, p. 426, Lalande présente ainsi cette table : « …Table qui donne le résultat de toutes les proportions où les termes n'excèdent pas 10 minutes ou 600 secondes, avec des préceptes et des exemples. Par Jean Bernoulli, Astronome du Roi de Prusse, publiée par ordre du Bureau des longitudes, à Londres, chez Richardson, 1779, 173 pages, grand in 4°. Cette Table sexagésimale, dont les Astronomes & les Marins peuvent faire un grand usage, & par laquelle on peut épargner beaucoup de temps, a été calculée par un habile Astronome, ou du moins sous ses yeux, & imprimée dans un grand & beau format aux frais des Commissaires de la Longitude, qui, comme nous l'avons remarqué plusieurs fois, n'épargnent rien pour les choses qui sont de quelque utilité à la Marine. »

Mon hypothèse [1] pour la planète de Herschel, que vous avez vue dans le *Journal des savants* de ce mois-ci, continue de s'accorder avec les observations.

Je voudrais bien avoir une petite notice abrégée en français des articles astronomiques de votre collection allemande, pour le Journal des savants. Voulez-vous en priver tout le reste de l'Europe. J'ai bien remis le 1er tome à M. Gérard de Raineval.

Je vous remercie bien des nombreuses occultations de l'Epi de la Vierge.

Je vous prie de mettre sur mon compte les 2 livres de Lambert sur la lumière et sur les comètes que vous avez bien voulu m'envoyer.

Je commencerai cet été la 2e édition de mon *Voyage en Italie*. Je suis occupé du 8e volume des *Éphémérides*, et de la nouvelle édition [2] de l'*Encyclopédie* annoncée par Panckoucke. Quand vous aurez mis dans votre collection la *Table* des observations d'éclipses, je vous prie de m'envoyer le volume, afin que j'aie au moins la partie que je peux entendre.

Comment se portent madame B. depuis son voyage en Suisse, et vos enfants ? Il y a longtemps que vous ne m'en avez parlé.

M. Lagrange ne m'a point accusé réception d'un ballot de livres pour l'Académie pour lui et pour M. Margraff que je lui ai envoyé au mois de septembre ; dites moi s'il les a reçus. M. Hunter a été élu associé étranger, comme étant le plus célèbre anatomiste de l'Europe, et cette partie ne se trouvant pas dans notre liste. M. Bergman le sera ces jours-ci comme étant l'homme le plus célèbre qui y manque, du moins suivant nos chimistes. J'aurais bien voulu un astronome, Wargentin, Bernoulli, Maskelyne, mais je n'en ai pas été le maître.

1. Cette hypothèse est celle d'une orbite circulaire (donc cette comète est une planète). Lalande n'est pas le seul ni même le premier à l'avoir proposée.
2. C'est la nouvelle encyclopédie de Panckoucke. Lalande collabore aux trois premiers volumes : *Dictionnaire encyclopédique des mathématiques*, 1789.

Mille compliments à Mrs. Formey, Merian, de la Grange, Pajon de Moncets, Beguelin ; que fait Mad*ame* de Maupertuis.

Je suis avec autant de considération que d'attachement

> Monsieur et cher confrère,
> Votre très humble et trèsobéissant serviteur
> La Lande

M. Bernoulli

t. s. v. p.

(pas de suite)

BA55

À Monsieur / Monsieur Bernoulli astronome de l'académie / royale des sciences de prusse / à Berlin

Lettre à *Jean III (172-173)* [82]

Non datée (probable : mars 1782)

En parcourant vos notes sur mon *Voyage d'Italie*, mon cher confère, j'ai été surpris de ne rien trouver sur le 8ᵉ volume [1].

M. de S. Auban (*Saint-Auban*) vient de me dire qu'il remettra ces jours-ci un *Mémoire* pour l'académie au baron de Goltz, à l'adresse de M. Formey ; il remettra aussi une lettre pour le Roi qui lui annonce le *Mémoire*. Il suppose que ce n'est pas M. Formey qui paye le port de lettres pour l'académie.

Depuis le mois de janvier de l'année dernière que j'ai reçu vos *Mémoires* de 1778, n'a-t-il rien paru ?

Ma lettre commencée, j'en reçois une de M. Bernoulli [2] qui m'apprend la triste nouvelle de la mort de notre illustre Daniel ; je vous prie de recevoir les assurances de la part infinie que je prends à votre perte. Votre papa me témoigne le désir qu'il aurait de vous voir remplacer son frère à l'Académie ; je le voudrais bien aussi, mais le grand âge et la célébrité de

---

1. Lalande prépare la deuxième édition de son *Voyage en Italie*. Il s'agit ici du huitième et dernier volume pour lequel il ne trouve aucune addition de Jean Bernoulli.

2. Il s'agit de Jean II Bernoulli, père de Jean III Bernoulli et frère de Daniel (mort à Bâle le 17 mars 1782) ; donc la date de cette lettre (reçue le 1ᵉʳ avril) est mars 1782.

M. Wargentin sera un obstacle à mon désir. D'ailleurs il y a dans les autres parties, des gens célèbres comme Priestley, Bonnet ; chacun en propose, il y a le président de la Société royale qu'on a coutume de prendre, mais M. Banks a peu de célébrité. Je vous ai déjà proposé plusieurs fois, mais chacun a les siens et c'est un hasard qui décide.

Mon hypothèse du cercle de 82 ans satisfait encore exactement aux observations de la nouvelle planète de Herschel.

Vous devriez bien me faire une petite notice de votre dernier volume allemand, pour le Journal des savants, car j'aurai bien du plaisir à y parler de vous.

On imprime le second volume des observations de M. Darquier [1].

Avez-vous le second volume des observations de Cadix, je puis vous l'envoyer si vous ne l'avez pas.

Je fais réimprimer le catalogue britannique [2] et je vous prie de me procurer les éclaircissements dont la note est ci-après.

On espère que Messier pourra s'asseoir [3] dans quinze jours, il est encore couché, la cuisse a été mal remise et les deux parties de l'os anticipent l'une sur l'autre.

M. Méchain va avoir le prix de l'Académie sur la comète de 1661, et il sera reçu de l'Académie après Pâques.

M. de la Grange a-t-il reçu les livres que je lui ai envoyés au mois de septembre ; il est bien étrange qu'il ne m'en ait pas donné avis, ni M. Marggraf pour qui il y en avait une partie.

Savez-vous si le prix de Copenhague sur la durée de l'année a été adjugé, et à qui ?

Adieu mon cher confrère, je vous embrasse de tout mon cœur et suis avec autant de considération que d'attachement

Votre très humble et très obéissant serviteur
De la Lande

En faisant réimprimer le Catalogue britannique dans mes *Éphémérides*, j'ai fait quelques remarques pour M. Bode, relativement aux Tables de Berlin.

1. Ce deuxième volume des observations de Darquier est édité à Paris chez Laporte (1782). On y trouve ses observations de 1779 et 1780 avec un catalogue d'étoiles.
2. Le catalogue britannique est le catalogue de Flamsteed.
3. Le 26 novembre 1781, pendant une promenade dans le jardin de Monceau avec la famille Saron, Messier est tombé dans la glacière et s'est cassé une cuisse et un bras. Mal remise, sa jambe a été cassée à nouveau si bien que Messier ne sera rétabli qu'au bout d'un an. Il reviendra à son observatoire le 9 novembre 1782 (voir J.-P. Philbert).

Je voudrais bien savoir ce que M. Bode veut dire T. 1, p. 173 du Recueil, en disant : et au lieu de τ Hercule, χ1 de la Lyre

Il dit que 2 ξ de la Baleine est fausse et cependant il l'a mise dans son Catalogue, p. 157, et elle y est conforme au Catalogue de La Caille.

Je ne sais pas ce que veut dire 1 ζ et non b_1

Pour o d'Andromède, ce n'est point l'ascension droite au lieu de la distance au pôle, c'est un zéro pour un 9.

Selon Flamsteed et Hevelius, ξ d'Andr. τ et v (ou v?) d'Andr. ζA (??) Je n'entends point cette liste d'incertitudes ; je prie M. Bode de vouloir bien me les détailler.

S'il a quelque autre correction pour le catalogue britannique, je le prie de me les envoyer.

Reçu le 1 d'avril 1782 (écriture de Bernoulli ?)

BA56

Note *(170)* [80] de Lagrange à J. Bernoulli

M. de la Lande me charge de dire à M. Bernoulli qu'il va faire usage de son extrait et qu'il lui enverra ce qu'il demande, et qu'il espère que ce sera son père qui succèdera à Daniel [1] à l'Académie. Il attend avec impatience les *Mémoires* de 1779 et les *Éphémérides* de 1784.

Ce 16 mai de la Grange *(sûrement 1782)*

---

1. Daniel Bernoulli est mort le 17 mars 1782. Jean II Bernoulli a été effectivement élu à l'Académie des sciences de Paris à la place de son frère.

BA57

À Monsieur / Monsieur Bernoulli astronome du Roi de Prusse / à Berlin.

Lettre à *Jean III (174-175)* [83]

4 juillet 1782

Je vous remercie, mon cher confrère, de vos deux extraits[1] qui seront imprimés dans le *Journal des savants*. J'aurais bien voulu que ce fut mon Jean qui eut succédé à Daniel, mais voyant que je ne pouvais réussir de ce côté, je me suis retourné de l'autre. Un jour, le fils succédera plus facilement à son père[2]. J'ai envoyé à M. votre père deux articles qui me restaient des ouvrages de l'Académie pour son illustre frère. Qu'avez-vous fait de votre traduction d'un ouvrage du P. Scherffer sur les couleurs, dont vous parlez dans votre *Recueil* T. 3, p. 282. On pourrait le mettre dans le *Journal de Physique*. Il avait déjà donné une dissertation latine en 1761. La seconde est-elle en allemand ?

Vous m'envoyez de la part de M. Bode cette note :

« auprès de 2, 3, et 6 du Cygne, la longitude doit être non dans le ♒ mais dans le ♑ ; 4 et 8, non dans les ♓ mais dans le ♒ ».

Il me semble que la 4ᵉ aussi bien que 2, 3, et 5 sont dans le ♑ et la 6ᵉ dans le ♒.

Je ne compte pas celle où il n'y a que la déclinaison, voici donc les 7 premières étoiles rangées comme il me semble qu'elles doivent être :

♒	10
♑	25
♑	24
♑	28
♑	26
♒	13
♑	29

Je vous remercie bien de votre lettre du 11 juin, contenant les obs*ervations* de M. Koch ; elle sera bien mieux dans mes *Éphémérides* que

---

1. Ce sont des extraits de *Relations de Voyages...* de Jean Bernoulli. Le premier est dans le *Journal des savants* du mois d'août 1782 et le second dans celui de septembre.

2. Jean II a succédé à Daniel comme associé étranger de l'Académie royale des sciences de Paris, mais, à sa mort, en 1790, Jean III Bernoulli n'a pas succédé à son père.

dans le *Journal des savants* où nous évitons d'ailleurs les choses de détail qui conviennent à peu de monde parce qu'on nous reproche trop la sècheresse de notre *Journal*.

Si vous pouvez me donner une petite notice des magasins [1] de Leipzig et de Göttingen, elle ira fort bien dans notre Journal, mais écrivez les noms propres une fois chacun en CAPITALES.

Je n'ai point reçu de Basle le paquet expédié le 23 mai. Tous les livres dont vous me parlez me feront plaisir, mais vous auriez dû m'en dire le prix, même à votre *Voyage du Nord* ; je ne veux pas constituer mes amis en dépenses. Je n'ai pas reçu non plus les *Mémoires* 1779.

J'ai depuis longtemps le catalogue des mss. de M. Eimmart, et j'en ai parlé dans le *Journal des savants*. Mais il est ridicule d'en espérer cent louis. Car cela paraît bien peu important. Ces catalogues envoyés par la poste n'ont probablement pas été retirés.

Je verrai volontiers M. Celt quand il viendra de votre part.

Je n'ai point encore reçu votre ouvrage sur la réforme politique des juifs [2].

Je n'ai point reçu les 36 # de M. La Grange, mais dites lui que cela n'est nullement pressé.

Je vous enverrai l'ouvrage [3] du P. Cotte et le livre [4] de M. de Mairan par la première occasion. Mais le P. Cotte va donner un nouveau traité de météorologie ; et le livre de M. de Mairan est un pauvre roman. M. van Swinden va donner un ouvrage qui sera bien meilleur.

M. Le Monnier m'a promis plusieurs fois son 4e livre d'observations. Je le lui demanderai de nouveau.

Je vous enverrai aussi le 4e vol. de mon *Astronomie* et le 2e vol. de Cadix.

Messier est enfin assis dans un fauteuil depuis quelques jours ; il ne tardera pas à marcher.

Vous devriez bien m'envoyer une page sur votre *Table* sexcentenaire.

---

1. Les « magasins » sont sans doute des journaux scientifiques. L'université de Göttingen en a créé plusieurs consacrés à l'une ou l'autre science. Jean Bernoulli a lancé un journal consacré aux mathématiques, avec K. F. Hindenburg, sous le titre : *Leipziger Magazin für reine und and gewandte Mathematik* qui n'a paru que quatre fois.

2. C'est la traduction en français, sous le titre *De la réforme politique des Juifs* (1782), par Jean Bernoulli de l'ouvrage en allemand de Dohm et Mendelssohn (Berlin 1781).

3. Ouvrage du père Cotte, *Traité de météorologie* (1774).

4. Ouvrage de Dortous de Mairan, *Traité de l'aurore boréale* (1754, 2e édition augmentée). Lalande note « l'auteur attribue l'aurore boréale à l'atmosphère du Soleil quoiqu'on la regarde aujourd'hui comme une émanation électrique » (B&H).

La dernière observation sur la planète de Herschel s'accorde encore à 35" secondes près avec mon hypothèse d'un cercle dont le rayon est 18,93, la longitude le 1er janv. 3. 0. 59. 22. et le mouv. diurne 43"13. Le 29 mai à 9h 18m, elle avait 3 s 1° 34' 0"de long. géoc. apparente.

Les globes de Fortin ne coûtent que 80 livres la paire et sont fort bons. C'est moi qui ai eu le prix de Copenhague sur la durée de l'année. J'ai aussi reçu une médaille de 25 louis de l'impératrice de Russie pour mon traité des Canaux.

Faites bien mes remerciements à M. Bode des éclaircissements [1] qu'il a bien voulu m'envoyer. De quelle manière veut-il que je lui envoie des extraits pour ses Éphémérides ? Cela serait trop cher par la poste. Je serais bien flatté de voir mon nom dans un si bon ouvrage. Du vivant de M. Lambert, je ne pouvais espérer que des satires contre moi dans les *Éphémérides*. Certainement mes *Tables* valent mieux que celles de Halley ; les corrections que M. Lambert y faisait sont un empirisme ridicule, étant visiblement contraire à la théorie. L'erreur de mes *Tables* de Saturne n'a pas passé 11' et elle diminue depuis deux ans ; celles de M. Halley ont des erreurs de 22'.

J'ai déjà extrait de votre manuscrit les corrections qui pourraient entrer dans mon premier volume du *Voyage en Italie*. Je n'y prends rien sur les tableaux [2] parce que j'ai pour maxime qu'il faut être peintre. Mais cela n'empêche pas que Mad*ame* Desaint ne prenne pour acquit de votre mémoire de livres ce manuscrit ; et elle vous fera compte de vos ouvrages qu'elle aura vendus. J'y perdrai quelque chose parce qu'elle me payera d'autant moins ma seconde édition ; mais je vous en fais volontiers le sacrifice.

Je suis avec autant de considération que d'attachement

Monsieur et cher confrère
Votre très humble et très obéissant serv*iteur*
La Lande

Mille compliments à Mrs. Formey, Lagrange, Merian, Pajon de Montcel, et Prévost.

---

1. Ces éclaircissements ont été demandés par Lalande dans le post scriptum de la lettre BA55.

2. Dans la première édition de cet ouvrage, Lalande avait écrit : « Michel Ange, mauvais peintre », ce qui lui a peut-être valu quelques moqueries ? Ou bien, a-t-il changé d'avis à la demande de Jean Bernoulli ? Car les peintres italiens sont bien évoqués dans l'édition de 1786 (voir l'article *L'Italie vue par Lalande* de Raymond Chevalier, p. 105-113 dans « Les nouvelles annales de l'Ain » de 1985).

BA58

À Monsieur / Monsieur Jean Bernoulli de l'académie / royale des sciences de Prusse & / à Berlin

Lettre à *Jean III (176-177)* [84]

Paris, le 9 août 1782

J'ai reçu, mon très cher ami, à la fin de juillet vos deux exemplaires de la réforme politique des Juifs et je vais en faire l'usage que vous désirez pour le Mercure et le Journal des savants [1].

Je vais récrire à M. Aubert de m'envoyer votre manuscrit sur les *Tables* logarithmiques afin d'en faire usage dans l'*Encyclopédie* et de vous le renvoyer ; mais je ne me propose pas d'entrer dans un grand détail sur les *Tables* ; votre article *Tables* dans les *Suppléments* de l'*Encyclopédie* est d'un détail que vous n'auriez pas voulu mettre dans un traité fait pour les astronomes pratiques et vous l'avez mis dans un dictionnaire qui est fait pour tout le monde, excepté pour eux.

J'ai reçu les *Mémoires* de 1779 pour M. Bézout et pour moi (vous ne dites pas le prix) et depuis peu de jours le paquet contenant Lambert, Bode, votre *Voyage à Danzig*. J'ai reçu pour M. La Grange les 36#. Je vous prie de lui remettre ce billet. Je n'ai point la *Pyrométrie* de Lambert, et je vous prie de me l'envoyer. Je n'ai point encore vu M. Celt, je lui ferai tout l'accueil que vous désirez. M. Boscovich est parti pour Siena [*Sienne*] en Italie, où il va faire imprimer beaucoup de manuscrits. L'*Atlas* de Bode à 4 ½ Richs. est beaucoup plus cher que celui de Paris qui coûte 10#. Les *Mémoires* étaient à 2r. et 16gr. ; ont-ils augmenté jusqu'à 3rich. ?

Les *Éphémérides* de M. Bode sont-elle aussi chères que celles de l'académie? Cependant je vois dans le catalogue qu'on ne vend celles-ci que 1 ou 1 ½ richsd. même celles de 1753.

Faites mes plaintes à M. Bode de ce qu'il n'a pas conservé ma constellation du Messier. Et pour que je lui pardonne engagez-le à m'envoyer la note des fautes ou des répétitions qu'il aura trouvées dans Flamsteed, outre celles qu'il a rapportées dans les *Tables* de l'académie. Car je pense qu'en faisant son catalogue de 5000 étoiles, il aura trouvé bien des difficultés dans Flamsteed.

---

1. Cet ouvrage n'a pas été annoncé dans le *Journal des savants*, probablement parce qu'il a été interdit en France.

Il compte dans Flamsteed 2919 étoiles; cependant il y en a bien 2935 si l'on compte tout, et il n'y en a que 2885 si l'on ôte les répétitions, les incomplètes, les douteuses :: [1] et les deux qu'il a empruntées d'Hevelius, je ne parle pas de celles qui manquent dans le ciel. J'ai revu la planète de Herschel le 19 juillet. Le 21 à 14h 46m, elle avait 94° 42' 39" de longit. ou 1' 56" de plus que suivant mon hypothèse circulaire. Cela indique une excentricité dans l'orbite.

J'ai les manuscrits de l'abbé de La Caille, ainsi en observant les étoiles situées aux environs des points équinoxiaux, je verrai s'il en manque quelqu'une, dans ce cas, par la date de l'observation, nous aurons une position exacte de la planète [2] pour 1762.

J'ai trouvé dernièrement à acheter un second exemplaire de *Machina cœlestis* d'Hevelius, vous parlez de plusieurs dans votre Voyage de Danzig, vous croyez qu'il en existe 50, je n'en connais que 7 en France. Croyez-vous qu'il y en ait 43 ailleurs ?

Pourquoi écrivez-vous Danzig, je voudrais avoir l'orthographe du pays même, n'est-ce pas Dantzick? J'ai aussi un portrait [3] de Copernic qui est curieux, et ancien. N'y en a-t-il pas un dans la bibliothèque de Thorn ou de Frauenburg [*Frombork*], je crois le mien copié sur celui-là.

On achève le premier volume de la *Cométographie* de M. Pingré, à l'imprimerie royale.

J'ai encore parlé à M. Le Monnier de son 4e livre qu'il nous avait promis, mais il dit qu'il n'en a point, que tout est à l'imprimerie royale et qu'il ne veut le demander que quand le 5e sera imprimé. Si cela est, nous attendrons longtemps, car il ne travaille guère actuellement ; sa femme, ses enfants, ses campagnes, l'occupent plus que l'astronomie.

J'ai annoncé dans le *Journal des savants* vos voyages, vos Juifs, votre Lambert, les deux ouvrages de M. Bode ; je les annoncerai encore dans mes *Éphémérides* qui s'impriment et où je mettrai une notice de tout ce qui a paru en astronomie depuis 1774 que je publiai le 7e volume.

---

1. Le symbole :: utilisé ici par Lalande reproduit probablement le symbole avec lequel les étoiles douteuses sont indiquées dans le catalogue en question.
2. Lalande pense trouver, parmi les étoiles observées par La Caille, une observation (comme étoile) de la planète Uranus, qu'il appelle Herschel, du nom de son découvreur. Dans son mémoire *Sur la Planète de Herschel* (*HAM* pour 1779, publié en 1782), Lalande expose qu'il a fait examiner toutes les étoiles du catalogue zodiacal de La Caille par Lévesque qui les a toutes retrouvées dans le ciel. La planète n'est donc pas dans le catalogue de La Caille. Elle a été trouvée dans le catalogue de Flamsteed, 34e étoile du Taureau.
3. Ce portrait a été légué par Lalande à l'Observatoire de Paris où il se trouve encore.

Adieu mon cher confrère en voilà plus long que de coutume, je vous embrasse bien tendrement

La Lande

BA 59

À Monsieur / Monsieur Bernoulli astronome du Roi et à l'Académie / royale des sciences de Prusse / à Berlin

Lettre à *Jean III (180)* [87]

Cette lettre a été écrite en plusieurs périodes, d'octobre 1782 en juin 1783.

Octobre 1782

Je vous remercie, mon cher confrère, de votre réponse du 24 août. Avant d'entrer dans le détail, je vous demanderai un extrait d'une page ou deux sur ce que dit M. Jagemann de la Scagliola [1] dans l'introd. de sa description de la Toscane, que vous dites avoir traduite.

Je n'ai rien trouvé absolument dans votre manuscrit sur le tome V qui contient les environs de Rome ; n'avez-vous rien de rédigé à ce sujet? [2].

Voudriez-vous me dire quel est l'ami de Naples qui vous écrivait en 1776 que la vapeur de la grotte du chien donnait des marques d'acidité?

J'ai donné au Mercure un extrait de votre ouvrage sur les Juifs, mais on m'a objecté le défaut de permission pour la distribution du livre, comme un obstacle essentiel. Il faudrait en avoir deux exemplaires pour faire nommer un censeur ici et avoir une permission, je me chargerai de l'obtenir si vous désirez procurer la distribution à Paris. J'enverrai mon extrait en Hollande pour qu'il ne soit pas inutile.

Je vous prie de remercier M. de la Grange de ce qu'il a bien voulu répondre à ma difficulté sur la perturbation de la Terre par Vénus dans sa lettre du 15 sept. à M. de la Place. C'est vous qui aviez fait naître ma principale inquiétude en parlant dans un de vos *Mémoires* de l'équation donnée par M. Euler et qui était énormément différente de toutes les autres. J'ai remis son paquet à M. de la Place ; celui qui est venu avec la Pyrométrie

---

1. Scagliola : «Pierre spéculaire (mica) qui, employée en incrustation sur des pâtes colorées, prend l'aspect des marbres précieux» (LXIX).

2. Dans tout ce qui précède, Lalande demande des renseignements sur l'Italie car il révise et complète la première édition de son *Voyage d'un Français en Italie*.

de Lambert. Le paquet a coûté 5 # de port, c'est 50 sous pour chacun. M. de la ~~Grange a fait charger quelqu'un de retirer la première livraison de l'Encyclopédie pour lui et de donner 1428# 10s. Comme c'est moi qui ai la quittance des souscriptions pour M. de le Grange il faudra que je la remette.~~ M. Bode a donné dans le *Recueil* de Berlin une *Table* de l'inclinaison de l'axe du Soleil avec le cercle de latitude où je crois qu'il a pris le sinus pour le cosinus de la distance au nœud, et en écrivant les nombres dans un ordre renversé, le zéro et le maximum se sont trouvés bien, mais tous les autres nombres sont défectueux.

Mars 1783

J'ai reçu votre lettre du 31 décembre dans laquelle vous me parlez des pêches [1] de M. Duhamel, on ne les donne point à l'Académie.

Ne vous fatiguez pas pour le Journal des savants, vous avez tant de choses à faire que je plains cette peine, à moins que ce ne soit pour votre satisfaction et pour vos ouvrages.

Les *Mémoires* de l'Académie [2] de 1779 viennent de paraître, ils coûtent 15 [liv] en feuilles ; je ne puis avoir que 1 ½ ou 30 sous de remise.

J'ai retiré les premiers volumes de l'*Encyclopédie* [3] pour M. de la Grange et je les ai fait emballer avec les ouvrages de l'Académie. J'ai payé 42 # que je prie M. la Grange de vous remettre à compte sur ce que je vous dois, dont je ferai le compte quand vous m'aurez dit les prix de la *Pyrométrie* et des *Mémoires* et des *Éphémérides*. Le 28 mars, j'ai reçu les 3 exemplaires de vos *Mémoires* pour 1780, et les *Éphémérides* de 1785 ; ils n'ont coûté que 5 # de port et de commissions, cela n'est pas cher, mais il paraît que cela est long ; s'il y avait à Berlin un libraire qui envoyât quelque chose à Paris, cela serait plus commode. Vous ne me mandez point combien coûtent les *Éphémérides*, et les *Mémoires* de 1780. Est-ce toujours 3 richsdales, ou 11 # 3 [s] pour les *Mémoires*.

Le 23 juin, je reçus de M. Durant les *Éphémérides* [4] de 1784 que je lui payai 8 liv*res*.

Le diamètre apparent de la nouvelle planète est d'environ 5" mais on ne peut pas en être sûr à une seconde près, à cause de l'irradiation et de

---

1. Jean Bernoulli avait commandé les *Pêches* de Duhamel (*notes BA34b et BA38*) croyant probablement que ces brochures faisaient partie des *Arts* de l'Académie.

2. Ce volume est sorti en 1782.

3. Ce sont les *Suppléments* à la grande Encyclopédie de Diderot et d'Alembert.

4. Ces *Éphémérides* sont celles de Berlin préparées par Bode.

l'aberration des lunettes. M. Méchain me promet de vous écrire au premier jour.

Il m'est impossible de donner à la planète d'Herschel le nom d'Uranus[1], l'ayant appelée Herschel dès les commencements, et dans les *Mémoires* de l'Acad*émie* pour 1779. D'ailleurs ces noms fabuleux sont des inepties aujourd'hui, qu'on ne doit pas chercher à prolonger et à étendre.

M. le chevalier d'Angos, habile astronome, part pour Malte où il va établir un observatoire et former un cours d'observations ; il emporte des instruments de Paris.

Mes *Éphémérides* pour 1785-92 sont à moitié imprimées, j'y ai mis en entier le catalogue de Flamsteed, et M. Jeaurat l'a fait imprimer dans la *Connaissance des temps* de 1785.

Nous allons commencer ces jours-ci l'impression du diction. de mathémat. dans la nouvelle *Encyclopédie*[2], l'abbé Bossut et moi.

En 1784, je donnerai la nouvelle édition de mon *Voyage d'Italie*, et en 1785 une nouvelle édition de mon *Astronomie* en 3 vol. *in 4°*.

Quant à ma *Bibliographie* qui est fort complète et fort étendue, je ne sais pas quand je la donnerai. Je suis inquiet sur le peu de débit d'un ouvrage aussi long et aussi ???. Nous avons observé fort bien l'éclipse de Lune ; le milieu raisonné entre 8 observations donne pour les 4 phases 7 41 43... 8 41 12... 10 23 21... 11 23 7.

Le milieu une minute plus tard que par les *Tables* de mon *Astronomie*, l'effet de l'atmosphère sur le demid. de l'ombre 36" de degré, d'après l'observation.

8 avril

J'ai différé de terminer ma lettre pour avoir la troisième livraison de l'*Encyclopédie*. Celle-ci coûte 42# à cause des planches, et M. Lagrange pourra me les faire passer par la même voie que le prix de la première souscription, mais il faut y ajouter 4# pour l'emballage et les frais de Paris, total 46#. Le ballot partira le 13 pour Strasbourg.

Le passage[3] de Mercure a été assez bien observé à Paris, mais les astronomes différaient entre eux. En combinant mon observation avec toutes les autres, je suppose les deux conta*cts* intérieurs 3h 4m 30s et 4 17

---

1. Lalande refusera longtemps le nom d'Uranus donné à la planète découverte par Herschel.

2. La nouvelle *Encyclopédie* de Panckouke est commencée par le *Dictionnaire des mathématiques* en trois volumes.

3. Ce passage de Mercure devant le disque du Soleil a eu lieu le 12 novembre 1782.

40 ; et je trouve la vraie conjonction 4ʰ 4ᵐ 15ˢ dans 7 (?) avec 15' 53" de latitude. L'erreur de mes Tables de Mercure 12" en long., 2" en latitude. Nous avons élu M. Wargentin le 9 pour associé étranger ; j'ai beaucoup cabalé pour lui, car les autres voulaient Priestley, Bonnet, Black, &c. Mille compliments à M. Formey, Merian, Prévost. Savez-vous des nouvelles de M. Kies à Stuttgart ; pourriez-vous engager les astron. de Göttingen à rechercher dans les mss. de Mayer le jour de l'observation de cette étoile qui est vraisemblablement la planète Herschel [1].

M. Méchain trouve pour l'orbite elliptique d'Herschel : périhélie 5ˢ 22° 13', demi-axe 19,079, demi-excentricité 0,820, opposition le 26 déc. 9h 19m dans 3ˢ 5° 20' 5.", révolution 83 ans et 4 mois.

Adieu cher confrère, voilà une longue lettre, écrite à plusieurs reprises, mais j'ai tant d'affaires que les lettres me paraissent toujours difficiles à achever ; je n'en suis pas moins pour la vie votre serviteur confrère et ami

La Lande

BA60

Lettre à *Jean III (178)* [85]

23 juillet 83

Vous m'avez fait part, mon cher confrère, l'année dernière des observations de M. Koch sur les changements de grandeur de différentes étoiles ; a-t-il continué ; comme je vais faire imprimer votre lettre, je voudrais bien avoir la suite, le plus tôt possible.

M. l'abbé Raynal est-il toujours à Berlin, [*mot effacé*], voit-il le Roi, le voyez-vous (l'abbé), pouvez-vous lui faire faire mes comptes ?

J'ai reçu dix louis de M. de Vergennes pour dix souscriptions de votre géograph. de l'Inde [2] ; vous me direz ce que j'en dois faire.

J'ai reçu de M. le président Rolland deux volumes d'un ouvrage [1] sur les collèges de Paris, un pour le Roi, un pour l'académie, je les joindrai à mon premier envoi.

1. Lalande recherche (*voir BA58*) des observations anciennes de la nouvelle planète.
2. Jean Bernoulli a publié cet ouvrage et Lalande, avec d'autres, a accepté de recueillir les souscriptions.

La lettre de change de M. de la Grange m'a été exactement payée. Il me demande de lui faire un envoi tous les ans ; mais ne veut-il pas les livraisons de l'Encyclopédie plus promptement. M. Anquetil et moi avons distribué vos prospectus aux journalistes, de concert ; il est déjà imprimé dans le Journal des savants [2]. Il n'a pas été possible d'avoir une approbation pour M. Dohm [3], en sorte qu'on ne peut faire entrer les livres qu'en contrebande. M. Venture interprète du Roi s'est donné des mouvements à ce sujet ; les Juifs de Bordeaux qui ont vu mon extrait en ont demandé ; je leur ai indiqué le dépôt de Strasbourg.

On fera très bien de se passer de l'aurore boréale de Mairan ; c'est un pauvre ouvrage, mais je vous enverrai les autres ouvrages que vous m'avez demandés et les Arts de l'Académie, dont je ne savais pas que M. votre père vous faisait présent.

Puisque les Mémoires de l'académie valent 2 2/3 richsdales, ou 2ʳ et 16 gros, les Éphémérides 1 Richs. et la Pyrométrie 2 ½, je vous dois pour ces objets 24 # 14 qui réunis avec 31 # 10ˢ font 56 # 4ˢ. Vous n'en avez reçu que 42 de M. la Grange, il m'en reste à compter 14 # 4ˢ.

J'aimerais mieux que vous me donnassiez la note du port jusqu'à Basle, que de changer la valeur des Richsdales ; cela faciliterait mes comptes avec M. Bézout pour qui sont les Mémoires de l'académie, et vous courriez moins de risques d'être en perte.

M. le chevalier d'Angos est arrivé à Malte où il va établir un observatoire.

Je n'ai pas le courage de mettre ma Bibliographie dans mon Astronomie, elle est trop longue ; si le libraire veut l'imprimer séparément, j'en serai bien aise. Le Mémoire de M. Dupuis est une chose bien neuve et bien curieuse, je n'aurais pas cru qu'on le trouvât déplacé dans mon

---

1. Lalande a rendu compte de cet ouvrage dans le *Journal des savants* du mois d'août 1783, p. 559.
2. Le prospectus pour la «Géographie de l'Inde» du père Joseph Tieffenthaler écrit en latin et traduit en français par Jean Bernoulli est dans le *Journal des savants* de juillet 1783, p. 501-504 ; on annonce en outre que les souscriptions sont recueillies, à Paris auprès de Lalande et d'Anquetil du Perron, à Toulouse auprès de Darquier...
3. Voir BA59, Lalande a proposé de demander une permission pour l'ouvrage sur les Juifs dont l'auteur est Dohm (Jean Bernoulli en a donné la traduction en français). Dohm a envoyé quelques exemplaires de ce livre, mais Lalande a échoué et n'a pas obtenu l'approbation.

Astronomie. N'obtiendrai-je pas pour ma nouvelle édition[1] l'honneur d'une traduction en allemand ou en latin ; si vous en trouvez l'occasion, j'enverrai les feuilles même pendant l'impression que je ferai l'année prochaine.

Le *Journal des savants* pour 1781 me coûtera aussi cher que pour 1783, parce que je ne pourrai le trouver de rencontre.

Voulez-vous reliés ou brochés les 3 volumes de Bailly, Cotte, et moi, que vous me demandez ?

On a fait en Vivarais une expérience singulière d'un globe[2] en toile et papier, rempli d'air inflammable, de 35 pieds de diamètre, et qui s'est élevé à 500 toises.

J'ai aussi reçu pour l'académie de Berlin une dissertation sur Perse par M. Sélis.

Mille compliments à Mrs. la Grange, Formey, Merian, Bode.

Je suis avec le plus tendre attachement,
Votre serviteur et ami
LaLande

BA61

Lettre à *Jean III* (179) [86]

6 sept. 1783

Avez-vous connaissance de la nouvelle carte de l'Inde du major Renel (*Rennel*) (*au-dessus de la ligne :* 1782) avec un vol*ume in 4°* de discours où il discute la carte. La carte a 2 feuilles et ne contient que la presqu'île. Il avait donné le Bengale en 4 feuilles. Deux cartes qui sont dans un ouvrage intitulé *Fragments of the Empire Mogol* de M. Ormes, auteur des Transactions militaires anglaises sur l'avant dernière guerre de l'Inde.

---

1. Cette « nouvelle édition » de l'*Astronomie* de Lalande est la deuxième (trois volumes parus en 1771); elle a été complétée d'un quatrième volume édité en 1781 où se trouve le mémoire de Dupuis dont il est question dans cette lettre. La troisième édition paraîtra en 1792.
2. Il s'agit de la première démonstration publique des frères Montgolfier à Annonay le 4 juin 1783, le ballon était gonflé à l'air chaud comme Etienne Montgolfier l'écrira à Lalande, et non de gaz inflammable, comme l'était l'hydrogène, objet des essais du chimiste Jacques Charles.

J'ai remis à M. Durand libraire un ballot pour envoyer à M. Bauer à Strasbourg ; il contient pour vous, le 4ᵉ vol*ume* de M. Bailly et le mien, *l'aurore boréale*, et l'*Art du maçon*. Pour M. de la Grange l'*Art du maçon*, et la 4ᵉ livraison de l'*Encyclopédie*. Pour l'académie un volume de M. le président Rolland, et un pour le Roi, je vous prie de me marquer quelle voie vous aurez prise pour le faire parvenir au Roi, car le président[1] qui est un homme important et célèbre s'attend à une réponse de S. M., et s'il n'en recevait pas, nous serions vexés vous et moi.

J'ai cru que cette voie serait la plus commode et la moins dispendieuse pour vous ; mandez-moi comment elle aura réussi pour que j'en prenne une autre pour d'autres envois, ou que je continue à m'en servir.

Le globe[2] de Montgolfier, rempli d'air inflammable, qui s'est élevé en l'air le 27 août a fait ici une sensation étonnante ; il a été porté à 10 milles toises en ¾ d'heure ; il était en taffetas enduit de gomme élastique ; s'il n'eût pas crevé, il aurait été à Copenhague en deux jours.

L'étoile Algol était ici à son moindre degré de lumière le 17 sept. à 11h la période déterminée en Angleterre est juste, 2j 20h 47m.

M. Méchain a observé l'ascension droite apparente de la planète de Herschel le 16 août à 16h 31m de 101° 14' 41" et la déclinaison de 23° 22' 46".

M. d'Alembert est toujours languissant et souffrant ; il vient cependant à l'Académie.

J'ai payé pour *l'aurore boréale* 6#, pour Bailly 7#, pour mon 4ᵉ volume[3] 10# = 23#. Je vous devais 14# 4ˢ, reste 8# 16ˢ, que j'ai retenus.

J'ai reçu de M. l'archevêque de Toulouse 24# pour une souscription, de M. Le Bègue de Presle 6#, de M. de Fleurieu 36#, de M. de Vergennes 240# ; M. de la Grange vous remettra 24#, et je vous envoie 273# en une lettre de nos plus fameux banquiers de Paris.

---

1. Rolland a été nommé par le roi président de la chambre des requêtes.

2. Ce « globe » n'est pas de Montgolfier ; Lalande l'appelle ainsi car les Montgolfier en sont les inventeurs (on parle maintenant d'une Montgolfière). Il est dû à Jacques A. Charles et aux frères Robert ; il est parti le 27 août 1783 du Champ de Mars. Le « gaz inflammable » est de l'hydrogène.

3. Ce 4ᵉ volume de l'*Astronomie* de Lalande est paru en 1781. Il s'y trouve un mémoire de Lalande sur le flux et reflux de la mer plus un mémoire de C. F. Dupuis qui attribue aux mythologies une origine astronomique et des suppléments aux trois volumes précédents publiés dix ans plus tôt ; il ne sera jamais réédité.

Je n'ai pu faire relier vos livres étant sur le point de partir, cela vous aurait retardé de deux mois. Ecrivez-moi toujours à Paris, on m'enverra vos lettres.

Adieu très cher confrère, je suis avec le plus tendre attachement, votre *très honoré serviteur*

LaLande

BA62

Lettre à *Jean III (182)* [88]

15 janvier 1784

J'ai reçu mon cher ami les livres d'Hevelius, et je les ai cédés à l'Observatoire où M. le comte de Cassini forme une Bibliothèque [1]. Je vous prie de faire parvenir à M. Sengnich 224# 10s. Savoir 200# 10s que M. Lagrange vous remettra, et 24# que j'ai donnés pour votre Journal de physique. Les 200# 10s de M. de la Grange sont pour les livraisons 5-11, auxquelles j'ai ajouté 36# pour la 12e qui doit bientôt paraître. Je vous renvoie un billet de 275# 10s, qui avec les 224# 10s font les 500# que je vous devais. J'ai eu bien de la peine à avoir ce billet ; je ne savais comment vous faire passer cet argent ; aucun banquier n'a voulu me donner de lettre de change sur Berlin.

J'ai trouvé dans le ballot une grammaire hébraïque, je ne sais pas à quelle intention vous l'y avez mise.

Je n'ai point reçu la *Bibliogr*aphie *astronomique*.

J'ai remis à M. de la Place et à M. de Condorcet ce qui était pour eux. Vous ne m'avez point envoyé de *Mémoires* de l'académie ni d'*Éphémérides* ; n'a-t-il rien paru depuis votre dernier envoi des *Mémoires* de 1780 et des *Éphemérides* de 1785.

---

1. Cassini IV, devenu directeur de l'Observatoire de Paris à la mort de son père, a soumis au ministre un projet pour sa rénovation, dans lequel il propose la création d'une bibliothèque astronomique; il donne à l'Observatoire une partie de sa bibliothèque. Il a été grandement aidé par Lalande qui est en relation avec savants et libraires d'Europe, en particulier pour l'achat des sept volumes des œuvres d'Hevelius par l'intermédiaire de Jean Bernoulli et qu'il a payés 538 Livres le 12 janvier 1787 (C. Wolf).

Vous n'avez point répondu à ma question pour M. de la Grange : est-il vrai qu'il croit pouvoir représenter toutes les obser*vations* de la Lune, anciennes et modernes sans le secours d'une équation séculaire.

Vous aurez vu dans les nouvelles publiques la comète [1] découverte le même jour dans le cou de la Baleine par M. Messier et M. Méchain.

Les variations de grandeur de l'étoile η d'Antinoüs dans l'espace de 7 jours, 4h ½.

Les observations de la planète Herschel s'accordent parfaitement avec les *Tables* qui viennent d'être publiées dans la *Connaissance des temps* de 1787.

Les *Mémoires* de l'Acad*émie* pour 1781 viennent de paraître, ainsi que le grand *Traité des comètes* [2] par M. Pingré, en 2 vol. *in 4°*.

Je suis avec le plus tendre attachement

Mon cher confrère et ami,
Votre très humble et très ob*éissant* serv*iteur*
La Lande

BA63

Lettre à *Jean III (183)* [89]

À Paris le 27 avril 1784

Je me reproche, mon cher confrère, de ne vous avoir pas écrit depuis votre lettre du 20 septembre et 15 novembre (*cette dernière date ajoutée au-dessus de la ligne*), mais la multitude de mes travaux m'entraîne toujours lorsque les lettres que j'ai à répondre ne sont pas très pressées. Je n'ai reçu que 30# pour vous jusqu'à ce jour et j'espérais avoir quelques sommes plus importantes à vous faire tenir. Je n'avais point d'envoi à vous faire car, puisque le dernier a coûté 20#, je pense qu'il faut attendre que j'aie plus de choses à vous envoyer ou que vos libraires aient quelque chose à faire venir de Paris.

---

1. La comète de 1784 a été vue à Paris le 24 janvier par Méchain et Messier, mais à Malte, par d'Angos, dès le 22 janvier.
2. Ce traité est la *Cométographie* de Pingré : il rassemble toutes les comètes connues depuis l'Antiquité.

J'ai reçu votre manuscrit d'Avignon et je le joindrai à mon premier envoi. Il y a les ouvrages de M. Kästner, de M. de la Grange, et de M. Scherffer ; celui-ci pourrait se mettre dans le *Journal de physique*. Vous m'avez fait réellement grand plaisir de procurer à M. le président Rolland une lettre du roi de Prusse. J'attends de ce magistrat une place pour un de mes neveux et j'avais par conséquent grand intérêt de lui plaire.

Votre papa m'a fourni dernièrement une occasion de lui envoyer les ouvrages de l'Académie que j'avais pour lui.

Un de mes amis, qui vous fera parvenir cette lettre sans frais, me demande un ouvrage [1] de M. Crome sur les productions de l'Europe que j'ai annoncé par vos ordres dans le *Journal des savants*. Je vous prie de le joindre à votre premier envoi.

J'ai bien reçu votre lettre du 12 août avec les observations de M. Koch, mais je ne me rappelle pas d'avoir reçu l'extrait d'un ouvrage de M. Moulines pour le *Journal des savants* ni de reconnaissance pour M. le comte de Vergennes. Je me souviens pourtant d'avoir employé un extrait de l'Histoire d'Auguste [2], lequel venait de Berlin ; il est dans le premier volume de décembre 1783.

Je ne vous parle pas des voyages aériens, puisque vous lisez le Journal de Paris.

M. Bézout étant mort, vous ne m'enverrez plus de volumes pour lui.

Si vous rencontriez une occasion pour faire traduire en latin ou en allemand mon *Astronomie* il faudrait attendre la troisième édition à laquelle je travaillerai l'année prochaine ; je suis occupé uniquement de mon *Voyage d'Italie* pour cette année ; il y a déjà la moitié du premier volume imprimé.

Je vous remercie bien du *Mémoire* sur la Scagliola de Florence.

Ma partie de l'*Encyclopédie* méthodique est tout à fait terminée et le premier volume du *Dictionnaire de mathématiques* finissant avec la lettre E est presque achevé d'imprimer.

---

1. Dans le *Journal des savants* d'avril 1784, Lalande annonce la Carte générale et le livre en deux tomes sur *Les productions naturelles en Europe* (1782) par M. Crome, souscription chez Bernoulli à Berlin.

2. Titre de l'extrait : *Les Écrivains de l'Histoire (d')Auguste*, traduit en français, à Berlin, 1783 ; l'auteur de l'extrait n'est pas nommé (*Journal des savants*, décembre 1783, p. 801-805).

Ce début n'est pas écrit par Lalande ; la suite est bien de sa main.
On travaille actuellement à deux globes[1] pour faire des voyages aériens. Est-il vrai que M. Achard est mort par l'air inflammable, et que le Roi de Prusse a défendu les globes ? On fait ici de l'air inflammable avec de l'eau et du feu[2]. Est-il vrai que M. de la Grange explique les observations anciennes de la Lune sans aucune équation séculaire ; à quel endroit cela se trouve-t-il. De nouvelles observations faites à Paris et que j'ai fait calculer par M. de Lambre donnent le mouvement moyen de la Lune depuis 30 ans, encore plus petit que les *Tables* de Mayer ; ce dernier[3] est un excellent astronome dont j'ai fait la découverte.

On va faire imprimer à Londres des sinus pour toutes les secondes [de] M. Taylor ; et M. Robert curé à Toul m'a envoyé un manuscrit semblable, mais il n'a pas fini les tangentes.

M. de Beauchamp, vicaire général de Babylone, m'a envoyé des observations faites à Bagdad avec beaucoup d'assiduité.

M. Herschel a déterminé l'aplatissement de Mars 1/16 et la situation de son équateur, qui est incliné de 30° 18.

Je suis avec autant de considération que d'attachement

> Mon cher confrère et ami,
> Votre très humble et très obéissant serviteur
> La Lande

D'une autre écriture :
Hevel 500[(?)]
Act Ered 150

---

1. Le 11 septembre 1783 des essais sur un ballon captif ont été faits par les frères Montgolfier. Un ballon dû à Etienne Montgolfier est parti le 19 septembre 1783 du château de Versailles avec un mouton , un canard et un coq. Le premier vol habité en ballon captif (passagers : Pilâtre de Rozier et Giroud de Villette) eut lieu le 19 octobre. Le vol décisif en ballon libre a lieu le 21 novembre. Les passagers en sont Pilâtre de Roziers et le marquis d'Arlandes, entre la Muette et la Butte aux Cailles. En 1784, il s'agit donc de nouveaux ballons gonflés à l'air chaud. Depuis décembre 1783, les deux frères étaient membres correspondants de l'Académie des sciences.
2. L'« air inflammable » s'obtient-il avec l'eau et le feu ? Ce n'est pas ainsi que l'on fabrique en général l'hydrogène, découvert par Cavendish en 1766.
3. Ce dernier est Delambre dont Lalande a fait la connaissance en 1782 et qu'il a attiré vers l'astronomie.

BA64

Lettre à *Jean III(184)* [91]

Paris 18 juin 1784

Je profite, mon cher ami, de l'occasion que me procure M. Tilliard pour vous envoyer votre manuscrit que j'ai reçu d'Avignon. Il y a celui des *Tables* logar. et celui des équations de Lambert. Je garde celui des couleurs accidentelles jusqu'à ce que vous m'ayez répondu si vous voulez qu'on l'imprime dans le Journal de physique. J'envoie aussi à M. de la Grange les *Mémoires* de 1780, la *Connaissance des temps* et les livraisons de l'*Encyclopédie* pour lesquelles j'ai payé 102 # 10ˢ. J'espère que cela coûtera moins que si j'avais fait un ballot séparé.

J'y ai joint un livre d'un de mes amis pour l'académie ; que je prie M. de la Grange de présenter à cette illustre compagnie.

Je vous envoie aussi un exemplaire de mes *Éphémérides* [1] que je voudrais être plus digne de vous, mon cher ami, et des ouvrages utiles que vous m'avez souvent envoyés, et que vous y trouverez cités plus d'une fois.

Depuis l'argent que je vous ai envoyé le 5 sept. je n'ai reçu que 30 # pour 4 souscriptions ; j'ai dépensé 2 # 10ˢ pour le port du mss. ainsi je vous dois 27 # 10ˢ, que M. de la Grange voudra bien vous remettre, et il ne me devra plus que 75 #.

Le *Tableau de la cosmographie suédoise* en 3 vol. que vous vouliez traduire est-t-il augmenté, est-il traduit ; voulez-vous que je mette votre proposition dans le *Journal des savants*? Je l'ai retiré du paquet de M. Aubert.

Ce paquet était enveloppé dans une feuille in folio, servant de modèle pour des tables de triangles sphériques, dont les titres et les minutes seulement avec les réglets sont imprimés ; et qui a 100 lignes sur la hauteur ; est-ce de vous ou du P. Pézenas ?

Avez-vous reçu ma lettre du 22 avril que je vous ai envoyée par la voie de l'ambassadeur ; je vous demandais l'ouvrage de M. Crome sur les productions de l'Europe.

Je suis tout occupé de la réimpression de mon *Voyage d'Italie*, il y a déjà les 2/3 du premier volume d'imprimés. J'y ai fondu la plupart de vos

---

1. Tome VIII des *Éphémérides*, pour huit années, de 1785 à 1792.

notes et Mme Desaint vous tiendra compte de ce manuscrit, pour le mémoire des livres que vous aviez à lui payer [1].
Mille compliments à M. Formey, M. Merian, M. de la Grange, M. Prévost.

Je suis avec autant de considération que d'attachement

Mon cher confrère et ami,
Votre très humble et très obéissant serv*iteur*
LaLande

BA65

Lettre à *Jean III (185-186)* [90]

Lettre dictée par Lalande

Paris, le 26 juillet 1784

Je vous prie, mon très cher ami, de m'envoyer la collection des œuvres d'Hevelius que votre ami veut vendre pour 500#, ou je la ferai prendre à l'Académie ou je la garderai pour moi ; il y en a si peu en France et cette occasion sera probablement la dernière que je trouverai. Vous savez que M*elle*. Kirch me vendit près de 400# le second volume de *Machina Cœlestis* ; il est vrai que depuis ce temps-là j'en ai trouvé un autre pour 150# et même en grand papier. J'espère que je trouverai l'occasion de me défaire de l'un des deux mais en attendant, je ne veux pas laisser échapper la nouvelle occasion que vous m'offrez.

Je proposerai à l'éditeur du *Journal de physique* de vous envoyer les volumes de l'année, mais je ne vous conseille point de souscrire pour les autres. On y trouve rien de notre métier.

Vous aurez raison de ne plus imprimer à vos dépens et ces embarras me paraissent devoir être insupportables pour vous. Je chercherai volontiers l'occasion de quelque traduction à faire. Serait-ce assez d'un louis la feuille ? Quant à la *Cosmographie suédoise*, j'aurais pu mettre la proposition dans le *Journal* sans nommer personne et ce moyen aurait plutôt réussi que des négociations particulières pour lesquelles je n'ai pas assez

1. Lalande a obtenu de Mme Desaint qu'elle accepterait en paiement des livres envoyés à Bernoulli, le manuscrit de son voyage en Italie, utilisé par Lalande dans la deuxième édition du *Voyage d'un Français en Italie*.

de connaissances parmi les libraires. Je ne négligerai point les occasions de trouver quelques autres entreprises. Voici la note des souscriptions que j'ai reçues :

24 # pour une souscription de M. l'archevêque de Toulouse le 24 juillet, reçu 6 # de M. Le Bègue de Presle pour un exemplaire *in 8°*, 240 # de M. de Vergennes, J'ai reçu 36 # de M. de Fleurieu pour deux exemplaires *in 8°* et *in 4°*. Le 30 décembre 6 # de M. Tilliard pour un *in 4°*. Le 14 janvier 1784 M. l'abbé La Ferté 6 # pour un *in 8°*. Le 2 avril M. de Mousset 6 # pour un *in 8°*, Madame de Lessert 12 # pour un *in 4°*.

Il me semble qu'au lieu de rendre l'argent aux souscripteurs de l'*in 8°*, on devrait leur donner l'*in 4°* sauf une petite augmentation à laquelle ils seraient priés de consentir.

Je vous prie de demander à M. de la Grange une explication sur sa manière de représenter l'accélération de la Lune sans équation séculaire, ou la citation de l'endroit où il en a parlé. Je vous prie de m'envoyer la Bibliographie astronomique de M. Scheibel.

Je vous prie de dire à M. de la Grange qu'il vient de paraître une 9ᵉ livraison de l'*Encyclopédie* du prix de 42 # ; mais comme il en paraîtra une autre dans deux mois, je lui enverrai tout ensemble.

Vous pourrez adresser vos lettres à l'avenir à M. le baron de Breteuil ministre d'État à Versailles.

Vous avez certainement besoin à l'observatoire d'une lunette méridienne plus grande et meilleure et je crois que vous pouvez la placer assez bien sur les énormes pierres [1] que j'y fis élever en 1751. On vous la fera très bien à Paris.

Pour le micromètre objectif à trois verres, il faudrait s'adresser à Dollond.

Le micromètre prismatique de l'abbé Rochon ne me paraît pas encore une découverte usuelle et l'on n'en a point encore fait.

Pour des télescopes d'Herschel, il ne peut point encore en faire pour personne ; ses observations lui laissent à peine le temps d'en faire pour lui-même.

L'instrument dont il me semble que vous auriez le plus besoin est un équatorial pour observer des comètes, des conjonctions &c. On le fera encore très bien à Paris, nous avons trois ou quatre ouvriers en état.

---

1. Voir ci-dessus, dans la première partie, l'installation de Lalande à l'observatoire de Berlin.

On songe aussi à remonter l'Observatoire de Paris en instruments.

L'opposition de Saturne a été observée par M. Le François, mon neveu[1], le 11 juillet à 23h 41m ½ à 9^s 20° 36' 26" avec 3' 31" de latitude géocentrique B. et (?).

Il a observé aussi pendant tout le mois de mai la planète d'Herschel, le 14 mai à 9h 21m temps moyen, sa longitude observée était 3^s 9° 20' 0", sa latitude 21' 28", en sorte qu'il faut ajouter environ 15" aux *Tables* de Dom Nouet qui vont paraître dans la *Connaissance des temps* de 1787 et à celles d'Oriani qui ont paru dans les *Éphémérides* de Milan pour 1785. Cette longitude est corrigée par l'aberration mais comptée de l'équinoxe apparent. La latitude est trop petite seulement de 5" par ses *Tables*, car elle représente également bien les dernières observations quoique M. Oriani ait 7' de plus pour la longitude moyenne, mais comme il donne 1° 48' de plus à l'aphélie et 5' de plus à l'équation il a la même longitude pour à présent et même pour l'observation de Mayer en 1756.

Puisque la voix (*sic*) de l'ambassadeur que M. Le Bègue de Presle m'avait procurée, je ne m'en servirai pas pour cette fois-ci où ma réponse est un peu pressée.

Vous avez dû voir dans mes *Éphémérides* les travaux de deux nouveaux astronomes, M. de Lambre et M. Cagnoli qui travaillent avec ardeur et avec succès.

Mon neveu s'occupe à calculer des *Éphémérides*[2] jusqu'en 1800 pour lui servir d'apprentissage dans le calcul, mais il commence aussi à calculer ses observations.

M. Tondu vient de partir avec M. de Choiseul Gouffier ambassadeur de France à Constantinople pour faire des observations sur la mer Noire et peut-être sur la mer Caspienne.

Je suis avec autant de considération que d'attachement

> Monsieur et cher confrère,
> Votre très humble et très obéissant serviteur
> La Lande

J'ai dicté cette lettre pour reposer mes yeux, ils souffrent un peu depuis quelque temps.

---

1. Ce neveu (ou plutôt cousin) arrivé il y a deux ans auprès de Lalande, observe au Collège royal de France; il a 18 ans au moment de cette lettre.

2. Ces *Éphémérides*, établies pour dix années sous la direction de Lalande, forment le volume IX et dernier qui paraîtra en 1792. La formation d'un astronome avec Lalande comporte observations et calculs.

Cette phrase est de l'écriture de Lalande.

BA66

Lettre à *Jean III (187)* [92]
M. Bernoulli

10 nov. 1784

Depuis le 28 août, mon cher confrère et ami, que vous m'avez dit avoir écrit à Dantzick [*ou Danzig*] pour les œuvres d'Hevelius, j'espérais les voir arriver et vous envoyer l'argent ; mais je ne puis honnêtement le demander à l'Académie qu'en lui remettant les livres.

D'après ce que vous me disiez de votre Société de lecture, j'ai payé une souscription du *Journal de physique*, et l'on m'a donné le volume que vous demandiez pour votre manuscrit.

J'ai lu quelque part que M. de la Grange avait montré qu'on pouvait accorder toutes les observations de la Lune sans le secours de l'équation séculaire ; si cela est demandez-lui dans quel endroit il a dit cela.

Aussitôt que M. Tilliard vous fera un envoi, j'enverrai à M. de la Grange les nouvelles livraisons de l'*Encyclopédie*, et à vous le *Journal de physique*.

Envoyez moi les *Mémoires* de l'académie et les *Éphémérides* aussitôt qu'ils paraîtront, à moins que vous n'ayez bientôt à faire un envoi de la géographie de l'Inde.

Je suis avec le plus tendre attachement

Mon cher confrère,
Votre très humble et trèsobéissant serviteur
La Lande

BA67a

À Monsieur / Monsieur Bernoulli de l'académie royale / des Sciences de Prusse / à Berlin

Lettre à *Jean III (188-189)* [93]

À Paris 21 fév. 1785

J'ai reçu, mon cher confrère, votre lettre du 5 février, et peu après les 6 exemplaires de la géographie de l'Inde, je vous remercie bien de celui que vous m'assignez ; mais je suis fâché de voir que vous abandonnez tout à fait les 4 souscripteurs de l'*in 8°* dont j'ai reçu l'argent, j'aurais voulu avoir 4 exemplaires pour eux ; car ou ils auraient payé un supplément pour avoir l'*in 4°*, ou j'aurais suppléé pour eux, car je ne veux point manquer à mes engagements, et je me trouve lié par les quittances que je leur ai données.

M. des Aulnais, garde de la Bibliothèque du Roi m'avait prié de souscrire pour lui, je lui donnerai le 6e exemplaire, en lui demandant 12 # comme aux premiers souscripteurs On devait donner 12 # en recevant la 1ère livraison, mais aussi elle devait contenir l'ouvrage entier du P. Tieffenthaler ; je ne puis donc pas demander les 12 # que je devais recevoir en remettant la 1e livraison.

M. Cassini m'a remis les 8# dont vous aviez oublié de me parler, pour le port des livres [1] d'Hevelius depuis Dantzig jusqu'à Berlin.

J'ai trouvé aussi dans le paquet les *Éphémérides* pour 1786, vous ne m'en dites pas le prix.

Je crains d'avoir envoyé l'année dernière des *Arts* à M. votre père ; mais à l'avenir j'aurai soin de vous les réserver. Si je lui en ai envoyé, il vous les rendra bien puisque vous avez la collection ; je n'en ai point actuellement à lui ; il y a du temps qu'on n'en a publié ; on n'a point abandonné le projet, mais presque tous les *Arts* sont décrits, en sorte que la suite ira bien lentement.

Dans les *Éphémérides* de 1787 que vous m'avez envoyées il manque la feuille K, pages 145-161, et la feuille I est double. Ayez la complaisance de me les envoyer brochés une autre fois, le relieur s'apercevra des imperfections.

---

1. Cassini (IV) a donc décidé d'acheter les livres d'Hévélius.

M. Méchain fait imprimer la *Connaissance des temps* de 1778 [*c'est 1788, erreur de Lalande*], c'est à présent qu'elle sera bien faite[1] ; M. de Lambre a recalculé toutes les *Tables* d'aberration de Mezger [*Metzger*], il en a trouvé un grand nombre fautives, nous en mettrons l'errata[2] dans la *Connaissance des temps*.

N'oubliez pas je vous prie de m'envoyer deux exemplaires des *Mémoires* de l'Académie, et un second des *Éphémérides* de 1786 et 1787, pour la Biblio*thèque* de l'Observatoire, dont M. le comte de Cassini s'occupe sérieusement.

On imprime nos *Mémoires* de 1782, j'ai déjà corrigé mon grand *Mémoire* sur la durée de l'année, 365. 5. 48. 48. [*j, h, m, s*]

M. Thiebault m'a envoyé la *Bibliographie*[3], il me mande qu'il n'y avait point d'adresse sur le paquet. Je vous remercie bien de ce petit ouvrage qui me fait un vrai plaisir à raison de ma *Bibliographie* à laquelle j'ai beaucoup travaillé et que je complèterai avec celle-ci.

M. Mégnié, notre plus habile artiste, vient d'être chargé de faire un mural de 7 ½ pieds de rayon pour l'Observatoire royal. M. Bergeret à qui appartient celui de l'École militaire vient de mourir mais on espère que son fils le laissera encore à M. Dagelet qui en fait un si bon usage, il a déjà observé 4000 étoiles boréales pour son catalogue.

Ne fait-on point chez vous d'observations suivies, je n'en vois point dans les *Éphémérides* ; votre mural est il inutile ?

J'ai vu avec plaisir dans vos *Éph*émérides les éléments d'Herschel calculés par le P. Fixlmillner avec l'observation de 1690. Mais il me semble que la durée qu'il donne à la révolution ne s'accorde pas avec sa distance moyenne ; il y a 40 jours de trop, et cela ferait 30' sur la long. en 1690. Ainsi c'est une chose à revoir.

1 er mars

Je viens de recevoir votre lettre du 19 février ; je voudrais bien pouvoir procurer à M. Dohm la vente de son livre, mais aucun libraire de Paris ne voudra l'acquérir puisqu'on n'a pas voulu accorder de permission ; quant à la restitution du ballot à la Chambre syndicale ; celui à l'adresse de qui le ballot a été envoyé à Paris peut le redemander pour être renvoyé avec un

---

1. Méchain succède à Jeaurat (que vraisemblablement Lalande n'aime pas beaucoup) dans la rédaction de la *Connaissance des temps*.
2. Cette table des errata de Metzger est dans la *Connaissance des temps* pour 1789.
3. Il s'agit de la *Bibliographie* de Scheibel dont il a été question plusieurs fois.

acquit à caution ; il faudrait que je susse son adresse et la date de l'envoi ; si je parviens à voir M. Cerf Beer, je m'instruirai de tout et je ferai ce qui dépendra de moi pour M. Dohm [1].

M. votre père a coutume de faire retirer chez moi les ouvrages de l'Académie qui lui appartiennent, et s'il veut que je les fasse porter à quelque endroit, il n'a qu'à me l'écrire.

Le n°13 et 14 du *Journal* de M. Scheibel qui contient sa *Bibliographie* astronomique sont-ils différents de ce que vous m'avez envoyé par M. Thiebault et qui va jusqu'à 1550 ; remerciez-le bien pour moi, et priez-le de m'envoyer régulièrement tout ce qui concernera cette *Bibliographie* [2] ; je vous prie de lui en tenir compte pour moi.

Je n'ai pas encore trouvé de traductions allemandes à vous proposer ; mais je n'en perdrai pas l'occasion.

Ce que vous avez envoyé de votre géo*graphie* de l'Inde n'est pas la partie intéressante, ainsi je ne puis pas vous en dire grand chose.

Mille compliments à Messieurs Lagrange, Formey, Bode, Merian,

Je suis avec autant de considération que d'attachement

Monsieur et cher confrère,
Votre très humble et très obéissant serv*iteur*
La Lande

Ce qui suit est sans doute une annexe à la lettre précédente BA 67

Pas de date, mais dans la lettre : 23 février 1785 pour une souscription, puis 28 avril

BA 67 b

J'ai remis, mon cher confrère et ami, le 13 de mars à M. Tilliard 3 livraisons de l'*Encyclopédie* pour M. de la Grange, et deux volumes de nos *Mémoires* pour le même. De plus 3 volumes pour l'académie, savoir deux de nos *Mémoires*, et la *Trigonométrie* [3] de M. Cagnoli, que je vous prie de

---

1. Dohm, dont la vente du livre (sur les Juifs) n'est pas possible en France, demande le retour des volumes qu'il a envoyés. Cette affaire durera assez longtemps.
2. Lalande veut toujours enrichir sa *Bibliographie*, ici avec l'aide de Scheibel.
3. Le *Traité de Trigonométrie rectiligne et sphérique* de Cagnoli a été traduit en français par M. Chompré, secrétaire de M. le duc de Villequier et imprimé chez Didot aîné (*Journal des savants* de mars 1786).

présenter, les uns de la part de notre Académie et le 3ᵉ de la part de M. Cagnoli pour ce qui le concerne.

Les 3 livraisons de l'*Encyclop*édie coûtent 84#, que M. de la Grange voudra bien vous remettre.

J'ai reçu le 14 votre ballot, contenant les *Mémoires* de l'acad*émie* depuis 1770-82, que je présenterai à la rentrée, c'est-à-dire le 29, mais le port est bien cher 30# pour 13 vol. ; j'ai aussi reçu les *Éphémérides* de 1783 et 1786, dont je vous remercie de nouveau, mais vous ne me mandez pas le prix.

Deux paquets pour M. de Condorcet et M. de la Place que je remettrai également

Enfin 12 exemplaires de la seconde livraison de l'Inde, je vous remercie de celui que je suppose pour moi, je l'annoncerai dans le *Journal des savants* [1], et je distribuerai les exemplaires aux souscripteurs de qui j'ai reçu de l'argent, je recevrai 15# de ceux qui n'ont payé que 12#, et 3# de ceux qui en ont payé 24.

Voici l'état de ce que j'avais reçu et que je vous ai fait passer depuis 3 ans, mais il y en a une partie que je serai obligé de rendre quand on me le demandera.

Le 24 juillet 1783, de M. l'archevêque de Toulouse	24#
De M. Le Begue de Presle pour un *in 8°*	6
De M. de Vergennes	240
De M. de Fleurieu pour un *in 8°* et un *in 4°*	36
De M. Tilliard pour un *in 8°*	6
14 janv. 1784, de M. l'abbé de la Ferté pour un *in 8°*	6
De M. Mousset, *id.*	6
De Mme de Lessert	12
23 fév. 1785. de la Bibliothèque du Roi, M. des Aulnais	12
De M. le chevalier d'Angos à Malte	12

J'ai encore 5 exemplaires de la première livraison, parce que plusieurs n'ont pas retiré leurs exemplaires.

Trois lignes barrées

Vous ne m'avez point encore envoyé les *Éphémérides* de 1788, il y a longtemps qu'on les a vues à Paris. Treuttel de Strasbourg a sûrement un libraire de Berlin qui lui envoie des livres. Vous pourriez bien en profiter pour m'envoyer exactement les *Éphémérides* et les *Mémoires* aussitôt qu'ils paraissent.

---

1. Cette livraison, en retard, est bien annoncée dans le *Journal des savants* d'avril 1785.

Ne m'envoyez plus à l'avenir que mon exemplaire des *Mémoires* de l'académie ; il sera plus facile d'avoir des occasions pour un volume que pour deux, M. Cassini s'est arrangé avec un libraire.

Le 28 avril, je reçois votre lettre du 18 et le billet [1] de M. de la Grange, je vous prie de l'en remercier, cependant il ne m'en dit pas tant que vous, ainsi je vous remercie encore davantage. Votre n°4 est le plus important, c'est le défaut d'analogie, l'aphélie de Vénus rétrograde tandis que tous les autres sont directs. Il a fait quelques tentatives à cet égard et il n'a pas vu jour à y réussir, cela est incompréhensible ; Vénus est, par rapport à la Terre qui a la majeure influence sur elle, comme Jupiter est par rapport à Saturne ; comment la même formule peut-elle donner le contraire. J'accepte avec reconnaissance l'offre qu'il me fait de me donner la théorie des mouvements des aphélies réduite au plus grand degré de simplicité et déduite de la solution de Clairaut, puisqu'elle est toute détaillée dans mon Astronomie et qu'il y aurait trop de travail à recommencer tout ce que j'ai dit de l'attraction. J'espère qu'il y joindra un petit exemple et alors il pourra choisir Vénus.

BA68

Lettre à *Jean III (192)* [95]

Cette lettre a dû venir avec d'autres ou par un messager car en haut, on lit :

Pour M. Bernoulli

6 août 1785

J'ai reçu le 4 août, mon cher confrère, les 2 paquets que vous avez envoyés à Tilliard. Je lui ai remis 2 volumes de l'Académie pour M. de la Grange et des fuseaux de globes [2] pour M. Bode que je vous prie d'en avertir, pour que je sache si ce petit article ne se sera point égaré. Je ne sais point s'il a reçu mon volume d'*Éphémérides*.

M. Tilliard m'a demandé 16 # 6 s pour le port du paquet qui contenait les *Mémoires* de l'académie. Je suppose les 2 vol. de l'académie 20 liv. de

---

1. Ce billet doit être la réponse de Lagrange à une demande d'explication de Lalande au sujet de Vénus.

2. Ces fuseaux sont sans doute ceux des deux globes : céleste, de Lalande, et terrestre, de Romme, fabriqués en 1775.

France, et les 2 vol. d'*Éphémérides* que je suppose 2 richsdales ou 7 # 8 ˢ. Je ne sais pas le prix des observations de Wolf, mais c'est toujours 27 # 8 ˢ que je vous dois et 8 # que M. Cassini m'a remis pour le port des livres d'Hevelius. Je n'ai point reçu de lettre de vous depuis celle du 14 mai où vous me parliez de l'affaire de M. Dohm. J'ai envoyé sa lettre à M. Brissot de Warville ; il a agi auprès de M. Brack qui est attaché auprès de M. le Garde des sceaux, et j'espère que celui-ci fera rendre les livres [1] ; nous ne pouvons espérer davantage.

J'ai vu les observations de M. Bugge, et j'ai eu le regret de voir qu'il conspirait aussi avec ceux qui ont eu la basse jalousie de dépouiller Herschel de la gloire si bien méritée et que nous lui avons unanimement déférée, de donner son nom à sa planète. Quelle ineptie d'ailleurs que de donner le nom du Ciel à un des plus petits objets qui y soient renfermés ? Je suis aussi révolté de cette injustice que si j'eusse fait moi-même la découverte.

Je viens de recevoir la 13ᵉ et la 14ᵉ livraison de l'*Encyclop*édie pour M. de la Grange, et je les ai envoyées à Tilliard ; elles ont coûté 45 # y compris la brochure. Je le prie de vous remettre ce que je vous dois. Nous compterons pour les suivantes, quand je saurai tout ce que je vous dois. Je vous recommande bien M. Dupuis qui va partir pour Berlin ; c'est l'auteur de la belle découverte [2] qui est dans le 4ᵉ vol. de mon *Astronomie*.

Je pars pour 3 mois et je ne pourrai m'occuper qu'à mon retour des exemplaires de l'Inde que vous m'envoyez. Personne n'est à Paris actuellement.

Dites-moi le prix des *Éphémérides* de M. Bode ; faites lui mille compliments.

Il n'a point paru d'*Arts* de l'Académie.

La *Connaiss*ance *des temps* de 1788 avance beaucoup, elle sera désormais bien faite.

Je viens de faire de nouvelles recherches [3] sur le moyen mouvement de Vénus, que j'ai été obligé d'augmenter jusqu'à 6 $^{(s)}$ 19 $^{(°)}$ 12 $^{(')}$ 50 $^{('')}$ par siècle. J'ai réduit celui de l'aphélie à 2° mais c'est peut-être encore trop.

M. Dagelet qui va faire le tout du monde [1] est en rade et n'attend que le vent favorable. J'ai bien du regret de ce que mon *Catalogue d'étoiles* va être interrompu ; il avait déjà 4000 étoiles d'observées.

1. L'affaire des livres de Dohm continue.
2. De Dupuis : mythologies et astronomie.
3. Ces recherches sont faites après les informations reçues de Lagrange et de Bernoulli (voir lettres BA 70 et 72).

Je suis avec autant de considération que d'attachement

Votre très humble et très obéissant serviteur
De la Lande

M. de Lambre vient d'apprendre l'allemand pour être en état de nous faire jouir de toutes les bonnes choses qu'il y a dans les *Éphémérides* de votre académie. Il est occupé à m'en faire des extraits pour une nouvelle édition de mon *Astronomie*. C'est un calculateur étonnant ; pourriez-vous imprimer quelque *Mémoire* de lui. Les savants étrangers dont l'Académie publie les *Mémoires* sont fatigués du retard de l'impression.

BA69

Lettre à *Jean III (193)* [96]
Pour M. Bernoulli

18 déc. 1785

J'ai reçu, mon cher ami, votre lettre du 3 décembre. J'ai bien du regret de l'indisposition de ma chère consœur et de vos chagrins domestiques.

Mes *Éphémérides* que j'envoyais à M. Bode, ainsi que mes fuseaux de globes, vous ont été expédiés le 16 juin 1784, par M. Tilliard, et il assure que vous lui en avez accusé la réception. Si cela est perdu, je lui enverrai bien le catalogue séparé.

Voulez-vous que je vous envoie quelque *Mémoire* de M. de Lambre? C'est un excellent astronome ; je n'en connais pas de meilleur. Il fait beaucoup de bonnes choses que je n'ai pas occasion de faire imprimer, parce que l'impression de nos savants étrangers est trop retardée. Pourriez-vous en présenter quelqu'une à l'académie et les imprimerait-elle dans ses *Mémoires*², sans qu'il soit membre de l'académie, ou pourrait-on solliciter son agrégation.

Je n'ai pu faire pour M. Dohm autre chose que d'intéresser M. Brak qui est attaché à M. le Garde des sceaux. Je lui en parlerai encore. Ce magistrat

1. Dagelet est astronome de l'expédition La Pérouse ; les deux navires, *la Boussole* et *l'Astrolabe*, ont quitté Brest le 1ᵉʳ août 1785. Un second astronome, fils de Gaspard Monge, participait à l'expédition; arrivé aux Canaries, il renonça à poursuivre, à cause du mal de mer qui l'avait tourmenté.
2. Delambre travaille beaucoup et Lalande veut faire publier ses *Mémoires*.

est si délicat pour les permissions que je désespère d'obtenir celle-là, mais je crois qu'on obtiendra la délivrance du ballot quand M. Dohm nous dira ce qu'il veut qu'on en fasse.

M. votre père a fait prendre chez moi dernièrement les derniers ouvrages de l'Académie.

Envoyez-moi je vous prie le titre entier de votre Journal[1] d'astronomie qui s'imprimera à Leipzig, pour que je le mette dans ma *Bibliographie* astronomique qui se perfectionne et s'accroît chaque jour.

Il se passera bien 3 ans avant que la 3e édition[2] de mon *Astronomie* puisse paraître.

M. de Lambre a étudié l'allemand pour nous mettre à portée de profiter de vos *Éphémérides*, et chaque article lui donne lieu de faire des recherches qui presque toujours perfectionnent la matière.

Lettre inachevée

BA70

À Monsieur / Monsieur Bernoulli astronome de l'académie / royale de sciences de Prusse / à Berlin

Lettre à *Jean III (194-195)* [97]

À Paris le 22 janv. 1786

Je vous prie, mon cher confrère, d'annoncer à votre illustre académie que la nôtre m'a remis un exemplaire de ses *Mémoires* de 1782 qui viennent de paraître, pour lui en faire hommage[3]. Il y a longtemps qu'on se plaignait qu'il n'y eut pas une correspondance plus intime entre ces deux compagnies savantes, et j'ai cherché à en faire faire les avances par la nôtre. Comment M. de Maupertuis n'avait-il pas commencé ?

J'ai parlé de l'affaire de M. Dohm à M. Brack qui demeure chez le Garde des sceaux. Il demande un mémoire pour savoir quand et à qui ces livres ont été envoyés à Paris, et il s'en occupera avec zèle, pour les faire rendre ; car je n'espère pas qu'on puisse les vendre. Je lui ferai lire l'extrait

---

1. Voir BA57, note 3.
2. Cette troisième (et dernière) édition paraîtra en 1792.
3. Lalande veut obtenir l'échange des volumes de *Mémoires* entre les académies de Paris et de Berlin. C'est donc Paris qui prend l'initiative.

que Madame Dupiery m'a fait pour un journal de Hollande, et que je voulais mettre dans le *Journal des savants*.

A-t-on retrouvé mes deux envois à M. Bode ?

M. Méchain a découvert une petite comète près de l'étoile β du Verseau. Voici les deux premières observations. C'est la 6ᵉ qu'il ait découverte.

	T. m.		
17 Janv.	6 35 45	320 52 26	5 11 16 A.
19	6 13 53	318 45 42	6 53 35

Il me manque deux volumes d'Éphémérides, que j'ai perdus en les portant. C'est 1783 et 1786 ; je n'ai pas encore reçu 1788. Je vous prie de m'envoyer tout cela par le prochain envoi.

Mon *voyage d'Italie* est enfin imprimé en 9 volumes de 600 pages chacun.

J'ai déterminé par de nouvelles observations l'inclinaison de l'orbite de Jupiter 1° 18' 44".

Les dernières oppositions de Mars me donnent pour l'équation de son orbite 10°41'25". C'est 1' de plus que dans mes recherches précédentes. Je crois que dans mes nouvelles tables, je m'en tiendrai à 10°40'40".

Je diminuerai aussi beaucoup les équations du Soleil produites par les attractions de Vénus et de la Lune. Voici à quoi elles se réduisent :

Vénus : $+ 1"8 \sin.t - 2"1 \sin. 2t$

Lune : $+ 3"0 \sin.t + 0"7 \sin.(t+z) - 0"7 \sin. (t-z)$

t est l'élongation, z l'anomalie de la Terre.

M. de la Grange ne me répond point sur le mouvement de l'aphélie de Vénus, j'attends sa réponse pour terminer mes nouvelles Tables de cette planète. La botanique ne peut pas l'occuper bien fort en hiver, priez le de me donner quelques moments.

On s'occupe à donner à nos descriptions des Arts une nouvelle activité [1], en offrant des récompenses aux artistes qui s'en occuperont.

On propose un prix de 12 000# pour le flint glass, il y en a aussi un de proposé en Angleterre.

M. Dupuis vient de donner dans le *Journal des savants* de janvier une explication curieuse de toute l'histoire de Janus ; c'est une étoile de la Vierge, c'est le génie du temps qui annonçait le commencement de l'année, vos savants n'ont-ils pas été enthousiasmés de la découverte singulière de

---

1. La parution des *Arts* s'était bien ralentie ; elle reprend en confiant la rédaction aux artistes eux-mêmes.

M. Dupuis pour la mythologie. Il doit aller l'année prochaine occuper une place à Berlin.

Je suis avec le plus tendre attachement, Monsieur et cher ami

Votre très h*umble* et t*rès* ob*éissant* serv*iteur*

De la Lande

Les trois observateurs établis à l'Observatoire royal sont Dom Nouet, M. Ruelle et M. de Villeneuve ; ils observent assidûment et calculent leurs observations. Ils feront bien de l'ouvrage, on a bien de l'obligation à M. le comte de Cassini d'avoir obtenu cela, malgré l'Académie, dont l'opposition m'a paru d'une absurdité incroyable.

L'École militaire a acheté le grand mural de Bird qui était à M. Bergeret. M. Mégnié en fait un pareil à l'Observatoire. J'envoie une bonne lunette méridienne à M. de Beauchamp à Bagdad, et une bonne lunette parallactique à M. le chev*alier* d'Angos à Malte, ce sont deux observateurs zélés qui nous dédommageront des malheurs de l'hiver de Paris et de Greenwich.

BA71

Lettre à *Jean III (196)* [98]

Du 3 avril 1786 env. reçue le 13
(écriture de Bernoulli ?)

Mon cher confrère et ami

Il me paraît un peu dur que M. de la Grange ne veuille pas m'honorer d'un mot de réponse. Faites-moi un peu le plaisir de lui demander au moins verbalement ce qu'il pense de cette difficulté :

Tous les aphélies des planètes ont un mouvement direct par rapport aux étoiles, suivant la théorie et suivant l'observation. M. de la Grange trouve celui de Vénus rétrograde, car il ne donne que 48"6 (pages 221 et 227) pour le mouvement par rapport aux équinoxes. N'y a-t-il pas lieu de soupçonner quelque faute de calcul par ce défaut d'analogie, aperçoit-il une raison de cette exception pour Vénus. Ma formule donne la même chose, à peu près, que les calculs rigoureux de M. de la Grange pour les autres planètes. Comment est-elle tout d'un coup en défaut pour Vénus seulement au point de donner le contraire ?

Je vous prie en grâce de me répondre tout de suite sur cet article.

J'ai remis à M. Tilliard le catalogue de Flamsteed pour M. Bode, je vous prie de le lui remettre, et de lui dire qu'on n'a pas gravé d'horizon pour mon globe céleste, que je le prie de faire usage de la constellation de Messier.

Le bel ouvrage de *Trigonométrie* de M. Cagnoli vient de paraître, il m'en a remis un exemplaire pour l'académie de Berlin, que je vous enverrai avec les volumes d'*Encyclopédie* de M. de la Grange. Je vous envoie aussi le 11e volume[1] des savants étrangers. Je me ferai un grand plaisir de présenter à l'Académie ceux que la vôtre lui envoie, dès qu'ils seront arrivés ; et elle fera l'acquisition des volumes qui précèdent 1770 ; il était même bien inutile de nous envoyer ceux qui ont paru avant l'époque où nous vous envoyons les nôtres.

Quant M. Merian vous aura donné la note des *Arts* qui vous manquent, je la ferai compléter. J'avais reçu une souscription pour M. le chevalier d'Angos astronome de Malte ; mais puisque vous m'en envoyez 12, il y aura de quoi lui en donner une. Dites-moi combien vous voulez vendre les autres.

J'attends pour faire de nouvelles démarches que M. Dohm m'écrive à qui et dans quel temps son ballot a été expédié à Paris, car pour retrouver ces dates dans les registres de la librairie on me fait valleter et languir bien longtemps.

M. Cassini va faire imprimer l'extrait des observations faites pendant 1785 par lui et les trois observateurs établis par le Roi (ou M. le baron de Breteuil) à l'Observatoire royal, savoir Dom Nouet, M. de Villeneuve et M. Ruelle ; toutes les observations sont comparées avec mes *Tables* ; ce recueil sera précieux[2], et se continuera sans interruption. En attendant je vous envoie les observations de M. Méchain pour les satellites.

Je vous prie de jeter un coup d'œil sur le 4e vol. de mon *Astronomie* au *Mémoire* de M. Dupuis ; la seconde partie[3] qui contient les fables est la chose la plus curieuse qu'on ait jamais faite en astronomie d'érudition ; elle

---

1. *Mémoires de mathématiques et de physique* présentés à l'Académie royale des Sciences par divers savants et lus dans ses assemblées. Onze volumes ont paru de 1750 à 1786 ; le volume XI est donc le dernier.

2. Lalande, depuis la mort de Cassini III en 1784, est en très bons termes avec son fils Jean Dominique Cassini (IV). Avec Messier, il a fait, à l'Académie, un excellent rapport sur ce premier recueil des observations effectuées à l'Observatoire. Il y en aura six autres. Mais c'est seulement un extrait de ces observations qui sera publié chaque année dans le volume des *Mémoires de l'Académie*.

3. Cette seconde partie du traité d'astronomie de Lalande contient le mémoire de Dupuis sur l'origine astronomique des mythologies.

paraîtrait incroyable si elle n'était pas faite. Vous devez nécessairement en parler dans vos journaux. Vous verrez dans le *Journal des savants* de janvier ce que c'est que Janus, dans celui de décembre 1784 ce que c'est que Minerve. Dans le Mercure du 14 juin 1783, il a fait voir que la période des Indiens de 4 320 000 ans, sur laquelle M. Bailly et M. Le Gentil se sont tant escrimés, n'est que le produit des 360 jours et des 12 signes qui passent chaque jour, avec des milles de broderie. La clef de M. Dupuis est étonnante.

M. Cagnoli, depuis son livre, vient de résoudre le problème des stations et des rétrogradations, et il a reconnu que la solution de J. C. Mayer dans le second volume des *Mémoires* de Pétersbourg est très erronée.

Je suis avec le plus tendre attachement, mon cher confrère

Votre très h*umble* serviteur et ami
La Lande

BA72

À Monsieur / Monsieur Bernoulli de l'Académie royale / de Prusse / à Berlin

Lettre à *Jean III (191)* [94]

Vous ferez tout ce que vous voudrez du nombre 432 mais vous ne ferez jamais rien de plus naturel que 36 fois 12, puisque ces nombres sont consacrés dans tous les monuments, ce sont les données primitives de toute l'astronomie, et de toutes les périodes. Je vous défie d'y rien substituer de raisonnable ou de probable.

M. Dupuis vient de me dire que la maladie du Roi[1] rend son affaire encore douteuse, et il ne songe point à partir.

La fille de M. Lévêque fait des idylles charmantes, elle vient de se faire un honneur infini par là.

M. Bailly prend pour démonstration rigoureuse de l'ancienneté de l'astron. des Indiens, la probabilité très faible résultante de leur séparation des autres nations, et d'autres conjectures aussi frivoles, ils emploient une époque qui répond à l'an 3102 avant J. (?) Il y trouve une observation positive, c'est une conjonction observée, et cette conjonction est une

---

1. Dupuis devait aller à Berlin, invité pour occuper un poste, mais le roi, Frédéric II, est gravement malade et meurt le 17 août 1786.

observation plus concluante et plus démontrée que celles qu'Hipparque nous a transmises. C'est ainsi qu'il bâtit un nouveau roman [1] semblable à celui de son peuple antédiluvien. Mais il écrit agréablement ; il va dans les sociétés ; il est prôné, cela démontre tout.

La correspondance de M. de l'Isle [*Delisle*] est au dépôt de la Marine, les autres sont dispersées, je m'en informerai, mais ces recherches sont si difficiles que je n'espère guère pouvoir y réussir.

C'est sans doute dans les *Éphémérides* qu'il faut mettre les éclipses des satellites de M. Méchain, ailleurs elles seraient cachées pour les astronomes.

4 mai (*certainement 1786*)

Nous avons eu le chagrin de ne pas voir Mercure sur le Soleil, il n'a paru qu'à 8h 10m. Si on l'a vu à Berlin, envoyez moi le contact intérieur et la plus courte distance.

J'ai reçu les remerciements de notre Académie, où l'on a été enchanté de cette correspondance honnête [2], qui aurait dû commencer il y a 40 ans, par M. de Maupertuis. Mandez-moi si vous croyez que le Secrétaire doive écrire une lettre en règle, ou si vous vous chargez vous même de toute l'expression de notre reconnaissance.

Remerciez M. Bode de ce qu'il a bien voulu calculer le passage de Mercure sur mes *Tables*, quoiqu'il ait coutume d'employer celles de Halley, mais il n'y a pas de doute que les miennes approchent davantage des observations, même pour les autres planètes, et la nouvelle édition de mon *Astronomie* sera encore perfectionnée à cet égard.

Je suis avec le plus tendre attachement

Mon cher confrère et ami,
Votre très humble et très ob*éissant* ser*viteur*
La Lande

---

1. Lalande critique les idées de Bailly sur l'histoire de l'astronomie ancienne.
2. Cette « correspondance honnête » est l'échange des mémoires des Académies de Paris et de Berlin, obtenu apparemment par Lalande.

BA 73

À Monsieur / Monsieur Bernoulli de l'Académie royale des sciences de Prusse / à Berlin

Lettre à *Jean III (197-198)* [99]

Paris le 16 juin 1786

Je réponds tout de suite mon cher ami à votre lettre du 6 juin, d'autant que j'avais déjà envie de vous écrire.

Bien des compliments à M. Castillon, il faut qu'il se dépêche d'envoyer son article [1] *Synthèse* car on va commencer la lettre S, je lui conseille de ne pas le faire bien long, mais nous l'imprimerons tel qu'il l'enverra.

Depuis six semaines je suis occupé des calculs [2] de Mercure, et je suis en état de mettre d'accord M. Schulze et M. Bode. La différence entre Halley et moi, vient de ce que j'avais fait le mouvement de l'aphélie trop fort, trompé par les observations de Ptolémée, et Halley trop faible trompé par une théorie de Newton trop imparfaite. Mais j'ai repris cette matière et je suis sûr que ce mouvement est de 1° 35' par siècle ; ce qui donne pour celui de Mercure 2^s 14° 4' 10" il n'y a rien à changer à l'équation ni au nœud qui est dans mes tables.

Voici les époques dont je prie M. Bode de faire usage pour ses *Éphémérides*

					Aphélie			
1789	7^s	9°	5'	55"	8	14	10	15
1790	9	2	48	58	8	14	11	12
1791	11	6	32	1	8	14	12	9
1792	1	4	20	37	8	14	13	6

pour 1789 conjonc. vraie 3h 26m temps vrai à Paris.

Long. : 1. 13 40 48

Lat. géoc. : 7 27 ½

---

1. Castillon collabore à la nouvelle *Encyclopédie* de Panckoucke.

2. Les observations du passage de Mercure devant le Soleil du 4 mai 1786 ont montré à Lalande que ce passage s'est produit avec une demi-heure de retard sur le calcul fait avec les éléments qu'il avait donnés. Il lui faut les réviser.

en tenant compte de l'aberration du Soleil et de celle de Mercure

3 32 39   1. 13. 40. 45

            7   21,9

plus courte dist.   7   21,4

Contacts extérieurs vus du centre de la Terre   1h 17m   6h 11m

Intérieurs   1 19   6. 9

Je recommande avec instance à tous les astronomes de votre connaissance les observations de Mercure dans ses digressions aphélies et périhélies vers le 8 août et le 25 septembre, elles sont rares, et précieuses pour lever le petit degré d'incertitude qui me reste pour l'équation de Mercure. Il y aurait peut-être 30" à ôter de celle de mes tables mais cela n'est pas assez clair pour mériter qu'on recalcule cette table et celle des distances, je viens de calculer plus de 40 observations pour cet effet, et je crois que je la laisserai telle qu'elle est dans ma 3ᵉ édition [1].

M. de Lambre a observé le contact extérieur[2] à 8h 39m 56s il en a conclu le temps moyen de la conj. vraie 5h 8m 47s, à 1ˢ 13° 49' 35" compté de l'équinoxe moyen quant à la latitude en conjonction il faut la déduire de la distance des bords observée par M. Prosperin 4' 24" et je trouve la latitude en conj. 11' 44" cela s'accorde encore avec mes tables de manière à n'avoir rien à y changer.

Je dirai à M. Dupuis ce que vous me mandez pour lui, je suis enchanté que votre grand Roi soit rétabli [3].

J'ai déjà reçu en effet 18# de quelques-uns de vos souscripteurs et rendu 6# à d'autres, mais puisque vous avez reçu 84# nous compterons à loisir.

Puisque M. de la Grange me promet le calcul de l'aphélie, avec un exemple pour Vénus il aura bientôt vu s'il est possible par exemple que la Terre produise 5" sur l'aphélie de Vénus en sens contraire de ce qu'elle fait sur Mercure quoique la situation soit semblable, et que Mercure qui est si petit produise 4" sur l'aphélie de Vénus, tandis que la Terre n'en produit que 5 étant bien plus grosse, et aussi proche de Vénus. Un autre aurait peine à se rendre la théorie de M. de la Grange assez familière pour apercevoir ce qu'il n'aurait pas vu et il me semble que les deux paradoxes mériteraient un examen de sa part.

---

1. Lalande prépare donc la troisième édition de son *Astronomie* qui ne paraîtra qu'en 1792.

2. Lalande oublie ici de signaler qu'il s'agit du passage de Mercure du 4 mai que Delambre est le seul à avoir observé à Paris.

3. Ce rétablissement sera de courte durée.

Je vous prie de lui demander [*un blanc* pour *s'il y a ?*] une vraisemblance à ce que M. de la Place nous a dit, que les équations séculaires de Jupiter et de Saturne s'expliquent par des équations de 23' et 53' dont la période est de 938 ans. M. de la Grange voit-il une possibilité à des équations si prodigieuses en comparaison de celles de 4' que trouvait M. Euler. La remarque de M. de la Place serait bien neuve et bien curieuse, si elle avait quelque fondement, ce que je ne puis concevoir. Dans toutes les théories, les équations qui dépendent de cinq fois le mouvement sont très petites, ici elles seraient énormes. Comme M. de la Grange ne répond point, je ne lui écris pas, mais rendez-moi le service de lui demander son sentiment ou son aperçu à ce sujet ; s'il est contraire à la prétention de M. de la Place, je ne le citerai point.

Je me suis donné beaucoup de peine pour l'affaire [1] de M. Dohm, et cela n'a servi à rien ; la chose avait été trop longtemps négligée, et le ballot envoyé à la Bastille pour faire du carton, comme livres défendus et non réclamés ; M. Thiebault qui est à présent secrétaire de la librairie s'y est prêté avec amitié pour vous ; M. Cerf Beer a aussi fait des démarches, nous avions obtenu que le ballot fût renvoyé, mais non pas vendu, il y a encore de la dévotion [2] dans le ministère.

Mille compliments à M. Bode, M. Schulze, M. Formey, Merian.

Je suis avec autant de considération que d'attachement

> Mon cher confrère et ami,
> Votre très humble et très ob*éissant* serv*iteur*
> La Lande

Les *Mémoires* de 1783 viennent de paraître.
Les vôtres sont-ils publics, car je n'ai que 82.

---

1. Fin de l'affaire Dohm, ses livres sont partis à la récupération.
2. Dévotion ? Le refus d'autorisation de ce livre sur les Juifs viendrait donc d'éléments religieux du ministère.

BA74

À Monsieur / Monsieur Bernoulli astronome de l'Académie / royale des sciences de Prusse / à Berlin

Lettre à *Jean III (199-200)* [101]

14 janv. 1787

Depuis votre lettre du 4 octobre, j'attendais le paquet que vous m'annonciez, pour vous faire réponse, mais il n'arrive point.

Je vous prie mon cher confrère d'engager M. de la Grange à nous donner un petit supplément à son beau *Mémoire* de 1782, en calculant le mouvement de l'aphélie et du nœud de Herschel par l'action de ♃ et de ♄ du moins à peu près, car cela n'a pas besoin de la même précision que les autres planètes.

Faites-moi le plaisir de me dire si vous imprimez dans les Éphémérides le *Mémoire* de M. de Lambre et ses tables [1] pour les passages au méridien. Je les ai envoyées à vous ou à M. Bode, et je n'en ai point de nouvelles.

Je ne suis pas étonné que M. de la Grange ne veuille pas s'expliquer sur la grande équation de Saturne par M. de la Place ; mais il devrait bien me donner satisfaction sur l'aphélie de Vénus [2]. Comment peut-il être rétrograde tandis que tous les autres sont directs, et comment Jupiter peut-il faire sur elle le contraire de ce qu'il fait sur la Terre.

J'espère toujours aller cet été à Londres pour voir le beau télescope de 40 pieds de M. Herschel.

M. de Lambre vient de calculer 200 observations de M. Maskelyne sur le Soleil ; il trouve 8" à ôter des longitudes moyennes de La Caille 3' 20" et 1" ½ à ajouter à l'équation. Il réduit la plus grande perturbation produite par Vénus à 10" ½ et il fait l'équation produite par la Lune de 8" ; il reste encore quelques erreurs de 10 à 12" mais elles sont rares, et les nouvelles tables surpasseront de beaucoup en exactitude, celles de La Caille et de Mayer.

La conjonction de Vénus que je viens d'observer s'accorde fort bien avec mes nouvelles tables qui seront dans la *Connaissance des temps* de 1789.

Les observations des digressions aphélie et périhélie de Mercure, faites aux mois d'août et de septembre, et qui me sont venues de plusieurs

---

1. Des tables de Delambre sont dans les *Éphémérides* de Berlin pour l'année 1790, imprimées en 1787.

2. C'est une question qui reviendra.

endroits s'accordent parfaitement avec mes nouvelles tables de Mercure qui seront encore dans la *Connaissance des temps* de 1789 qui va paraître.

J'ai essayé de déterminer la masse de Vénus par l'aphélie de Mercure et celui de la Terre dont le mouvement n'est que de 62" et par le nœud de Mercure ; et je trouve qu'il faudrait diminuer de 3/10 celle dont M. de la Grange s'est servi ; il a certainement supposé la variation de l'obliquité de l'écliptique et le mouvement de l'apogée du Soleil trop forts.

Je vous envoie encore pour lui une autre consultation, si vous pouvez tirer un oracle de cette impénétrable Sibylle, je vous aurai bien de l'obligation.

Je vous souhaite mon [*un blanc* : cher ami ?] une heureuse année, ainsi qu'à tout ce qui vous [*blanc*] [1].

M. Zach voulait avoir pour Gotha le grand mural de M. Bergeret, il m'a fait grand' peur ; mais je suis venu à bout de le garder, et l'on rebâtit un bel observatoire à l'école militaire pour M. Dagelet.

Je suis avec autant de considération que d'attachement

Monsieur et cher confrère,
Votre très humble et très obéissant serviteur
La Lande

BA75

À Monsieur / Monsieur Bernoulli de l'académie royale des sciences / de Prusse / à Berlin

Lettre à *Jean III (201-202)* [102]

Paris le 21 février 1787

J'ai été bien aise, mon cher confrère et ami, d'apprendre par votre lettre que M. Tilliard me retenait les *Mémoires* de 1783 et les *Éph*émérides de 1789 ; je les lui ai envoyé demander. Mais vous ne m'avez point envoyé les *Éph*émérides de 1788, je vous prie de me les envoyer par la première occasion.

Nous savions ici depuis longtemps que M. de la Grange avait obtenu une pension de 1000 # par M. de Vergennes ; je désire qu'il vienne [1] pour

---

1. Le cachet d'oblitération qui était au dos de la lettre a effacé ces mots.

augmenter son enthousiasme par la société de nos géomètres, et pour que je puisse avoir des réponses de lui, puisqu'à Berlin il ne répond jamais ; je crains que le Roi de Prusse ne lui fasse un plus grand avantage et ne parvienne à le déterminer à rester.

M. l'abbé Rochon vient de faire un télescope de platine[2] qui est meilleur que celui de Dollond qui est à l'Observatoire royal, et dont la longueur est également de 6 pieds.

M. Bernard à Marseille a fait des observations sur le 5e satellite de Saturne et il a confirmé le mouvement rétrograde que j'avais trouvé par la théorie ; je trouve aussi que la conjonction inférieure a dû arriver le 16 décembre à 15h et qu'il faudrait ôter 9° 39' du mouvement pour 72 ans qui est dans les tables de M. Cassini.

Dans les *Éphéméri*des p. 206 au lieu de Voy, lisez Roy.

J'ai observé et calculé avec grand soin la conjonction inférieure de Vénus qui est arrivée le 4 janvier à 2h 26m 50s T. m. [*temps moyen*] dans 9 s 14° 15' 39" de longitude vraie comptée de l'équinoxe moyen, et déduisant l'aberration de la planète et celle du Soleil qui ne doit point se négliger pour les calculs de Vénus. Cette observation rare et importante confirme mes nouvelles tables de Vénus qui seront dans la Connaissance des temps de 1789 et dans lesquelles l'époque de 1787 est 3 8 3 9, 10 8 17 40 et le mouvement de l'aphélie 49" par an. Cependant j'ai peur que M. de la Grange ne me l'ait fait faire trop petit.

J'ai aussi observé et calculé avec soin l'opposition de Herschel arrivée le 13 janvier 5h 10m 2s dans 9s 23°32'37" avec 31' 54" de lat. géoc. boréale. Si on augmente de 20" le lieu du Soleil pour le dépouiller de l'aberration on aura 7m 32s de moins pour le temps et 0"8 de plus pour la longitude.

L'erreur des tables[3] de Dom Nouet est 10", mais elle était plus grande au mois de novembre et elle est plus petite actuellement, ce qui semble prouver qu'il faut augmenter la distance, soit que cela vienne de l'aphélie ou du moyen mouvement.

---

1. Après la mort de Frédéric II, il y a eu des changements à l'académie et à l'observatoire de Berlin. C'est peut-être pourquoi Lagrange s'est décidé à venir à Paris.

2. Rochon a reçu un gros lingot de platine au retour de sa mission dans l'océan Indien pendant laquelle il a sauvé le navire en signalant un écueil sur lequel il allait s'échouer. Il l'a donc utilisé pour le miroir de ce télescope.

3. Tables de la planète Uranus (nommée Herschel par Lalande notamment).

J'aurais dû commencer par la découverte singulière que M. Herschel vient de faire de deux satellites autour de la nouvelle planète ; mais peut-être vous le savez déjà.

Le miroir de son télescope [1] de 40 pieds est fait, il a 4 pieds et demi de diamètre. Il supprime le petit miroir, en inclinant le grand vers les oculaires. J'irai au mois d'août en Angleterre voir ces miracles d'astronomie et d'optique.

M. de Lambre vient de calculer 300 observations du Soleil de M. Maskelyne au moyen desquelles nous allons avoir de nouvelles tables qui auront des erreurs moindres d'un tiers que celles de Mayer et de La Caille, l'époque est moins avancée de 6s, l'apogée moins avancé de 3' 22", l'équation 1° 55' 33", le maximum de la perturbation par Vénus 10". Je réduis aussi le mouvement de l'apogée à 62" et le mouvement séculaire du Soleil à 46' 0".

Je vous ai parlé de l'équation de Saturne trouvée par M. de la Place, elle s'accorde avec les observations anciennes aussi bien qu'avec les modernes. J'espère que M. de la Grange nous dira si cela est véritablement conforme à la théorie.

Vous ne devez pas douter que je ne désire de contribuer à vos projets d'établissement [2], mais cela est rare et difficile et je vous conseillerai toujours en ami de rester à Berlin.

Histoire de l'*Académie* p. 33, M. François lisez Le François ; p. 34 M. Londu lisez Tondu... Il vient de mourir à Constantinople. C'est lui qui avait été à la Guadeloupe où il avait fait de bonnes observations. On espère que M. Chevalier continuera les obs*ervations* sur la mer.

J'ai acheté 14 000# le mural [3] de M. Bergeret pour l'école militaire où l'on bâtit un nouvel observatoire. M. Zach qui voulait avoir ce mural pour Gotha nous l'a fait payer fort cher, en se cachant de moi bien soigneusement.

M. de Beauchamp qui est à Bagdad vient de nous envoyer une carte de la Babylonie ; il se dispose à aller à la mer Caspienne pour déterminer les long. à la partie méridionale.

---

1. Herschel a recommencé trois fois la fonte de son grand miroir en bronze (diamètre environ 1,20 m). Il a fait ses premières observations en 1788 ; il a continué de polir le miroir et a estimé que son télescope était achevé en août 1789 (pour plus d'informations, voir Daumas.)
    2. Jean Bernoulli manifeste peut-être le désir de quitter Berlin pour Pétersbourg ou Paris ? (pour la même raison que Lagrange est venu à Paris)
    3. C'est l'École militaire qui l'a payé.

D'après ce que vous avez rapporté de moi à la p. 34 de l'Hist*oire* de l'Acad*émie* 1783, je suis surpris que M. Bode ait imprimé les tables d'Herschel par le P. Fixlmillner, car on ne saurait les adopter avec une pareille incohérence.

M. Treuttel, libraire à Strasbourg fait venir des livres de Berlin ; ne pourriez-vous savoir quel est le libraire qui les lui envoie , et y joindre les *Éph*émérides de 1788.

Vous ne m'avez point répondu sur les tables de M. de Lambre pour trouver le passage au méridien que je vous ai envoyées ou à M. Bode.

Si je n'ai point envoyé à M. Lagrange les dernières livraisons de l'*Encyclopédie*, c'est en effet parce que je savais qu'il voulait venir à Paris.

Mille compliments, je vous prie, à Mrs. Formey et Merian.

Le traité de l'astronomie indienne [1] que M. Bailly vient de publier est un joli roman où il y a bien du savoir et de l'esprit, et des rencontres aussi heureuses que celles de M. le C. de Platen pour trouver les diamètres des planètes &c. Mais la grande durée du monde des Indiens 4 320 000 ans qu'il n'explique point et qu'il est obligé d'abandonner comme une fable, M. Dupuis en a donné une bien jolie explication ; il a fait voir que ce n'était que l'expression de l'année, 12 signes que les Perses appelaient 12 mille répétés 360 fois ; tout ainsi que la vache qui perdait successivement ses jambes était l'expression de la nature qui decheut [*déchoit?*] dans les différentes saisons de l'année. Mais M. Bailly s'est bien gardé de citer une explication qui était plus vraisemblable et plus séduisante que toutes les siennes. Son époque de 3000 ans av. J. C. qu'il veut être une observation, est comme celle de la période julienne dans nos chronologistes qui remontent à 700 ans plus loin que la création du monde ; les Indiens qui avaient de si grandes prétentions d'ancienneté devaient bien avoir dans leurs tables des époques anciennes pour point de départ.

Adieu mon cher confrère et ami, je vous souhaite une heureuse année à vous et à tout ce qui vous intéresse et suis pour la vie votre très humble et très dévoué serviteur

De la Lande

---

1. Lalande trouve l'œuvre de Bailly un peu légère; pourtant dans son histoire de l'astronomie pour l'année 1787 (B&H), il écrit que le *Traité de l'astronomie indienne* de Bailly est un ouvrage profond et difficile. Il ajoute cependant que Bailly « s'efforce de prouver que les tables indiennes ont été faites 3102 ans avant l'ère vulgaire ; mais j'ai fait voir, dans mon Astronomie, que cela est fort douteux ».

BA76

À Monsieur / Monsieur Bernoulli astronome du Roi de Prusse / à Berlin

Lettre à *Jean III (203-204)* [100]

Le jour du solstice d'été, 1787

J'ai reçu mon cher ami par M. de la Grange [1] votre lettre du 17 mai et j'ai appris avec grand plaisir les nouveaux arrangements [2] qui vous sont agréables, ainsi qu'à M. Bode ; mais vous me promettez d'agir de concert avec lui pour M. de Lambre, et je ne reçois point de réponse de M. de Hertzberg [3] ; cela m'inquiète parce que je mets un grand intérêt à cette réception [4] ; M. Darquier et M. Méchain n'en ont pas besoin, mais M. de Lambre qui travaille plus que tous les autres, sans intérêt, et qui n'est pas de l'Académie, a besoin d'un encouragement ; vous faites tort à l'astronomie si vous ne le lui procurez pas, et vous me ferez le plus grand chagrin qu'il soit en votre pouvoir de me faire ; au contraire vous me donnerez le plus grand plaisir que je puisse recevoir de vous, si mon affaire se fait. Les termes dont je me sers peuvent vous servir d'excuse vis à vis des deux autres qui sont bien mes amis, mais qui ne me refuseraient pas d'attendre pour me faire ce plaisir là.

Je vous prie donc de demander à M. le Comte [*M. de Hertzberg*] une réponse à ma lettre ; M. de la Grange lui a rendu témoignage de la bonté du mémoire avant son départ ; c'est le mémoire le plus important pour l'astronomie qu'on ait fait depuis 30 ans, et si vous ne pouvez pas en procurer la publication, je vous prie de me le renvoyer à l'adresse de M. le baron de Breteuil. Répondez-moi de grâce tout de suite.

1. Lagrange est maintenant à Paris et Jean Bernoulli lui écrit en joignant une lettre pour Lalande.
2. Après le départ de Lagrange, E. Bode est nommé directeur de l'observatoire de Berlin Jean Bernoulli reste premier astronome de l'Académie et devient directeur de la classe des mathématiques (F. Schwemin).
3. M. le comte de Hertzberg a été nommé « Curator » de l'Académie de Berlin, après la mort du roi Frédéric II.
4. Lalande a proposé la candidature de Delambre à l'Académie de Berlin.

Herschel vient de remettre sur le polissoir son télescope de 40 pieds, ainsi je n'irai pas à Londres cette année. M. Cassini et M. Méchain y iront pour lier les triangles de France avec ceux d'Angleterre [1]. J'ai fait mettre tout de suite à la poste votre lettre pour M. Darquier. M. de Lambre est occupé à calculer de nouvelles tables de Jupiter et de Saturne d'après les grandes équations que M. de la Place a trouvées, et que vous verrez dans la *Connaissance des temps* 1789. M. Méchain me l'a donnée pour vous et pour M. Bode, mais M. Tilliard n'a pas encore d'envoi à faire.

M. de la Grange me charge expressément de vous faire mille compliments, il sort de chez moi ; il n'est pas encore en train de travailler, mais il m'a promis l'aphélie et le nœud de Herschel, dont j'ai besoin pour mes tables.

M. le président de Saron a fait le calcul de la nouvelle comète, elle ressemble un peu à celle de 1299.

Nous avons très bien observé l'éclipse [2] du 15 pendant une demi-heure après quoi le Soleil s'est couvert : commencement 4h 27m 27s, j'en ai déduit la conjonction 3h 58m 37s avec 59' 50" de latitude, longit. $2^s 24°20'28"$.

Je viens de calculer plusieurs observations de M. Maskelyne pour déterminer l'inclinaison de l'orbite de Saturne et je la réduis à 2° 29' 45".

Herbage, opticien de Paris, a fait beaucoup de lunettes à prismes en cristal de roche, mobiles le long de l'axe, suivant la méthode de M. l'abbé Rochon et l'on mesure les diamètres des planètes avec beaucoup plus de précision.

M. Bernard a repris à Marseille ses observations des satellites de Saturne et nous allons restituer leurs mouvements.

J'ai examiné la mesure du degré faite par Fernel vers 1528, et je trouve qu'elle donnait 57 070 toises, comme les mesures les plus exactes et les plus modernes ; c'est un accord bien singulier.

M. de Lambre s'est assuré que l'étoile 95 du catalogue de Mayer n'existe pas à la place qu'il lui donne.

L'étoile 371, devait avoir 18° 53' 41" de déclinaison, au lieu de 18 57 12 qu'on a choisi pour la *Connaissance des temps* ; ainsi il faut réformer ainsi sa longitude : 4 6 43 37,6

---

1. La liaison Paris-Greenwich se fait en septembre 1787, pour la France avec Cassini, Méchain et Legendre. Piazzi, qui est chez Lalande, accompagne l'expédition et restera à Londres pour surveiller la fabrication de son grand instrument par Ramsden.
2. Éclipse de Soleil du 15 juin 1787.

et sa lati*tude* : 0 17 16,7 B.

L'étoile 420 ne se voit point à la place où il la met.

L'étoile 429 sur laquelle il y avait du doute est bien, la déc*linaison* pour 1756 était 12 47 55,5

L'étoile 460 de Mayer n'est pas bien ; l'ascension droite pour 1756 doit être 158°20' 45", long. 5. 7. 7. 55., lat. 1°20'48"A.

L'étoile f(?) du Taureau a 2 minutes de trop en ascension droite dans Bradley.

L'étoile 153 de Mayer n'y est point, comme M. Koch l'a dit mais pour la 117ᵉ c'est la 18ᵉ du Taureau dans Flamsteed, la déclinaison de Mayer est en erreur de 12', elle devait être 24°3'11".

L'étoile 159 de Mayer est incomplète, sa déclin. doit être 15°5'14",

longit. :   2   4   51   55

lat. :   6   8   47 A

L'étoile 261 est incomplète, l'asc*ension* dr*oite* devait être 96° 49' 15"

longit. :   3   6   34   50

lat. :   6   42   49 A

La 307ᵉ est incomplète, sa déclin. devait être 5° 46' 21"

Vous voyez que M. de Lambre est aussi bon observateur[1] qu'incroyable calculateur. Je n'ai connu que l'abbé de La Caille qu'on put lui comparer. Je vous invite à faire imprimer ces observations, et à les présenter à l'académie.

À Dijon, M. l'abbé Bertrand a observé le commencement[2] : 4h 42m 29s et la fin 6h 12m 43s ; mais vous savez que pour le commencement les observateurs qui ne sont pas très exercés se trompent beaucoup.

Le P. Piazzi, théatin, qui va établir un observatoire à Palerme et le P. Hanna qui va à Pékin sont chez moi[3], où ils observent et calculent sans relâche, mais le temps est bien contraire aux observations.

Au mois d'avril 1786, vous avez reçu de M. de la Grange 84# pour les livraisons 15, 16, 17 de l'*Encyclopédie*. Je crois que j'avais compté jusqu'à ce jour-là.

Mais alors j'ai reçu la 2ᵉ livraison de l'Inde et j'ai eu :

Du grand maître de Malte   15#

De M. de Fleurieu   18

De M. de Lessert   15

---

1. Delambre réobserve les étoiles du catalogue de T. Mayer et note les anomalies.

2. Il s'agit de l'éclipse de Soleil du 15 juin, observée à Dijon.

3. En 1787 et 1788, Lalande a plusieurs élèves, religieux étrangers et futurs astronomes, comme Piazzi.

De M. Bailly	27
De M. des Aulnais	15
De M. l'archevêque de Toulouse	3

En 1787, j'ai reçu la 3e livraison, et j'ai eu :

De Malte	36
De M. Bailly	12
De M. l'archevêque	36
De M. de Fleurieu	24
De M. de Lessert	12
De M. des Aulnais	12
	225

ainsi je vous dois 141 #, dont vous pouvez disposer, outre un volume d'*Éphémérides*.

Ainsi, vous avez bien fait, mon cher ami, de me demander un compte, car je ne pensais pas à vous payer.

Je suis avec autant de considération que d'attachement *votre très humble serviteur* La Lande

Note écrite sur le côté de la page 2 de la lettre qui a trois pages :

Si vous pouvez faire usage d'une carte mss. du cours du Gange depuis Delhi jusqu'à Chandernagor par le P. Boudier, jésuite, sur laquelle on peut compter ; avec plusieurs routes détaillées en 69 pages *in 4°*, je peux vous les envoyer.

BA77

Lettre à *Jean III (205)* [103]

Elle est écrite par un secrétaire à Bourg le 12 octobre 1787.

J'ai reçu, mon cher confrère, votre lettre par M. Walther. Je serai à Paris au commencement du mois de novembre et je m'empresserai de lui témoigner toute ma considération pour vous. Je ferai vos commissions auprès de M. de la Grange. J'ai demandé plusieurs fois à M. Tilliard s'il avait occasion de vous envoyer un ballot pour y joindre ce que j'ai à vous envoyer ainsi qu'à M. Bode. J'espère qu'il en aura à mon retour. Je verrai si j'ai la *Connaissance des temps* de 1788 pour M. votre père.

Il est vrai que nos ministres ne veulent plus recevoir nos lettres[1]. Vous m'écrirez par la poste comme je le fais et nous rendrons nos lettres plus longues et plus rares.

Je me suis occupé à Bourg du 5e satellite[2] de Saturne ; M. Bernard a fait à Marseille toutes les observations que je lui ai demandées et qu'il était à portée de faire sous un beau ciel et avec un excellent télescope. J'en ai conclu l'inclinaison sur l'écliptique 24° 48', et sur l'anneau 12° 14' ; ce qui est fort différent de ce qu'avaient trouvé les Cassini.

J'ai trouvé aussi le nœud 4s 25° 3' au lieu de 5. 4 que Cassini trouvait en 1714 ; ainsi le nœud paraît avoir rétrogradé comme je l'avais trouvé par la théorie. Ces résultats sont préférables à ceux que je crois vous avoir envoyés et qu'il faudra supprimer, ses premières observations n'étaient ni si exactes ni si nombreuses.

Je vous remercie bien[3] pour M. de Lambre et surtout pour moi car vous savez le vif intérêt que j'y prends. Au reste vous n'en aurez pas de reproche, je vous prédis que cet astronome nous éclipsera tous. C'est un autre La Caille, aussi spirituel, aussi laborieux, aussi modeste. Je crois, en procurant cette acquisition, avoir payé à l'État ce que le collège royal lui a coûté pour l'astronomie depuis que j'y suis professeur. Recevez les plus tendres embrassements de votre ami.

La Lande

12 oct 87

Les deux dernières lignes (signature et date) sont de la main de Lalande (sauf le 87 qui est d'une autre écriture)

1. C'était une économie pour Lalande qui doit maintenant payer le port des lettres qu'il reçoit.
2. Le cinquième satellite de Saturne n'a pas été observé depuis fort longtemps. Lalande a demandé des observations à Bernard, astronome de l'observatoire de Marseille.
3. Delambre a été nommé membre de l'Académie des sciences et belles-lettres de Berlin.

BA78

Pas d'adresse, mais en haut à gauche « pour M. Bernoulli ».

Lettre à *Jean III (206)* [104]

Paris, le 2 déc. 1787

J'ai remis, mon cher confrère, à M. Tilliard 4 exemplaires des 3 dernières livraisons[1] et 3 de la première, que je n'avais point placés, n'ayant que 7 souscripteurs et moi, ce qui n'emploie que 8 exemplaires.

M. Tilliard me dit qu'il donne la 4ᵉ livraison gratis, qu'il fera payer le reste du prix en donnant la 5ᵉ, que les premiers souscripteurs ne payeront en tout que 54# pour les cinq livraisons. Cela est-il d'accord avec vous ?

Je vous prie, mon cher confrère, de me dire dans quel ouvrage vous avez donné le mausolée d'Hevelius. J'ai marqué que c'est dans votre collection de voyages T. 2, 1781 ; j'ai de vous un *voyage en Prusse*, 1782, et le mausolée n'y est pas.

Le 29 nov. j'ai remis à M. Tilliard pour son ballot 6 articles, la *Connaissance des temps* pour vous, pour M. Bode, et pour l'académie, nos *Mémoires* pour l'académie, des fuseaux[2] pour M. Bode, et le livre[3] de M. Brisson pour l'académie. Les fuseaux ont été mis à plat avec le cuivre qui est dans le ballot ; prenez garde qu'il ne s'en perde point.

M. Bode a envie que je fasse valoir sa nouvelle constellation[4], j'y consens volontiers mais c'est à condition qu'il laissera mon nom de <u>Herschel</u> à la nouvelle planète, au lieu du nom ridicule d'<u>Uranus</u> qui ne signifie rien si ce n'est une insulte pour celui qui l'a découverte ; car ou il faut adopter le nom qu'il lui donnait ou prendre celui d'Herschel lui-même. Comment des Allemands peuvent-ils avoir un procédé si désobligeant pour un compatriote, dont la gloire devrait les intéresser encore plus que les Français.

---

1. Ce sont les livraisons de la *Géographie de l'Inde*.

2. Ce sont sans doute les fuseaux des globes de Lalande et Bonne. Lalande avait déjà envoyé les fuseaux (en papier) pour Bode (lettres BA68 et 69), maintenant il envoie aussi les cuivres qui ont été utilisés pour les gravures.

3. Le livre de Brisson est peut-être *Pesanteur spécifique des corps*, paru en 1787.

4. Dans la séance de l'Académie de Berlin du 25 janvier (*1787*), Bode a annoncé la constellation « Honneur de Frédéric » (*Friedrichsehre*), que Lalande appelle « Trophée de Frédéric », et reçu les compliments de diverses sociétés. Méchain la présente en février à l'Académie de Paris, Lalande le 7 mai (Voir ci-après la partie III).

J'ai employé une partie de mon automne à Bourg pour le 5e satellite de Saturne. M. Bernard m'a envoyé une suite complète d'observations, et je trouve l'inclinaison du satellite sur l'écliptique 24° 45', et le nœud 4^s 25° 3' ; sur l'orbite de Saturne 22° 42' et 4^s 28° 20' ; sur l'anneau 12° 14' et 7^s 5° 30'. Ce qui est fort différent des résultats de Cassini. La rétrogradation du nœud est conforme à ce que j'avais trouvé par le calcul de l'attraction. L'observation de l'éclipse de Soleil faite à Vilna par M. Poczobut et M. Strzecki m'a donné 1h 31m 40s pour la différence des méridiens ; ce qui est bien moindre qu'on ne l'avait cru jusqu'ici.

M. de Beauchamp est parti pour la Perse ; il a déjà observé à Casbin [1] la fin de l'éclipse de Lune du 30 juin 1787 à 7h 45m 50s. Ce qui donne 47° 34' pour la longitude de cette ville par rapport à Paris, exactement comme dans la carte de M. Buache, *Mémoires* de l'Acad*émie* 1781. Il paraît que M. Bonne avait trop repoussé à l'Orient la mer Caspienne ; j'aurais du regret d'avoir fait entreprendre ce voyage à M. de Beauchamp si en général la géographie de la Perse ne devait pas y gagner.

Je suis avec le plus tendre attachement

Votre serviteur et ami

La Lande

BA79

À Monsieur / Monsieur Bernoulli de l'académie / royale des sciences de Prusse / à Berlin

Lettre à *Jean III (207-208)* [105]

Belle écriture, déchirure à la place de la signature.

À Paris le 18 janv. 1788

(*ici écriture de Lalande*)

Monsieur et cher confrère

Je profite de l'occasion de M. Walter pour vous envoyer la carte indienne [2] que je vous avais promise et que je vous prierai de me renvoyer

---

1. Beauchamp a observé l'éclipse de Lune du 30 juin 1787 à Casbin près de la mer Caspienne pour en déterminer la longitude.

2. C'est peut-être la carte annoncée en BA61.

lorsque vous en aurez fait usage et pour en faire ressouvenir j'ai mis mon nom dessus.

J'ai marqué à M. Walter toute la considération que votre recommandation m'inspire, mais il avait tant de lettres qu'il n'a eu aucun besoin de moi.

Vous pouvez toujours m'écrire à l'adresse de M. le baron de Breteuil, il ne contresigne pas mais il a toujours ses ports francs.

Je ne sais point pourquoi M. votre père n'aurait pas reçu la *Connaissance* de 1788. J'ai remis aux personnes qu'il m'a adressées tout ce que j'avais pour lui.

Les observations de l'éclipse[1] de η et μ des Gémeaux ont été fort bien faites en plusieurs endroits :

	M. Messier		Marseille M. Bernard		M. Maskelyne à Greenwich
Immersion de η	11h 33m	39,5s	11h 51m	28s	11. 22. 51",7
Émersion	12 42	24	12 51	32	12 31 45,0
Immersion de μ	15 44	44,5	15 56	59	15 38 34,7
Émersion	16 16	51	16 48	28	15 53 48,0

	M. Cagnoli à Vérone		
Immersion de η	12 20	49 à 1s près	
Émersion de η	13 27	16	sûre

M. de la Place a annoncé le 19 décembre à l'Académie une remarque bien curieuse, c'est que la prétendue accélération de la Lune n'est que l'effet de la diminution actuelle de l'excentricité du Soleil calculée par M. de la Grange dans vos *Mémoires* de 1782 et elle se convertira dans la suite en un retardement.

M. de Lambre, votre nouveau confrère[2] vient de faire des tables de Jupiter et de Saturne qui ne s'écartent pas d'une minute. Il a fait pour cela un travail immense et je crois qu'il n'y avait que lui qui pouvait le faire. C'est lui qui guérit actuellement la plaie que la médecine avait faite à l'astronomie en tuant l'abbé de La Caille en 1762. Il commence à présent un travail également fort pour nous procurer de nouvelles tables des satellites de Jupiter ; M. de la Place s'occupe de la théorie.

Je vous prie de faire mille compliments à M. Bode ; je vous ai envoyé les fuseaux qu'il me demande par la voie de M. Tilliard.

---

1. Il s'agit d'une occultation par la Lune de ces étoiles ; observation souvent utilisée pour déterminer des différences de longitudes.
2. Delambre a donc été admis à l'Académie de Berlin.

Vous pouvez assurer M. Bode que l'erreur des tables de Herschel [1] par le P. Fixlmillner était encore de 1' 7" le 1 er et le 6 décembre, tandis que les nôtres s'accordent encore fort bien.

Je le remercie de ce qu'il veut bien se charger de veiller à l'impression du mémoire de M. de Lambre. Je vous envoie le volume du journal qui contient l'extrait [2] de votre géographie de l'Inde. Quand est-ce que nous aurons la dernière livraison ?

J'ai fait copier un beau portrait du feu roi [3] que M. Thiebault a apporté de Berlin ; il a été fait il y a trois ans par un homme de condition qui sous un nom emprunté faisait le métier de peintre. Je vous prie de me dire qui il était.

Je vous ai écrit ce que j'avais rendu à M. Tilliard et que je donnais gratis votre 4e livraison. J'enverrai votre paquet à M. Darquier. J'ai payé votre lettre de change à mon retour de Bourg.

Je vous renouvelle mes remerciements pour l'intérêt que vous avez pris à l'affaire de M. de Lambre que j'avais extrêmement à cœur. Je travaille actuellement pour le faire recevoir à la Société royale. Je vous prie de m'aider si vous écrivez en Angleterre.

Remerciez aussi M. Bode de ses *Éphémérides* pour 1790 et marquez-moi le prix de celles de 1788 dont vous m'avez envoyé trois exemplaires au lieu de deux.

Je vous envoie cette lettre par la poste, persuadé que l'académie paye votre correspondance ; expliquez-vous à cet égard plus positivement.

M. de la Grange se porte bien, mais il n'est pas encore en train de travailler. Je ne puis pas tirer de lui le mouvement du nœud de Herschel.

Je suis avec autant de considération que d'attachement

Mon cher confrère et ami,
Votre très humble et très obéissant serviteur

---

1. Il s'agit de la planète Uranus, toujours appelée Herschel, son découvreur, par Lalande.
2. Un extrait de la deuxième partie du tome II de la *Géographie de l'Inde*, par M. Guignes, est dans le *Journal des savants* de janvier 1788, p. 12.
3. Le « feu roi » est Frédéric II.

BA80

À Monsieur / Monsieur Bernoulli directeur de l'observatoire royal / à Berlin

Lettre à *Jean III (209)* [106]

À Paris, le 1. juillet 1788

Je vous prie, mon cher ami, de faire des reproches à M. Bode de ce qu'il a affaibli et diminué la note où je faisais l'éloge [1] de M. de Lambre, au bas de ses tables pour le passage au méridien ; j'en avais gardé copie pour savoir si M. Bode serait fidèle, je l'avais montrée à l'auteur, je l'avais signée, elle n'était pas trop forte, pas même assez, car je ne connais point d'astronome qu'on puisse comparer à M. de Lambre pour le talent, la facilité, le courage, l'intelligence. Il égale La Caille, s'il ne le surpasse pas déjà, et M. Bode a coupé la moitié de la justice que je rendais à son mérite. Les erreurs de ses nouvelles tables du Soleil ne vont pas à plus de 8" sur 350 observations de M. Maskelyne ; il enverra ce supplément à votre illustre académie. Ses tables de Jupiter et de Saturne n'ont pas des erreurs de plus de 30" en cent ans.

J'ai reçu le 25 de Strasbourg le mémoire de M. L'Huilier sur les principes du calcul, je suppose que c'est à vous que j'en ai l'obligation et je vous en remercie. Je vous envoie par M. Tilliard l'Art du potier d'étain qu'on a distribué à l'Académie.

Je vous prie de dire à M. Bode que j'ai cité sa nouvelle constellation dans un *Supplément* de la nouvelle *Encyclopédie* ; cette partie va paraître.

Je vous prie de m'envoyer les tables de Schulze 2 vol. in 8° et celles de Lambert 1770 où sont les nombres premiers {deux exemplaires} avec les *Mémoires* de l'Académie et les *Éphémérides* aussitôt qu'ils paraîtront, deux exemplaires. Vous m'avez parlé de l'astronome de Hall (*Halle*), dites-moi son nom que le cachet a emporté dans la lettre où vous m'en parliez.

Nous n'avons pu observer l'éclipse [2] du 4, mais à Greenwich :

7h	24m	46,5s	Temps vrai commencement
9	1	25,5	Fin

---

1. Des extraits de cette note sont publiés en allemand dans les *Éphémérides* de Bode pour 1791, parues en 1788, voir ci-dessous la partie III.
2. Éclipse de Soleil du 4 avril 1788.

à Vienne :

8	25	49	commencement
10	32	40	fin

Il me paraît décidé que l'aplatissement de la Terre n'est pas de plus de 1/300 ; en conséquence j'ai refait la table des parallaxes de la Lune et j'ai réduit à 56' 57" la constante pour Paris que je faisais de 57' 3", d'après les observations de 1752 faites à Berlin par moi, et au Cap par La Caille.

Je prie instamment M. Bode de réparer le déplaisir qu'il m'a donné et de mettre la phrase ci-dessus comme de moi en errata dans son prochain volume.

M. Piazzi, astronome de Palerme, destiné à établir un observatoire dans son pays, après avoir travaillé 6 mois avec moi, est allé à Londres où Ramsden lui fait de beaux instruments.

M. le chevalier d'Angos va imprimer ses observations de Malte.

M. Cagnoli à Vérone vient d'établir un observatoire et il commence aussi ses observations.

J'ai reçu le 18 votre 5ᵉ livraison de l'Inde, je vais l'annoncer[1] et distribuer aux souscripteurs ceux que je leur dois, et faire payer jusqu'à 60#.

J'ai reçu de M. Herschel ses derniers résultats des satellites de sa planète, voici leurs révolutions synodiques et leurs distances :

8j	17h 1m 19,3s	33",09
13	11 5 1",5	44 , 23

Comme je n'ai plus que 7 souscripteurs, je rendrai 3 exemplaires à M. Tilliard et vous pourrez tirer 118# que j'ai à vous, savoir 21# des cinq souscripteurs qui n'avaient pas tout payé; l'archevêque de Toulouse et le grand maître de Malte ont payé d'avance et moi 63#.

Je n'ai compté aux autres que 60# suivant votre dernier imprimé.

J'ai ajouté de plus 12# pour les *Mémoires* de 1784 et 16 pour 4 exemplaires des *Éphémérides* de 1778, j'ai déduit 6# que j'avais rendus à un souscripteur de l'*in 8°* et 150# pour la lettre de change que j'ai payée le 4 décembre, et j'ai ajouté 141# pour le résultat de mon dernier compte ; mais dans lequel je ne parlais que du 14 avril 1786 et je doute encore si j'avais compté le précédent. Vous pourrez le vérifier par mes derniers comptes.

---

1. Cette annonce est dans les « Nouvelles littéraires » du *Journal des savants* d'août 1788, p. 574, pour les tomes I, II, III ; et de Guignes a donné en octobre un extrait du tome III, p. 660.

Je vais partir pour Londres à la mi-juillet, si vous avez quelque commission vous pouvez m'écrire toujours à Paris on m'enverra votre lettre, j'y passerai.

C'est M. de Guignes qui a coutume de rendre compte de votre description de l'Inde dans le *Journal des savants*, mais je me suis pressé de donner en attendant une nouvelle littéraire qui annonce combien cet ouvrage est intéressant. J'y ai inséré une phrase touchante de M. Russell, elle veillait à ce que Burckhart et Sheridan disent actuellement à Westminster (?).

Vous ne m'avez point répondu sur ma demande : quel est le titre de l'ouvrage où p. 193 vous détaillez les ouvrages d'Hevelius imprimés dans des journaux.

Ce qui suit n'est sans doute plus de l'écriture de Lalande :

Les tables de Dom Nouet représentent parfaitement l'opposition d'Herschel de cette année, comme toutes les autres depuis 1781, mais il y a 25" d'erreur dans la quadrature, ce qui prouve qu'il faut augmenter la distance de 0, 017 ; M. de Caluso, dans le dernier volume des *Mémoires* de Turin a donné des tables d'Herschel qui s'écartent de 50" dans cette dernière quadrature. Je crois que cela vient de ce qu'il a voulu s'assujettir, comme M. Fixlmillner à l'observation de 1690.

M. de la Place et M. de Lambre s'occupent actuellement des satellites de Jupiter et il va résulter de leur travail de nouvelles tables qui seront bien supérieures à celles de Wargentin. Son équation empirique de 13 ans pour le 3ᵉ satellite (*de Jupiter*), dont j'ai reconnu l'insuffisance par la comparaison d'un grand nombre d'observations, fera place probablement à plusieurs [*ici à nouveau écriture usuelle de Lalande*] autres équations.

Je prie M. Bode de ne pas négliger la conjonction de Vénus le 8 août ; elle n'a jamais été observée qu'une fois dans cette position.

Je suis avec autant de considération que d'attachement

Monsieur et cher confrère,

Votre très humble et très obéissant serviteur

La Lande

BA81

À Monsieur / Monsieur Bernoulli de l'académie royale des Sciences de Prusse / à Berlin

Lettre à *Jean III (210)* [107]

17 janv. 1789

J'ai reçu, mon cher confrère et bon ami, un paquet qui doit venir de vous quoique vous ne me l'ayez pas annoncé, contenant les *Mémoires* de l'académie 1785 pour moi et pour M. Cassini, deux exemplaires des *Tables* de Schulze, deux des *Éphémérides* de 1790, deux des *Tables* ou *Zusatze* de Lambert. Après vous avoir remercié, je vous observerai que j'avais déjà les *Éphémérides* de 1790 ainsi que M. Cassini et M. de Lambre, ainsi je ne vous les avais pas demandées. Je ne voulais qu'un seul exemplaire de Schulze, mais dieu soit béni du tout. Si vous m'aviez écrit le prix de ces livres, je saurais ce que je vous dois. Les *Éphémérides* de 1791 sont arrivées ici dans le même temps que votre paquet, ainsi vous auriez bien pu les ajouter, peut-être a-t-on mis par erreur 1790 au lieu de 1791.

M. le comte de Hertzberg ne m'a point dit s'il avait reçu le second mémoire sur le Soleil par M. de Lambre, et s'il l'avait envoyé à l'académie, mandez-moi je vous prie s'il sera imprimé dans le volume suivant.

Je vous ai envoyé par M. Tilliard une *Connaissance des temps* pour M. Bode de la part de M. Méchain, il ne l'a point reçue, l'auriez vous oubliée ou M. Tilliard de vous l'envoyer.

M. de la Grange m'a fait part de votre lettre où vous lui parlez d'une lunette ; la difficulté d'avoir du flint glass fait qu'elles sont toujours fort chères. J'en ai acheté une dont l'objectif seul m'a coûté 500# quoique il n'y eut que deux verres collés avec du mastic, et qu'il n'y eut que 3 pouces d'ouverture. On ne peut pas avoir à moins de 600# une lunette qui puisse servir à observer les éclipses des satellites de Jupiter ; cependant Dollond m'offrait pour 14 guinées, mais sans pied, une lunette de 2 ¾ pouces anglais d'ouverture, mais je ne sais pas si cela serait suffisant, d'ailleurs le port et les droits d'entrée augmenteraient encore le prix.

Je vous envoie ma lettre [1] pour M. Bode, vous y verrez mes derniers travaux, engagez-le à les mettre dans son prochain volume.

1. Lalande fait un seul envoi où il y a lettre à Jean Bernoulli et lettre à Bode. Il espère qu'ainsi, Jean Bernoulli interviendra auprès de Bode pour qu'il publie les travaux de Lalande dans ses *Éphémérides*.

Adieu mon cher confrère, je vous embrasse et attends de vos nouvelles avec impatience.

La Lande

Autre écriture, celle de Bernoulli ?

2 Tables de Schulze à 4* ou 15 #	30	
2 de Lambre 1- 3.15	7.10	
2 Éphémérides 1790 3.15	7.10	
	45. [1]	

BA82

À Monsieur / Monsieur Bernoulli de l'académie royale des sciences de Prusse / à Berlin

Lettre à *Jean III (211)* [108]

À Paris le 22 juillet 1790 [2]

Il y a longtemps, mon cher ami, que je n'ai eu de vos nouvelles, je voudrais cependant savoir ce que vous faites, comment vous vous portez ainsi que votre chère famille et je vous demande une prompte réponse à l'adresse de M. le comte de St. Priest ministre d'État.

Pourquoi madame Bernoulli que j'avais tant envie de voir n'est-elle point venue jusqu'à Paris ? Les *Mémoires* de Berlin pour 1786 n'ont-ils point encore paru. Il y a 19 mois que j'ai reçu ceux de 1785. Envoyez-les à Treuttel, libraire de Strasbourg, qui tire des livres de Berlin.

Depuis que j'ai fait reconstruire l'observatoire de l'école militaire et que j'y ai placé le mural de 8 pieds de Bird, j'ai entrepris les observations des étoiles boréales et j'en ai déjà six mille, mon neveu Le François est un bon astronome et il m'est fort utile. J'ai encore un autre neveu [3] qui observe

---

1. La somme est bien de 45 livres, car 20 sols font une livre.
2. Nous sommes en pleine révolution… Lalande n'en souffle pas un mot. Se méfie-t-il de quelque censure ?
3. L'observatoire de l'école militaire a été reconstruit et les observations ont commencé le 5 août. Dagelet devait l'occuper, mais il n'est pas revenu de l'expédition de La Pérouse. Le neveu Lefrançois est le principal observateur. Le deuxième neveu est le jeune Lesne, de la famille maternelle de Lalande.

et qui calcule. Les troubles de la France ne m'ont fait perdre ni un coup de lunette ni une page de calcul.

Ma nièce a entrepris des tables pour trouver l'heure en mer[1] par la hauteur du Soleil, à tous les degrés de latitude, de déclinaison et de hauteur. Elle a commencé à l'équateur, elle est déjà à 30° de latitude, mais jusqu'ici on n'avait besoin que de calculer de 2 en 2 degrés, bientôt il faudra serrer davantage les intervalles.

Vous savez sans doute que M. Herschel a trouvé la rotation de l'anneau de Saturne 10h 32m 15,4s. La comète de miss Caroline Herschel ne paraît plus depuis le 30 juin ; M. Méchain a calculé ses éléments, mais il veut y toucher encore ; ainsi je ne vous les envoie qu'à peu près : nœud 1ˢ 3°, inclin. 64", périh*élie* 9ˢ 3°, dist. 0,80, 21 mai 10h.

M. de Lambre fait de nouvelles tables des satellites où il emploie les équations de M. de la Place et qui surpasseront de beaucoup celles de Wargentin. Elles seront dans mon *Astronomie*.

Les tables de Herschel représentent à 5" toutes les observations depuis 1781 et à 25" les anciennes observations, elles sont déjà imprimées[2] dans la 3ᵉ édition de mon *Astronomie*, mais mon impression est suspendue parce que nos imprimeurs ne font que des pamphlets de la révolution.

M. Ungeschick, astronome de l'électeur palatin est à Londres[3], il me mande que les tables de Taylor de secondes en secondes sont imprimées, M. Maskelyne est occupé de la préface et de l'explication.

J'ai combiné toutes les observations de la disparition et de la réapparition de l'anneau de Saturne et j'ai trouvé le nœud à 5ˢ 17°0' sur l'écliptique.

J'ai trouvé la conjonction de Vénus le 18 mars : 3h 2m 33s T. m. à 11ˢ 28°14'8" de longitude, corrigée par l'aberration et la nutation.

Le mouvement de Procyon en déclinaison est de 0"88 par an, indépendamment de la précession, et c'était la cause de la discordance des catalogues.

On a observé ici le solstice avec un cercle entier[4] de 15 pouces seulement, suivant la méthode de M. de Borda, et en multipliant les

---

1. La « nièce », épouse du neveu Lefrançois, calcule ces tables pour l'*Abrégé de navigation* de Lalande publié en 1793.

2. Lalande est content de ses tables de Herschel (Uranus), elles sont dans son *Astronomie*, troisième édition.

3. Ungeschick, qui a étudié l'astronomie chez Lalande en 1788-89, est maintenant à Londres pour parfaire sa formation.

4. Un cercle de Borda a été déjà employé en septembre 1787 pendant l'opération de la liaison Paris-Greenwich.

observations sur tous les points de la circonférence, on a pu s'assurer d'une seconde. M. Cassini trouve 23 28 0. M. Cagnoli à Vérone 23°27'56" et moi 58 avec le secteur de La Caille. C'est la moyenne en 1790.

M. de Beauchamp revient de Bagdad[1] avec une immensité d'observations, et il se propose d'y retourner quand il aura assuré son sort dans la révolution des religieux, car il est Bernardin. M. Barry à Mannheim fait monter la lunette méridienne de Ramsden ; il a fait arranger le « zénit sector » et il fait beaucoup d'observations qui seront importantes. Quand M. Ungeschick y sera retourné, ils se mettront comme moi aux étoiles boréales qui nous manquent absolument.

M. de Lambre avec une bonne lunette méridienne entreprend de déterminer les erreurs des catalogues de La Caille, Bradley et Mayer. Il en a déjà trouvé beaucoup, il est aussi exact observateur que grand théoricien, c'est un homme unique, et votre académie ne doit pas se repentir de l'avoir adopté. Je vous prie de communiquer mes nouvelles à M. Bode afin qu'il en fasse usage dans son prochain volume[2] de ses *Éphémérides*, qui doit paraître bientôt.

Savez-vous qui est-ce qui a les observations de Kirch ? Pourriez-vous m'envoyer les occultations d'Aldébaran ou Palilicium[3] 22 avril et 30 oct. 1719. Elles étaient dans les manuscrits de De l'Isle (*Delisle*) au dépôt de la Marine, mais elles ont été soustraites comme beaucoup d'autres articles de cette précieuse collection ; Zanoni (*Zannoni*) était un fripon, Belin un négligent, et nous avons perdu par leur faute une bonne partie de ce trésor astronomique.

Mille compliments à M. Formey, Merian, Bode ; je suis avec autant de considération que d'attachement

> Monsieur et cher confrère
> Votre très humble et très ob*éissant* Serviteur
> La Lande

Si vous voyez encore quelquefois à l'Académie le comte de Hertzberg, je vous prie de l'assurer de mes respects.

---

1. Beauchamp, vicaire de Babylone, revient à Paris car le ministre a supprimé en 1790 l'indemnité qu'il recevait à Bagdad et qui lui était nédessaire.

2. Des extraits de cette lettre sont dans les Éphémérides de Bode pour 1793 (publiées en 1790).

3. Palilicium est une étoile de l'amas des Hyades.

BA83

Pas d'adresse, mais en haut à gauche : « M. Bernoulli à Berlin »

Lettre à *Jean III (215)* [109]

Au Collège de France /
le 6 avril 1795

J'ai été bien charmé, mon cher confrère et ami, d'avoir de vos nouvelles par le C. [*citoyen*] Tilliard, mais je voudrais bien en avoir plus directement[1] Vous occupez-vous encore d'astronomie. Votre santé est-elle encore assez forte.

Y a-t-il quelques mémoires d'astronomie dans vos volumes de 1788 et suivants, que je n'ai point vus ; donnez-m'en une idée. Vous est-il permis de me les envoyer[2] comme par le passé.

M. Zach s'en chargerait, car nous sommes en correspondance suivie.

M. Bode travaille à un grand atlas, je lui ai promis 1500 étoiles de 6e grandeur pour y ajouter, mais il me faudra un peu de temps, je vous prie de me dire quand il en aura besoin. Les troubles de la France n'ont rien changé à mes travaux, à ma position, à ma santé, mon neveu et sa femme ont continué de travailler avec moi, nous avons 27 mille étoiles[3] observées, et j'en aurai plus de 30 mille quand les zones seront finies jusqu'au tropique du Capricorne.

J'ai fait imprimer dans un nouveau journal, *Magasin encyclopédique*[4], l'histoire de l'astronomie pour 1794. Ce journal ira sûrement en Allemagne, car l'auteur est Danois et a des correspondances fort étendues.

Donnez-moi des nouvelles de votre famille, la mienne augmente, mon neveu a deux enfants, ainsi j'en ai 4.

1. Premier contact depuis longtemps !
2. Les relations épistolaires avec l'Étranger ont été difficiles de 1793 à 1795, ce qui explique ce silence de plusieurs années. Ce silence va continuer mais Lalande a maintenant un autre correspondant, F. X. von Zach, à Gotha.
3. Les observations à l'observatoire de l'École militaire ont continué malgré les troubles dans Paris.
4. Le *Journal des savants* disparait en 1792, le *Magasin encyclopédique* lui succède. En 1795, il est dirigé par Millin, jusqu'en 1816. Lalande qui, chaque année, rédige une « histoire de l'astronomie » en obtient alors la publication dans ce journal. Elle paraît aussi quelquefois dans la *Connaissance des temps* dont il est redevenu le rédacteur après le départ de Méchain pour l'Espagne afin de déterminer le méridien de Paris, de Dunkerque à Barcelone.

J'ai publié l'année passée 300 pages de tables horaires pour la marine, calculées par ma nièce, avec un abrégé de navigation.

On réimprime mon *Abrégé d'astronomie*, corrigé et augmenté.

Je vous embrasse mon cher confrère et ami de tout mon cœur.

Lalande

BA84

Pas d'adresse, mais en haut à gauche : « M. Bernoulli ».

Lettre à *Jean III (216)* [110]

25 juin 1798

J'ai eu bien du plaisir, mon cher ami, d'apprendre par votre lettre du 26 avril que vous vous occupez toujours utilement, et que votre T. [*tome*] des mém. [*Mémoires*] de Berlin est achevé. Je voudrais bien pouvoir vous procurer des ouvrages utiles, mais nos libraires ne font rien en matière de sciences. Ceux d'Allemagne sont plus entreprenants.

J'ai été obligé de recourir au gouvernement pour faire imprimer[1] mes 47 000 étoiles et ma *Bibliographie*.

Je ne vous envoie pas des nouvelles astronomiques, parce que mon ami[2] de Zach les met toutes dans ses *Éphémérides* et très promptement.

Je vous dirai seulement que M. Delambre part pour aller achever avec Méchain les triangles entre Rodez et Carcassonne, et mesurer une seconde base à Perpignan. Nous aurons dans deux mois la fin de cet immense travail[3].

---

1. Lalande a obtenu des crédits pour l'impression de ces deux ouvrages, qui s'achèvera en 1801 pour le premier et en 1803 pour le deuxième.

2. A partir de 1795, les relations entre Lalande et von Zach se sont développées. En 1798-1799, von Zach publie le mensuel *Allagemeine Geographische Ephemeriden* dans lequel il insère de longs extraits de lettres de Lalande (traduites en allemand), que nous présenterons (retraduites en français) dans le volume Lalandiana III.

3. Après le retour à Paris de Méchain et Delambre, une assemblée de savants va vérifier leurs calculs et déterminer la longueur du nouveau mètre, base de notre Système métrique.

Je suis avec un tendre et ancien attachement

> Votre très h*umble* et o*béissant* serviteur
> confrère et ami
> Lalande
> Directeur de l'Observatoire [1]

Je serai à Gotha [2] dans les premiers jours d'août et j'ai bien du regret de ne pouvoir pas aller jusqu'à Berlin.

Ces manuscrits s'achèvent par diverses notes : Copies d'articles du *Journal des savants* sur la nouvelle planète ; note au sujet d'un déserteur natif de Bourg-en-Bresse (voir lettre BA7) ; copie d'un article de Lalande, au sujet de la planète Herschel, paru dans le *Journal des savants* ; une lettre de Béguelin à Jean Bernoulli; des notes sur les canaux en français et en allemand ; un extrait d'une lettre, question de Lalande à Lagrange.

Dans ce qui suit, nous donnons copie de lettres de Lalande aux Bernoulli à Bâle. Ces lettres sont notés BAb

Mss. L. Ia 42

BAb1

Pour M. Jean Bernoulli à Basle (*d'une autre écriture :* Paris. de la Lande)
1780

Lettre de Lalande à *Jean II* [34]

M. Bernoulli (*Autre écriture* : De la Lande)

À Paris le 12 avril 1780

Je vous demande pardon, mon cher et illustre confrère, de n'avoir pas répondu à la commission que vous m'avez donnée par des voyageurs

---

1. Lalande a été nommé directeur de l'Observatoire de Paris le 17 mai 1795 ; il le restera jusqu'au retour de Méchain.
2. Invité par von Zach, directeur de l'observatoire du Seeberg, avec l'accord du duc Ernst II de Saxe-Gotha, Lalande reste à Gotha, avec sa nièce/fille, du 29 juillet au 16 septembre 1798. Plusieurs astronomes, Allemands pour la plupart, sont venus le rencontrer. Ce fut le premier congrès international d'astronomie.

français, ils s'en sont bien acquittés, et moi aussi, mais comme il n'y avait rien qui méritât réponse, je l'avais oublié.

Après la page 527 de l'*Art du coutelier*, il n'y a plus rien, c'est la dernière page pour moi comme pour vous. S'il y manquait quelque chose, on le compléterait sans doute, comme cela se fait toujours.

Les *Mémoires* de l'Académie de 1767 peuvent s'acheter séparément chez Moutard, rue des Mathurins à l'hôtel de Clugny, c'est une chose que tous les libraires savent très bien, voilà pourquoi j'avais négligé de vous l'apprendre.

Comme je fais imprimer la généalogie[1] de votre illustre famille dans ma *Bibliographie astronomique*, je vous prie de vouloir bien me mander par la première occasion

1. qu'est ce qu'il y a d'imprimé de Nicolas Bernoulli, neveu, qui fut professeur de mathématiques à Padoue et qui est mort en 1760

2. de Nicolas, mort en 1726 à Pétersbourg, fils aîné de Jean

3. de vous, Monsieur.

Je vous prie d'assurer de mon tendre respect votre illustre frère Daniel[2] et de recevoir les assurances de celui avec lequel j'ai l'honneur d'être

Monsieur
Votre très humble et très obéissant serviteur
De la Lande

Mss. L. Ia 706
BAb2

Lettre de Mallet à Daniel où il est copiée une lettre de Lalande à Mallet au sujet du passage de Vénus de 1769.

À Monsieur / Monsieur Daniel Bernoulli / Professeur de Physique / &c. &c. / à Bâle

---

1. Cette généalogie des Bernoulli se trouve pages 299-300 de la *Bibliographie astronomique* de Lalande (1803). Voir aussi ci-dessus l'introduction à la partie II de cet ouvrage, p. 49.

2. Daniel est membre associé de l'Académie royale des sciences de Paris et, à ce titre, reçoit ces publications (les *Arts*) de l'Académie.

Genève le 4 7bre *(septembre)* 1767

Vos lettres, Mon cher Monsieur, me font toujours tant de plaisir, & il y a si longtemps que je n'en ai point reçu, que, je ne puis m'empêcher de vous en faire un petit reproche, pardonnez le moi, c'est la seule amitié qui le dicte, & l'empressement à recevoir de vos nouvelles, je n'insiste plus, dès que, je me rappelle que vous n'aimez point à écrire, & que vous ne répondez qu'aux lettres indispensables, je craindrais trop d'abuser de votre complaisance en exigeant une réponse à chacune de mes lettres.

J'espère que vous aurez reçu ma dernière du mois de 9bre ce n'est pas qu'elle contint rien de bien intéressant, mais j'y joignis un recueil de quelques expériences d'électricité assez curieuses que je supposais que vous seriez bien aise de voir, si par hasard, il ne vous est point parvenu, il me sera aisé de vous en procurer un autre.

Je m'occupe presque uniquement d'astronomie & de choses relatives à la pratique des observations, je travaille actuellement à des tables d'aberration & de nutation d'étoiles qui doivent servir de suite à celles que M. de la Lande a données depuis quelques années dans les Connaissances des temps pour 155 étoiles, au moyen de quoi l'on aura ces tables pour environ 300 des principales étoiles, ce qui est d'une grande commodité pour les astronomes.

Je compte travailler ensuite à de nouvelles Tables de Saturne, adaptées aux oppositions observées depuis 30 ans, celles de Halley & des Cassini dont se servent les astronomes étant très défectueuses.

Les préparatifs que l'on fait pour le prochain passage de Vénus m'ont fait naître l'idée d'un projet que je roule dans ma tête depuis quelque temps et pour lequel j'ai absolument besoin de votre assistance ; je souhaiterais très fort pouvoir participer à cette observation, & être d'un des voyages que l'on entreprendra à cet effet. J'en écrivis quelque chose à M. de la Lande avec qui je suis en correspondance depuis quelque temps, & voici ce qu'il m'a répondu.

Je ne vois aucun moyen de vous mettre dans les voyages du passage de Vénus pour la France, car on n'a pas résolu d'en faire d'autre que celui de M. l'abbé Chappe à la mer du Sud, & celui-ci a déjà un compagnon de voyage ; vous feriez très bien, si cela vous intéresse, d'écrire à M. Stehlin conseiller d'État, & secrétaire de l'académie impériale de Pétersbourg, pour offrir vos services à cette académie [1], qui est résolue d'entreprendre quatre voyages, & qui n'a guères d'astronomes capables de les faire. Je voudrais fort que la Cour d'Espagne voulut envoyer en Californie, ou au nord du Mexique, puisque la mission de la Société Royale de Londres n'a plus lieu, & qu'elle envoie au Nord de la Baie d'Hudson. Vous pourriez encore écrire à ce sujet à Mylord Morter (?) Présid [t] de la Société Royale pour savoir si la Société Roy. se déterminera à faire entreprendre un second voyage à la partie Nord ouest de l'Amérique septentrionale qui est beaucoup plus intéressante que le Nord Est.

Vous voyez Monsieur, que s'il y a quelque espérance de réussir dans mon projet, ce ne peut guères être que de la part de l'académie de Pétersbourg, & que votre secours me sera de la plus grande utilité, vous êtes membre de cette académie [2], & vous en avez été pendant plusieurs années le principal soutien(?) en sorte que je ne doute pas que votre recommandation ne fasse tout l'effet possible. Je prends donc la liberté de vous la demander, Monsieur, & j'ose croire que je suis en état de remplir la commission dont je souhaite de me charger d'une manière à ne vous la pas faire regretter. Je vous envoie la lettre que je compte d'écrire à M. Stehlin, en vous priant de bien vouloir y faire toutes les additions & corrections que vous jugerez convenables, & je la ferai partir aussitôt que vous me l'aurez renvoyée, car je pense qu'il n'y a pas de temps à perdre, vous voudrez bien y joindre, celles que je prends la liberté de vous demander.

Il y a longtemps que je n'ai pas eu des nouvelles de notre ami M. Jeanneret, il a été affligé d'un assez mauvais rhumatisme par tout le corps.

Mes respects je vous prie à M. votre Frère. Et soyez très persuadé du sincère attachement et de l'estime particulière avec lequel j'ai l'honneur d'être Monsieur

Votre très humble & très obéis [st] serviteur
Mallet

1. Mallet a bien été accepté par l'académie de Pétersbourg. Lui-même et Pictet sont arrivés le 11 mars 1769 à Ponoï, près d'Archangelsk, dans la péninsule de Ponoï, où, le 3 juin, ils ont pu observer les deux contacts à l'entrée de Vénus sur le Soleil.

2. Daniel Bernoulli, deuxième fils de Jean I et frère de Jean II, a en effet été à Pétersbourg de 1725 à 1733 ; il est membre de l'Académie de cette ville. Revenu à Bâle, il a enseigné à l'université l'anatomie et la botanique jusqu'en 1750 puis les mathématiques et la physique. Depuis 1748, il est associé étranger de l'Académie royale des sciences de Paris, ayant succédé dans cette place à son père, Jean I.

ooooooooooooooo

MAPPE II Joh. II
Trois lettres de Lalande à Jean II

BAb3

À Monsieur / Monsieur Brenner rue Meslay / près du commandant Duguet / à Paris

Au-dessous, à l'envers : de M. de la Lande

Lettre de Lalande à *Jean II* [13]

M. Jean Bernoulli à Basle

À Paris le 26 mai 1780

Je vous remercie bien mon cher et illustre confrère de la réponse complète que vous avez bien voulu faire à mes questions [1] par votre lettre obligeante du 1 er de mai, et des nouvelles que vous me donnez de votre cher Daniel.

Je vous renverrai les feuilles avec le premier envoi des livres de l'Académie, j'ai vérifié sur le registre de l'Académie que j'ai bien retiré en son temps la première partie de l'Art du coutelier par M. Perret, et par conséquent que je l'ai expédié. Mais il sera facile de l'acheter chez Moutard, libraire rue des Mathurins.

Il y a longtemps que j'ai écrit à mon cher Jean Bernoulli que je ferai mes efforts pour le faire succéder à son oncle [2] dans l'Académie, il porte ce grand nom avec assez de gloire, et ce serait une satisfaction personnelle pour moi.

Je suis avec la plus respectueuse considération

Monsieur et cher confrère
Votre très humble et très obéissant serviteur
Lalande

1. Jean II a répondu rapidement aux demandes de Lalande (lettre BAb1) sur les travaux de membres de la famille Bernoulli.
2. L'oncle, Daniel (associé étranger à l'Académie royale des sciences de Paris) est peut-être malade, mais il n'est pas encore mort.

BAb4

À Monsieur / Monsieur Jean Bernoulli professeur de mathématiques / à Basle en Suisse

À l'envers : *Delalande au Collège royal*

Lettre de Lalande à *Jean II* [14]

À Paris le 21 mars / 1782

J'ai appris Monsieur et cher confrère avec une douleur amère que nous avons perdu, vous un frère qui vous était si cher, moi un illustre (*ici tache d'encre*) regretterai toute ma vie. Je désire bien de le voir remplacé par son neveu que j'aime de tout mon cœur, et je ferai mes efforts pour y parvenir, mais il y a bien des gens que leur âge et leur célébrité mettra en concurrence.

Je vous prie de nous envoyer incessamment la notice de la vie de ce grand homme et d'y ajouter ce que sa modestie l'aura empêché d'y mettre, ou les anecdotes de sa vie privée dont M. de Condorcet[1] saura tirer parti avec esprit.

J'ai plusieurs ouvrages de l'Académie que j'avais retirés pour lui, et que je vous ferai passer par la voie de M. Durand comme l'automne dernier ; je ne sais si vous l'avez reçu.

Je suis avec autant de considération que d'attachement

Monsieur et cher confrère
Votre très humble et très obéissant serviteur
De la Lande

BAb5

À Monsieur / Monsieur Jean Bernoulli professeur de mathématiques / à Basle

Lettre de Lalande à *Jean II* [15]

---

1. Condorcet, étant secrétaire perpétuel de l'Académie royale des sciences de Paris, rédige et lit les « éloges » des membres décédés ; celui de Daniel Bernoulli est dans le volume HAM pour 1782.

À Paris le 29 avril 1782

J'ai reçu Monsieur et cher confrère avec votre lettre du 6 avril avec les mémoires sur notre illustre défunt dont je vous remercie et que j'ai remis à M. le M. de Condorcet qui n'aura jamais fait aucun éloge avec plus de plaisir parce qu'aucun ne l'a intéressé au même degré. Nous avons formé le projet avec l'abbé Bossut qui est aussi un de ses grands admirateurs de lui donner pour successeur à l'Académie son propre frère, nous ne savons pas si nous en viendrons à bout, mais au moins cela est moins difficile que pour M. votre fils qui est bien jeune pour ces sortes de places. Vous aurez pour concurrent M. Priestley.

Ce cher confrère [1] me dit que son oncle lui a légué la suite des Arts et Métiers de l'Académie ; d'après cela je ne sais pas si je dois envoyer à vous ou à lui ceux que j'ai entre les mains. Vous me ferez l'amitié de me l'écrire par quelque occasion.

Je suis avec autant de considération que d'attachement

Monsieur et cher confrère
Votre très humble et très obéissant serviteur
De la Lande

---

1. Ce « cher confrère » est Jean III Bernoulli, fils de Jean II et astronome à Berlin.

ANNEXE II

MESURE DE LA PARALLAXE DU SOLEIL
LES PASSAGES DE VÉNUS DEVANT LE SOLEIL

Introduction

La parallaxe (souvent appelée « parallaxe diurne ») du Soleil est l'angle α sous lequel on voit depuis le centre du Soleil, le rayon terrestre (figure 2A, annexe 1). On ne devra pas confondre cette notion avec celle de « parallaxe annuelle », applicable aux étoiles ; cette parallaxe annuelle est l'angle π sous lequel on voit depuis l'étoile en question le demi grand axe de l'orbite terrestre (figure 2B, annexe 1). La parallaxe diurne de la Lune est de l'ordre d'un degré, celle du Soleil de 8 secondes d'arc ; la parallaxe annuelle des étoiles est toujours inférieure à la seconde d'arc.

En principe, on peut, bien entendu, envisager de mesurer la parallaxe du Soleil comme on peut le faire pour la Lune (voir ci-dessus p. 33*sq.*). L'estimation de cet angle se fait évidemment de manière indirecte à partir de mesures angulaires effectuées depuis la Terre, des dimensions de laquelle la connaissance est essentielle. Malheureusement (ou heureusement?), le Soleil est beaucoup plus éloigné de nous que la Lune ; de ce fait, sa parallaxe est trop petite pour être mesurée avec précision. Il n'en reste pas moins que la distance de la Terre au Soleil est un élément essentiel de la connaissance de notre Univers, puisque cette donnée permet la détermination des dimensions du Soleil, et suggère une vision géocentrique du système solaire (c'est la vision d'Aristarque, voir ci-après). Cette distance, ou plus précisément le demi grand axe de l'orbite de la Terre autour du Soleil, est par définition l'*Unité astronomique de longueur* (ua) qui calibre l'échelle des distances dans l'Univers proche.

L'histoire

Les Anciens se préoccupèrent de déterminer cette distance, que les mythes décrivaient comme comparable aux distances sur Terre. Or le rayon terrestre est bien mesuré grâce aux déterminations géodésiques d'Eratosthène. De plus, le rayon de la Lune est connu (Aristarque) en unités de rayon de la Terre (figure 5). Sa distance s'en déduit immédiatement, à partir de son diamètre apparent, d'environ ½ degré; elle est alors estimée à 60 rayons terrestres environ (voir p. 45)... Pour déterminer la distance du Soleil, Aristarque proposa la méthode suivante (figure 6): au moment du premier (ou du dernier) quartier de la Lune, on mesure l'angle (ω) des directions du centre de Lune et du centre du Soleil. La détermination de cet angle permet le calcul de la distance du Soleil, puisque l'on connaît celle de la Lune. En raison de l'ignorance alors de la réfraction par l'atmosphère, et de la petitesse de l'angle qui sous-tend, depuis le Soleil, la distance Terre-Lune, Aristarque aboutissait à des valeurs de la distance Terre-Soleil considérablement sous-estimées. Ces estimations étaient cependant suffisantes pour orienter l'astronome vers le constat de l'énormité du Soleil par rapport à la Terre, – et donc vers l'héliocentrisme.

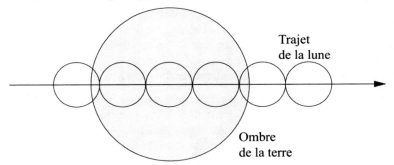

Figure 5 : La mesure du diamètre réel de la Lune

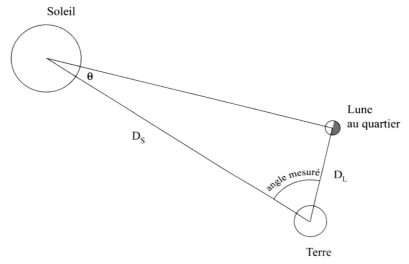

Figure 6 : La détermination par Aristarque de la distance du Soleil

Plus près de Lalande (et de nous) on trouve des déterminations en général encore sur-estimées de la parallaxe solaire, par des méthodes diverses. Kepler supposa (à tort!) que, vues du Soleil, toutes les planètes avaient le même diamètre apparent. À partir de cette idée théorique, Kepler lui-même (en 1618) donna, à partir de la mesure du diamètre apparent de Mars, une valeur de la distance du Soleil correspondant à une parallaxe comprise entre 1' et 2'. Près de Liverpool, Horrocks observe le passage de Vénus de 1639 et, à partir de la même hypothèse keplerienne, obtient une parallaxe solaire de 14". En utilisant notamment la détermination de la parallaxe de Mars, de Mercure ou de Vénus (méthodes assez voisines de celles utilisées pour la Lune, figure 2A, p. 35), et en appliquant la troisième loi de Kepler qui régit le demi grand axe de l'orbite des planètes, on trouve une valeur de la parallaxe enfin liée aux mesures... C'est donc ce demi grand axe que l'on obtient en déterminant la parallaxe θ du Soleil, au passage de la Terre par son aphélie. En 1672, Richer, à Cayenne, Picard, et Römer à Paris, firent des mesures que Cassini publiera en 1684, et trouvèrent comme valeur limite supérieure 12". Halley en 1677 obtint (à l'occasion du passage de Mercure) des valeurs comprises entre 25" et 45". Street, à la même époque, donna de 10" à 20". Flamsteed en trouve la même valeur que Richer ($\theta < 10$"). Pound et Bradley, en 1719, estiment que la parallaxe du Soleil est comprise entre 9" et 12". Un quart de siècle plus tard, au cap de Bonne-Espérance, La Caille en fait 5 déterminations allant de 9.8" à 11.4", dont il déduira une «valeur moyenne» de 10.38". Nous verrons plus loin la valeur de la parallaxe solaire telle que déterminée après les campagnes d'observation du passage de Vénus en 1761 et 1769.

Les principes

Les méthodes nouvelles, utilisant le passage devant le Soleil de Mercure ou de Vénus, sont dues essentiellement à Halley et à Delisle (et décrites en détail par Lalande dans son *Astronomie*). En fait Vénus est préférée, car plus proche de la Terre, et plus facile à observer, son défilement devant le Soleil étant plus lent que celui de Mercure. Mais le Soleil, en quelque sorte, ne joue plus le rôle géométrique que joue la Lune dans la détermination de la parallaxe lunaire. Son rôle est désormais celui d'un fond de ciel, celui en somme que jouent, dans la détermination de la parallaxe de la Lune, les étoiles fixes, leur parallaxe étant en effet supposée strictement nulle; ce n'est qu'une approximation, évidemment excellente pour les étoiles fixes, dont la parallaxe – nous ne parlons pas ici de la «parallaxe annuelle» ! –, ne serait que de l'ordre de 0.000 001" avec les données actuelles.

La méthode de Halley, essentiellement, utilise deux lieux d'observation (figure 7), desquels on observe Vénus pendant toute la durée du passage de cette planète devant le Soleil. Nous ne pouvons ici entrer dans le détail des constructions géométriques et des calculs trigonométriques qu'implique cette méthode. Dans la méthode de Halley, modifiée ensuite par Delisle, préconisée par Lalande, et exploitée au moment des passages de Vénus, c'est en somme cette planète qui joue le rôle de la Lune dans la détermination de la parallaxe lunaire, et le Soleil celui du ciel étoilé.

La première difficulté de la mesure réside dans la rareté des passages de Vénus; contre 40 passages de Mercure de 1600 à 1900, on ne dénombre que 6 passages de Vénus, pendant la même période. Pour exploiter au mieux ces passages dont la durée est de quelques heures, il faut une importante campagne d'observations; tous les astronomes du monde doivent s'y consacrer. Horrocks, en Angleterre, avait vu le passage de 1639, prévu par Kepler, et dont Lalande écrit néanmoins : « *le premier qu'on observa; mais ce fut par un hasard heureux* »[1]. Au XVIIe siècle, ce furent les passages du

---

1. Selon Lalande, *Astronomie*, II, XI, 462.

5-6 juin 1761, et du 3 juin 1769, d'une durée totale maximale, respectivement, de 6h 16m et de 6h 0m.

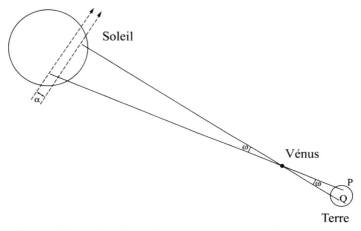

Figure 7 : Principes de la détermination de la parallaxe du Soleil

Que détermine-t-on à l'occasion d'un passage d'une planète devant le Soleil? Essentiellement les instants de l'entrée et de la sortie (c'est-à-dire des quatre contacts successifs entre les bords planétaires et solaires), et la plus courte distance entre les centres de la planète et du Soleil (figure 7). On évalue ces paramètres «*tels qu'ils paraîtraient s'ils étaient vus du centre de la Terre*», exactement comme on l'avait fait pour la Lune. Mais une différence avec la détermination de la parallaxe de la Lune est essentielle. On détermine cette dernière en un instant unique, bien déterminé, et l'on y emploie deux observateurs situés en deux lieux différents (s'ils sont choisis presque sur le même méridien, les réductions sont plus faciles). En revanche, le passage de la planète dure des heures; entre l'entrée de cette planète sur le disque solaire, et sa sortie de ce disque, l'observateur unique s'est déplacé par rapport au Soleil, parce que la Terre se meut sur son orbite et qu'elle tourne autour de son axe, tandis que se produit le passage. Tout se passe comme si nous avions deux observateurs différents, et séparés. Et si l'on compare encore cette opération avec celle qui concerne la parallaxe de la Lune, le fait que l'observation porte sur plusieurs heures implique une assez grande portion du ciel, celle sur laquelle se déplace le Soleil pendant ce temps (de l'ordre d'un tiers de degré), ce qui augmente d'autant l'ampleur du fond mesuré, nettement plus grand qu'un diamètre solaire (d'environ un demi-degré). Ce qui veut dire qu'en un seul observatoire, on peut déterminer la parallaxe du Soleil par une construction géométrique simple, en faisant appel aux tables du mouvement apparent du Soleil et de la planète, ainsi qu'aux déterminations du diamètre apparent du Soleil et de la planète. La figure A décrit le principe des observations et de la détermination de la parallaxe (oméga) du Soleil.

1753 : Le passage de Mercure

Du côté anglais Halley, et surtout, après son décès, Delisle, du côté français, jouèrent un rôle essentiel dans la préparation des observations. Delisle, jeune homme, avait observé l'éclipse totale du Soleil le 12 mai 1706 ; cela détermina sa vocation d'astronome. Il fut nommé au Collège Royal en 1718, En 1724, un débat très productif s'était instauré entre Delisle et Halley sur les méthodes propres à exploiter les passages de Mercure et de Vénus en vue de la détermination de la parallaxe du Soleil. Venu à Pétersbourg à l'invitation (en 1725) de Pierre le Grand, puis de son successeur la tsarine Catherine I. Après un long séjour, Delisle revient en France en 1747. Il y devient le maître respecté du jeune Lalande, et s'occupe alors activement du passage de Mercure (en 1753) puis des passages de Vénus (en 1761 et 1769) devant le Soleil. Il utilise dans ses travaux les excellentes tables de Halley, publiées en latin en 1749, puis en français en 1754 par Chappe d'Auteroche, et en 1759 par Lalande avec des suppléments.

C'est donc muni de ces tables que Delisle prépare l'observation du passage de Mercure le 6 mai 1753, en collaboration avec Trébuchet[1] et Libour. On observera depuis Québec, Saint-Domingue, Cayenne, Chandernagor, Macao et Pékin. LeGentil, Chappe d'Hauteroche, Pingré, Lalande s'investiront dans les opérations. Les missionna!res jésuites seront largement utilisés comme observateurs. Les astronomes français suscitent une coopération franco-anglaise dans les Indes Occidentales; Birch est sollicité par Delisle de s'y consacrer. À Stockholm, Wargentin s'investit également. Alexander, astronome anglais installé à New-York, discute grâce aux mappemondes de Delisle les principaux avantages et désavantages de chaque lieu. Il est clair que le passage de Mercure sera un test pour l'exploitation optimale du passage de Vénus. Le Gentil fait la remarque essentielle de l'imprécision des résultats, due à la trop grande

---

1. La mère de Victor Hugo, Sophie Trébuchet, était une descendante directe de l'astronome.

vitesse de passage de Mercure : les instants d'entrée et de sortie sont déterminés avec une incertitude de plus de 2 secondes.

1761 : Les campagnes des astronomes.

L'outil essentiel que Delisle construit pour délimiter les régions d'observation du passage de Vénus est une mappemonde sur laquelle il sera possible de choisir les lieux d'observation. En effet il vaut mieux pouvoir observer le Soleil à l'instant de l'entrée de Vénus sur son disque et aussi, plusieurs heures plus tard, à l'instant de sa sortie. Lalande en dessinera une autre mappemonde pour 1769 (figure 8).

Vient le moment de préparer le passage de Vénus. En 1753, Lalande demande à l'Académie de publier une nouvelle édition des tables de Halley. On dispose aussi de la mappemonde de Delisle. Tout est prêt. Stimulées par Lalande, deux réunions de l'Académie Royale des Sciences ont lieu pour choisir les destinations des expéditions françaises. De nombreuses suggestions sont faites, notamment en faveur d'une expédition en Afrique (côte sud-ouest). Le 20 août 1760 un Mémoire au Roy, de Chabert et La Caille, est lu à l'Académie. Bien équipés, bien organisés, les astronomes peuvent s'embarquer pour leurs différentes destinations.

Dès mars 1760, c'est Le Gentil qui part pour Pondichéry. Mais, lorsqu'il arrive, la ville est assiégée par les Anglais ; l'astronome rate le passage et décide de revenir à l'Île de France (aujourd'hui Île Maurice). Il voyage beaucoup, à Madagascar, à l'île Bourbon (aujourd'hui la Réunion), aux Philippines enfin ; chemin faisant, il fait d'intéressantes études de physique, de géophysique, de géographie, d'hydrographie, de géologie, et même d'histoire d'astronomie, celle des « Brames » (brahmanes). Nous le retrouverons à Pondichéry en 1769.

Chappe d'Auteroche quitte Paris en novembre 1760 pour Tobolsk. Il y observe une éclipse de Soleil, et y poursuit d'intéressantes observations géophysiques. De retour, son récit est assez méchant pour la Russie : « *Il n'y a pas un Russe dont le nom méritât d'être mentionné dans l'Histoire des Arts et des sciences* ». Cela ne l'étonne guère : « *Le climat du Nord n'est-il pas de nature à produire des hommes aux organes grossiers, des hommes ayant des corps robustes, plutôt que des hommes de génie ?* » Dans une lettre très digne, et en français, Catherine II répondra avec pertinence aux impertinences de Chappe.

Pingré, qui avait d'abord envisagé de partir comme Chappe en Russie, se décide pour l'Afrique du Sud-Ouest ; mais on était en pleine guerre franco-anglaise; cela pose bien des problèmes. Pour suivre un texte de l'époque, «*les difficultés qu'on éprouve dans un pays étranger influent presque toujours sur la nature des travaux qu'on y exécute & toutes choses égales, un Français doit souhaiter de pouvoir observer dans des observatoires français, où l'autorité royale appuie et soutient ses entreprises, où rien ne peut lui manquer de tout ce qui contribue au succès de ses recherches*»[1]. On choisit finalement l'île Rodrigues dans les Mascareignes, alors possession française; Pingré s'y rend avec Thuillier, mais il leur faut un sauf-conduit anglais pour naviguer. Les observations de Pingré sont bonnes, malgré le mauvais temps; il s'y est consacré avec tant de fougue que l'un de ses compagnons, convaincu qu'il terminerait ses jours sur l'île, rédigea pour Pingré une épitaphe : «*Ci-gît qui chérit tant Vénus / Qu'à Rodrigues il fut surpendre:/ De l'astrologue in partibus/Cher passant, respecte la cendre*». Pingré était un homme robuste; malgré les beuveries qu'il rapporte lui-même, et les fatigues de l'expédition, il survécut longtemps, et mourut à 85 ans, – après les grands moments de la Révolution.

Chabert envisagea Chypre, mais des raisons politiques empêchèrent cette expédition. Cassini de Thury observe le passage de Vénus à Vienne, dans l'observatoire des Jésuites, en présence de l'archiduc Joseph.

Du côté anglais, Maskelyne et Waddington n'observent à Sainte-Hélène qu'un ciel couvert. Après avoir renoncé à leur projet d'observer le transit de Vénus à Sumatra (leur navire, attaqué par la marine française, ayant du retourner au port), Mason et Dixon, en un second voyage, font de bonnes observations au Cap de Bonne Espérance, ainsi que Winthrop à Terre-Neuve. Le père hongrois Maximilien Hell à Vienne (dans son observatoire, celui de l'université) et Tobias Mayer en Allemagne, ainsi que Wargentin et Bergmann en Suède, entreprennent aussi des observations.

Au total 120 observations sont recensées dont 31 dues à des observateurs français dont Chappe, Pingré, Cassini, et, en France, Le Monnier, La Condamine, Maraldi, Messier, De Fouchy, La Caille, Lalande, Bailly, Jeaurat. On recense aussi 20 observateurs en Suède (dont Planmann, Bergmann, Mallet, et Wargentin), 18 Britanniques (dont Mason, Dixon, Winthrop et en Grande-Bretagne, Bird, Short, Hornsby), Allemands (dont Hell, à Vienne, Tobias Mayer à Göttingen), 9 Italiens

---

1. Cité (avec des adaptations orthographiques) de *l'Histoire de l'Académie royale des sciences et Mémoires pour 1757*, p.92

(dont Ximenes, Zanotti, et Audifreddi), quelques Portugais, quelques Danois, quelques Russes, la plupart ayant observé le passage dans leur propre pays.

La première indication d'une détermination de la parallaxe solaire issue de ces campagnes figure dans une lettre de Lalande à Maskelyne du 18 novembre 1762; à la valeur de Maskelyne (8"3/5) Lalande oppose une valeur plus élevée, de 9"2/5. Finalement les valeurs obtenues par les Français sont élevées: 9.55"(Lalande), 10.60" (Pingré), 9.16" (de Fouchy). À partir de plusieurs observations, Short obtient 8.565" (c'est la «valeur anglaise»), avec une erreur inférieure à 0.1". Hornsby trouve cependant 9.732", valeur comparable aux «valeurs françaises». Les Russes, les Suédois, etc., fournissent encore d'autres valeurs. Les écarts sont trop grands. Les déterminations médiocres de la longitude des lieux d'observation en sont une cause importante. Une autre cause en est aussi la difficulté d'appréciation de l'instant des contacts intérieurs entre le bord de Vénus et celui du Soleil, en raison de la liaison obscure («goutte noire», ou «tache noire») visible entre ces deux bords, et signalée par la plupart des observateurs. L'astronome suisse Mallet commente ainsi (en 1769) cet effet:

> De ce qui est décrit, nous avons jugé que Vénus est vraisemblablement pourvue d'une atmosphère qui, par suite d'une réfraction assez vive des rayons du Soleil, a rendu ces phénomènes inattendus si remarquables; et il a été avancé qu'aucun autre moment ne devait être considéré comme celui du contact intérieur de Vénus avec le bord du Soleil que celui où la «tache noire» semblait se rompre, quand Vénus se détachait du bord du Soleil.

Si l'observation est correcte, l'interprétation en est inexacte. Il s'agit en réalité d'un phénomène instrumental dû aux conséquences de l'irradiation dans les lunettes utilisées. André Danjon[1] évoque cette difficulté en notant qu' «*à la lunette, les contacts des deux disques ne s'établissent pas avec une netteté géométrique, mais progressivement et comme paresseusement*».

---

1. A.Danjon, *Ciel et Terre*, 74, 1958, 1-12

1769 : Les campagnes[1] des astronomes

En 1769, les astronomes sont prêts pour le second (au XVIIIe siècle) passage de Vénus, le 3 juin. Lalande avait construit pour 1769 une mappemonde, comparable à celle de Delisle pour 1761. Après avoir considéré la possibilité d'observer ce second passage de Manille ou même du Mexique, Le Gentil est déjà sur place, à Pondichéry, – mais le ciel est couvert. « *C'est là* – conclut Le Gentil, – *le sort qui attend souvent les astronomes. J'avais fait près de deux mille lieues; il semblait que je n'avais parcouru un si grand espace de mers, en m'exilant de ma patrie, que pour être spectateur d'un nuage fatal, qui vint se présenter devant le Soleil au moment précis de mon observation, pour m'enlever le fruit de mes peines et de mes fatigues* ». Le Gentil mettra deux ans à revenir en France, – pour y trouver ses biens dispersés...

En 1769, un voyage vers l'Amérique, autour de l'Océan Atlantique Nord, est organisé, sur l'Isis (capitaine Fleurieu), tant pour examiner et vérifier les montres de Berthoud que pour observer le passage de Vénus devant le Soleil. C'est Lalande qui avait été invité à participer à cette expédition; mais il dut y renoncer, sans doute parce que trop sensible au mal de mer : « *Le capitaine Fleurieu... m'avait désigné pour mener les observations; mais Pingré était déjà accoutumé à de grandes navigations, et d'une santé robuste; il voulut bien prendre ma place, et je lui promis de payer sa complaisance par des travaux de cabinet qui ne souffriraient aucune interruption, pour le bien de l'astronomie* ». C'est donc Pingré qui s'embarque. À Saint-Domingue, au Cap Français, il peut observer l'entrée de Vénus sur le disque solaire; mais pas la sortie de Vénus, inobservable de ce lieu d'observation.

Chappe fait d'excellentes observations à la pointe Sud de la Basse-Californie.

---

1. Toutes ces campagnes sont décrites de façon très documentée dans l'ouvrage de Harry Woolf, *The transits of Venus*, Princeton Univ. Press, 1959.

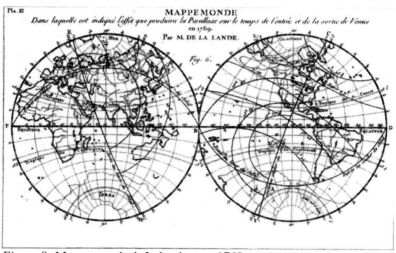

Figure 8 : Mappemonde de Lalande pour 1769.
Histoire de l'Académie Royale des Sciences et Mémoires pour l'année 1757, p. 750.

Du côté anglais, c'est Hornsby qui joue un rôle moteur. Des observateurs devront se rendre à la baie d'Hudson, à Tahiti (c'était le premier voyage autour du Monde du capitaine Cook), au Spitzberg et en Scandinavie – cap Nord (Bayley), Hammersfest (Dixon) – , au total quatre expéditions indépendantes.

En Amérique du Nord, Winthrop observe à Cambridge (Massachusetts). En Europe, le père Hell observe à Vardö en Finlande, et il mit un certain temps à fournir ses observations à la collectivité étrangère; Lalande qui collectait les données et dont Hell était à l'Académie des Sciences le correspondant, se heurta à la lenteur du prêtre, et en exprima fortement sa colère, convaincu que Hell lui cachait l'échec de ses observations, voire son incapacité. Lalande reconnut beaucoup plus tard, grâce à la démonstration qu'en donna Pingré, que les observations de Hell étaient bonnes...

Au total 150 observateurs suivirent le second passage de Vénus. Les Anglais sont les plus nombreux, soit 60 observateurs : Maskelyne à Greenwich, Hornsby à Oxford, Bradley au cap Lizard, Mason à Donegal en Irlande, Winthrop à Cambridge dans le Massachusetts, Alexander, dans le New-Jersey, etc.; on notera que les Américains du Nord sont, en 1769, des citoyens britanniques : les USA n'existent pas encore! On remarquera aussi l'activité d'une observatrice britannique, Lady Macclesfield. 34 observateurs sont Français, dont Pingré à Saint-Domingue et Chappe en Basse-Californie, en France, notamment, Messier, Cassini, du Séjour, Maraldi, de Fouchy, Le Monnier, Chabert, d'Arquier, Maraldi. Quant à Lalande, il est sous la pluie avec son élève Dagelet, à l'observatoire du Collège Mazarin. Bien sûr, il n'observe rien. Au moins fit-il travailler ses élèves et surtout collecta les résultats de tous les observateurs. On dénombre aussi 14 Suédois, 13 Russes (ou financés par la Russie, comme Euler, Lexell ou Mallet) et des Espagnols, des Danois (ou financés par le Danemark, comme Hell), des Hollandais, des Allemands.

Les résultats sont moins dispersés qu'en 1761. Ils sont souvent issus des observations d'un seul astronome, parfois ce sont des moyennes obtenues par compilation. W. Smith (de Philadelphie) trouve 8.6045", Hornsby 8.78", Pingré 9.2", puis après correction 8.88", et finalement 8.80". Lexell obtient 8.63", et Planman 8.453". Lalande donne d'abord 8.50", puis en conclusion de sa compilation 8.55" à 8.63". Les causes d'erreur sont les mêmes qu'en 1762, mais l'ensemble des résultats est beaucoup mieux groupé.

Conclusion : la parallaxe solaire

Il nous faut maintenant revenir à la synthèse de Lalande, telle qu'il l'a rapportée dans son *Astronomie*; elle est simple et prudente. Après avoir décrit les laborieuses synthèses de Pingré, de Lexell, et de Du Séjour, Lalande précise qu'elles l'*ont déterminé à supposer cette parallaxe moyenne de 8.6 "*.

La question se pose de savoir si Lalande a joué le rôle éminent qu'il s'attribue. En 1882, Tisserand, qui analyse[1] toutes les mesures faites au XVIII et au XIXe siècles, ne retient des 2 passages de 1761 et 1769 que 6 déterminations (Hornsby : 8.78", Du Séjour : 8.85", Pingré : 8.81", Lexell : 8.63", Maskelyne : 8.72", et Du Ferrer : 8.58"). Après cette énumération, il précise : « *Dans la* Mécanique *céleste, Laplace a admis, comme résultat déduit de ces passages 8".81;c'est le nombre obtenu par Pingré, et qui fut, pendant quelque temps, adopté par tous les astronomes.* » Pas un mot de Lalande!…

En fait, le passage de Vénus de 1761 a eu lieu une décennie après le voyage à Berlin (pendant lequel Lalande, en conjonction avec LaCaille qui était au Cap, détermine la parallaxe de la Lune), et peu de temps après la prédiction par le calcul (avec Clairaut et Mme Lepaute) du retour de la comète de Halley. Ce furent pour Lalande deux opérations majeures, à l'occasion desquelles il s'est affirmé comme un gros travailleur, autant par l'esprit de synthèse que par le travail quotidien de l'observateur et du calculateur. L'élève de Lemonnier et de Delisle, qui explore timidement la cour de Frédéric II, que LaCaille considère encore avec un peu de condescendance (voir ci-dessus, p. 41), et que l'Académie charge bientôt de la rédaction de la *Connaissance des temps*, le calculateur assidu qui mène à leur terme les idées mathématiques de Clairaut, est devenu en 1760 un astronome respecté. La brouille avec Le Monnier a conduit Lalande à se rapprocher de Delisle, à jouer même le rôle de ce dernier, qui est mort en 1768. Si Halley et Delisle ont largement préparé le terrain, on peut dire qu'il fut exploité par Maskelyne et surtout par Lalande. Une certaine animosité opposa ces deux hommes[2]. C'est Lalande qui s'imposa, lors du second passage, comme le « principal investigateur » (dirions-nous

---

1. F. Tisserand, Annales Observatoire Paris, Mémoires, 16, Paris 1882.

2. Voir *Lalandiana I*, p. 176 : Lalande, informé de cela par von Zach, reprocha à Maskelyne d'être un ivrogne invétéré!

aujourd'hui, à l'ère des grandes expéditions spatiales) de l'opération, et dont la synthèse a fait autorité, au moins pendant un certain temps.

La valeur proposée par Lalande pour la parallaxe solaire est 8.6". Aujourd'hui, on a déterminé cette distance par des méthodes diverses (passages d'un astéroïde, 433 Eros, à son opposition, lorsque sa distance à la terre est faible, ou encore radar pointé sur Vénus).

Les valeurs obtenues après le XVIIIe siècle sont

(passage de Vénus, 1874, Airy)	8.760"± 0.01"
(passage de Vénus, 1882, Newcomb)	8.794"± 0.018"
(opposition des astéroïdes Iris, Victoria, et Sapho)	8.807"± 0.006"
(opposition d'Eros, Spencer Jones 1930-1931)	8.790"± 0.001"
(opposition d'Eros, Rabe, 1926-45)	8.79835"±0.000 39"

La valeur conventionnelle utilisée par la suite, et encore récemment, fut de 8".80; elle résulte d'une moyenne raisonnée entre différentes déterminations, telles que rapportées à la Conférence des constantes astronomiques de Paris en 1950. Les mesures au radar, très précises, ont ensuite fourni les valeurs suivantes de la parallaxe solaire.

(Radar, Jet Propulsion Laboratory – JPL –, 1961)

$$8.794\,137" \pm 0.000\,015"$$

(Radar, Massachusetts Institute of Technology, – MIT –, 1961)

$$8.794\,175" \pm 0.000\,017"$$

En 1976, l'Union Astronomique Internationale (UAI) adopte 8.794" comme valeur conventionnelle.

Ces valeurs permettent d'obtenir en kilomètres l'Unité astronomique de longueur (ua), correspondant à la distance Terre-Soleil à l'aphélie, soit, au cours des années récentes:

$$1\ ua = 149\,597\,870.\,000 \pm 0.300\,km\ (UAI,\ 1976)$$

En 1992, l'IERS (International Earth Rotation and reference systems Service = IERS) donne la valeur

$$1\ ua = 149\,597\,870.\,610 \pm 0.350\,km$$

Aujourd'hui, on n'utilise plus la parallaxe pour fixer l'unité astronomique de longueur. On la détermine à partir de la troisième loi de Kepler et de la mesure, par l'étude de l'orbite de la Terre, du produit GM de la masse M du Soleil par la constante newtonienne de la gravitation G. On trouve alors:

$$1 \text{ ua} = 149\,597\,870.\,000 \pm 0.003 \text{ km (UAI, 2009)}$$

L'identité presque parfaite entre elles des valeurs de l'UAI et de l'IERS n'est guère surprenante, dans la mesure où une cohérence des valeurs des constantes fondamentales de l'astronomie est imposée.

TROISIÈME PARTIE

ELERT BODE, LES CATALOGUES D'ÉTOILES ET LES ATLAS CÉLESTES

Figure 9 : La constellation *Le ballon.*

PRÉSENTATION

La correspondance entre Lalande et Bode reflète les préoccupations communes de ces deux astronomes, constructeurs et éditeurs de catalogues stellaires, le catalogue de Lalande ayant même été sans doute sa contribution la plus durable à l'astronomie. Nous avons donc fait précéder les extraits des lettres de Lalande, traduites et éditées en allemand par Bode, retraduites en français par nos soins, d'une notice sur les catalogues d'étoiles et les cartes célestes.

CATALOGUES, CONSTELLATIONS, CARTES ET GLOBES CÉLESTES

Les astronomes chevronnés qu'étaient Lalande et Bode ont accordé beaucoup d'importance à l'exploration du ciel stellaire. On identifie d'abord des astérismes, et l'on nomme les étoiles et les constellations, repères facilement identifiables à l'œil nu. La synthèse de ces travaux, c'est d'abord la construction de catalogues d'étoiles, indiquant leur position et leur éclat. On reporte ces positions sur des cartes (et des atlas de cartes), dans un système conventionnel de coordonnées, à moins qu'on ne les reporte sur un globe céleste, représentation plus réaliste de la voûte céleste.

Catalogues et cartes ont été construits depuis la plus haute Antiquité. Dans les grottes de Sibérie[1], comme sur les roches plates du Mont-Bégo[2],

1. J.-C. Pecker, *Le Ciel*, Delpire Paris, 1959, Hermann, 1972, représentation de la Voie lactée, de la Lune, de Vénus, et de deux ou trois constellations non identifiables.
2. H. de Lumley et al, *L'anthropologie* III, 2007, p. 755-824, et A. Echassoux et al., *Palevol, CRAcSc*, 2010.

ou sur les pierres celtes (ou autres) à cupules[1], on trouve des représentations d'astérismes, souvent très fidèles. Les mythes et les représentations stellaires ont une grande importance dans l'Amérique précolombienne, où Pléiades, ou Lyre, avaient (sous d'autres noms évidemment) un rôle important dans la conduite des opérations agricoles ou cynégétiques[2]. Les cartes chinoises[3], les plus anciennes que nous connaissions, sont souvent d'une précision que l'on pourrait qualifier de « topologique ». Les zodiaques, d'Egypte (Denderah[4]) par exemple, ont souvent une réelle valeur artistique autant que scientifique. La motivation de ces diverses représentations est évidemment d'abord d'ordre mystique et religieux.

Dans le texte qui suit, fortement inspiré du chapitre[5] de l'*Astronomie* de Lalande consacré à ce sujet, nous nous limiterons aux catalogues et aux cartes à motivation essentiellement scientifique que connaissaient Lalande et Bode. Leur œuvre marque durablement l'histoire de ce domaine de travaux. Au XIXe et au XXe siècles, l'accumulation des données est certes devenue considérable, et d'une précision tout à fait impensable à leur époque, et qui ne cesse de progresser. Mais leurs catalogues et leurs cartes restent la base de tout ce qui les a suivis.

Catalogues

Un catalogue est une liste numérotée d'étoiles, nommées selon un système rationnel et conventionnel, et pour chaque étoile de cette liste, de sa position dans le ciel, repérée par deux coordonnées dans un système conventionnel, et éventuellement d'autres données telles que l'éclat, ou même (de nos jours) la parallaxe (donc la distance), et le type spectral.

Préliminaire à la construction d'un catalogue est donc l'identification des constellations (ou « astérismes » – le mot utilisé par Hipparque et par

---

1. C. Mandon, *Les origines de l'Arbre de Mai*, via Google, 2006

2. Voir par exemple Cl. Lévi-Strauss, *Le cru et le cuit*, Paris, Plon, 1964, et J. Lalande, *Astronomie*, Volume 1, §.555

3. J.-M. Bonnet-Bidaud , F. Praderie, S. Whitfield, 2009, *J. of astr. history and heritage*, 12, 1

4. Zodiaque de Denderah : cette pièce unique de l'époque ptolémaïque (env. 50 avant notre ère) provient d'une chapelle dédiée à Osiris sur le toit du temple d'Hathor à Denderah au nord de l'actuelle Louqsor Elle a été ramenée d'Egypte en France par le général Desaix en 1821 ; elle se trouve actuellement au musée du Louvre.

5. Lalande, *Astronomie*, livre troisième, p. 187 à 278, §§ 550 à 849.

Ptolémée) et des plus brillantes étoiles désignées par la position occupée par elles dans leur constellation (par exemple «Œil du Taureau» – Aldébaran – , ou le «Cœur du Lion» – Regulus..., etc.), et nommées soit selon une tradition mythologique grecque (Hercule, Andromède,...) ou arabe (Aldébaran, Fomalhaut.). Les catalogues commencent par les douze constellations traditionnelles du zodiaque. L'origine des noms de constellations remonte à 1700 ans avant notre ère, selon Lalande [1]. Elle est chaldéenne et égyptienne. Mais les époques suivantes ont apporté des modifications, et l'origine des noms des constellations et des étoiles brillantes est très complexe.

Le premier catalogue répertorié par Lalande est celui d'Hipparque, construit en 128 avant notre ère. Il ne nous est conservé que par le catalogue de Ptolémée, l'*Almageste*, en 137 de notre ère, soit 250 ans après Hipparque. Ptolémée ne fit sans doute que corriger le catalogue d'Hipparque, en ajoutant 2° 40' aux longitudes des étoiles, pour tenir compte du mouvement de précession des équinoxes. Le catalogue de Ptolémée contient 1022 étoiles, distribuées en 48 constellations, celles observables à l'œil nu depuis un observatoire de latitude Nord moyenne, réparties en six «grandeurs» différentes, dont 15 étoiles de 1ère grandeur. La nomenclature des constellations et des étoiles selon Ptolémée est encore celle que nous utilisons (à quelques détails près). Albategnius (Al Battâni), puis Copernic se contentèrent pour l'essentiel de réduire à leur temps le catalogue de Ptolémée sans faire de nouvelles observations. Albategnius, quelques autres astronomes arabes, Ulug Beg aussi, déterminèrent les positions de quelques étoiles, avec des erreurs de 15 à 30 minutes d'arc. Tycho Brahé fut le premier à réformer par ses propres observations le catalogue ptolémaïque; son catalogue se trouve dans son ouvrage *De nova stella anni 1572*; il ajoute deux constellations (Antinoüs, et la Chevelure de Bérénice – Coma) au catalogue de Ptolémée; mais l'homme du nord qu'il était fut contraint de négliger cinq autres constellations qui ne s'élevaient pour lui pas assez au-dessus de son horizon, à savoir le Centaure, le Loup, l'Autel, la Couronne australe et le Poisson austral. Le catalogue de Tycho contient 777 étoiles principales. Kepler, qui publia les Tables Rudolphines (1627), construites à partir des observations de Tycho, ajoute 280 étoiles au catalogue tychonien. Selon Tycho, la précision des positions de ces étoiles

---

1. *Ibid.*, p 187 et *sq.*

est donnée à la minute d'arc près. Le landgrave Guillaume IV de Hesse[1] (1532-1592) détermina de nombreuses positions stellaires, et en fit un catalogue. Mais selon Flamsteed, relaté par Lalande, ce catalogue ne valait pas celui de Tycho. Lalande répertorie aussi sans insister le catalogue de Johann Bayer, *l'Uranometria,* de 1603 (1706 étoiles en 48 constellations, les mêmes que celles de Ptolémée), où les positions données sont celles de Tycho.

L'apparition en 1610 de la lunette dite de Galilée permit aussitôt d'accroître le nombre d'étoiles observables, mais aussi de stimuler de nombreux observateurs, pas nécessairement excellents.

Julius Schiller donna en 1627 (*Cœlum stellarum christianum*) un catalogue, où il substitua aux noms anciens des étoiles et des constellations des noms tirés de la Bible. Hevélius critiqua sévèrement ce catalogue. En 1665, Riccioli publie son *Astronomia reformata,* catalogue de 62 constellations basé notamment sur les observations de Riccioli lui-même et de Grimaldi. Ce catalogue comprend des étoiles australes découvertes par des navigateurs. Les « longitudes » étaient réduites à l'année 1701 ; ces réductions que chaque auteur de catalogue devait appliquer aux observations avaient pour but de tenir compte de la précession des équinoxes intervenue entre la date de l'observation et la date de référence. Augustin Royer, architecte de Louis XIV, publia en 1679 un catalogue de 1800 étoiles, calculé pour l'an 1700. Le P. Anthelme (chartreux à Dijon) le corrigea et le compléta, par des étoiles encore jamais observées. En 1677, Edmond Halley avait construit un catalogue d'étoiles australes, à partir de ses propres observations à l'île de Sainte-Hélène.

Le travail le plus important sans doute de cette époque est le catalogue publié en 1690 par Hevelius, dans son ouvrage *Prodromus Astronomiae.* Les observations utilisées sont celles de l'auteur. Le catalogue contient 950 étoiles des anciens catalogues, 603 nouvelles, et 377 étoiles australes, celles de Halley.

Plus parfait encore est le catalogue de Flamsteed, publié à Londres en 1712 dans son *Historia Cœlestis.* On y trouve les positions de 2884 étoiles, pour la date de 1690, basées en grande partie sur les observations menées par Flamsteed à l'aide principalement d'un arc mural placé dans le plan méridien, à l'Observatoire Royal de Greenwich, entre 1676 et 1705. Ce

---

1. La famille de Hesse : Cette famille donna successivement à sa région plusieurs « landgraves », en une noble dynastie. Plusieurs d'entre eux se sont prénommés Guillaume.

catalogue est réédité en 1725, avec des corrections; c'est celui qu'utilisait Lalande.

Citons à ce sujet l'opinion de Lalande : « Ce fut la première fois que les astronomes purent compter sur des positions d'étoiles au point de s'en servir sans examen, pour conclure celle des planètes. Ce catalogue a été la base de tous les calculs et de toutes les théories des astronomes jusqu'à nos jours, où l'on a entrepris de dresser de nouveaux catalogues » [1]. (« L'on... », dit-il? M. de la Lande, bien évidemment et aussi sans doute M. Bode). Nous y reviendrons...

La Caille publia en 1757 un premier catalogue de 397 étoiles, *Astronomiae Fundamenta*, remarquable par sa précision, chaque étoile ayant été mesurée à plusieurs reprises, avec deux instruments de qualité. Le second catalogue de La Caille contient 1942 étoiles australes (*Mémoires* de l'Académie des sciences, HAM, pour 1752). Le troisième catalogue de La Caille est un catalogue d'étoiles australes, au nombre de 515. Après la mort de La Caille, Bailly termina les calculs et les réductions, et Messier corrigea quelques erreurs dans ce dernier catalogue. Dans le même temps où La Caille effectuait ses séries de mesures, Le Monnier fit aussi des observations suivies, d'environ 400 étoiles zodiacales, qui figurent dans les livres de ses observations (1741, 1754, 1759, Paris).

Tobie Mayer, astronome de Göttingen, et excellent observateur, utilisait un mural de grande qualité construit en Angleterre. Il écrivit à Lalande (en mars 1759) qu'il venait de terminer un catalogue de 998 étoiles zodiacales. Ce catalogue resté alors inédit ne fut publié, après la mort de Mayer, qu'en 1775.

En Angleterre, à partir des observations de Bradley, on a construit un catalogue de 389 étoiles (*Nautical Almanac, 1773*) qui, selon Delambre, contient plusieurs fautes. Maskelyne a calculé pour l'époque 1770, avec un soin tout particulier, les positions de 34 étoiles brillantes. Ce catalogue fut longtemps très précieux par sa précision (mais une révision a été nécessaire en 1803, voir *Lalandiana I*, lettres PR 85 et 88).

Enfin, Lalande lui-même se lança, avec l'aide de ses assistants, d'abord Dagelet et, plus tard, son neveu, sa fille Amélie, Burkhardt, et quelques autres, dans la construction d'un catalogue, qu'il voulait riche de 30 000 puis 50 000 étoiles. Lalande en évoque longuement l'évolution dans sa

---

1. Lalande, *Astronomie, op.cit.*, §712

correspondance avec Mme du Piery ou avec Flaugergues (voir *Lalandiana I*). Ce fut le premier catalogue d'une telle importance. Le Verrier en a fait entreprendre la révision, achevée à l'Observatoire de Paris en 1902. Au XIXe siècle, et au XXe siècle les catalogues se suivent, de plus en plus importants, de plus en plus précis. Les derniers sont ceux issus du satellite Hipparcos, notamment le catalogue Tycho 2 de 2 500 000 étoiles, dont les positions sont connues au centième de seconde d'arc près. Les catalogues issus de GAIA, satellite en préparation (lancement en 2013), seront encore beaucoup plus précis, et on espère obtenir les positions d'un milliard d'étoiles, et de centaines de milliers de quasars.

Les catalogues sont la base de la connaissance des structures de l'Univers. Ils permettent la construction de cartes célestes, sortes de cartes routières dans le ciel visible à la lunette, d'atlas célestes, de globes célestes.

Les cartes et les atlas célestes

La construction des cartes est certes affaire d'astronomes mais aussi d'artistes, dans la mesure où l'on essaye souvent de placer sur la carte des figures plus ou moins mythologiques, correspondant aux constellations dûment répertoriées à l'époque de la construction de ces cartes.

Les ouvrages anciens comportant des cartes (ceux que Lalande cite en tout cas, en omettant notamment les cartes chinoises ou arabes) sont l'*Uranometria* de Bayer (1603, Augsbourg, en 51 feuilles) ouvrage très largement utilisé en Europe, mais aussi ceux du P. Pardies (1673, 6 feuilles), d'Augustin Royer (1679, 4 cartes), et surtout les cartes d'Hevelius, parues à Danzig en 1690 (le *Firmamentum Sobiescianum*, en 54 feuilles). L'atlas de Doppelmayer (1742) est très utilisé en Allemagne, mais Lalande le considère comme médiocre.

Lalande se sert de façon quasiment exclusive dans ses travaux de l'*Atlas cœlestis*, gravé à Londres en 1729, et qu'il considère comme « le plus bel ouvrage » disponible. Il le complète toutefois par les constellations australes dessinées par La Caille. Bode lui-même a donné en 1782 une réduction complète de l'Atlas de Londres. Mais le plus bel atlas de cette époque est sans aucun doute celui de Bode, son *Uranographia*, publiée en 1801, où, pour la première fois, sont indiquées les délimitations entre les constellations.

Pour reconnaître et situer les constellations, on a construit des globes célestes. Bien avant l'usage des lunettes ou des télescopes, de nombreux astronomes ou voyageurs – Regiomontanus ou Mercator, par exemple – construisirent des globes célestes à partir de l'*Almageste* de Ptolémée.

Les grands globes dits «de Marly» du P. Vincenzo Coronelli (franciscain de Venise, 1628-1718) utilisent les données du XVIIe siècle. Le premier connu fut construit en 1678; de 1681 à 1683, deux grands globes de 382 cm de diamètre, l'un terrestre, l'autre céleste, furent construits par Coronelli pour Louis XIV. Ces globes sont pour Lalande «l'ornement des grandes bibliothèques». Ils se trouvent aujourd'hui à la Bibliothèque François Mitterrand, à Paris. Ils sont encore pour nous, au XXe siècle, un sujet d'admiration.

Guillaume Delisle (frère de l'astronome), Lalande lui-même, et Messier firent fabriquer de nouveaux globes, gravés à Paris.

Les globes, comme les cartes célestes, donnent lieu à une certaine ambiguïté. En effet, on peut représenter les constellations, et l'ensemble du ciel comme le voit l'observateur, intérieur à la sphère céleste, dont on voit en quelque sorte la concavité; on peut les représenter au contraire de l'extérieur de cette sphère, dont on en voit alors la convexité. Hévélius fait remarquer que les cartes de Bayer étaient contraires à celles construites par les Anciens. Mais comme Bayer, Flamsteed et la plupart des astronomes préfèrent les cartes sur lesquelles on voit la concavité du ciel, beaucoup plus commodes pour les observateurs du ciel, marins et astronomes. Cette ambiguïté se traduit aussi par le fait que sur les cartes de Bayer, les constellations représentées par des figures humaines définies par les Anciens nous tournent le dos! Orion notamment a selon les uns ou les autres des attitudes différentes : selon Bayer, par exemple, il tient sa massue de la main gauche; selon Hevelius, il la tient de la main droite.

Une place particulière doit être réservée aux cartes du Zodiaque, très nombreuses, et très souvent utilisées, compte tenu de l'importance astronomique de ces constellations de référence, puisque traversées, chacune, une fois par an par le Soleil.

Cartes, atlas, globes sont en quelque sorte des cartes routières du ciel, qui peuvent nous aider à reconnaître et identifier les diverses constellations, et leurs plus brillantes étoiles, et surtout à étudier les étoiles particulières, variables («changeantes», disait Lalande), ou multiples. Celles-ci sont situées dans les catalogues par leur déclinaison et leur ascension droite, mais, grâce aux cartes et atlas, elles sont repérables dans le ciel de l'observateur, à l'œil nu, puis dans le viseur de l'instrument, lunette ou télescope, enfin à l'oculaire de l'instrument lui-même...

L'époque de Lalande était encore une époque de pionniers. On pouvait encore nommer des constellations nouvelles, coincées en quelque sorte entre les constellations connues, ou dans l'hémisphère austral, exploré depuis moins longtemps que l'hémisphère boréal. On voulait honorer quelque prince, voire quelque ami, ou quelque animal familier. Ces constellations ont disparu souvent des catalogues modernes, et sur les listes officielles résultant de conventions internationales établies par l'Union Astronomique Internationale. Ainsi si l'«Ecu de Sobieski», (Scutum) nommé par Hévélius, est toujours dans la liste des constellations (mais le plus souvent sans le nom de Sobieski), le «Taureau Royal de Poniatovski», nommé par Poczobut, ne s'y trouve plus. Nous ne connaissons plus «Antinoüs», le «Cœur de Charles II» (nommé par Halley), le Chêne de Charles II (nommé par Flamsteed), le «Mont Ménale» (nommé par Hévélius), ni l'«Honneur (ou Trophée) de Frédéric» (nommé par Bode). Lalande lui-même avait proposé la constellation «Messier», et celle du «Chat», disparues toutes deux. Frédéric II de Prusse, Charles II d'Angleterre, Jan Sobieski et Stanislas Poniatovski de Pologne, et Charles Messier sont morts, – le petit chat aussi[1]! – ; leurs constellations n'existent plus. Mais restent «la Machine pneumatique», le «Compas» ou le «Fourneau», dont le nom reflète bien les préoccupations plus scientifiques des astronomes des XVIIe et XVIIIe siècles.

On trouvera les listes des 88[2] constellations actuellement délimitées par l'UAI, avec leurs noms latin et français, dans de très nombreuses publications, par exemple dans *l'Annuaire du Bureau des longitudes.*

---

1. Le chat gris de la lettre UR30, *Lalandiana I*, p. 66
2. 89 si l'on coupe en deux la constellation fort allongée du « Serpent »

CORRESPONDANCE
DE LALANDE AVEC ELERT BODE À BERLIN

Nous n'avons pas trouvé à Berlin les lettres que Lalande a envoyées à Elert Bode lorsque celui-ci était, à Berlin, astronome calculateur puis membre de l'Académie des sciences et belles lettres de Prusse et directeur de l'observatoire. Pour donner une idée des relations qui se sont établies entre ces deux personnages, nous publions les extraits des lettres que Lalande a adressées à Bode[1], tels que celui-ci les a publiés, traduits en allemand, dans *Astronomisches Jahrbuch* de l'Académie de Prusse, ou *Éphémérides* de Berlin. Nous donnons ci-dessous la traduction en français, effectuée par nos soins, de la totalité de ces extraits.

---

1. Les Extraits de lettres que Lalande a adressées à Bode sont ici notés BO

Berlin 1787[1], Éphémérides pour 1790

Observations et nouvelles de Lalande. D'après un écrit du 7 mai 1787.

BO1

Dans votre *Éphéméride* pour 1789, j'ai vu, merci, que vous avez introduit mes nouveaux éléments de Vénus et de Mercure. Ils paraîtront, plus détaillés, dans la Connaissance des temps pour 1789 qui sort des presses actuellement. J'ai aussi annoncé dans ce volume le nouveau travail de M. de Lambre sur la théorie du Soleil ; mais depuis l'impression, il a encore calculé plus de 500 nouvelles observations du Soleil, et obtenu les résultats suivants :

1779	longitude du Soleil[2]	9ˢ	9°	59'	9"
	apogée	3	9	6	21
	équation du point moyen		1	55	33
Somme de l'équation de la Lune					8,0
Somme de l'équation de Vénus					10,6

En comparant les observations de Flamsteed et de La Hire avec les autres, j'en ai déduit le changement annuel de l'apogée du Soleil 62" seulement. Ceci est beaucoup plus exact que lorsqu'on prend pour cela les observations de Walther et Co-Cheou-King*, comme La Caille l'avait fait.

J'ai aussi fixé le changement séculaire du Soleil à 46' 0" en moyenne. Les *Tables* du Soleil, qui seront dans la nouvelle édition de mon *Astronomie*, sont beaucoup plus exactes que celles de La Caille et de Mayer, cependant l'erreur s'élève seulement une seule fois à 14".

J'ai aussi beaucoup travaillé sur la nouvelle planète[3]. Les *Tables* qui sont dans la Connaissance des temps indiquent une distance un peu trop petite, comme il s'ensuit des 5 années de quadratures observées. Voici les

---

1. À cette date (1787), Bode, qui est l'éditeur de ces éphémérides de Berlin depuis 1777 (après la mort de Lambert), est devenu membre de l'Académie de Berlin (1786) et directeur de l'observatoire (1787), après la mort du roi de Prusse, Frédéric II.

2. Il s'agit de la longitude du Soleil comptée sur l'écliptique. L'unité « s » vaut 15°, soit un signe du zodiaque.

3. La nouvelle planète est Uranus, appelée Herschel par Lalande du nom de l'astronome qui l'a découverte.

erreurs des Tables, qui sont toutes plus grandes pour les oppositions que
par les quadratures.

		Temps moyen à Paris			Longitude observée				Erreur
1781	28 sept.	17h	48m	31s	3^s	2°	52'	39"	- 13"
1782	7 mars	7	1	47	2	28	49	37	- 9
	16	6	26	36	2	28	52	16	- 4
	30 sept.	18	0	58	3	7	19	26	- 5
1783	10 mars	7	10	24	3	3	17	36	- 2
	11 oct.	17	38	25	3	11	52	37	- 21
1784	23 mars	6	36	1	3	7	49	22	- 3
	15 oct.	17	39	18	3	16	25	3	- 28
1785	28 mars	6	36	59	3	12	21	21	+ 2
	26 oct.	17	26	38	3	20	59	46	- 30

Les observations de M. Maskelyne pour 1785 sont sorties à Londres (in
fol.). Pour nous, c'est une collection très précieuse. Les observations sont
d'une si grande exactitude que l'on ne peut rien comparer à cela de tout ce
qui est paru jusqu'ici. Vous en jugerez sur l'accord avec les observations
du Soleil, qui se trouvent dans le *Mémoire* de M. de Lambre, que j'ai
envoyé à M. le comte de Hertzberg.

M. de Lambre a observé et calculé les mêmes étoiles du catalogue de
Mayer qui sont marquées « incomplet ». Il a calculé les positions et observations des étoiles zodiacales de M. de La Caille où des erreurs ne sont pas
encore corrigées. Il y en a 130 qui ne sont pas dans le catalogue de Mayer et,
parmi les autres, il a trouvé incorrectes quelques unes chez Mayer et
d'autres chez Bradley, si bien que cette révision serait très utile.

Nous avons appris de Londres que M. Herschel a découvert 3 volcans
lunaires [1] dont l'un brûle encore, et le 20 avril, il a paru deux fois plus grand
que le 3e satellite de Jupiter, de sorte que son éclat était en état d'éclairer les
montagnes de la Lune du voisinage.

Note de Bode : Walther, astronome de Nuremberg, vivait de 1450 à
1504, Co-cheou-king est un Chinois qui observait à Pékin vers la fin du 13^e
siècle.

---

1. Les volcans sur la Lune : c'est en 1787 qu'Herschel a annoncé trois volcans sur la Lune,
interprétant ainsi les lueurs qu'il a observées. Pendant l'éclipse de Lune du 22 octobre 1790, il
a vu beaucoup de points lumineux, mais n'en a pas donné d'interprétation. Cette découverte
n'a pas été confirmée dans les temps modernes, malgré une observation isolée. Mais ce fait ne
prouve nullement qu'Herschel se soit trompé.

Berlin 1788, Éphémérides pour 1791

Extrait d'une lettre de Lalande à Bode, publiée en français, p. 255

BO2

Paris le 20 sept. 1787

J'ai présenté à l'Académie votre nouvelle constellation[1] ; on y a applaudi tout d'une voix, & vous pouvez bien vous flatter de son approbation comme de celle des Académies de Pétersbourg & de Copenhague, et je l'ai déjà placée dans le manuscrit de mon Astronomie pour la nouvelle édition.

Berlin 1789, Éphémérides pour 1792

D'après une lettre de M. de la Lande, datée Paris le 27 janvier 1789, p. 160

BO3

Le cadran mural de Bird de 8 pieds que j'ai fait fabriquer sera installé au nouvel observatoire de l'École militaire à Paris et M. d'Agelet qui sera de retour de son voyage autour du monde, s'en servira pour pouvoir continuer son catalogue des étoiles du Nord qu'il a commencé et dont il a déjà observé plus de 4000.

Voici le résultat des deux dernières conjonctions de Vénus avec le Soleil, que j'ai calculées avec le plus grand soin :

1787   4 jan.
2h 26m 50s   temps moyen à Paris   9ˢ 14° 15' 39"   latitude   4° 31' 56" N
1788   7 août
12h 34m 4s   temps moyen à Paris   4ˢ 16° 0' 51"   latitude   7° 31' 23" S

1. Dans ses *Éphémérides* pour 1790, p. 234-236, Bode rapporte, à la séance de l'académie de Berlin du 25 janvier (1787), que l'annonce de sa constellation « Friedrichsehre » (Honneur de Frédéric) a reçu les compliments de l'empereur de Russie et de l'Académie de Pétersbourg (24 avril), de la Société royale des sciences de Londres (7 juin), de la Société royale de Copenhague (26 juin). Le 23 février, Méchain écrit qu'il la présentera à l'Académie, le 7 mai Lalande et le 24 juillet Herschel.

L'erreur dans ces deux conjonctions est de 8 à 9" en longitude héliocentrique, mais en sens contraire; en conséquence il y a 11 à 12 min. à ajouter aux valeurs données dans la *Connaissance des temps* pour 1789 au lieu de l'aphélie. Cette correction est si faible qu'elle confirme parfaitement l'exactitude de mes nouvelles tables de Vénus et certainement par les observations les plus sures et les plus complètes.

Mon voyage en Angleterre[1] a été très bien reçu et plein d'enseignement. J'ai admiré les travaux de Mrs. Herschel et Ramsden, et en particulier les grands cercles astronomiques dont le dernier s'achève pour M. Piazzi, astronome envoyé à Palerme, qui s'attarde depuis un an à Londres. De tels cercles sont les instruments astronomiques les plus parfaits, comme le démontre aussi M. Piazzi dans sa lettre à Ramsden ; voir à ce sujet le *Journal des savants* du mois de nov*embre* 1788 où je l'ai traduite et enrichie de diverses remarques ; en outre il y aura une nouveauté, la description de la machine pour diviser les instruments de mathématique de M. Ramsden, qu'on ne trouve plus en Angleterre.

De la nouvelle édition de mon *Astronomie*, 200 pages sont déjà imprimées.

Comme la distance de la nouvelle planète au Soleil est trop petite de 0,04 dans nos *Tables* : je veux chercher de nouveaux éléments au moyen des distances ; j'examinerai bientôt si les perturbations de Saturne et de Jupiter sur cette planète peuvent être très efficaces : et j'ai fait à ce sujet une recherche pour les déterminer. Soit t la longitude de la planète perturbatrice plus petite que la nouvelle (Herschel) et a l'anomalie de cette dernière, je trouve par l'influence de Jupiter : +52" $\sin(t) - 21$" $\sin(t-a)$ et par celle de Saturne : +24" $\sin(t) + 2$' 20" $\sin(t-a)$.

Il découle de ces équations pour les observations faites dans l'année 1781 : la distance 19,2033, l'époque de 1784 3ˢ 14° 49' 14", l'aphélie 11ˢ 16° 19' 30", l'équation de l'orbite 5° 26' 47", la période de révolution 30 637 jours. Entre temps M. Delambre s'est occupé de cette théorie et nous pouvons espérer de lui quelque chose de consciencieux.

Comme j'ai recherché la mesure d'un degré de la Terre[2] que Fernel avait fait connaître en 1528, et que j'ai rectifié son calcul, je constate avec surprise que la valeur du degré égale à 57 070 toises est vraiment juste aussi bonne que celle que nous avons trouvée à Paris.

---

1. Lalande a fait ce voyage en août 1788, voir *Lalandiana I*.
2. Voir le mémoire de Lalande « Sur la mesure de la Terre que Fernel publia en 1528 » dans *Histoire de l'Académie et dans Mémoires* (HAM) *pour l'année 1787*, p. 216.

M. de Beauchamp, vicaire général de Babylone et correspondant de l'Académie à Bagdad a fait un voyage en Perse pour la géographie, en particulier pour estimer la longitude de la mer Caspienne, dont l'incertitude est encore de plusieurs degrés. Le 30 juin 1787, il a observé à Casbin la fin de l'éclipse de Lune à 7h 45m 50s d'où il s'ensuit que cette ville se trouve à 47° 1/2 Est de Paris – comme M. Buache l'a placée dans sa carte (*Mémoires de l'Académie* pour 1781).

J'ai calculé [1] l'éclipse de Soleil du 2 juillet 1666 qui a été observée à Paris et à Dantzig, et trouvé la conjonction le 1 juillet 19h 56m 30s temps moyen de Paris à 3 s 10° 26' 27" de longitude et la différence des méridiens 1h 51m 22s.

L'inclinaison de l'orbite de Saturne* est de 2° 29' 52" et en conséquence elle est plus petite de 28" que par mes Tables (*comme je l'ai calculée d'après les observations de M. Maskelyne entre 1776 et 1778).

Les observations de l'éclipse de Soleil du 15 juin 1787 que j'ai calculée, me donnent la conjonction pour Paris à 3h 58m 33s et la latitude 59' 51".

Par les observations de la même éclipse à Vilna, je trouve la différence des méridiens 1h 31m 40s, de Padoue 38m 11s, de Mitau 1h 2m 15s. M. Méchain a calculé les observations de la même éclipse à Oxford et trouvé la conjonction à 3h 44m 13s et la latitude 59' 50". M. Cesaris a calculé ses observations faites à Milan et ainsi estimé la différence des méridiens à 27m 21s.

J'admets maintenant que la parallaxe de la Lune est plus petite de 5" que ce que l'on a trouvé jusqu'à présent, comme on a décidé que l'aplatissement de la Terre [2] vaut seulement 1/300. Quand on admettait 1/230, la Terre devait être complètement fluide et sa densité de surface aussi grande que dans son intérieur, ce qui n'est plus accepté d'après les

---

1. Cette lettre ayant été traduite de l'allemand par nos soins, on note que le texte original en français de Lalande figure dans Ms L Ia 680 copié par Jean Bernoulli : «*J'ai calculé l'éclipse du Soleil arrivée le 2 juillet 1666 qui fut observée à Paris et à Danzic, j'ai trouvé la Conjonction le 1 juillet à 19h 56m 30s temps moyen à Paris à 3 s 10° 26' 27" et la différence des méridiens 1h 51m 22s.*»

2. Comme pour la note 3, le texte original en français de Lalande dans Ms L Ia 680 copié par J. Bernoulli, complète le texte traduit de l'allemand : «*J'employe actuellement une parallaxe de la Lune plus petite de 5" qu'on ne la faisait jusqu'ici, parce qu'il est bien certain que l'aplatissement de la Terre n'est que de 1/300 pour qu'il fut* (sic) *de 1/230, il faudrait que la Terre est* (sic) *été parfaitement fluide et que sa densité fut* (sic) *aussi grande à la surface qu'à l'intérieur, ce qui ne peut pas physiqueent se supposer. D'ailleurs la comparaison des degrés et les expériences du pendule concurent* (sic) *à prouver que l'aplatissement est en effet plus petit que neuton* (Newton) *ne l'avait supposé pour le sphéroïde homogène.*»

bases physiques. D'ailleurs la comparaison du degré et l'expérience du pendule s'accordent à dire que l'aplatissement est certainement plus petit que Newton ne l'a donné pour une sphère homogène[1].

Plusieurs calculs entrepris sur la théorie du 3e satellite de Jupiter m'ont démontré qu'on peut supprimer l'équation E, que M. Wargentin a introduite, dont la période est de 14 ans et dont la raison apparente ne se trouve pas dans la théorie des forces d'attraction. Il suffit d'utiliser l'équation du point moyen et celle de 437 jours pour ce satellite ; mais on doit déplacer de 60 degrés sa ligne des absides.

J'ai calculé les 5 anciennes observations de Saturne à l'occasion des recherches de M. de Laplace sur ses inégalités, et trouvé le mouvement annuel 12° 13' 36",576 , 1 seconde plus grande que les *Tables* de Cassini.

Berlin 1790, Éphémérides pour 1793

Diverses observations, et nouvelles astronomiques de M. de la Lande, membre de l'Académie Royale des sciences à Paris, p. 125-127,

Extrait d'une lettre de Lalande du 5 décembre 1789

BO4

Depuis que le nouvel observatoire de l'École militaire est en état, j'y ai installé mon grand quart de cercle mural de Bird de 8 pieds et déterminé déjà avec lui les positions de 3000 étoiles boréales, depuis le tropique du Cancer jusqu'au pôle, je continuerai ainsi cet hiver[2] et je crois que ces observations sont actuellement les plus utiles à l'astronomie, car le catalogue de Flamsteed est insuffisant, il contient trop peu d'étoiles et leurs positions ne sont pas assez exactes.

M. Delambre a achevé sa table de la nouvelle planète, et, avec elle, il a déterminé les perturbations, qui s'accordent avec celles de M. Oriani, mais elles ont encore une équation de plus à laquelle M. Oriani n'a pas pensé. Les éléments elliptiques de l'orbite qui sont fondés sur cette table sont :

---

1. Voir le mémoire de Lalande « Sur la quantité de l'aplatissement de la Terre » dans *HAM* pour l'année 1785, p. 1.

2. Lalande a sans doute observé les étoiles à l'observatoire de l'École militaire, mais le principal observateur, de 1789 à 1801, a été son neveu Michel Lefrançois Delalande. Dans les lettres suivantes Lalande oublie encore de le signaler.

Lieu moyen	Aphélie	Nœud

Époque 1784   3ˢ 14° 43' 18"   11ˢ 17° 6' 44"   2ˢ 12° 46' 47"
Mouvement séculaire : 2ˢ 9° 51' 19"1/2
Équation : 5° 21' 3",2
Distance moyenne : 19,18362
Révolution tropique : 30 589, 36 jours

Je ferai imprimer cette Table dans la troisième édition de mon Astronomie.

La durée de révolution et la distance des deux satellites de Saturne découverts par M. Herschel sont : 1j 8h 53m 9s distance 35",058 pour le 6ᵉ et 22h 40m 46s et 27",366 pour le 7ᵉ (*distance au centre de Saturne*), le 6ᵉ est déjà visible dans son télescope de 20 pieds.

M. de Beauchamp à Bagdad a observé Mercure au méridien 7 minutes avant midi ; on n'avait encore aucune observation de cette planète si proche de la conjonction supérieure. Le 25 août 1789, Mercure est passé au méridien 7m 10s avant le Soleil, calculé d'après une horloge de temps sidéral ; je trouve avec cela que sa longitude est 5ˢ 0° 53' 43", mes *Tables* donnent 8" de moins.

Le passage de Mercure a été très bien observé à Paris le 5 novembre. M. Delambre a observé la distance apparente au bord du Soleil 8' 42" à l'instant du milieu. Il en a déduit : instant moyen de la conjonction vraie 8h 9m 54s à 7ˢ 13° 40' 46" et latitude héliocentrique Nord 15' 54" ; ensuite j'ai déduit l'aberration de Mercure et du Soleil, mes Tables donnent 9" de plus.

J'ai observé l'opposition de Jupiter 1789 le 13 janvier à 21h 2m 3s à 3ˢ 24° 47' 23" et latitude Nord 27' 31".

L'opposition de Herschel (Uranus) était le 21 janvier 19h 4m 52s à 4ˢ 2° 49' 58" et latitude Nord 37' 28". Ces longitudes sont toutes déterminées depuis l'équinoxe moyen.

J'ai observé la hauteur du Soleil au solstice à mon observatoire du collège Mazarin avec le même instrument utilisé par La Caille il y a 40 ans dans le même but et j'ai trouvé l'inclinaison de l'écliptique plus petite de 15" ; ainsi, cette diminution ferait 38" par siècle [1].

M. Barry, après avoir travaillé avec moi, a pris possession de l'observatoire de Mannheim depuis la fin de 1788. Il a déjà fait 4300 observations, et maintenant il s'occupe d'installer un excellent instrument

---

1. Voir le mémoire de Lalande « Sur la diminution de l'obliquité de l'Écliptique, & sur les conséquences qui en résultent » dans *Histoire de l'Académie et Mémoires* (HAM) *pour l'année 1780*, p. 285.

méridien de Ramsden que jusqu'à maintenant on n'a pas utilisé en ce lieu. L'activité de M. Barry et l'emploi ici de ce bel instrument nous sera très utile. L'Électeur et son respectable ministre le M. le Baron d'Oberndorf lui ont procuré le moyen avec lequel il sera en état de parfaire tout ce que son zèle pour la science peut souhaiter.

J'ai déduit le mouvement de Vénus des conjonctions de 1684, 86, 89 et 92 et trouvé le même 6^s 19° 13' 0" en cent ans, donc 35" de plus que les *Tables* de la *Connaissance des temps* pour 1789. J'ai adopté maintenant ce mouvement dans les *Tables* qui paraîtront dans la 3e édition de mon *Astronomie*.

M. Pingré a récemment terminé un gros travail sur l'histoire du Ciel [1]. C'est un recueil des meilleures observations du siècle dernier, qu'il a calculées et examinées d'après les manuscrits ou bien des livres très rares. Ce travail sera encore très utile à l'astronomie.

Je vous prie de ne pas oublier la constellation Messier que j'ai introduite, elle contient plus de 300 étoiles parmi les 3000 que j'ai observées. Je ne manquerai pas en retour d'accueillir votre astérisme Frédéric, quand je représenterai cette partie du Ciel. J'ai déjà déterminé les positions de plusieurs étoiles qui appartiennent au Trophée de Frédéric (que je traduis en français Honneur de Frédéric).

Berlin 1791, Éphémérides pour l'année 1794

Diverses observations et nouvelles astronomiques, p. 96

Extrait d'une lettre de M. de la Lande datée Paris 1er avril 1791

BO5

Vous savez déjà que, depuis deux ans, je m'occupe d'observer la position de nombreuses étoiles boréales, qui jusqu'à présent ne figurent dans aucun catalogue d'étoiles et dont j'ai déterminé près de 8000 depuis le Pôle jusqu'à 45°. Les comètes que l'on a observées jusqu'ici du côté du Nord, concernent les objets de mon travail, et pour avoir une représentation de toutes les étoiles déjà connues, je me sers aussi du *Supplément* que vous avez fourni dans vos *Éphémérides* de 1784 à 1792.

---

1. La publication de cet ouvrage, *Annales célestes du XVIIe siècle*, de Pingré, a commencé vers 1792 (voir lettre BO5), puis a été abandonnée. Le manuscrit, retrouvé par G. Bigourdan, a été publié en 1901.

L'Académie des sciences est dans l'idée d'entreprendre une nouvelle mesure[1] des 9°1/2 du méridien de Dunkerque à Barcelone en Espagne, et encore plus exactement d'avoir la 10 millionième partie du quart du méridien qui doit servir comme mesure universelle, réforme des poids et mesures prescrite par l'Assemblée nationale.

Je fais imprimer 263 pages de *Tables* horaires[2] pour trouver le temps (*c'est-à-dire l'heure*) en mer par la hauteur du Soleil à toutes les latitudes et toutes les déclinaisons.

Le 9e volume de mes *Éphémérides* jusqu'en 1800 sera sans délai donné à l'imprimerie. La *Connaissance des temps* pour 1792 n'est pas encore parue quoiqu'elle soit prête pour l'impression.

Depuis que je suis seul directeur de l'observatoire de l'École militaire, j'y ai placé une lunette méridienne achromatique dans le plan méridien, si parfaite que souvent il ne se trouve pas ¼ de seconde de temps sur 150 degrés. Ainsi je détermine les ascensions droites presque aussi exactement que les déclinaisons avec le quadrant mural de 8 pieds.

Parmi mes 8000 étoiles, j'ai choisi les 1200 meilleures et j'ai maintenant commencé de même de les calculer et de les réduire au 1er janvier 1790, les étoiles du catalogue de Flamsteed sont comprises dans ce choix. À cette occasion j'ai remarqué une fois de plus beaucoup d'erreurs dans ce catalogue ; parmi lesquelles :

L'étoile 1 Céphée a une ascension droite plus petite de 1°1/2

L'étoile 12 Céphée a une distance zénithale plus petite de 30'

L'étoile 15 Persée n'est plus présente dans le ciel, de même que 41 Cassiopée, 19 Persée, 61 Andromède, 7 Grande Ourse.

L'étoile 51 Cameleopard *(Girafe)* a 1"1/2 et la 27e dans la Grande Ourse 8' de moins en ascension droite.

Il se trouve aussi des erreurs importantes chez Hevelius, si bien que M. Wollaston a entrepris un travail inutile dans son grand catalogue[3], de toutes les réduire à 1790. Ses données ne sont absolument pas à utiliser.

---

1. Cette nouvelle mesure du méridien de Paris a été décidée en mars 1791 par l'Assemblée constituante sur proposition de l'Académie des sciences pour établir une mesure de longueur universelle. Delambre et Méchain sont finalement chargés des opérations. Les travaux sont arrêtés en 1793 et reprendront en 1795. La mesure, achevée en 1798, donnera la nouvelle unité de longueur : le mètre.

2. Titre du volume : *Abrégé de navigation historique, théorique et pratique…* (1793). Les tables ont été calculées par la nièce/fille de Lalande, épouse de Michel Lefrançois, voir BO9.

3. Dans sa *Bibliographie astronomique* (1803), Lalande ne juge pas ce travail inutile ; au contraire, il écrit : « L'auteur a rendu un grand service aux astronomes en leur donnant les

La troisième édition de mon *Astronomie* est déjà imprimée mais je ne la donne pas avant que M. de Lambre ait fourni ses nouvelles *Tables* de Jupiter ; elles sont à vrai dire déjà finies ; mais il s'occupe encore à comparer avec beaucoup d'observations et vérifier ainsi ses éléments, trois mois seront encore consacrés à ce travail, quoique ce grand astronome travaille avec une activité et une facilité dont aucun de nous n'est capable.

M. Pingré a terminé 500 pages *in-folio* de son grand ouvrage : l'ensemble des observations astronomiques du 17ᵉ siècle, et l'Assemblée nationale lui a accordé 1000 écus pour en aider l'édition.

Dans le guide astronomique de M. de Villeneuve, vous trouvez encore diverses nouvelles astronomiques.

Berlin 1792, Éphémérides pour l'année 1795

Sur trois lettres de M. de la Lande, p. 196 et une p. 245

BO6

Lettre du 21 novembre 1791

Je reviens à l'instant d'un voyage à Mannheim[1] où j'ai visité un des meilleurs observatoires, qui est muni de très bons instruments, MM. Henry et Barry observent avec eux avec beaucoup de zèle. Ils ont trouvé la latitude de cet observatoire 49° 29' 10" qui jusqu'à présent n'était pas si bien connue et ils ont observé précisément les hauteurs méridiennes des principales étoiles.

M. Piazzi à Palerme a confirmé la latitude de ce lieu 38° 6' 43" et la différence du méridien de ce lieu avec Paris 44m 0s. Il a maintenant placé son grand cercle fabriqué par Ramsden qui a 5 pieds de diamètre. J'ai observé la conjonction inférieure de Vénus avec le Soleil, de 1791, le 19 oct. à 4h 55m 34s temps moyen à 6ˢ 26° 15' 32" et 6° 45' 59" de latitude Sud. Cette conjonction était très importante parce qu'avec elle on peut estimer le mouvement de Vénus, indépendamment du mouvement de son aphélie et ainsi très bien tomber d'accord avec mes Tables.

---

réductions de tous les catalogues à 1790, pour toutes les étoiles. J'en ai fait un grand usage dans mon travail sur les étoiles. »

1. Lalande a raconté ce voyage dans le *Journal des savants* d'octobre 1791, p. 630.

M. Méchain et M. de Cassini[1] partiront en voyage au printemps prochain pour mesurer l'arc de méridien de Dunkerque à Barcelone et pour déterminer encore mieux les 90°, dont la 10 000 000ᵉ partie fera notre nouvelle mesure.

M. Ramsden achèvera bientôt le grand cercle de 9 1/2 pieds pour l'observatoire de Dublin.

M. l'abbé Delambre a maintenant terminé ses nouvelles *Tables* de Jupiter. Elles paraîtront dans la 3ᵉ édition de mon *Astronomie*.

Je fais imprimer des *Tables* horaires[2] pour trouver le temps en mer à toutes les latitudes du Soleil et hauteur d'étoile ; j'ai aussi commencé à calculer les logarithmes des sinus des dix millions de parties du quadrant. Dans mes *Éphémérides* jusqu'à l'an 1800, qui paraîtront bientôt, se trouvent les *Tables générales* de l'aberration et de la nutation que M. Delambre a calculées. À l'observatoire de l'École militaire, j'ai déjà 10 000 étoiles, observées avec un quart de cercle mural de 7 1/2 pieds[3] et une excellente lunette méridienne.

M. d'Entrecasteaux est parti le 27 septembre pour faire le tour du monde, il a avec lui deux astronomes M. Bertrand et M. Pierson.

---

1. Pour la nouvelle mesure du méridien de Paris, l'Académie des sciences a formé, en 1791, plusieurs commissions ; pour la triangulation, elle a désigné Cassini IV, Méchain et Legendre (qui ont, en 1787, effectué la liaison Paris-Greenwich). Cassini et Legendre se sont récusés et, en 1792, ils ont été remplacés par le seul Delambre devenu membre de l'Académie le 15 février 1792. Méchain et Delambre seront aussi chargés de la mesure des bases.

2. Les *Tables horaires*, déjà citées en BO5, ont été calculées par la nièce/fille de Lalande comme il le signale (enfin) en BO9.

3. Ce quart de cercle mural est le même que celui de 8 pieds des lettres BO3 et BO4. Il a été fabriqué, en 1774, en Angleterre par Bird avec un rayon de 8 pieds anglais qui valent 7 1/2 pieds français.

J'ai déterminé la déclinaison et le mouvement de différentes étoiles pour lesquelles il y a quelque inexactitude dans le catalogue de M. Maskelyne. Voici les principales

	Déclinaison 1790	Mouvement annuel
Capella	45° 45' 53"	+ 4",61
Sirius	16 26 19	+ 4,42
Procyon	5 45 4	- 8,73
Arcturus	20 16 55	- 19,13
Antarès	25 56 54	+ 8,59
Altair	8 19 37	+ 9,13
Deneb	45 32 16	+ 12,63
Vega	38 35 41	+ 3,10

BO7

Lettre du 19 mars 1792

Je vous prie de mettre dans votre *Table des positions géographiques*, la latitude de Mannheim de 49° 25' 15" comme la bonne estimation.

M. Delambre a corrigé les ascensions droites de toutes les étoiles qui sont dans le catalogue annexé à la *Connaissance des temps*, ceci était très nécessaire car il a trouvé, par exemple, les corrections suivantes :

γnp -31" δ -28", ζ Hercule -27", $\zeta\varepsilon$ Scorpion -37", η Serpent -36", celle du Nord dans le Lys +49", ε Eridan -40", δ Orion -17", θ Grande Ourse -65".

J'ai cherché à estimer de même la déclinaison et trouvé très visibles quelques mouvements de certaines étoiles principales. Les corrections suivantes de la précession annuelle dans la déclinaison sont données ci-après :

γ Pégase +0",28, α Baleine +0",51, Capella -0",55, Sirius +1",27, Procyon +1",22, α Hydra -0",38, Regulus -0",31, Arcturus +2",05, Véga +0",48, Altair +0",63, α Pégase +0",51, α(?) Andromède +0",75.

Je pense corriger de cette façon les déclinaisons de 3000 étoiles du catalogue de Wollaston avec mon quadrant mural. J'en ai déjà 1000 dans les premiers 45 degrés, réduites à 1790 pour l'ascension droite et la déclinaison, mais je dois d'abord, pour chacune, avoir plusieurs résultats, auparavant je vous fais connaître.

M. Delambre a comparé les ascensions droites qu'il a observées avec celles observées par M. de La Caille et de là, il a trouvé que la précession de l'Équinoxe est seulement 50",13, on la tenait jusque-là plus grande.

Il y a plusieurs étoiles de l'atlas de Flamsteed qu'on ne trouve plus dans le ciel, comme : 80 et 81 Hercule, 13 Cameleopard, 7. 8 Lynx, 14 Dragon, 22 Bélier, 8. 9 Taureau, 72 Verseau, 108 Gémeaux, 31 Eridan, 25 Lion, 32 Petit Lion *.

* *Note de Bode* : Les données concernant toutes ces étoiles sont sans doute faussées par suite d'une erreur de copie ou de calcul commise en réduisant les observations du catalogue de Flamsteed ; j'ai déjà montré cela pour plusieurs étoiles dans les volumes précédents des *Éphémérides*.

BO8

Lettre du 7 avril 1792

J'ai vu avec plaisir dans vos *Éphémérides* pour 1794, les observations de Mercure de M. von Zach[1]. Elles s'accordent très bien avec mes *Tables*. La plus grande digression au Soleil du 19 mars 1790 confirme l'exactitude de l'excentricité de l'orbite que j'ai trouvée qui était même l'élément le plus difficile. Le 19 mars 1790, 21h 53m 8s temps moyen à Paris, la longitude apparente était calculée d'après l'observation de M. von Zach 11^s 2° 19' 27" et mes *Tables* donnent seulement 4" de plus. Au sujet de l'éloignement moyen, la surestimation est la même. Le 30 mai 1h 4m 48s la longitude observée était 3^s 2° 33' 37", mes *Tables* donnent ceci à la seconde [*près*] et ici le lieu de la distance au Soleil marque la plus forte influence ; par conséquent cette observation donne aussi la même confirmation, sur cette partie de la théorie de l'orbite de Mercure.

L'opposition de Mars, observée à l'École militaire, donne pour l'erreur de mes Tables 26" et m'a appris que l'inclinaison de l'orbite de Mars que j'ai adoptée[2] de 1° 51' 0", doit être environ 6" plus grande.

---

1. Lalande vient de recevoir une lettre (probablement la première) de von Zach, datée du 12 mars 1792, lettre qui l'a sans doute flatté. C'est pourquoi il s'empresse de faire connaître les travaux de cet astronome.

2. C'est la valeur actuelle de cette inclinaison.

Encore quelques nouvelles astronomiques de M. de la Lande, p. 245

D'après un écrit du Même, daté Paris, le 18 août 1792.

BO9

Ces Messieurs astronomes qui ont reçu mission de mesurer le grand arc de méridien de Dunkerque à Barcelone, et même si possible jusqu'à Majorque et Cabrera, sont partis au mois de juin pour commencer ce travail. Ils mesureront 12°, notamment du 39e au 51e [*parallèle*]. M. Méchain est arrivé à Barcelone le 10 juin, il y a rencontré M. de Gonzales, un officier de marine espagnol qui a l'ordre de le conduire où ce sera nécessaire avec un brigantin qui emmène 60 matelots et 18 soldats. Il a avec lui comme aide M. Tranchot qui a déjà effectué les mesures de triangulation en Corse et en Toscane.

M. Delambre est parti du côté du Nord ; il a pour aide mon neveu, M. Lefrançais de Lalande qui travaille avec moi en astronomie depuis longtemps. Ils ont déjà mesuré les angles jusqu'à Clermont et Beauvoisin [1].

M. de Borda a terminé son excellent travail avec le pendule [2]. Les instruments ainsi employés sont si excellents qu'il s'est convaincu de la précision d'une 100e partie d'une ligne. Il fera connaître prochainement les résultats de cela.

Je suis maintenant occupé au catalogue des 3000 étoiles plus importantes, notamment qui se trouvent du côté du Midi, que j'ai calculées seulement pour la déclinaison parce que les catalogues tels que ceux de M. Le Monnier, von Zach et Delambre ne fournissent que l'ascension droite, elles doivent servir de supplément.

L'année prochaine, je recommencerai à rechercher les étoiles du côté du Midi, comme cela a été fait du côté du Nord ; je pense rassembler en quelques années 25 000 étoiles, dont 4000 sont calculées en ascension droite et déclinaison pour le 1er janvier 1800.

Les observations effectuées à l'Observatoire royal avec un cercle entier (de 19 pouces de diamètre) donnent la déclinaison avec une exactitude de 1 seconde quand on fait pour chaque étoile 40 à 50 observations sur tout le

---

1. Nous n'avons pas trouvé Beauvoisin sur les cartes des triangles mesurés au cours de cette campagne géodésique. Il y a peut-être confusion , et il s'agit peut-être de la bourgade de Malvoisine.

2. Ces mesures de la longueur du pendule battant la seconde ont été effectuées par Borda aidé de Cassini IV à l'Observatoire de Paris.

limbe du cercle, comme vous le trouverez dans l'ouvrage : *Exposé des opérations faites en France en 1787 pour la jonction des Observatoires de Paris et de Greenwich, par Messieurs Cassini et Méchain.* M. Cassini s'est servi de ceci pour trouver l'erreur de son quadrant de 6 pieds et améliorer avec cela les déterminations qu'il a faites jusqu'alors. Vous trouverez ces améliorations dans le recueil pour 1789 de ses observations, que l'on imprime maintenant dans le volume des *Mémoires* pour 1789[1].

M. Piazzi fait imprimer une description de son grand cercle de Ramsden.

Mes deux neveux[2] sont très exercés dans les observations et les calculs astronomiques. L'épouse du plus âgé, comme vous savez, a calculé les Tables horaires. Ce volume est imprimé actuellement jusqu'à la page 168, il y aura bien 300 pages.

Nos désordres politiques actuels et encore à venir, ne me doivent voler ni une étoile, ni même une ligne de calcul, aussi l'astronomie ne souffrira pas.

Berlin 1793, Éphémérides pour l'année 1796

Observations et nouvelles astronomiques de M. de la Lande, extraites d'un écrit du même, daté Paris, le 4 novembre 1792, p. 161

BO10

M. Méchain a achevé sa triangulation de la frontière française jusqu'à Barcelone ; il espère de plus procéder avec un grand triangle dont il pense mesurer l'angle sur l'île Cabrera qui se trouve au Sud de Majorque, et ainsi l'arc de méridien depuis Dunkerque vers le Sud ferait 10°, notamment 5° vers le Nord et 5° vers le Sud.

M. Delambre s'active avec mon neveu Lefrançois sur la liaison des triangles au Nord de Paris, de Clermont et vers le Sud jusqu'à Malvoisine ; seulement il devra attendre le printemps pour avancer encore, car le

1. Titre de ce mémoire : « Extrait des observations astronomiques, faites par ordre de Sa Majesté, à l'observatoire royal, en l'année 1790 par M. Cassini directeur, et MM. Nouet, de Villeneuve et Ruelle, élèves. », *HAM* pour l'année 1789, p. 102 ; publié l'an II de la République.

2. Lalande cite ses neveux (Michel Lefrançois et Philippe Lesne), mais sans préciser qu'ils travaillent pour son catalogue d'étoiles à l'observatoire de l'École militaire.

mauvais temps lui est devenu contraire, et lui a causé une grande perte de temps.

L'utilisation des cercles astronomiques entiers réussit pour chaque mesure de façon extraordinaire. Les trois angles du triangle donnent ensemble souvent si exactement 360° qu'il ne se trouve pas une différence d'une fraction de seconde, autrement on trouve bien une différence de 15 à 20 secondes.

M. de Borda a terminé son difficile travail sur le pendule[1]; avec une précision d'une partie d'un centième d'une ligne, il a trouvé pour la longueur du pendule qui bat la seconde à Paris 440,57 lignes à 13° au thermomètre de Réaumur et dans un espace vide dans lequel on calcule qu'il existe encore de l'air au repos. Cette réduction n'est pas nécessaire pour la comparaison des observations qui sont effectuées avec une boule pesante et avec le pendule fabriqué avec du platine, ce dernier pesant considérablement plus.

Je m'occupe maintenant à la recherche des déclinaisons de 3000 étoiles du catalogue de Wollaston du côté du Midi. Vous trouverez une partie de ce travail[2] dans la *Connaissance des temps* pour 1794, avec une liste des étoiles que nous n'avons pas pu trouver dans le Ciel : votre compte va aux environs de 60 ; ci-dessous est placé le compte du catalogue britannique de 2800 étoiles.

J'envoie ci-joint un supplément pour les étoiles du catalogue de Flamsteed dites manquantes, car celles-ci ne se trouvent pas dans le travail de Wollaston, dans lequel les ascensions droites manquent.

M. le Gentil est mort le 22 octobre dans sa 67e année ; je donnerai en extrait son éloge dans le Journal des savants à l'occasion de l'*Histoire de l'astronomie* pour 1792[3].

Il y a déjà 230 pages de mes *Tables horaires* imprimées et 2000 de mes observations d'étoiles du Nord paraissent dans les *Mémoires de l'Académie* pour 1789 ; seulement l'impression va lentement à se placer depuis la Révolution, les travailleurs sont à nos frontières.

---

1. Ce travail a été évoqué dans BO9; Lalande donne ici plus de détails.

2. L'article de Lalande « Déclinaisons de 350 étoiles principales pour 1790 », suivi de la Table des déclinaisons pour le 1er janvier se trouve p. 222-233 de la *Connaissance des temps* pour 1794 (publiée en 1792),

3. Cette *Histoire de l'astronomie* pour 1792 est aussi publiée dans la *Bibliographie astronomique* de Lalande; on y trouve l'éloge de Le Gentil page 722.

Observations et nouvelles astronomiques de M. de la Lande, extraites d'un écrit du même, daté Paris, le 4 novembre 1792, pages 162-163

BO11

Catalogue de différentes étoiles qui sont rapportées manquantes dans le catalogue de Flamsteed, de M. de la Lande

Ce catalogue célèbre contient plus de 60 étoiles qui ne se trouvent plus là où Flamsteed les a placées ; ci-dessous, il y en a 27 dont les ascensions droites ont été notées incidemment. Il est nécessaire de rechercher à nouveau ces étoiles et j'ai déjà trouvé parmi les 10 000 étoiles observées avec mon grand mural les 18 suivantes et je chercherai prochainement les restantes.

D'après Flamsteed.

N°	Ascension droite pour 1790			Mouvement annuel	Déclinaison pour 1790.			Mouvement annuel
	o	'	''	sec.	o	'	''	sec.
30 Cassiopée	13	36	30	+ 52,4	53	52	55 N	+ 19,5
9 Girafe	68	19	25	87,7	65	57	33	7,5
17	77	35	48	84,3	62	51	55	4,3
35	85	57	26	71,3	51	33	30	1,1
39	88	3	25	81,5	60	27	46	0,7
58	120	50	28	88,6	58	22	43	-10,2
75 Grande Ourse	185	2	24	42,9	59	55	50	20.0
78	192	55	5	39,0	57	30	2	19,9
47 Navire	224	36	55	29,8	48	58	6	14,2
12 Petite Ourse	229	18	0	- 0,7	71	58	19	13,1
14	230	50	12	9,0	74	12	42	12,7
18	237	56	26	57,1	80	37	55	10,7
29 Aigle	287	30	3	+ 42,1	11	10	6	6,0
24 Cygne ψ	297	32	50	23,4	51	53	3	+9,3
68	316	25	28	33,2	43	2	13	-14,5
79	323	40	37	36,8	37	21	14	16,1
28 Cephée	336	14	4	9,0	77	41	57	+18,3
104 Verseau	352	39	18	45,0	11	58	21 S	19,9

La 35ᵉ étoiles dans la Girafe, qui est remarquable pour avoir servi à la découverte de l'aberration, ne se trouve encore dans aucun catalogue.

Je crois que la 58ᵉ étoile dans Camelopardalis (*nom latin de Girafe*) est semblable à l'étoile 30 du Lynx, et il y a dans cette dernière une erreur de 2 minutes sur la déclinaison dans Flamsteed, dont l'ascension droite que j'ai déterminée diffère seulement de 1'26" (*m, s ?*) de celle de Flamsteed.

Berlin 1795, Éphémérides pour l'année 1798

Extraits d'une lettre de M. la Lande, datée de Paris, le 29 juillet 1795, p. 242

BO12

29 juillet 1795 [1]

J'ai envoyé à M. von Zach les positions de 1000 étoiles boréales, parmi lesquelles se trouvent 1500 nouvelles, et je lui ai demandé de me communiquer ses dernières (*étoiles*). Ma nièce est occupée à réduire les 500 restantes, que je lui enverrai petit à petit. Nous en avons déjà 29 000, parmi lesquelles plus de 1500 se trouvent de 6e grandeur, qui ne sont pas dans Flamsteed[2].

M. de Lambre continue la mesure du méridien de Paris du côté d'Orléans, ainsi que M. Méchain du côté de Perpignan[3].

La commission des longitudes, que l'on établit actuellement à Paris, sera d'une grande utilité pour l'astronomie ; mon neveu et moi, nous en sommes membres.

Mon *Abrégé d'Astronomie* vient de paraître dans une nouvelle édition[4] avec d'importantes augmentations.

Je prépare une nouvelle édition du petit atlas[5] de Flamsteed, dans lequel j'introduis une nouvelle constellation entre θ du Dragon, η du Navire et ν d'Hercule, nommée le *Quadrant mural* (voir figure ci-dessous), parce que cet instrument est utilisé dans l'énorme travail d'observations stellaires

1. Les correspondances entre la France et les pays étrangers ont été très difficiles de 1793 à 1795, d'où ce long silence de Lalande.

2. Il s'agit des étoiles du catalogue entrepris par Lalande à son observatoire de l'École militaire. C'est principalement son neveu Michel Lefrançois-Lalande qui fait les observations (voir les lettres BO5, 6, 7 et 9)

3. Les mesures de Delambre et Méchain sur le méridien de Paris (pour déterminer la longueur du mètre) ont été interrompues pendant la Terreur. Elles reprennent en 1795 et seront achevées en 1798.

4. Cette deuxième édition paraît en effet en 1795.

5. C'est ici la troisième édition de la réduction des grandes cartes célestes de Flamsteed, publiée par Fortin en 1776. Lalande et Méchain l'ont augmentée d'un grand nombre d'étoiles et de plusieurs constellations.

dont j'ai parlé ci-dessus. Je vous prie d'introduire cette nouvelle constellation dans vos *Cartes*.

La *Connaissance des temps* pour 1796 n'est pas encore imprimée*. Les causes de ce retard sont : la Révolution, le départ des travailleurs, le manque de papier et l'absence[1] de ceux qui pourraient faire avancer (hâter ?) cette édition.

Mon neveu a observé l'opposition de Jupiter. L'erreur de la table était seulement de 15". Pour la nouvelle planète aussi seulement de 5", et pendant la conjonction de Vénus le 1 er janvier, 32".

* *Note de Bode* : Par l'intermédiaire de M. Von Zach, j'ai reçu le 6 septembre de cette année les deux volumes de la Connaissance des temps pour 1794 et 1795, le premier de M. Méchain et le dernier de M. la Lande. Celui pour 1795 donne les noms et la distribution des mois et des jours dans le nouveau calendrier républicain. Mais, à côté sont les notations habituelles et compréhensibles partout, et toutes les dates (déterminations du temps) pour la marche et la position des corps célestes sont indiquées ainsi. On trouve aussi dans ce volume la liste des déclinaisons de 1063 étoiles que M. la Lande a observées.

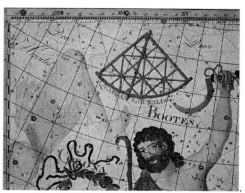

Figure 9a : La constellation *Le quadrant mural.*

1. Lalande a signalé par ailleurs l'absence de Cassini IV, emprisonné en 1793 puis, libéré, parti à Thury, et celle de Méchain qui est à Barcelone.

Berlin 1797, Éphémérides pour l'année 1800

Extraits de lettres de M. de la Lande du 5 janvier, 21 mai et 12 août 1797 à Bode, p. 246

BO13

5 janvier 1797[1]

J'ai annoncé, dans le *Magasin encyclopédique*[2] notre excellent journal, votre nouvelle carte du ciel. Je m'occupe actuellement de réduire ces nouvelles étoiles dont je ne vous ai envoyé que des positions déterminées approximativement. J'enverrai d'abord une liste de 400, de 6ᵉ et 7ᵉ grandeur, les suivantes viendront petit à petit. Je suis très désireux de voir l'impression des quatre premières feuilles de vos nouvelles cartes du ciel[3], et j'attends aussi avec impatience vos *Éphémérides* pour 1799. La *Connaissance des Temps* pour 1799 est en préparation, elle contiendra 1200 nouvelles étoiles observées dont je vous enverrai le début. L'*Histoire de l'astronomie* pour 1796 paraîtra dans le *Magasin encyclopédique* de ce mois **.

** *Note de Bode* : M. de la Lande me l'a envoyé, j'en ai donné quelques nouvelles dans le 3ᵉ volume supplément.

BO14

21 mai 1797

Vous recevrez de ma part par le Dr. Bloch un exemplaire de la nouvelle édition de notre petit atlas de Fortin.

M. Méchain est encore à Carcassonne où il prolonge les triangles vers Rodez, il devrait être de retour à la fin de l'été.

---

1. Les correspondances entre la France et les pays étrangers ont été très difficiles de 1793 à fin 1795, d'où ce long silence de Lalande.
2. Le mensuel *Magasin encyclopédique*, fondé en 1792, a été dirigé par Millin à partir de 1795. Il a cessé de paraître en 1816.
3. L'atlas de Bode, *Uranographia*, commencé en 1797 et achevé en 1801, comporte vingt cartes avec 17 240 étoiles. Bode a envoyé à Lalande quelques exemplaires de ces premières cartes par l'intermédiaire de von Zach, pour les « placer ».

Des deux taches [1] Sud – ou (*nuées du*)Cap, je ne sais rien de plus que ce qui est déjà dans mon *Astronomie*, article 840.

Je fais imprimer une histoire de l'astronomie [2] qui contiendra mes 40 milles étoiles, outre beaucoup d'autres observations.

Je donnerai dans le *Journal des savants* [3] deux notices sur Aristarque de Samos.

BO15

12 août 1797

Vous recevrez mes observations de 2000 nouvelles étoiles prêtes autour du 15 avril, de même que j'en ai déjà envoyé 800 pour votre nouvelle carte du ciel [*]. J'ai reçu avec plaisir les quatre premières belles feuilles de celle-ci, et pris livraison d'une récolte de souscriptions pour ce travail.

La *Connaissance des temps* pour 1799 qui vient de paraître vous parviendra par M. von Zach. M. Méchain s'attarde dans le Sud et

1. Il s'agit, dans l'article 840 de l'*Astronomie* de Lalande (3ᵉ édition), de deux zones noires situées dans l'hémisphère sud : «On voit du côté du pôle austral deux blancheurs remarquables , qu'on appelle le grand et le petit nuage, ou bien *les Nuées de Magellan,* mais que les Hollandois et les Danois nomment les *Nuées du Cap,* parce qu'en approchant ou du détroit de Magellan, ou du Cap de Bonne-Espérance, on a dû les remarquer; elles ressemblent parfaitement à la voie lactée, et quelle que soit la cause de la blancheur de celle-ci, il est probable que c'est la même que pour les deux nuages de Magellan (La Caille, *Mém. ij55,* p. 195).On remarque aussi dans la partie australe du ciel un espace de près de trois degrés d'étendue en tous sens, qui paraît d'un noir foncé, il est dans la partie orientale de la Croix du Sud ; mais cette apparence n'est causée, selon la Caille, que par la vivacité de la blancheur de la voie lactée qui renferme cet espace, et qui l'entoure de tous côtés (*Mém.* 1755, p. 199). M. Foster ne trouve pas cette explication suffisante, et il dit qu'il y a un espace plus grand et plus noir dans le Chêne de Charles. Les Anglais les appellent sacs à charbon (*Éph.* De Berlin 1790). On sent d'ailleurs qu'une partie du ciel, où il y aura beaucoup moins d'étoiles que dans tout le reste, peut paraître beaucoup plus sombre.» (le Chêne de Charles II est une constellation proposée par Halley). Nous savons aujourd'hui qu'il s'agit de nuages de poussières interstellaires.

2. L'impression du catalogue d'étoiles de Lalande est commencée. Elle s'achèvera avec les dernières observations du neveu Lefrançois et de Burckhardt en 1801 et paraîtra sous le titre : *Histoire céleste française.*

3. En 1797, les éditeurs du *Journal des savants,* disparu en 1792, ont tenté de le faire reparaître. Le trop faible nombre de souscripteurs a fait échouer cette tentative au bout de quelques mois.

M. de Lambre près du nord de Rodez, ils se rencontreront bientôt et la triangulation sera terminée. Ils reviendront en septembre pour la mesure de la base.

* *Bode note* (*résumé*) : Je suis reconnaissant à M. de la Lande pour la peine qu'il prend de me donner des étoiles qu'il a observées. Mais, dans ses 1 ères livraisons, l'ascension droite est seulement en minutes de temps, ce qui est insuffisant pour les grandes échelles de mes cartes. Dans les suivantes, il y a des répétitions et des erreurs...

Berlin 1798, Éphémérides pour l'année 1801

Extraits de trois lettres de M. de la Lande à Bode, p. 242 et sq.

BO16

3 février 1798

Je souhaite que vous puissiez calculer et introduire dans votre catalogue et vos cartes d'étoiles celles parmi les 10 000 étoiles du Sud, dans le ciel austral, cataloguées par de La Caille[1], dont seulement environ 2000 sont évaluées de 6ᵉ grandeur ou encore de 7ᵉ grandeur. Ce serait aussi très bien de les trouver dans vos cartes. Cela me réjouit que vous ayez abandonné le système de projection de Flamsteed qui déforme le ciel. Le 18 janvier, je vous ai envoyé à nouveau 1000 étoiles (un catalogue de) avec mon *Histoire de l'astronomie* pour 1797, par notre ministre à Cassel. J'irai en août à Gotha[2], et je souhaite fort d'avoir là le plaisir de faire votre connaissance. Je ferai 140 milles (françaises) ; vous aurez seulement à en parcourir 60. Le 23 janvier, nous avons observé une étoile encore inconnue de 4ᵉ ou 5ᵉ grandeur à 3h 31m 40s d'ascension droite et 17° 12' 30" de distance zénithale (*note de Bode : c'est n°40 Persée*). Je vous enverrai

---

1. Pendant sa mission au cap de Bonne Espérance (1751-1753), La Caille a observé près de 10 000 étoiles australes et formé quatorze nouvelles constellations. Ses résultats ont été publiés par l'Académie royale des sciences en 1756.

2. Lalande a été invité par von Zach à venir à l'observatoire du Seeberg qu'il dirige, près de Gotha. Pendant son séjour d'un mois et demi en 1798, plusieurs astronomes viendront le rencontrer. Bode sera l'un d'eux.

toutes nos nouvelles étoiles qui sont réduites. Ma nièce [1] en a calculé 300 ce mois-ci.

BO17

23 mars 1798

Je ne doute pas que ce que M. Dangos à Tarbes a vu le 18 janvier devant le Soleil pendant ¼ d'heure soit une comète ; seulement il ne nous a signalé que la sortie.

Le 3 mars, je vous ai envoyé par la poste encore une fois environ 1000 étoiles de 6e et 7e grandeur.

BO18

13 juin 1798

Cela me fait grand plaisir que vous introduisiez dans vos cartes les étoiles australes [2] de La Caille non encore calculées ; la valeur de ces cartes s'en trouve ainsi augmentée. J'ai reçu le 14 mai la 2e feuille de votre bel atlas céleste. Que vous ayez conservé le «Custos Messium» me réjouit aussi, M. Messier [2] le mérite bien, il a, encore une fois, découvert le 12 avril une comète que M. Burckhardt a calculée.

Notes : la carte des étoiles circumpolaires australes avec les constellations proposées par La Caille.

En 1774, Lalande a fait construire un globe céleste où il a introduit une constellation qu'il a appelée «Messier». Il souhaite la retrouver sur les cartes de Bode. Dans son *Uranographia*, Bode a bien noté cette constellation, nommée en latin Custos Messium.

1. La «nièce» de Lalande, dite Amélie, épouse de Michel Lefrançois, a réduit environ 10000 étoiles du catalogue Lalande.
2. Dans *Uranographia* de Bode, ces étoiles se trouvent dans la carte des étoiles circumpolaires australes avec les constellations proposées par La Caille.

Figure 9b : La constellation *Messier.*

Berlin 1799, Éphémérides pour 1802

BO19

Note de Bode, p. 233 :
Le 23 février 1799, M. de la Lande m'a écrit : «J'ai envoyé mes nouvelles astronomiques à mon cher ami de Zach, pour son *Journal* [1], et je vous invite à les prendre pour vos *Éphémérides*, qui ont une réputation toute faite ».

Note de Bode, p. 236 :
Le 12 juin 1799, M. de la Lande m'a écrit : « M. de Zach a fait graver ma Constellation du Chat [2], je vous invite à la conserver à cause de moi. »

De diverses lettres de M. de la Lande, p. 253 et sq. : (pas de date)
La lunette méridienne que M. de La Grange veut vendre est de Ramsden ; elle a une longueur de 37 pouces, l'axe 32 pouces, l'ouverture 32 lignes. Un grand demi-cercle, que j'avais fait faire pour M. Bergeret, sert pour mesurer les hauteurs, elle ne sera pas éclairée par l'axe et n'a pas de support. Vous pouvez proposer 800 livres pour cela *. Selon votre demande, j'ai chargé Carochez de tailler un objectif achromatique pour la lunette du quadrant mural de l'observatoire de Berlin. Je vous enverrai prochainement un nouveau catalogue des étoiles observées entre la Baleine et Haafen (?) pour vos cartes ; ma nièce les a réduites.

Delambre a écrit un grand et savant *Mémoire* sur le passage de Mercure. J'ai observé le contact des bords : 9h 23m 43s et 4h 41m 47s ; mon observation moyenne s'accorde avec la vôtre.

* *Note de Bode* : À ma demande, l'Académie a acheté cet instrument pour l'observatoire et cette nouvelle lunette pour M. Q. est déjà arrivée en avril cette année grâce à l'aimable soin de M. de la Lande, elle a 27 lignes d'ouverture.

---

1. Il s'agit du mensuel *Allgemeine Geographische Ephemeriden* (AGE) qui a paru pendant deux années : 1798 et 1799.

2. Dans *Uranographia* de Bode, le Chat (*Felis*) de Lalande se trouve entre l'Hydre et la Machine pneumatique.

Figure 10 : La constellation *Le Chat.*

Berlin 1803, Éphémérides pour 1806

De deux écrits de M. de la Lande, p. 258 et sq. :

BO20

29 avril et 30 juillet 1803

Je vous fais tous mes remerciements pour l'annonce de l'erreur qui se trouve dans mon *Astronomie* article 3298 sur la libration de la Lune[1] en latitude. Je n'ai plus aucun doute sur la planète d'Olbers (Pallas), depuis qu'elle a été observée à nouveau par M. Méchain et il s'ensuit que sa révolution est de 4 ans 7 mois et 15 jours. La comète de 1770 a décrit seulement un petit arc et celui-ci semble certainement rester observable chez nous. Ma *Bibliographie*[2] est à présent sortie des presses, elle est forte de 930 pages in quarto. Vous la recevrez bientôt de ma part (*note de Bode : en septembre elle n'est pas encore arrivée*). En novembre de l'an dernier, je vous ai envoyé ma petite édition des logarithmes[3] (*note de Bode : très bon ouvrage*). Suivant votre demande, je réponds que le *Mémoire* de M. de Laplace, qui est cité dans mon *Astronomie*, article 2767, se trouve dans le volume de nos *Mémoires*[4] pour 1789, p. 16 (donc non 1788). M. le docteur Burckhardt a observé la planète Olbers et calculé les nouveaux éléments suivants de son orbite : demi axe 2,767123 ; excentricité 0,2463 ; révolution sidérale 1681,28 jours ; périhélie le 30 juin 121° 6' 46" ; anomalie moyenne du périhélie calculée au 30 juin à midi 139° 9' 0" ; nœud 172° 27' 35" ; inclinaison de l'orbite 34° 38' 50" ; opposition observée 1803, le 29 juin 23h 57m 10s temps moyen ; longitude 9s 7° 39' 23",6 ; latitude 46° 26' 36" Nord.

---

1. Cet article 3298 se trouve dans le tome III, pages 313-314 de l'*Astronomie*, 3ᵉ édition.
2. Titre de cet ouvrage Bibliographie astronomique avec l'histoire de l'astronomie depuis 1781 jusqu'à 1802. Imprimerie de la République an XI (1803).
3. Tables de logarithmes pour les nombres et pour les sinus, F. Didot, 1802, rééditées encore en 1888.
4. Ce mémoire de Laplace qui a pour titre « Sur les variations de l'obliquité de l'écliptique, du mouvement des équinoxes en longitude, et de la longueur de l'année » se trouve page 6 (et non 16) dans *HAM* pour l'année 1789.

Berlin 1804, Éphémérides pour 1807

Observations et nouvelles astronomiques de M. de la Lande à Paris, p. 224 et sq. :
Extraits de différentes lettres.

BO21

Du 18 novembre 1803

Je travaille actuellement à mes nouvelles *Tables de Vénus* et de Mercure [1] jusqu'au dixième de seconde, j'ai réduit de 6^s 19° 12' 4" le mouvement séculaire (100 ans) de Vénus et diminué l'Époque d'environ 13". Je n'ai rien trouvé à changer dans la plus grande équation du point moyen et dans la longitude de l'aphélie, j'ai calculé aussi les Tables des perturbations pour ces deux paramètres.

BO22

Du 1er mars 1804

J'ai annoncé encore une fois dans un journal votre bel atlas du ciel et j'espère que ceci fera obtenir encore la vente de quelques exemplaires en stock chez moi [*en note : des remerciements de Bode*]. Vous recevrez prochainement mon *Histoire de l'astronomie* pour 1803 et vous y trouverez toutes les nouveautés astronomiques que j'ai communiquées, comme la *Connaissance des temps* pour 1806. M. Méchain est maintenant à l'île d'Ivica [2], où il prépare la mesure de son grand triangle. M. Henry est dans l'intention de mesurer le degré de longitude de Strasbourg à Brest. M. Burckhardt travaille à la théorie de la Lune et a déjà trouvé des choses

---

1. En fait, Lalande fait travailler à cette table de Mercure son collègue et ami, H. Flaugergues : voir dans *Lalandiana I* les lettres de Lalande à Flaugergues PR83 et de 89 à 93.

2. Méchain a quitté Paris le 26 avril 1803 avec son fils cadet pour prolonger la mesure du méridien de France depuis Barcelone jusqu'aux îles Baléares. Après des recherches sur la côte de Catalogne, il s'embarque pour Ibiza le 8 janvier 1804. Il explore différentes îles pour préparer la mesure du grand triangle qui doit relier le continent aux îles Baléares, puis il revient sur la côte près de Valence en avril. Victime des fièvres qui sévissent en été, il meurt le 20 septembre 1804.

curieuses. M. Thulis à Marseille a observé la fin de la nouvelle éclipse de Soleil [1] à 23h 1m 1,4s temps sidéral.

BO23

Du 1er mai

M. Pons, concierge de l'observatoire de Marseille, a découvert la comète de cette année [2] de M. le Dr. Olbers avant le 7 mars, et je lui ai envoyé 100 Livres, que j'ai proposées pour chaque découvreur d'une nouvelle comète. Le 7 mars, l'ascension droite de la comète était, à 17h 10m, d'après l'observation de M. Thulis 218° 47' et la déclinaison 15° 56' Sud. Je crois que M. Olbers calculera les éléments de son orbite, sinon je vous enverrai ceux de M. Bouvard. Nous n'avons rien vu de la grande éclipse de Soleil [3], il est arrivé partout rapidement des nuages, à cause de cela, il n'y a rien eu à voir.

BO24

Du 23 mai

J'ai appris avec grand plaisir l'invitation de M. Goldbach de Leipzig pour Moscou [4], à quoi vous avez donné la première impulsion. Je félicite votre observatoire d'avoir obtenu un cercle de 2 pieds de Troughton. Mais ce n'est pas un cercle répétiteur ou multiplicateur, les artistes anglais n'en fabriquent pas encore, parce qu'ils viennent de France. J'ai l'intention d'en envoyer un à M. Piazzi à Palerme. Je vous envoie ci-joint mon éloge [5] de

1. Cette éclipse s'est produite le 11 février 1804, elle était annulaire-totale, mais partielle à Marseille.

2. Pons, le premier, a découvert la comète de 1804, la 94e d'après Lalande. Elle a été vue par Bouvard à Paris le 11 mars et par Olbers à Brème le 12.

3. Cette éclipse du 11 février 1804 a été observée à Rome, Madrid, Marseille et Pétersbourg ; ailleurs le temps a été couvert. En Italie, elle a été annulaire et non totale, d'où la déception des observateurs.

4. M. Goldbach a été nommé professeur à l'université de Moscou ; il sera chargé de diriger la construction d'un observatoire.

5. Bernier est mort en mer pendant l'expédition Baudin vers la Nouvelle Hollande (Australie) ; son éloge se trouve dans la *Connaissance des temps* pour l'an XV, p. 446.

l'astronome Bernier décédé, un de mes élèves les plus aimés. En outre une description de mon nouveau thermomètre installé qui, comme je le crois, mérite une supériorité sur celui de Réaumur. M. Delambre a observé avec le cercle répétiteur les deux derniers équinoxes et trouvé par une grande quantité d'observations la longitude moyenne du Soleil pour l'Époque 1804 : 9ˢ 9° 55' 40".

BO25

Du 11 juillet

Les éléments de l'orbite de la comète sont déterminés par M. Bouvard, mais ne sont pas encore convenablement corrects ; je m'en tiens là-dessus à ceux déterminés par M. Olbers ; vous trouverez mon *Histoire de l'astronomie* [1] pour 1803 dans le volume des *Mémoires de l'Institut national*.

M. Messier a trouvé le 12 juin à 12h 42m temps vrai l'ascension droite de la planète Olbers [Pallas] 339° 56' 30" et sa déclinaison 10° 55' 23" Nord, mais je crains que ce soit sa dernière observation, attendu que la cataracte le menace.

Berlin 1806, Éphémérides pour 1809

D'un écrit de M. de la Lande, p. 279 et sq. :

BO26

Paris 4 septembre 1806

Messieurs Biot et Arago sont partis pour l'Espagne [2] pour continuer le méridien de Delambre et Méchain jusqu'aux îles Baléares. Je vous enverrai ce jour la Connaissance des temps pour 1808 qui contient

1. Cette histoire se trouve dans la *Connaissance des temps* pour l'an XV, p. 308 et non dans un volume des *Mémoires de l'Institut national des Sciences et Arts*.
2. En mai 1806, Laplace a proposé de continuer la méridienne de Paris jusqu'aux îles Baléares, travail interrompu en 1804 par la mort de Méchain. Désignés, Biot et Arago sont en Espagne dès septembre et préparent la mesure du grand triangle reliant les îles d'Ibiza et de Fromentera à la côte près de Valence.

beaucoup de traités. M. Delambre a déjà achevé 400 pages du deuxième volume de sa mesure du méridien [1]. Mon neveu Isaac [2] commence déjà très bien à calculer et observer pour prendre la place de son père. J'ai reçu plusieurs observations de l'éclipse du Soleil [3] du 16 juin et trouvé, pour la conjonction à Paris à 4h 30m 6s, la latitude de la Lune 19' 20". La différence des méridiens avec Berlin serait 44' 4"; il existe encore une incertitude de quelques secondes dans votre méridien.

Berlin 1807, Éphémérides pour 1810

Note de Bode, p. 224 :
Le 4 avril 1807 est mort le célèbre Jérôme de la Lande dans sa 79e année. Il était mon ami astronome et correspondant depuis plusieurs années et j'avais eu le plaisir de faire personnellement sa connaissance dans l'année 1798 à Gotha.

Une autre note :
Le directeur Bernoulli est mort.

Berlin 1808, Éphémérides pour 1811

Lettre de M. le professeur Delambre , secrétaire perpétuel de l'Institut national à Paris, p. 256-257 :

BO27

3 novembre 1807

Soyez assuré que, comme mon célèbre ami de la Lande, je vous enverrai chaque année deux exemplaires de notre *Connaissance des temps* dès sa parution : une pour l'observatoire et l'autre pour votre bibliothèque. Je vous enverrai aussi deux exemplaires des deux volumes de mon ouvrage *Base du système métrique*, dès que je trouverai une occasion commode. Le

---

1. Delambre a terminé l'impression du premier volume intitulé *Base du système métrique décimal*, ou *Mesure de l'arc du méridien*...(750 pages) en 1805.
2. Isaac, fils du « neveu » Michel Lefrançois-Delalande, est donc « petit neveu » de Lalande. Reçu à l'École polytechnique en 1808, il choisira une carrière militaire.
3. L'éclipse du 16 juin 1806 a été totale aux États-Unis d'Amérique.

volume de la *Connaissance des temps* pour 1809 a été longtemps à
l'imprimerie et a paru seulement il y a quelques jours. Celle pour 1810 est
sous presse. Je vous enverrai aussi les *Tables d'aberration* de M. Cagnoli.
J'ai communiqué au Bureau des longitudes vos observations de la comète
et j'aimerais volontiers vous expédier celles employées par MM. Bouvard
et Burckhardt, mais ils nous ont seulement montré leurs résultats,
notamment les éléments de l'orbite qui sont dans la *Connaissance des
temps* de 1809 et aussi dans le *Moniteur* qui arrivera, régulièrement
expédié, à Berlin.

Pages 261-262 :
La Classe de physique de l'Institut national de Paris a décerné le prix
créé par de la Lande au professeur Olbers à Brème pour sa découverte de
Vesta, dans sa séance du 7 décembre 1807.

*Ainsi s'achève la collaboration et la correspondance de Jérôme de Lalande avec
Elert Bode publiée en extraits dans ses Éphémérides de Berlin. Delambre, on le voit
ci-dessus, a pris la succession de Lalande.*

INDEX
DES PERSONNAGES CITÉS DANS LES LETTRES

Références abrégées : voir Bibliographie générale p. 383 sq.

Achard, Frédéric Charles (1753-1821), BA51, BA63

Descendant d'une famille protestante d'origine française, Achard a fait des études de chimie et de sciences naturelles. Membre de l'Académie des sciences, des arts et belles lettres de Berlin, il y devient le directeur de la classe de physique. Dans le domaine que le roi de Prusse lui a donné en Silésie, il développe la fabrication du sucre de betterave (découverte de Marggraf) et en devient le principal vulgarisateur.

Source : LXIX

Adelbulner, Michael, (1702-1779), BA26, BA27, BA29

Né le 2 février 1702 à Nuremberg, il est mort le 21 juillet 1779 à Altorf où il était professeur de mathématiques et de physique. Il est l'auteur de *Commercium litterarium ad astronomoœ incrementum[...]institutum*, paru en 1733-1735.

Source : Pogg.

Alembert, Jean Le Rond D', (1717-1783), BA10, BA12, BA13, BA14, BA16, BA17, BA18, BA20, BA21, BA23, BA26, BA35, BA42, BA46, BA49, BA51, BA61

Jean le Rond D'Alembert est né à Paris le 17 novembre 1717. Abandonné à sa naissance près de l'église Saint Jean-le-Rond, il a été confié à une jeune ouvrière, sa nourrice. Son père lui a cependant assuré une pension, ce qui lui a permis de faire ses études au collège des Quatre Nations où il se passionne pour les mathématiques. Au sortir du collège, il revient chez sa nourrice ; il y restera près de quarante ans. Remarqué pour ses travaux en mathématiques, il est nommé adjoint astronome à l'Académie des sciences en 1741. Il sera pensionnaire en 1756. Ses mémoires traitent de dynamique, du calcul différentiel, de la résistance des fluides, du calcul intégral. En astronomie, il résout le problème de la précession des équinoxes et explique la nutation découverte par Bradley. En 1751, avec Diderot, il entreprend l'*Encyclopédie* dont il rédige le discours préliminaire et les articles de mathématiques. En 1759, il publie des éléments de philosophie. Invité en 1763 par le roi de Prusse Frédéric II, il refuse de remplacer Maupertuis à la présidence de l'Académie de Berlin ; il refuse également l'invitation de la tsarine Catherine II. En 1754, il est membre de l'Académie française et en devient le secrétaire perpétuel en 1772. Pour raison de santé, il a quitté la maison de sa nourrice quelques années avant sa mort.

Source : Éloge par Condorcet, HAM pour 1783

Allamand, Jean Nicolas Sébastien, (1713 ou 1714-1787), BA39
Né à Lausanne (Suisse) et mort à Leyde en 1787, ce savant naturaliste, professeur de philosophie et d'histoire naturelle à l'université de Franeker (Frise) a, le premier, expliqué le fonctionnement de la bouteille de Leyde. Il était correspondant du marquis de Courtanvaux à l'Académie des sciences de Paris, membre de l'Académie de Haarlem et de la *Royal Society* de Londres.
Sources : LXIX et Index Acad.

Alzate y Ramirez, Joseph Antonio de, (1738-1799), BA22
Astronome, géographe, Alzate est chapelain du roi à Mexico. Il publie en 1769 et 1770 ses observations faites à Mexico : passages de Vénus et de Mercure devant le Soleil et météorologie (1769). Il est nommé correspondant de Pingré à l'Académie des sciences de Paris en 1771 puis rayé en 1786.
Sources : Lalande B&H et Index Acad.

Ammann (Amman), Cäsarius (1727-1792), BA15
Le père Amman, jésuite, est professeur de mathématiques et d'hébreu à l'université d'Ingolstadt, puis directeur de l'observatoire du collège à Dillingen ; il vit ensuite au collège de Hall. En 1770, il a donné la description d'un cadran astronomique nouveau. Il a fait exécuter sous ses yeux un quart de cercle par Brander, artiste à Augsbourg (*Journal des savants*, février 1772).
Source : Pogg.

Amélie, princesse (1723-1787), BR9
Sœur de Frédéric II le Grand.
Source : LXIX

Amelot ou Amelot de Chailloux, Antoine Jean Jacques (1732-1795), BA42
Secrétaire d'État au département de la maison du roi en 1776, Amelot est membre honoraire de l'Académie des sciences en 1777, et aussi de l'Académie des inscriptions et belles lettres. Il meurt le 20 avril 1795 dans la prison du Luxembourg.
Source : Index Acad.

Angiviller, Charles Claude de Flahaut de La Billarderie, comte d' (1730-1809), BA44
Né au château de Saint-Rémi-en-l'Eau (Oise) le 24 janvier 1730, il entre à l'Académie des sciences comme associé chimiste en 1772. Directeur des bâtiments et intendant du jardin du roi Louis XVI en survivance, il démissionne de cette

charge à la mort de Buffon en 1788. Il a été protecteur des artistes, savants et gens de lettres. En 1791, il émigre en Russie puis en Allemagne où il meurt au couvent d'Altona (Holstein) le 11 décembre 1809.

Sources : LXIX et Index Acad.

Anquetil, Louis Pierre (1723-1806), BA60
Né à Paris, il entre, à 17 ans, dans la congrégation de Ste Geneviève. Professeur de Théologie en divers endroits, il est ensuite curé de la Villette près Paris. Emprisonné pendant la Terreur, libéré après le 10 thermidor, il est alors élu à l'Institut national comme historien et attaché aux archives du ministère des relations extérieures. Il est l'auteur de nombreux travaux historiques.

Source : LXIX

Arago, Dominique François Jean (1786-1853), BO26
François Arago né à Estagel (Roussillon) a fait ses études secondaires à Perpignan. En 1803, il est admis à l'École polytechnique ; en 1805 il est secrétaire-bibliothécaire à l'Observatoire de Paris. Envoyé en Espagne avec Biot pour prolonger les mesures du méridien de Paris jusqu'aux Baléares, il en revient en 1809 après des aventures rocambolesques ; déjà adjoint au Bureau des longitudes (1807), il est alors élu à l'Institut dans la 1 ère Classe. Toute sa carrière se déroule à l'Observatoire où il est logé à partir de 1811 avec sa famille et ses élèves. Avec Malus, il a travaillé sur la polarisation de la lumière, avec Fresnel sur la théorie ondulatoire de la lumière, avec Ampère sur l'électromagnétisme, avec Dulong sur les machines à vapeur... À l'Observatoire, directeur des observations, il les organise et commande des instruments. De plus, chargé du cours d'astronomie, il le donne de 1813 à 1846 devant un public nombreux ; ce cours sera publié après sa mort sous le titre : *Astronomie populaire*. En 1830, il commence une carrière politique : député de son département d'origine, membre de l'éphémère gouvernement en 1848 c'est lui qui signe le décret (proposé par Schoelcher) abolissant l'esclavage. Il meurt à l'Observatoire en 1753.

Source : Lequeux.

Archevêque de Toulouse : Loménie de Brienne, Étienne Charles (1727-1794), BA61, BA65, BA67, BA76, BA80
Né à Paris, Loménie de Brienne est en 1763 archevêque de Toulouse où il fait bâtir le canal qui porte son nom reliant celui de Caraman à la Garonne. Ayant de bonnes relations avec les philosophes, il entre à l'Académie Française en 1770 (fauteuil n° XVI) avec le soutien de d'Alembert. En 1787, le roi Louis XVI le nomme contrôleur des finances en remplacement de Calonne. Pour rétablir les finances, il propose de nouveaux impôts ; en conflit avec le Parlement de Paris, il l'exile à Troyes. En Province, les Parlements refusent ses édits, il y a des soulèvements, à Rennes et à Grenoble ou la journée des Tuiles est restée dans les mémoires. Le 24 mai 1788, il est remplacé par Necker. Le roi, qui lui a donné l'évêché de Sens, le fait alors nommer cardinal. En 1791, il prête le serment à la constitution civile du clergé. Arrêté cependant en 1793, il est libéré peu après mais

arrêté de nouveau en février 1794. Le soir même de cette arrestation, il meurt d'une attaque d'apoplexie.

Source : LXIX

Argenson, Marc Pierre, de Voyer de Paulmy comte d', (1696-1764), BR1, BR10

Le comte d'Argenson a occupé plusieurs charges : lieutenant de police, intendant de Touraine, conseiller d'État, ministre de la guerre (à l'époque de la bataille de Fontenoy). Il a fondé en 1751 l'École militaire. Nommé académicien honoraire à l'Académie des sciences le 24 août 1726, il est aussi membre de l'Académie des inscriptions et belles lettres. Ami de Voltaire et des philosophes, il a fini sa vie en exil à la suite d'intrigues de Mme de Pompadour.

Sources : LXIX et Index Acad.

Aristarque de Samos, (c.-310-c.-230), BO14

Né dans l'île de Samos, la vie d'Aristarque est peu connue. Il a estimé les distances et les dimensions du Soleil et de la Lune et du Soleil relativement à la Terre. Le Soleil est beaucoup plus volumineux que la Terre. Il a décrit les mouvements de la Terre : elle tourne sur elle-même, et, bien plus petite que le Soleil, elle tourne autour de celui-ci ; il est ainsi le premier astronome à avoir défendu un système héliocentrique, ce qu'a d'ailleurs reconnu Copernic.. Il aurait inventé le scaphe, cadran solaire de forme hémisphérique..

Source : M. E. Mickelson BEA

Asclepi, père Giuseppe (Joseph) (1706-1776), BA12

Né à Macerata, le père Asclepi, jésuite et physicien, a enseigné dans diverses maisons de son ordre : la philosophie à Pérouge, la physique à Sienne et les mathématiques à Rome où il meurt le 21 juillet 1776. Il a publié de 1749 à 1771 divers ouvrages comme, en 1764, sur la mesure de la parallaxe du Soleil et, en 1770, sur le mouvement des comètes.

Source : Pogg.

Aubert, Jean, BA32, BA33, BA41, BA46, BA47, AB49, BA51, BA58, BA64

Imprimeur-libraire à Avignon

Aulnais, des, BA67[b], BA76

Garde de la Bibliothèque du roi

Bailly, Jean Sylvain (1736-1793), BA13, BA14, BA15, BA28, BA32, BA40, BA51, BA60, BA61, BA71, BA75, BA76

Né à Paris le 15 septembre 1736, fils d'un peintre garde des tableaux du roi, Bailly devient l'élève et l'ami de La Caille dont il fera publier le catalogue d'étoiles zodiacales après sa mort. En 1762, il présente à l'Académie des sciences des observations de la Lune qu'il a faites et réduites sous la direction de La Caille ; il y est admis le 27 janvier 1763. Il s'occupe de la théorie des satellites de Jupiter, mais c'est Lagrange qui résout le problème et remporte le prix de l'Académie. En 1771, sur une idée de Fouchy, il utilise des diaphragmes pour mesurer le degré de lumière d'un satellite de Jupiter ; méthode reprise ensuite par Lalande. Bailly rédige des

éloges de divers personnages ; en 1775, il donne le premier volume de son *Histoire de l'astronomie* (ancienne, moderne, puis indienne et orientale). Le dernier volume paraît en 1787. L'Académie Française le reçoit en 1784 et l'Académie des inscriptions et belles lettres, en 1785 (comme avant lui Fontenelle, il est des trois Académies). En 1789, député du Tiers, il préside plusieurs assemblées et après le 15 juillet, il est nommé par acclamation maire de Paris. Le 17 juillet 1792, il y eut fusillade au Champ de Mars dont il porta la responsabilité. Arrêté en 1793, il est guillotiné le 11 novembre.
Source : Lalande B&H p. 730-736

Banks, Sir Joseph (1743-1820), BA55
Né à Londres, Joseph Banks fait ses études à Harrow en 1752 puis à Eton en 1756. Il s'intéresse à la botanique et, en 1760, il assiste à des conférences d'Israel Lyons. Son père étant mort en 1761, le jeune Banks reçoit son riche héritage à sa majorité. Il s'installe alors à Londres et fait quelques voyages pour collecter des plantes : en 1766 au Labrador et à Terre Neuve. Il commence le *Banks Herbarium*. Il obtient en 1769 de participer au premier voyage du capitaine Cook autour du monde avec Solander, élève de Linné ; ils reviendront en 1771 avec plus de 800 espèces inconnues. À Tahiti, Cook et les astronomes de l'expédition ont observé avec succès le passage de Vénus devant le Soleil. En 1772, Banks fait un dernier voyage en Islande. En 1766, il a été admis à la *Royal Society of London* dont il devient le président en 1778 et le restera jusqu'à sa mort. Malgré les guerres, il a gardé des contacts internationaux, en particulier avec la France par des échanges de publications qu'il arrivait à effectuer par des moyens détournés, malgré les interdictions. C'est pourquoi, en 1801, il a été élu membre de l'Institut de France ; auparavant il avait été correspondant de Lalande à l'Académie des sciences (1772) puis associé étranger (1787). Après sa mort, Cuvier a fait son éloge.
Sources : G. A. Foote DSB et Index Acad.

Barros : Soares de Barros e Vasconcellos, José Joaquim (1721-1793), BR5, BR8
Né le 19 mars 1721 à Setubal, ville portuaire du Portugal, Barros est mort le 2 novembre 1793 à Lisbonne. Astronome et physicien, il a été nommé à l'Académie royale des sciences de Paris, comme correspondant de Delisle le 3 septembre 1757 puis de Cassini de Thury le 7 janvier 1769. Il a été rayé de la liste des correspondants le 12 juin 1776. Il a publié en français à Paris sur le passage de Mercure de 1753, à Berlin sur les satellites de Jupiter puis en portugais à Lisbonne.
Sources : Pogg. et Index Acad.

Barry, Roger (1752-1813), BA82, BO4, BO6
Né le 30 septembre 1752 à Spincourt près de Verdun, Barry, lazariste, se consacre à l'astronomie. En 1788, il vient travailler auprès de Lalande puis, en 1790, il est nommé astronome à l'observatoire de Mannheim. Il a publié ses observations en France et en Allemagne. Il meurt à Mannheim le 25 octobre 1813.
(Lalandiana I)

Bauer, BA11, BA12, BA17, BA18, BA32, BA44, BA47, BA50, BA61
Libraire à Strasbourg

Beauchamp, Pierre Joseph de (1752-1801), BA 63, BA70, BA75, BA78,
    BA82, BO3, BO4
Né à Vesoul le 29 juin 1752, Beauchamp entre en 1767 dans l'ordre des
Bernardins où son oncle Miroudeau a une abbaye. Celui-ci ayant été nommé
évêque de Babylone, fait venir son neveu à Paris où, intéressé par l'astronomie,
celui-ci suit les cours de Lalande au Collège Royal en 1780 et travaille à l'Observatoire avec Cassini IV. Arrivé le 18 septembre 1781 à Alep, son oncle ne peut
continuer le voyage et rentre en France, après avoir nommé Beauchamp vicaire
général. L'année suivante, celui-ci est à Bagdad où il installe un observatoire puis il
envoie ses observations à Lalande dont il est le correspondant à l'Académie des
sciences depuis 1785 et à von Zach. En 1784, il se rend à Bassorah et, en 1787, sur la
mer Caspienne où il observe l'éclipse de Lune du 30 juin 1787. De retour à Bagdad,
il poursuit ses observations, particulièrement celles de la planète Mercure que
Lalande lui a recommandées. En 1789, le département de la marine lui supprime la
gratification annuelle qui lui permettait de subsister à Bagdad. Il quitte donc cette
ville le 1er décembre et arrive à Paris le 3 septembre 1790. Lalande souhaite le
renvoyer en Arabie où il a déjà fait des observations importantes. En 1795, il obtient
la nomination de Beauchamp au consulat de Mascate. Celui-ci arrive à Constantinople le 23 septembre 1796 et obtient de cartographier les côtes de la mer Noire.
La guerre avec les Anglais rendant le voyage à Mascate obsolète, on l'envoie alors
en Egypte où il rejoint l'expédition de Bonaparte. Il est aussitôt élu à l'Institut
d'Egypte. Chargé d'une mission secrète à Constantinople par Bonaparte, il est fait
prisonnier et ne sortira, malade, du fort Fanaraki qu'à la paix. À peine arrivé à Nice,
il meurt le 19 novembre 1801. Il a été élu en février 1796 à l'Institut (sciences
morales et politiques) comme géographe. (*Lalandiana I*)

Beaumarchais, Pierre Augustin Caron de (1732-1799), BA28
Né Caron, Pierre Augustin est d'abord horloger. Il fait fortune avec l'aide du
banquier Pâris Du Verney et achète un titre de noblesse. Il devient alors de Beaumarchais, est reçu à la cour où ses mots d'esprit plaisent. Agent secret de Louis XV
en Angleterre, il termine une affaire avec l'assistance du chevalier d'Éon. Il est
devenu et resté célèbre comme auteur des deux pièces : le *Barbier de Séville* (1775)
et le *Mariage de Figaro* (1784), toujours jouées avec succès. Il meurt subitement en
1799.
Source : LXIX

Beausobre, Mademoiselle de, BA28, BA29

Beguelin (Béguelin), Nicolas (1714-1789), BA2, BA7, BA9, BA11, BA41,
    BA54
Né à en Suisse, à Courlary, N. Béguelin fait ses études à Bâle auprès du célèbre
Bernoulli (probablement Jean I). D'abord attaché à la légation de Prusse à Dresde,
il est ensuite professeur à Johachimstal. Frédéric II le nomme sous-gouverneur du
prince Frédéric-Guillaume, qui sera son successeur. En 1786, celui-ci devenu roi de

Prusse, nomme N. Béguelin directeur de la classe de physique de l'Académie de Berlin, lui donne un domaine et des lettres de noblesse. De 1762 à 1784, il a publié ses travaux sur la perfection des lunettes, sur les couleurs, sur les variations du baromètre..., et aussi ses observations météorologiques, dans les *Mémoires* de l'Académie de Berlin (1768-1787). Il meurt à Berlin le 3 février 1789.
Sources : LXIX et Pogg.

Belin, BA82
Employé au dépôt de la marine.

Belleri, BA33
Astronome amateur, Belleri a observé à l'Observatoire de Paris le passage de Vénus devant le Soleil en 1761 avec Maraldi II.
Source : C. Wolf

Bentink de Rhoon, comte de (??-1775), BA39
En Hollande, Bentink voulait installer un observatoire à l'université de Leyde.

Bergeret, Pierre Jacques Onésime (?-1785), BA22, BA30, BA43, BA67, BA70, BA74, BA75, BO19
Receveur général des finances de Montauban, membre honoraire de l'Académie de peinture et de sculpture, à la demande de Lalande, M. Bergeret a acheté un grand mural de Bird qui sera installé à l'observatoire de l'École militaire.

Bergman, Tobern Olof (1735-1784), BA54
Né le 9 ou 20 mars 1735 à Katherinberg (Suède), Bergman enseigne mathématique et physique à l'université d'Upsal, puis, en 1767, il y est professeur de chimie et de pharmacie. Membre de l'Académie des sciences de Stockholm, il est nommé en 1776 correspondant de Macquer à l'Académie des sciences de Paris, puis associé étranger en 1782. Il meurt le 8 juillet 1784 à Bad Medevi (Suède).
Sources : Index Acad. et Pogg.

Bernard, BA47, BA48, BA49
Cité par Lalande au sujet des problèmes auditifs de Bernoulli.

Bernard, Pons Joseph (1748-1816), BA75, BA76, BA77, BA78, BA79
Né le 16 juillet 1748 à Trans-en-Provence, Bernard est d'abord professeur de philosophie et de mathématiques chez les oratoriens. En 1778 il est nommé directeur-adjoint à l'observatoire de la marine à Marseille, et, en 1786, correspondant de Méchain à l'Académie des sciences de Paris. Ses observations des satellites de Saturne serviront de base aux tables de Lalande (*Connaissance des temps* pour 1792). Ayant quitté l'observatoire, il est chargé de travaux hydrauliques qui ont pour but de canaliser la Durance et d'améliorer la navigation sur le Rhône, d'Arles jusqu'à la mer. Il meurt à Trans le 29 juillet 1816.
Sources : LXIX et Index Acad.

Bernier, Pierre François (1779-1803), BO24
Né le 19 novembre 1779 à La Rochelle, Bernier est d'abord clerc dans une étude de notaire. Il rencontre en 1796 Duc-la-Chapelle qui lui offre l'*Astronomie* de Lalande, puis l'accueille dans son observatoire à Montauban. Ses observations sont

publiées dans la *Connaissance des temps*. Lalande l'invite chez lui, à Paris, où il arrive le 31 janvier 1800. En mars 1800, un voyage vers la Nouvelle Hollande (Australie) se prépare, Bernier se porte candidat malgré l'opposition de Lalande qui, estimant ses qualités d'observateur, le jugeait plus utile à terre. Le 5 août, il est engagé comme astronome, avec Bissy. Le départ des deux navires de l'expédition Baudin, le *Géographe* et le *Naturaliste* commandé par Hamelin, a lieu le 19 octobre 1800. Ils sont à l'île de France (île Maurice maintenant) du 18 mars au 25 avril 1801. La conduite de Baudin était telle que quinze membres de l'équipage l'ont quitté à l'île de France. Bernier continue. Ils sont le 29 mai sur les côtes de la Nouvelle Hollande où, le 14 novembre ils rencontrent l'*Insvestigator* du capitaine Flinders. En 1802, Bernier y observe l'éclipse de Soleil du 4 mars, l'éclipse de Lune du 19 mars et le passage de Mercure devant le Soleil le 9 novembre. Après avoir exploré les côtes de la Nouvelle Hollande, ils passent à Timor. Bien que malade, Bernier embarque début juin 1803 et meurt le 6 juin en mer. Le Bureau des longitudes a appris sa mort le 2 mars 1804. Au retour de l'île de France, Baudin meurt également. Son navire, le *Géographe*, revient à Lorient le 24 mars 1804. (*Lalandiana I*)

> **Bernoulli, Daniel (*1700-1782*),** BA5 (*oncle*), BA10 (*Daniel*), BA12, BA15, BA23, BA26 (*Daniel*), BA30, BA55, BA56, BA57, BAb1, BAb2, BAb3, BAb5
>
> Daniel, né à Groningue, est le deuxième fils de Jean I (1667-1748), célèbre mathématicien. Il a étudié les mathématiques avec son père, puis la médecine en Italie. Invité par le tsar, il arrive à Pétersbourg en 1725 avec son frère Nicolas qui meurt au bout de six mois. Daniel y est nommé professeur de mathématiques et membre de l'académie des sciences. Il quitte la Russie en 1733 pour revenir à Bâle. Là, il enseigne à l'université l'anatomie et la botanique jusqu'en 1750, puis mathématique et physique. Il publie des mémoires sur les séries récurrentes, la mécanique, les cordes vibrantes, une analyse des probabilités ; son *Traité d'hydrodynamique* est célèbre. Il a remporté plusieurs prix de l'Académie des sciences de Paris dont il est associé étranger en 1748, remplaçant son père décédé.
> *Source* : Éloge par Condorcet HAM 1782, p. 82

> **Bernoulli, Jean II, (*1710-1790*),** BA5 (*père*), BA15, BA23, BA30, BA55, BA56, BA57, BA60 (*père*), BA67 (*père*), BA63, BA77, BA79
>
> Né à Bâle le 18 mai 1710, Jean II étudie la jurisprudence et les mathématiques. Il a concouru avec succès trois fois pour un prix proposé par l'Académie des sciences de Paris. En 1782, il y a été nommé associé étranger à la place de son frère Daniel décédé.
> *Source* : LXIX

> **Bernoulli, Jean III, (*1744-1807*),** BA13, BA34[b], BA35, BA39, BA40, BA44[b], BA54, BA55, BA56, BA57, BAb3, BAb5
>
> Fils de Jean II, né à Bâle, il meurt à Berlin en 1807. Très jeune, élève brillant, Jean III Bernoulli a une grande réputation et il est docteur en philosophie à l'âge de 13 ans. Frédéric II l'invite à Berlin et le nomme astronome de l'Académie, à 19 ans.

Il prend conseil de Lalande pour équiper l'observatoire de Berlin. Il voyage, publie de nombreux ouvrages, par exemple sur les observatoires qu'il visite et sur les astronomes européens. En 1779, il est directeur de la classe de mathématique de l'Académie de Berlin. Il est membre des Académies ou sociétés de Londres, Pétersbourg, Stockholm.

Source : LXIX

Bernoulli, Madame, Véronique née Beck, BA15, BA27, BA49, BA54, BA69, BA82

Épouse (et secrétaire) de Jean III.

Berthoud, Ferdinand, (1727-1807), BA11, BA12

Né à Plancement, canton de Neuchâtel, le 19 mars 1727, Berthoud souhaite devenir horloger et vient à Paris en 1745. Il fait la connaissance du comte de Fleurieu qui désire des horloges exactes pour la détermination des longitudes en mer et qui encourage Berthoud dans cette recherche. En 1768, Berthoud a fabriqué une première horloge marine qui est essayée, avec succès, dans le voyage de *l'Isis*, commandée par Fleurieu. D'autres voyages en mer ont vérifié les qualités des horloges marines de Berthoud et aussi celles de l'horloger Leroy. Berthoud est nommé mécanicien de la marine, puis en 1795, membre de la section arts mécaniques de l'Institut de France. Il meurt à Groslay le 4 janvier 1807.

Sources : LXIX et Index Acad.

Bertrand, abbé (vers 1755-1792), BA76, BO6

Né à Autun, le jeune Bertrand est remarqué par l'évêque de cette ville qui l'envoie étudier à Paris où il est reçu bachelier en théologie et où il cultive les sciences et les belles lettres. L'évêque le place dans son diocèse où l'abbé pratique l'astronomie. Un ami le recommande à l'abbé Fabarel de Dijon qui obtient pour lui la chaire de physique ; il devient membre de l'Académie de Dijon. Le 25 avril 1784, il fait un voyage aérien avec Guyton de Morveau (1737-1816) dans un aérostat dirigeable. Bertrand s'occupe activement de l'observatoire de Dijon à partir de 1786 ; ses observations et mémoires se trouvent dans la *Connaissance des temps* et à l'Académie de Dijon. En 1791, il demande et obtient une place d'astronome dans l'expédition d'Entrecasteaux à la recherche de La Pérouse. Il meurt des suites d'une chute qu'il a faite en escaladant la montagne de la Table au cap de Bonne-Espérance.

Source : Lalande B&H p. 723

Bevis, John (1693-1771), BA4, BA12, BA14, BA20

Né le 31 octobre 1693 à Harnham près de Salisbury, Bevis a fait ses études à Oxford. Passionné d'astronomie, il observe à Greenwich avec E. Halley, puis en 1738 il installe son observatoire au Nord-Est de Londres. Observant les passages d'étoiles au méridien, il commence en 1745 son *Uranographia Britannica* dont la publication n'a pas été achevée. En 1750, il est membre de l'Académie des sciences de Berlin, et de la *Royal Society* en 1765. Il est nommé correspondant de Lalande à l'Académie des sciences de Paris en 1768. Il meurt le 6 novembre 1771, peut-être à la suite d'une chute pendant une observation.

Sources : K. J. Kilburn BEA et Index Acad.

Bézout, Etienne, (1730-1783), BA13, BA16, BA18, BA21, BA22, BA24, BA26, BA27, BA29, BA32, BA40, BA42, BA48, BA49, BA50, BA51, BA52, BA58, BA60, BA63

Né à Nemours dans le Gâtinais le 31 mars 1730, Etienne Bézout, dès sa jeunesse, montre une grande ardeur pour les mathématiques ; ses deux premiers mémoires sur le calcul intégral le font recevoir à l'Académie royale des sciences de Paris adjoint mécanicien le 18 mars 1758, puis associé en 1768 et pensionnaire en 1779. En 1763, le duc de Choiseul souhaite que les Gardes de la marine aient des connaissances mathématiques plus étendues. Bézout, nommé examinateur, est chargé de composer le cours de mathématiques. Il sera aussi examinateur des élèves de l'artillerie. Ces charges lui prenant beaucoup de temps, il lui a fallu plusieurs années pour achever ses recherches personnelles en publiant son *Traité sur l'élimination* (1779). Il était aussi membre de l'Académie de marine. Il meurt le 27 septembre 1783 aux Basses-Loges près de Fontainebleau.
Sources : Éloge par Condorcet HAM 1783 et Index Acad.

Biot, Jean-Baptiste (1774-1862), BO26

Fils d'un bourgeois parisien, J.-B. Biot étudie au collège Louis-le-grand, entre à l'École des Ponts et Chaussées puis à l'École polytechnique. Devenu professeur de mathématiques en 1797, soutenu par Laplace et Lagrange, il est admis à l'Institut en 1800 et sera bientôt profeseur d'astronomie à l'université de Paris et professeur au Collège de France. Ses travaux ont été consacrés à la géodésie (mesures de la méridienne en Espagne avec Arago, et plus tard en Italie), à l'électro-magnétisme (loi Biot-Savart), au magnétisme terrestre. En 1803, il a démontré que les pierres tombées près de l'Aigle venaient bien du ciel. Vers la fin de sa vie, il a travaillé sur l'astronomie égyptienne puis chinoise, prenant la suite de son fils Édouard décédé. Il a ainsi été élu à l'Académie des inscriptions et belles lettres puis à l'Académie française. Mort en 1862, sa tombe est au cimetière Montparnasse à Paris.
Sources : J.-L. Trudel BEA et Index Acad.

Bird, John, (vers 1710-1776), BA22, BA30, BA39, BA70, BA82, BO3, BO4

Tisserand à Durham, J. Bird remarque un cadran d'horloge mal divisé et en fabrique un où les heures sont correctement marquées. Venu à Londres en 1745 chez Sisson, fabricant d'instruments, il est chargé de la division des instruments. Graham à qui il a été recommandé lui enseigne ses méthodes. Il a construit deux quarts de cercle de huit pieds et un autre de six pieds pour Mayer. Il a publié en 1767 *The method of dividing astronomical instruments* et l'année suivante sa méthode pour construire un grand quadrant mural. Son dernier ouvrage a été le quart de cercle de huit pieds (anglais) de l'observatoire de l'École militaire, qui est maintenant à l'Observatoire de Paris. Il meurt le 31 mars 1776.
Sources : Lalande B&H et Delambre

Bissy, Claude, de Thiard comte de (1721-1810), BA46

Né à Paris, Bissy entre à 15 ans dans les mousquetaires et participe à de nombreuses campagnes. En 1750, il donne une traduction des lettres de

Bolingbroke ce qui amène son élection à l'Académie française à la place de Terrasson. En 1771, il est nommé lieutenant général du Languedoc, puis après la mort de Louis XV, il se retire dans ses terres et meurt au château de Pierres.
Source : LXIX

Bitaubé, Paul Jérémie (1732-1808), BA46
Né à Kœnigsberg le 24 novembre 1732, Bitaubé descend d'une famille de protestants français émigrés après la révocation de l'édit de Nantes. Il a d'abord fait des études de droit à Francfort am Oder qu'il a abandonnées pour la théologie. Après ses lectures de la Bible, il décide d'apprendre le grec et publie plusieurs traductions : *l'Illiade* et *l'Odyssée,* en 1760 à Paris, où il se rend souvent. Déjà membre de l'Académie de Berlin, il est associé étranger à l'Académie des Inscriptions de Paris en 1786. Il a aussi traduit en français *Hermann et Dorothée* de Gœthe. Pendant la Révolution, quoique sympathisant, il est arrêté en 1794 mais libéré après le 9 thermidor. Il est nommé, dès sa création, à l'Institut, classe d'histoire et de littérature ancienne. Ses œuvres complètes (9 vol.) sont publiées en 1804. Il meurt à Paris le 22 novembre 1808. (*Lalandiana I*)

Black, Joseph (1728-1799), BA59
J. Black est né à Bordeaux le 16 avril 1728. Il est d'origine écossaise, son père, de Belfast, étant installé à Bordeaux dans le commerce des vins. À douze ans, il quitte la France pour étudier en Écosse. En 1754, il est docteur en médecine, mais s'intéresse à la chimie avec Cullen. Nommé professeur de chimie à Glasgow, il se fait connaître par son travail sur la chaleur latente en 1757. Il correspond avec différents chimistes, dont Lavoisier. En 1766, il remplace Cullen dans la chaire de chimie à Edimbourg. Excellent professeur, il a beaucoup d'élèves. Il meurt le 26 november 1799. (*Lalandiana I*)

Blancherie, Pahin de la, BA47, BA48, BA49
Il a publié en 1776 : *Journal de mes voyages...* où il donne un système d'éducation. Puis, agent général de correspondance, il fait paraître en 1779 une feuille hebdomadaire *Nouvelles de la République des lettres* ayant pour sujets les sciences et les arts, qui sont évoqués chaque mercredi dans les assemblées qu'il réunit rue de Tournon. Cette feuille disparaît fin février 1780 puis reprend en 1781 grâce à la protection de Monsieur.
Source : *Journal des savants,* avril 1779 et novembre 1781

Bloch, BO14
Un voyageur (docteur en Allemagne) qui a transporté du courrier.

Bode, Johann Elert (1747-1826), BA23, BA48, BA49, de BA55 à BA60, de BA68 à BA83
Né le 19 janvier 1747 à Hambourg, Bode est professeur d'astronomie lorsque J. Lambert l'appelle à l'observatoire de l'Académie de Berlin pour préparer des éphémérides, *Astronomisches Jahrbuch.* La loi Titius-Bode qui note que les distances des planètes au Soleil forment une progression régulière est de 1772. Bode publie des Atlas célestes (plus de 5000 étoiles) et son *Uranographia*, l'un des plus beaux atlas publiés, présente, outre 17000 étoiles, les nébuleuses, étoiles

doubles et amas d'étoiles découverts par W. Herschel. Il est directeur de l'observatoire de Berlin en 1787 et meurt dans cette ville le 23 novembre 1826. (*Lalandiana I*),

Bonne, Rigobert (1727-1794), BA78
Né le 6 octobre 1727 à Raucourt (Ardennes), R. Bonne est mort à Paris le 2 décembre 1794. Ingénieur et géographe, on lui doit des cartes et des atlas, entre autres, un atlas maritime (1762), l'atlas encyclopédique en deux volumes (1787-1788) en collaboration avec Desmarets et le Neptune américo-septentrional. En collaboration avec Lalande, il a dessiné en 1775 le globe terrestre qui accompagnait le globe céleste dû à Lalande.
Sources : LXIX et B&H p. 763

Bonnet, Charles (1720-1793), BA55, BA59
Né à Genève le 13 mars 1720, Charles Bonnet s'intéresse très jeune aux sciences naturelles. Ayant lu à 16 ans les œuvres de Réaumur, il cherche et étudie les insectes et aussi les plantes. À 18 ans il correspond avec Réaumur et à 20 ans il est nommé son correspondant à l'Académie des sciences de Paris ; il sera associé étranger en 1783. Sa vue baissant, il abandonne ses recherches en sciences naturelles. Il s'intéresse alors à la philosophie spéculative et publie quatre ouvrages à ce sujet de 1760 à 1770. Il meurt le 20 mai 1793 à Genthold près de Genève
Sources : LXIX et Index Acad.

Borda, Jean Charles, chevalier de (1733-1799), BA12, BA82, BO9, BO10
Né à Dax le 4 mai 1733, Ch. Borda va étudier au collège des jésuites de La Flèche, puis entre à l'école du génie de Mézières en 1758. Capitaine de vaisseau, il fait plusieurs voyages pendant la guerre d'indépendance des États-Unis. Mathématicien, il est à l'Académie des sciences de Paris en 1757, à l'Académie de Marine en 1769 puis à l'Institut et au Bureau des longitudes en 1795. Ses recherches portent sur la mécanique des fluides, sur le pendule... ; il invente le cercle de réflexion qui améliore les mesures des angles en géodésie et astronomie et participe à l'établissement du nouveau système des poids et mesures. Il meurt à Paris le 19 février 1799. (*Lalandiana I*)

Boscovich, Roger Joseph (1711-1787), BA12, BA15, BA28, BA29, BA48, BA58
Né à Raguse (Dubrovnik), en Dalmatie, Boscovich est admis dans la compagnie des jésuites en 1725, à Rome. Professeur de mathématiques au collège romain de 1740 à 1760, il est chargé, en 1750, avec le père Maire, de la mesure de deux degrés d'un méridien dans les États du Pape. Il enseigne ensuite à Pavie puis à Milan. Il est nommé correspondant de Mairan à l'Académie des sciences de Paris en 1748, puis de Lalande en 1771. En 1760, il fait paraître un abrégé d'astronomie dans un long poême en vers latins qui sera traduit et imprimé à Paris en 1779. Après la suppression de la société de Jésus par le Pape Clément XIV en 1773, il vient à Paris où, en 1774, il est nommé directeur d'optique pour la marine. Il rédige ses mémoires (optique, comètes, anneaux de Saturne, rotation du Soleil...) qu'il va faire imprimer (5 volumes) à Bassano en 1785. Il meurt à Milan le 13 février 1787.

Sources : Lalande B&H p. 402 et p. 671 et Index Acad.

Bossut, abbé Charles (1730-1814), BA12, BA36, BA51, BA59, BAb5
Né à Tartaras, près de Rive de Gier, orphelin de son père peu après sa naissance, Charles Bossut est élevé par son oncle paternel. À quatorze ans, il étudie au collège des jésuites de Lyon (maintenant lycée Ampère). Mathématicien, il est de 1752 à 1768 professeur à l'école du génie de Mézières. Correspondant de d'Alembert à l'Académie des sciences en 1753, trois de ses mémoires sur la navigation, l'astronomie… reçoivent le prix de l'Académie des sciences dont il devient membre en 1768. De 1775 à 1780, il est titulaire de la chaire d'hydrographie créée par Turgot au Louvre. Il collabore au *Dictionnaire de mathématiques* et en rédige la préface. En 1792, il n'est plus abbé et devient examinateur à l'École polytechnique. Il a rédigé un cours de mathématiques, un traité élémentaire d'arithmétique et, en 1802 un essai sur l'histoire générale des mathématiques.
Sources : C. Stewart Gillmon DSB, Index Acad. et Monsieur le Maire de Tartaras.

   Boudier, BA76
   Jésuite en Inde

   Bouguer, Pierre (1698-1758), BA13, BA28
   Fils d'un professeur d'hydrographie, P. Bouguer est né au Croisic ; doué pour les mathématiques dès l'enfance, il enseigne les mathématiques à son professeur de littérature, au collège des jésuites de Vannes. À quinze ans, il réussit un examen pour succéder à son père décédé comme professeur d'hydrographie au Croisic. À 29 ans, il remporte le prix de l'Académie des sciences sur la manière de mâter les vaisseaux, puis il remporte les prix de 1729 et de 1731. En 1729 il publie un *Essai d'optique sur la gradation de la lumière* ; il continue ce travail seulement ébauché et achève son traité à la veille de sa mort. En 1730, il est nommé professeur d'hydrographie au Havre, et il entre à l'Académie l'année suivante. Il est choisi en 1735, avec Godin, La Condamine et Jussieu cadet pour l'expédition au Pérou qui a pour but la mesure d'un degré de méridien près de l'équateur. On lui doit l'invention de l'héliomètre et plusieurs traités sur la navigation, le roi l'ayant attaché à la marine. Il collabore au *Journal des savants* à partir de 1752. Il meurt le 15 août 1758.
Source : Éloge par Fouchy HAM 1758

   Bouret, BA42
   S'est occupé d'instruments d'astronomie.

   Bouvard, Alexis (1767-1843), BO23, BO25, BO27
   Né aux Condamines (Haute-Savoie), le jeune paysan Alexis Bouvard vient à Paris, étudie les mathématiques au Collège de France, s'intéresse à l'astronomie et, six mois plus tard, il est nommé à l'Observatoire à la place de Cassini IV, démissionnaire en 1793 parce qu'il a été relégué au même rang que ses élèves. Bouvard, grand travailleur, calcule des tables de la Lune pour Laplace (tables qui ont reçu un prix de l'Institut), découvre des comètes (la première le 14 novembre 1795). Il aide Caussin, linguiste, dans sa traduction du manuscrit d'Ibn Yunis où se trouvent des observations astronomiques autour de l'an 1000, utilisées par Laplace. Calculant

des tables d'Uranus, il suggère l'existence d'une planète perturbatrice. Membre du Bureau des longitudes, il est aussi en 1803 dans la première Classe de l'Institut (plus tard Académie des sciences) et il a été élu à la *Royal Society of London*.
Sources : R. A. Jarrell BEA et Lalande B&H

Brack, BA68, BA69, BA70
Attaché auprès de M. le garde des sceaux, il s'est occupé de l'affaire Dohm.

Brackenhofer, BR5, BR9, BA8
Professeur de mathématiques à Strasbourg, il a publié un traité *Spæricorum formulare, in auditorum usus digestum* en 1770. Il est aussi directeur de l'observatoire (peu équipé) et possède une belle bibliothèque astronomique.
Source : Lalande B&H

Bradley, James (1693-1762), BA19, BA39, BA76, BA82, BO1
Né à Sherbourn en Angleterre, J. Bradley est destiné à une carrière écclésiastique. Aidé par son oncle, le Révérend J. Pound, astronome amateur, il achève ses études à Oxford en 1717. Ordonné la même année, il est vicaire à Bridstow où il continue des observations astronomiques, en particulier de la planète Mars pour Halley. Élu à la *Royal Society of London* en 1718, il est nommé en 1721 professeur d'astronomie à Oxford. Il découvre l'aberration de la lumière par des observations commencées en 1725 avec Molyneux. En 1742, il succède à Halley comme Astronome Royal et directeur de l'observatoire de Greenwich. En 1748, après une vingtaine d'années d'observations, il annonce la nutation due à la Lune. Il a renouvelé les instruments de l'observatoire de Greenwich et ainsi amélioré les observations. Il meurt à Chalford le 13 juillet 1762. (*Lalandiana I*)

Brahé, Tycho (1546-1601), BA27
Né le 14 décembre 1546 à Skane au Danemark (maintenant en Suède), Tycho Brahé est aidé par un oncle. Après trois années d'études à l'Université protestante de Copenhague, celui-ci l'envoie étudier le droit à l'Université de Leipzig. Il étudie secrètement l'astronomie, qui l'intéresse depuis l'éclipse de Soleil de 1560. Il voyage : Rostock, Bâle, Augsbourg où il fait des observations astronomiques jusqu'en 1570 lorsqu'il retourne dans sa famille. Après la mort de son père, il se rend dans la maison de son oncle. C'est là qu'il voit dans Cassiopée, le 11 novembre 1572, une « étoile nouvelle » qui sera visible jusqu'en mars 1574. Son travail sur cette « nova » dont l'existence est contraire aux dogmes aristotéliciens, est publié en 1602 dans *Progymnasmata*. Il voyage à nouveau : Cassel où il observe avec le Landgraf Wilhelm IV, Francfort, Bâle, Venise, Augsbourg ; à Wittenberg il voit un instrument parallactique en bois (Triquetum). De retour au Danemark, le roi Frédéric II lui offre l'île Hven pour installer son observatoire (Uraniborg). Tycho Brahé fait construire de grands instruments et un globe céleste de 5 pieds de diamètre. Il a un quart-de-cercle vertical gradué en degrés et minutes pour mesurer les hauteurs et les azimuts des astres, un quart-de-cercle mural, dans un plan méridien dont les minutes sont divisées en six dixièmes de seconde. Il a des assistants pour manier ces grands instruments. Il observe une belle comète du 13 novembre 1577 au 26 janvier et démontre que c'est un objet plus lointain que la

Lune dans *De mundi ætherei recentioribus phœnomenis* (1588). Il établit un catalogue d'étoiles, observe le Soleil, la Lune dont il détermine l'inclinaison de l'orbite, les planètes... Tycho propose un système du monde encore géocentrique, mais où les cinq planètes tournent autor du Soleil ; ce modèle a eu une grande importance historique. Après la mort de Frédéric II le 4 avril 1588, Tycho Brahé a de mauvaises relations avec son successeur. Il quitte Hven le 15 mars 1597 pour Copenhague puis Prague en juin 1799 où Kepler viendra le rejoindre. Il y meurt en 1601. (*Lalandiana* I)

Brander, Georg Friedrich (1713-1783), BA1

Né à Regensburg, Brander est fabricant d'instruments scientifiques à Augsbourg et membre de l'Académie des sciences de Münich. Pendant onze ans (1765-1776), il a été en correspondance avec J. H. Lambert.
Source : Pogg.

Breteuil, Louis-Auguste Le Tonnelier, baron de (1730-1807), BA65, BA71, BA76, BA79

Né à Preuilly, en Touraine, le baron de Breteuil, protégé par son oncle l'abbé de Breteuil, entre dans l'armée. Remarqué par le roi, il est envoyé en 1758 comme plénipotentiaire auprès de l'électeur de Cologne, puis, Louis XV l'initie à la correspondance secrète qu'il entretient avec les cours étrangères et dont le comte de Breuil était l'âme. En 1760, il passe en Russie. Absent de son poste lorsque la tsarine fait déposer le tsar Pierre II, il s'empresse de revenir ; il est très bien reçu par Catheine II. En 1770, il était à Vienne lorsqu'il fut remplacé par le cardinal de Rohan ; ce fut le début de leur inimitié. En 1772, il est en Suède où il travaille au coup d'état qui y établit le despotisme. Il passe dans diverses ambassades avant de rentrer en France en 1783 où il est nommé ministre d'État chargé de la maison du roi. En désaccord avec Calonne, il démissionne. Opposé à la convocation des États généraux, il succède à Necker à la tête du gouvernement et voit tomber la Bastille. Il émigre et ne rentre en France qu'en 1802. Il meurt à Paris le 2 novembre 1807. (*Lalandiana I*)

Brisson, Mathurin Jacques (1723-1806), BA78

Né à Fontenay-le-Comte (Poitou) le 30 avril 1723, Mathurin Brisson, neveu de Réaumur, succède à Nollet dans la chaire de physique du collège de Navarre. Il est nommé adjoint botaniste à l'Académie des sciences de Paris en 1759 et publie en 1760 *Ornithologie*. Physicien, il traduit en 1771 *Histoire de l'électricité* de Priestley puis il écrit divers ouvrages de physique. En 1785, il est à l'Académie comme pensionnaire en physique générale. Élu en 1795 dans la 1ère Classe de l'Institut, il est professeur dans les écoles centrales. Il meurt le 23 juin 1806 à Brouessy près de Versailles.
Sources : Pogg. et Index Acad.

Brissot de Warville, Jean Pierre (1754-1793), BA68

Jean Pierre Brissot est né au village de Ouarville, près de Chartres, d'où il a tiré son nom. Fils d'un riche aubergiste, il a reçu une bonne éducation. Venu à Paris, il publie sur les sciences, la jusrisprudence et la littérature ; ses écrits le mènent par deux fois à la Bastille. Il se rend en Angleterre et aux États-Unis. En 1788, il est l'un des fondateurs de la Société des amis des noirs. Élu à l'Assemblée législative, il devient un des chefs des Girondins. Réélu à la Convention, il est guillotiné en 1793 avec ses amis Girondins (dits aussi Brissotins). En 1796, une pension sera attribuée à sa veuve.

Source : LXIX

Brunswich (ou Brunswick), duchesse de, BR9

Buache (de la Neuville), Jean Nicolas (1741-1825), BA78, BO3
Né le 15 février 1741 à la Neuville-au-pont, Nicolas Buache est le neveu de Philippe Buache, premier géographe du roi (1700-1773). Il succède à son oncle comme premier géographe du roi et entre à l'Académie des sciences le 25 avril 1782 comme adjoint géographe et associé en 1785. Il est élu dès le 25 octobre 1795 dans la section de géographie de l'Institut. Il est aussi membre du Bureau des longitudes.
Source : Index Acad.

Buc'hoz, Pierre Joseph (1731-1807), BA16
Né à Metz, P. Buc'hoz d'abord avocat est ensuite médecin à Nancy puis à Paris. Naturaliste et médecin, il a publié un grand nombre d'ouvrages, particulièrement en histoire naturelle.
Source : LXIX

Buffon, Georges-Louis, Leclerc comte de (1707-1788), BA13, BA20, BA34
Né à Montbard (Côte d'Or) le 7 septembre 1707, Buffon est fils d'un conseiller au parlement de Dijon. Après des études brillantes, il rencontre un jeune Anglais qui voyage avec son précepteur. Avec eux, il visite la Suisse et l'Italie pendant dix-huit mois, puis il les accompagne à Londres. Il apprend l'anglais et fait quelques traductions (1733) qui sont agréées par l'Académie des sciences de Paris. Il étudie les mathématiques, la physique puis s'intéresse à la vie des animaux. Il fait paraître le premier volume de son *Histoire naturelle*. Ses travaux lui ouvrent les portes de l'Académie des sciences en 1733. Nommé intendant des jardins du roi la même année, il poursuit ses études et la publication de son *Histoire naturelle* jusqu'en 1767. Le goût de la science s'étant emparé de la société, ses livres ont beaucoup de succès. Son *Histoire des animaux domestiques* (1753-1756) intéresse l'agriculteur, l'homme du monde et le savant. Suivent *Histoire des oiseaux* (1770-1781), *Histoire des minéraux* (1783-1785) aux idées qui paraissent aujourd'hui bizarres et son chef d'œuvre, *les Epoques de la nature* (1788). Il était aussi membre de l'Académie française et de la Société d'agriculture. Une maladie grave l'oblige à abandonner ses travaux; il se consacre alors à l'agrandissement du Jardin des plantes. Il meurt le 16 avril 1788. (*Lalandiana I*)

Bugge, Thomas (1740-1815), BA68
Né et mort à Copenhague, Thomas Bugge est géographe en 1762. En 1777, il est professeur de mathématiques et d'astronomie à l'université de Copenhague. Il est aussi membre de l'Académie des sciences de cette ville et directeur de l'observatoire. Ses observations astronomiques de 1781 à 1788 le font connaître et

il devient correpondant de Méchain à l'Académie des sciences de Paris en 1787 ; plus tard, en 1804, il est élu correspondant de l'Institut en astronomie. Ses travaux sont alors publiés par von Zach et par Bode.

Sources : Pogg. et Index Acad.

Burkhardt, Jean Charles (Johann-Karl) (1773-1825), BA80, BO18, BO20, BO22, BO27

Burkhardt est né le 30 avril 1773 à Leipzig. Il étudie les mathématiques, ce qui le mène à l'astronomie dont il apprend la pratique et la théorie auprès de von Zach, directeur (depuis 1792) de l'observatoire du Seeberg à Gotha. Recommandé à Jérôme Lalande par la duchesse de Gotha et par von Zach, il vient à Paris en 1797. Il se distingue par des calculs d'orbites de comètes et observe assidûment avec Michel Lefrançois-Lalande (le neveu) à l'observatoire de l'École militaire où il est logé dès 1804. Il traduit en allemand la *Mécanique céleste* de Laplace. En 1799, il est nommé astronome-adjoint au Bureau des longitudes. Citoyen français en 1803, il est élu à l'Institut en 1804. Ses tables de la Lune sont publiées en 1812 par le Bureau. Il meurt à Paris le 21 juin 1825. (*Lalandiana I*)

Bushing, BA34

Il a publié une géographie en douze volumes

Cagnoli, Antonio (1743-1816), BA65, BA67[b], BA71, BA80, BA82, BO27

Membre de la légation de Venise à Paris, il y installe un observatoire en 1782. De retour à Vérone, il est nommé en 1789 correspondant de Lalande à l'Académie des sciences de Paris. Il continue ses observations et détermine la longitude par rapport à Paris et la latitude de son nouvel observatoire ; il publie ses travaux dans les *Mémoires de la société italienne*, dont il sera président. En 1803-1804, il donne un catalogue d'étoiles boréales ; il est alors élu correspondant de l'Institut de Paris.

Sources ; Lalande B&H et Pogg.

Caluso, Tommaso Valperga di [comte de Masimo] (1737-1815), BA80

Né le 20 décembre 1737, il est mort à Turin le 1er avril 1815. Vers 1764, officier de marine puis prêtre de l'oratoire il vit à Naples jusqu'en 1768. Venu à Turin, il y est professeur de grec à l'université et directeur de l'observatoire, membre de l'Académie des sciences et de la Société italienne. Il publie des travaux sur la mesure de la hauteur des montagnes, sur la projection orthographique, la navigation sur un sphéroïde elliptique.

Source : Pogg.

Canivet, BA1, BA2, BA3, BA6

Canivet est mort en 1773 ou 1774. Son oncle, Langlois, était ingénieur en instruments de l'Académie des sciences (« premier artiste du royaume ») ; à sa mort, ce même titre a été accordé à son neveu. À la mort de ce dernier, plusieurs artistes sont candidats pour lui succéder. Pour éclairer son choix, l'Académie propose aux artistes, en 1774 comme prix pour l'année 1777, la construction d'un quart-de-cercle.

Sources : *Journal des savants*, novembre 1774 et Daumas

Canterzani, Sebastiano (1734-1819), BA12
Professeur de mathématiques à l'université de Bologne ; membre puis président de l'Institut de Bologne, il est aussi membre de la Société italienne.
Source : Pogg.

Caraccioli, Giovanni (1721-1798), BA27
Né et mort à Naples où il était professeur de mathématiques.
Source : Pogg.

Caroché (Carochez), Noël Simon (1744-1814), BO19
Mécanicien et opticien, Caroché fabrique en 1767 le mégamètre de M. de Charnières. Cassini IV l'a emmené à Londres pour visiter les ateliers d'instruments astronomiques en 1787 ; il a obtenu alors le brevet d'ingénieur de l'Académie des sciences et fabriqué le miroir en platine pour l'abbé Rochon. Il a produit des lunettes achromatiques, des miroirs plans à faces parallèles… En 1795, il est nommé artiste du Bureau des longitudes.
Source : Daumas

Cartault, Jean (?-1784), BA33
Premier commis de la marine, il a effectué beaucoup de calculs de la Lune pour la *Connaissance des temps*, et déterminé 250 000 logarithmes.
Source : Lalande B&H p. 667

Cassini, Jean Dominique ou Cassini I (1625-1712), BA39, BA40, BA75, BA77, BA78, BAb2, BO3
Né à Perinaldo le 8 juin 1625, J.-D. Cassini fait ses études au collège des jésuites à Gênes. Secrétaire du Doge de cette ville, il l'accompagne à la cour de Louis XIV. En 1650, il est nommé à l'université de Bologne dans la chaire d'astronomie. Il se fait bientôt connaître par ses observations de la comète de 1652 qu'il a effectuées à l'observatoire du marquis de Malvasia près de Modène. En 1653, l'église San Petrone subit des réparations et des agrandissements ; Cassini est chargé de rétablir la méridienne que l'on peut encore voir à Bologne et avec laquelle il a mesuré l'inclinaison de l'écliptique (la précédente méridienne datait de 1575 et n'était plus utilisable). En 1668, il publie ses *Ephémérides des satellites de Jupiter* dont la qualité est remarquée à Paris où il est invité par Colbert à venir à l'Observatoire alors en construction. Bien reçu par Louis XIV, il obtient pension, lettres de naturalité en 1773, se marie et s'installe à l'Observatoire. Excellent observateur, il découvre notamment quatre satellites de Saturne et la lumière zodiacale. Avec Picard à Paris et Richer à Cayenne, il établit la parallaxe de la planète Mars et celle du Soleil, d'où la première bonne mesure de la distance du Soleil à la Terre. En 1693, il donne de nouvelles tables des satellites de Jupiter. En 1695-1696, Cassini voyage en Italie avec son fils Jacques et, en passant à Bologne, il vérifie la méridienne qu'il avait tracée quarante ans plus tôt. Devenu aveugle, il meurt à l'Observatoire le 14 septembre 1812, événement que Saint-Simon signale dans ses *Mémoires*. Il est le fondateur de la « dynastie » des Cassini qui seront à la tête de l'Observatoire de Paris jusqu'à la Révolution. (*Lalandiana I*)

Cassini, Jacques ou Cassini II (1677-1756), BA77, BAb2

Né le 18 février 1677 à l'Observatoire de Paris, Jacques Cassini fait ses études au collège des Quatre Nations, études qu'il achève en 1691 par une thèse d'optique sous la direction de Varignon. Admis comme élève à l'Académie des sciences en 1694, il sera associé en 1699 puis pensionnaire à la mort de son père. Il a fait plusieurs voyages en Italie avec Cassini I, en Flandres, aux Pays-Bas et en Angleterre où il a pratiqué astronomie et géodésie. Avec son père, il a prolongé la méridienne de Paris en 1700-1701 ; avec son fils, il a mesuré la perpendiculaire de Strasbourg à Saint Malo. D'après ces mesures, il a affirmé que la Terre était allongée aux pôles. Ses observations astronomiques ont porté sur les planètes et leurs satellites et il a démontré le mouvement propre des étoiles. En 1740, il se retire peu à peu et publie ses *Eléménts d'astronomie* et ses *Tables astronomiques*. Il a occupé des fonctions telles que Conseiller d'État où l'on a apprécié sa probité. Il meurt au château de Thury le 15 avril 1756. (*Lalandiana I*)

Cassini, César François de Thury ou Cassini III (1714-1784), BA8, BA13,
BAA16, BA34, BA37, BA40, BA42, BA43, BA44

Né le 17 juin 1714 au château de Thury, Cassini III étudie l'astronomie avec G. F. Maraldi et est admis en 1735 à l'Académie des sciences. Avec son père, puis avec La Caille, il vérifie la longueur de l'arc du méridien de Paris mesuré autrefois par Picard. Son grand ouvrage est la description géométrique de la France financée d'abord par le roi ; les crédits ayant été supprimés, il forme une compagnie qui avance les fonds nécessaires. Cette carte de France (dite « des Cassini ») sera achevée par son fils. En 1761, il prolonge la perpendiculaire au méridien de Paris à Strasbourg, jusqu'à Vienne où il observe le passage de Vénus devant le Soleil en présence de l'archiduc Joseph. Il a présenté à l'Académie divers mémoires sur la réfraction, la parallaxe du Soleil… Il meurt de la variole le 4 septembre 1784.

Source : Éloge par Condorcet, HAM 1784, p. 54

Cassini, Jean-Dominique comte de, ou Cassini IV (1748-1845), BA21, BA39,
BA52, BA62, BA67, BA67 b, BA68, BA70, BA71, BA76, BA81, BA82,
BO6, BO9

Né à Paris le 30 juin 1747, Jean-Dominique (comme son arrière grand-père) est le dernier de la dynastie. Astronome, il entre à l'Académie des sciences en 1770. Il observe des comètes, la disparition de l'anneau de Saturne en 1773, un passage de Mercure sur le Soleil le 12 novembre 1773 et, régulièrement, les variations de l'orientation de l'aiguille aimantée. Géodésien comme son père, il participe à la jonction Paris-Greenwich en 1787 et il achèvera la grande carte de France commencée par Cassini III, à qui il succède comme directeur de l'Observatoire en 1784. Cette carte sera « nationalisée » par la Convention. Arrêté en 1793, Cassini IV est libéré peu après et quitte l'Observatoire. Nommé à l'Institut et au Bureau des longitudes en 1795, il en démissionne et se retire au château de Thury. Il est à nouveau nommé membre de l'Institut en 1799. Il meurt le 18 octobre 1845. (*Lalandiana I*)

Castel, père Louis Bertrand (1688-1757), BR2, BR8, BR10

Né le 11 novembre 1688 à Toulouse, le père Castel, jésuite, vient à Paris où, en 1724 il donne un traité de physique sur la pesanteur. Il collabore au *Journal de Trévoux*. Dans ses mémoires, il défend les tourbillons de Descartes ; en 1743, il expose le système de physique générale de Newton en parallèle avec celui de Descartes.

Source : Lalande B&H

Castillon, Jean François, Salvemini de (1709-1791), BA73

Salvemini est né à Castiglione, dont il a pris le nom. En 1751, il est professeur de philosophie et de mathématiques à Utrecht. Puis, appelé à Berlin par Frédéric II, il y est professeur à l'école d'artillerie et directeur de l'Académie. En 1757, il publie, en français, les *Eléments de physique de Locke*. Il a trouvé le premier la solution du problème : inscrire dans un cercle un triangle dont les côtés passent par trois points donnés intérieurs au cercle. Ce problème a occupé Lagrange, Euler, Carnot... Il a été étendu à des polygones.

Source : LXIX

Caussen, BA47

Météorologue.

Celt, BA57, BA58

Voyageur venu à Paris et recommandé à Lalande par Zach.

Ceratti, BA15

Astronome ?

Cerf Beer, BA67, BA73

Sollicité par Lalande, il s'est occupé de l'affaire Dohm.

Cesaris, Giovani Angelo (1749-1832), BO3

Né à Casale Pusterlengo, Cesaris est le premier astronome de l'observatoire de Milan, directeur de l'Institut et membre de la Société italienne. À partir de 1775, il rédige les éphémérides de Milan. Il fait de nombreuses observations astronomiques, météorologiques, et écrit sur le télescope, les horloges astronomiques...

Source : Pogg.

Chappe d'Auteroche, Jean Baptiste (1728-1769), BA11, BA21, BA22, BA23, BA25, BAb2

Né à Mauriac le 23 mars 1728, Jean Chappe d'Auteroche commence ses études au collège des jésuites de cette ville et les achève à Paris au collège Louis-le-Grand. Remarqué pour ses succès en mathématiques et astronomie, il est recommandé à Cassini III par le principal du collège. À l'Observatoire, Cassini le fait travailler à la carte de France. Puis l'abbé Chappe traduit la première partie des tables astronomiques de Halley, publiée en 1752. Il entre à l'Académie des sciences comme adjoint astronome en 1759. L'année suivante, il est désigné pour aller en Sibérie observer le passage de Vénus sur le Soleil le 6 juin 1761 à Tobolsk où il arrive le 10 avril et observe ce passage. Au retour, il passe l'hiver à Pétersbourg et revient par mer. En 1768, il donne en trois volumes (plus des cartes) une relation de ce voyage.

Ce qu'il a écrit des mœurs de la Russie a fâché Catherine II qui a publié une rectification. Cette même année, Chappe quitte la France pour Cadix où il s'embarque pour le Mexique, ayant été désigné pour observer en Californie le deuxième passage de Vénus devant le Soleil (3 juin 1769). Son observation est un succès mais les membres de l'expédition sont victimes d'une épidémie qui sévit dans la région ; il y eut peu de survivants. Chappe d'Auteroche est mort le 1er août 1769 à San Lucar. Ses observations ont été apportées à l'Académie des sciences l'année suivante.

Source : Éloge par Fouchy, HAM 1769

Charnières, de, BA14, BA23, BA29

Officier de marine français, de Charnières a fait sept campagnes. Il a publié trois ouvrages (en 1767, 1768 et 1772) sur la théorie et la pratique des longitudes en mer par le moyen de la Lune dans lesquels il a proposé et décrit un mégamètre pour observer en mer les distances de la Lune aux étoiles. Il a quitté le service en 1775 pour raison de santé.

Source : Lalande B&H

Chaulnes, Michel Ferdinand d'Albert d'Ailly, duc de (1714-1769), BA11

Le duc de Chaulnes a été nommé académicien honoraire à l'Académie des sciences le 21 février 1743 en remplacement du cardinal de Fleury, décédé. Lieutenant général et physicien, il a publié, en 1768, une nouvelle méthode pour diviser les instruments de mathématique et d'astronomie et a fait des observations astronomiques.

Sources : Lalande B&H et Index Acad.

Chevalier, BA75

À Constantinople

Choiseul-Gouffier, Marie Gabriel Florent Auguste de (1752-1817), BA65

Né à Paris, Choiseul-Gouffier part en voyage à 24 ans et, à son retour de Grèce, en publie le récit, ce qui lui ouvre les portes de l'Académie des inscriptions en 1782. Deux ans plus tard, il est ambassadeur à Constantinople. Revenu en France, il sera ministre d'État à la Restauration.

Source : LXX

Clairaut, Alexis Claude (1715-1765), BA67b

Né à Paris le 7 mai 1713, Clairaut qui, dès l'âge de dix ans, avait étudié les mathématiques, fonde, avec quelques physiciens, la Société des Arts en 1726 et publie en 1729 un traité sur les courbes gauches. Il est nommé à l'Académie des sciences de Paris en 1731, bien qu'il n'ait pas encore l'âge requis. En 1735, il participe à l'expédition en Laponie commandée par Maupertuis, pour mesurer un arc de méridien près du pôle. Il s'intéresse à la mécanique céleste et plus particulièrement au problème des trois corps : théorie de la Lune (1752), puis calcul du retour de la comète de Halley avec l'aide de Lalande et de Mme Lepaute. On lui doit aussi de nombreux travaux de mathématiques. Il meurt à Paris le 17 mai 1765.

(Lalandiana I)

Co cheou king, BO1
Astronome chinois qui observait à Pékin au XIIIe siècle

Condorcet, Marie Jean Antoine Nicolas Caritat, marquis de (1743-1793),
BA10, BA26, BA35, BA36, BA37, BA42, BA62, BA67^b, BAb4, BAb5
Né à Ribemont (Picardie) le 17 septembre 1743, Condorcet est fils d'un capitaine de cavalerie. Son oncle, évêque, l'inscrit au collège de Navarre. À 16 ans, il soutient une thèse de mathématique devant d'Alembert, Clairaut et Fontaine des Bertins. Ses premiers essais (sur le calcul intégral...) le font entrer à l'Académie des sciences en 1769. Souhaitant succéder à Fouchy comme secrétaire perpétuel, il publie des éloges d'académiciens du XVIIe siècle. Il est l'adjoint de Fouchy en 1773 et lui succède en 1776. Il épouse en 1786 Sophie de Grouchy (21 ans) qui lui donnera une fille en 1790. Républicain, il est élu en 1791 à l'Assemblée législative qu'il préside en 1792, mais il n'est pas réélu à la Convention. Girondin, il écrit contre le projet de constitution des Jacobins. Condamné à mort par contumace, il se réfugie chez Mme Vernet à Paris. Pour ne pas la compromettre, il se rend en banlieue chez un ami qui refuse de le recevoir. Arrêté à Clamart, emprisonné à Bourg-la-Reine, il meurt pendant la nuit dans sa prison, le 29 mars 1794.
Sources : LXIX, Index Acad. et E. Badinter

Conti, Louis François de Bourbon, prince de (1717-1776), BA44
Il s'agit peut-être de ce prince de Conti qui a participé à plusieurs campagnes de 1741 à 1746 et qui a été écarté des commandements par des intrigues de Mme de Pompadour. Il a alors participé aux querelles du Parlement. Il était adversaire des philosophes. Il a fait quelques observations astronomiques imprimées. Il est mort le 2 août 1776.
Sources : LXIX et J. Bernoulli *Nouvelles littéraires* 1776

Copernic, Nicolas (1473-1543), BA58
Né à Torun (Pologne actuelle), Nicolas Copernic est pris en charge par son oncle, évêque de Varmia, à la mort de son père. Il étudie à l'université de Cracovie (1491) puis est nommé chanoine de la cathédrale de Frauenburg (Frombork). Il se rend en Italie pour étudier le droit canonique à l'université de Bologne, mais il s'initie aussi à l'astronomie. Le 6 novembre 1500, il observe une éclipse de Lune à Rome où il enseigne puis il rentre en Pologne. Il est de retour en Italie pour étudier la médecine à Padoue, mais c'est à Ferrare qu'il devient docteur en droit canon en 1503. Il revient alors définitivement en Pologne, à Varmia. Il installe ses instruments : un instrument parallactique pour observer la Lune, un quart-de-cercle pour le Soleil et un astrolabe pour les étoiles. Le 1er mai 1514, il écrit au sujet de son nouveau système ; il détermine les distances des planètes dans ce système d'excentriques et d'épicycles où le Soleil n'est pas au centre mais en un point voisin. Son *De revolutionibus orbium cœlestium* est publié en 1543, année de sa mort. (*Lalandiana I*)

Cotte, père Louis (1740-1815), BA57, BA60
Né le 20 octobre 1740 à Laon, il est mort le 4 octobre 1815 à Montmorency. Oratorien, météorologiste, il est membre de la Société d'agriculture. Il publie

régulièrement ses observations météorologiques, faites à Montmorency, puis à Laon, dans le *Journal des savants*. À l'Académie des sciences, il est nommé correspondant de Tillet le 19 août 1769, et plus tard, à l'Institut, correspondant en physique générale dans la 1 ère Classe le 28 novembre 1803.

Sources: Index Acad. et Pogg.

Cour, abbé de la, BR5
Il est un familier de Joseph Nicolas Delisle.

Courtanvaux, François-César Le Tellier, marquis de (1718-1781), BA7, BA8, BA9, BA14
Descendant du chancelier Le Tellier et du marquis de Louvois, le jeune marquis de Courtanvaux fait ses premières armes à quinze ans comme aide de camp en 1733. Il participe à une deuxième campagne en 1740 en Bohème et Bavière comme colonel du régiment Royal, puis il quitte le service pour raison de santé en 1745. Il s'intéresse à plusieurs sciences et aux instruments et en 1765 il est académicien honoraire. Deux ans plus tard, le prix de l'Académie des sciences est proposé pour des montres marines. Le marquis offre d'en faire l'essai sur sa corvette *l'Aurore* avec l'aide de Pingré et de Messier. La navigation dure trois mois et confirme la bonne qualité des deux montres présentées par Leroy ; l'une d'elles reçoit le prix de 1769. Le marquis a aussi fait installer un observatoire muni de bons instruments à Colombes près de Paris ; il le prête volontiers ; ainsi, Jean III Bernoulli y a-t-il observé le passage de Vénus devant le Soleil en 1769. Malade, il ne vient plus guère à l'Académie.

Source : Éloge par Condorcet, HAM 1781, p. 71

Crome, Auguste Frédéric Guillaume (1753-1833), BA63, BA64
Né à Sengwarden, économiste de formation, il enseigne l'histoire à Dessau en 1779 puis l'économie politique à Giessen de 1787 à 1830. On lui doit des ouvrages tels que : *Produits de l'Europe* (1782), *Administration politique de la Toscane sous Léopold* (1795-1797).

Source : LXIX

Croy (ou Croüy), Emmanuel, duc de (1718-1784), BA42
Né à Condé dans le Hainau, le duc de Croy a participé à plusieurs campagnes ; il était à Fontenoy et au siège de Maastricht. En 1757, il commande les troupes stationnées dans le Nord et demande des constructions pour protéger les côtes. En 1763, à la fin de la guerre de sept ans, il fait restaurer le port de Dunkerque. Il est maréchal en 1783.

Source : LXIX

Dagelet (ou Lepaute d'Agelet ou d'Agelet), Joseph (1751-1788), BA18, BA22, BA24, BA32, BA33, BA40, BA42, BA67, BA68, BA74, BO1
Né le 25 novembre 1751 à Thone-la-Long, Dagelet, neveu des horlogers Lepaute, est venu à Paris en 1768, à la demande de Mme Lepaute, pour travailler avec Lalande. En deux mois, il devient bon observateur à l'observatoire du Collège Mazarin (ancien observatoire de La Caille). En 1773-1774, il est astronome sur *l'Oiseau* pendant le deuxième voyage de Kerguelen aux terres australes. En 1777, il

est nommé professeur de mathématiques à l'École militaire où il observe avec le grand mural de Bird prêté par M. Bergeret. En janvier 1785, il est élu à l'Académie des sciences où il avait présenté ses observations de planètes et d'étoiles. Cette même année, il est désigné pour le voyage autour du monde de La Pérouse. Les deux navires, l'*Astrolabe* et la *Boussole*, quittent Brest le 1 er août 1785. Pendant ce voyage, Dagelet écrit à Lalande ; sa dernière lettre est du 1 er mars 1788, de *Botany Bay*.
Source : Lalande B&H p. 708-713

Dangos (ou d'Angos), Jean Auguste (1744-1833), BA42, BA59, BA60, BA67, BA70, BA71, BA80, BO17
Né à Tarbes le 13 mai 1744, Dangos est chevalier de l'ordre de Malte et officier au régiment de Navarre. Pendant les vingt années de son séjour à Malte, il fait des observations astronomiques qu'il continue ensuite à Tarbes. En 1780, il est nommé correspondant de Messier à l'Académie royale des sciences de Paris. En 1796, il est associé non résidant de l'Institut. Il annonce en 1798 qu'il a vu une comète dans le Soleil, ce dont Lalande doute fort. Il a publié quelques travaux sur le baromètre dans le *Journal de physique*. Il meurt à Tarbes le 23 septembre 1833. (*Lalandiana I*)

Darquier (ou d'Arquier de Pellepoix), Augustin (1718-1802), BA41, BA44, BA46, BA48, BA49, BA55, BA76, BA79
Né à Toulouse le 23 novembre 1718, riche, Darquier achète des instruments et installe un observatoire dans sa maison. Il peut aussi payer des calculateurs pour réduire ses observations. Il est un astronome connu dès 1748 et devient en 1757 correspondant de Clairaut, puis dix ans plus tard, de Le Monnier à l'Académie des sciences de Paris ; il sera nommé associé non résidant à l'Institut en 1796. Il a publié à ses frais deux volumes d'observations astronomiques et d'autres dans *Histoire et Mémoires* de l'académie de Toulouse. Les suivantes ont été imprimées dans *Histoire céleste* de Lalande. Il a traduit les *Lettres cosmologiques* de Lambert, livre paru en 1801 et réédité en 1977. Il est mort à Toulouse le 28 nivôse an X (18 janvier 1802). (*Lalandiana I*)

David, BA8
Chirurgien à Rouen et gendre de Le Cat (fondateur de l'Académie de Rouen).

Delalain (ou de Lalain), BA6, BA7, BA8, BA11, BA12, BA14
Libraire à Paris, rue de la Comédie française.

Delambre (ou de Lambre), Jean-Baptiste Joseph (1749-1822), BA63, BA65, BA67, BA68, BA69, de BA73 à BA77, de BA79 à BA82, BA84, BO1, de BO3 à BO7, BO9, BO10, BO12, BO15, BO19, BO24, BO26, BO27
Né à Amiens le 19 septembre 1749, Delambre y fait ses études au collège. L'abbé Delille, alors professeur dans ce collège, le pousse vers des études classiques. Venu au collège du Plessis à Paris grâce à une bourse, Delambre poursuit seul des études en histoire, littérature, mathématiques. En 1770, il est chargé de l'éducation d'un jeune homme à Compiègne. L'année suivante, de retour à Paris, il est précepteur du fils de M. d'Assy, receveur général des finances. Il s'intéresse surtout aux sciences et va assister au cours de Jérôme Lalande au Collège royal de France.

Celui-ci enthousiasmé par les connaissances du jeune homme, l'embauche pour travailler avec lui et obtient de M. d'Assy un observatoire dans son hôtel pour Delambre qui achète des instruments astronomiques. Il fait beaucoup de calculs, établit des *Tables d'Uranus*, des satellites de Jupiter, qui obtiennent un prix de l'Académie des sciences. Il en est membre en 1792 à la veille de sa suppression. Avec Méchain, il mesure, de 1792 à 1798, le méridien de Dunkerque à Barcelone, pour l'établissement du Système métrique. En 1795, il est élu astronome du Bureau des longitudes et membre de l'Institut où, en 1803, il est secrétaire perpétuel pour les sciences physiques et mathématiques. Le Premier Consul le nomme Inspecteur général des études : ainsi, il organise les lycées de Moulins et de Lyon. En 1807, il succède à Lalande dans la chaire d'astronomie du Collège de France. En 1814, il publie un *Traité d'astronomie*. Puis, malade, ses cours sont confiés à Mathieu jusqu'à sa mort. Il achève sa vie en rédigeant une *Histoire de l'astronomie*. Il meurt le 19 août 1822. (*Lalandiana I*)

Delisle (ou de l'Isle ou de Lisle), Joseph-Nicolas (1688-1768), BR2, BR5, BR6, BR7, BR8, BR10, BA7, BA 26, BA39, BA72, BA82

Né à Paris le 4 avril 1688, Joseph Nicolas Delisle commence ses études avec son père dont il est le troisième fils ; puis il les achève au collège des Quatre Nations dont il sort en 1706. Ayant observé l'éclipse de Soleil de 1706, il s'intéresse à l'astronomie, fréquente l'Observatoire où il calcule pour Cassini II et s'instruit auprès de Cassini I devenu aveugle. En 1710, il habite dans le dôme du palais du Luxembourg où il observe ; son travail le fait admettre comme élève à l'Académie des sciences en 1714, il en est associé en 1719. Il est nommé professeur de mathématiques au Collège royal où il formera des élèves tels que Godin, La Caille… En 1724, il fait un voyage en Angleterre pour rencontrer Newton et en revient newtonien convaincu. L'année suivante, il part avec des membres de sa famille pour la Russie, invité par Pierre le Grand puis par Catherine I qui lui a succédé. Il fonde l'observatoire de Pétersbourg et une école d'astronomie. Ses travaux concernent l'astronomie et aussi la géographie. Revenu en France en 1747, il retrouve sa chaire au Collège royal et installe un observatoire à l'hôtel de Cluny, voisin du Collège. Le roi lui donne le titre d'astronome géographe, attaché au dépôt de la marine. Ayant des relations dans tous les observatoires, il avertit les astronomes des événements à ne pas manquer, principalement le passage de Vénus devant le Soleil en 1761. Il est aussi géographe et publie quelques cartes, comme son frère Guillaume décédé en 1726. Après 1761, il se retire, remplacé au Collège royal par Lalande.

Source : Éloge par Fouchy, HAM 1768

Delisle, Madame, épouse de Joseph Nicolas Delisle, BR5, BR8

Le mariage a lieu avant le départ de Delisle pour la Russie. Madame meurt peu après le retour en France.

Delisle, Mademoiselle, BR5

Sœur de Joseph Nicolas Delisle.

Deparcieux, Antoine (1703-1768), BA35, BA36

Né près d'Uzès le 28 octobre 1703, A. Deparcieux fait ses études au collège des jésuites de Lyon puis il s'installe à Paris. Mathématicien et gnomoniste, ses cadrans solaires très précis ont du succès ; en 1741, il publie *Nouveaux traités de trigonométrie rectiligne et sphérique, et de gnomonique, avec des tables de sinus, tangentes, et de logarithmes.* Peu après, il est admis à l'Académie des sciences comme adjoint géomètre (11 février 1746) ; il sera pensionnaire en 1768. Il établit des tables sur la mortalité, qui seront utilisées par les assureurs pendant quelques années, publiées dans *Essai sur les probabilités de la durée de vie humaine* (1746). *Sources* : LXIX et Index Acad.

Desaint et Veuve Desaint (ou de Saint), BA2, de BA5 à BA9, de BA11 à BA26, de BA30 à BA38, de BA40 à BA54, BA64

Imprimeur-libraire de Lalande, Desaint est mort en 1771, sa veuve a continué son commerce. Ils ont publié les ouvrages suivants de Lalande : *Astronomie*, 2 vol. 1ère édition, 1764, 3 vol. 2e édition, 1771, 4e vol. 1781, et 3 vol. 3e édition, 1792 ; *Des canaux de navigation...* 1778 ; *Voyage d'un Français en Italie* 1769 (et 2e édition 1786, préparée par Lalande avec des notes de Jean III Bernoulli)

Descrutes, BA30, *voir Fontaine des Crutes.*

Desmarest, BA33

Astronome amateur ? ou Nicolas Desmarest (1725-1815), Académie des sciences, naturaliste, minéralogiste.

Desnos, BA25, BA26

Libraire et géographe, éditeur rue Saint-Jacques à Paris.

Desplaces, Philippe (1659-1736), BA31

« *Philippe Desplaces était né à Paris le 3 juin 1659 ; il y mourut au mois d'avril 1736. Il reprit les éphémérides où Beaulieu [Desforges] les avait interrompues, savoir, en 1715 ; il les continua jusqu'à 1744. Il avait calculé de petits calendriers sous le tire État du ciel ; il était aussi l'auteur de trois années des éphémérides de l'Académie, 1706-1708, qu'il avait calculées exactement sur les tables de La Hire.* » *Source* : Lalande B&H p. 364

Diderot, Denis (1713-1784), BA9

Né à Langres le 5 octobre 1713, Denis Diderot étudie d'abord au collège des jésuites de Langres puis son père l'amène à Paris ou il entre au collège d'Harcourt en 1728. En 1732, il est maître ès lettres de l'université de Paris. Son père veut qu'il étudie le droit mais Diderot choisit une vie de liberté à Paris où il étudie les sciences, apprend l'anglais. Il se marie en 1748 malgré l'opposition de son père. Ses premières publications le font connaître de Voltaire et, à Paris, il fréquente les célébrités de l'époque : Rousseau, Grimm, d'Holbach, d'Alembert... En 1749, il est enfermé au château de Vincennes à cause de sa *Lettre sur les Aveugles*. En 1751, il entreprend son *Encyclopédie* avec d'Alembert qui s'en éloignera en 1758, au volume 7. Il a beaucoup écrit, auteur de drames (*Le Fils Naturel*), de dialogues philosophiques (*Jacques le fataliste, Le neveu de Rameau*), d'essais polémiques (*Le Songe de d'Alembert*), d'ouvrages considérés comme scandaleux (les *Bijoux indiscrets*), ou de critiques d'art, par exemple, pour Grimm, *l'Histoire des Salons*. Il s'est rendu en Russie, invité par la tsarine Catherine II qui plus tard lui achètera sa bibliothèque (tout en la lui laissant) et lui versera une pension jusqu'à sa mort.

Source : LXIX

Dohm, Chrétien Conrad Guillaume de (1751-1820), BA60, de BA67 à BA71, BA73

Né à Lemgo, Dohm fait ses études à Leipzig puis à Altona. Diplomate et historien allemand, il est, en 1773 à Berlin, précepteur de Ferdinand frère de Frédéric II pendant six mois. Il est rappelé en 1776 à Berlin où il est nommé archiviste, conseiller de guerre au ministère des affaires étrangères. Avec Mosès Mendelssohn (1729-1786, – grand-père du compositeur Félix Mendelssohn-Bartholdy), Dohm rédige *Amélioration de l'état civil des Israélites* (Berlin 1781) [*Titre traduit*] ouvrage qui sera traduit en français par Jean III Bernoulli, publié sous le titre *De la réforme politique des juifs* (1782), et dont la diffusion en France a été interdite, malgré les efforts de Lalande. Nommé conseiller privé en 1788 et anobli par Frédéric Guillaume II, neveu et successeur de Frédéric II, il remplit diverses missions diplomatiques. Plus tard, il est auprès de Jérôme Napoléon, roi de Westphalie. Il prend sa retraite en 1810 pour raison de santé.

Source : LXIX

Dollond, Peter (1730-1820), BA2, BA4, BA39, BA65, BA75, BA81

Peter Dollond est le fils aîné de John qui a créé en 1757 la lunette achromatique. Succédant à son père en 1761, il travaille avec son jeune frère John puis avec son cousin (par sa mère) George qui adoptera le nom de Dollond. Il a fabriqué un objectif achromatique à trois lentilles et un appareil, à monter sur un équatorial, qui corrige les erreurs dues à la réfraction en altitude.

Source : Pogg.

Doz, BA11

Officier de marine espagnol, il a observé le passage de Vénus du 6 juin 1769 avec l'abbé Chappe.

Source : *Journal des savants*, septembre 1770

Duhamel du Montceau, Henri-Louis (1700-1782), BA59

Après des études médiocres au collège d'Harcourt, Duhamel du Monceau va étudier les sciences naturelles au Jardin du roi. En 1728, il entre à l'Académie des sciences comme chimiste puis il est en 1730 botaniste. Il vit à la campagne et se consacre à l'agriculture, aux « arts » (desciption de la fabrication des cordages, les pêches…), à la navigation. M. de Maurepas l'a nommé Inspecteur de la marine : il a publié sur ce sujet plusieurs traités et fait établir une école pour les constructeurs de navires. Il a été membre de l'Académie de marine et de la Société d'agriculture.

Source : Éloge par Condorcet, HAM 1782, p.131

Dupierry, Louise Elisabeth Félicité, née Pourra de la Madeleine (ou du Piery, Dupiery…) (1746-1830), BA70

Née à La Ferté-Bernard (Maine) le 1ᵉʳ août 1746, Mme Dupierry, qui a été mariée à vingt ans, s'intéresse aux sciences. Après sa rencontre amoureuse avec Jérôme Lalande en 1779, elle étudie l'astronomie et fait quelques calculs en particulier sur les éclipses de soleil et les occultations d'étoiles pour préciser le mouvement de la Lune. Sa santé lui fera abandonner ce travail. En 1789, elle ouvre un cours d'astronomie pour les dames. En 1793, elle quitte Paris pour la région de Chantilly. Elle s'intéresse aussi à la chimie, aux « petites bêtes » et prépare des *Tables* pour Fourcroy. Il semble qu'elle ait été, dans cette région, dame de compagnie ou préceptrice chez divers personnages, tels Gohier, Bruix… (*Lalandiana I*)

Dupuis, Charles François (1742-1809), BA60, BA67, BA68, BA70, BA71, BA72, BA73, BA75

Né à Trie-Château, C. F. Dupuis a d'abord étudié les mathématiques et l'histoire de l'Antiquité. En 1787, il est nommé professeur d'éloquence latine au Collège royal et, l'année suivante, il est admis à l'Académie des inscriptions. Pendant la Révolution, il est député à la Convention, puis au Conseil des Cinqcents. Il a participé à l'établissement du calendrier républicain et des écoles centrales. Son œuvre la plus connue est : *Origine de tous les Cultes ou religions universelles* (1795).

Source : LXX

Durand (ou Durant), BA12, BA14, BA20, BA29, BA31, BA40, BA42, BA44, BA49, BA59, BA61, BAb4

Libraire à Paris, rue Saint-Jacques

Eimmart, Georg Christoph (1638-1705), BA57

Né le 22 août 1638 à Ratisbonne, Eimmart étudie les mathématiques et le droit à Altdorf et à Iéna. Installé à Nuremberg comme peintre et graveur, il crée un observatoire où il a un sextant et une sphère armillaire montrant le système de Copernic. Ses observations sont publiées et, en 1699, il est correspondant de Cassini I à l'Académie des sciences de Paris.

Sources : Pogg. et Index Acad.

Eisenbrock, BA39

À Haarlem, il a un télescope de Van der Bildt.

Entrecasteaux, Antoine Raymond Joseph de Bruni, chevalier d' (1737-1793), BO6

Le chevalier d'Entrecasteaux débute dans la marine en 1754 et participe aux opérations maritimes pendant la guerre de sept ans. La paix revenue, il commande la station des mers de l'Inde, puis, de 1787 à 1789, il administre les Mascareignes. De retour en France, il est désigné pour l'expédition qui doit partir à la recherche de La Pérouse dont on est sans nouvelle depuis 1788. Parti de Brest en 1791, il visite les côtes de la Nouvelle Hollande (Australie), des Nouvelles Hébrides… de la Nouvelle Guinée… Il meurt en mer en 1793. L'expédition s'est achevée à Batavia et bien peu de ses participants sont revenus en France en 1795. Les collections recueillies pendant l'expédition, emportées par Rossel, dernier commandant de l'expédition, ont été consfisquées par les Anglais qui ont arraisonné le navire hollandais qui le ramenait en France. Elles ont cependant été rendues à la France grâce à l'intervention de Banks, président de la *Royal Society*. Rossel a aussi été libéré.

Source : LXX

Euler, Leonhard (Léonard) (1707-1783), BR6, BA6, BA7, BA9, BA21, BA28, BA59, BA73

Leonhard Euler est né le 15 avril 1707 à Bâle où il fait ses études. En 1720, il entre à l'université où Jean I Bernoulli enseigne depuis 1707 ; il est reçu maître en philosophie en 1723. Deux fils de Jean I Bernoulli, Nicolas et Daniel, sont invités en 1725 à l'Académie de Pétersbourg nouvellement créée par le tsar Pierre 1 er. Ils font venir, en 1727, Euler qui remplace en 1731, comme professeur de physique puis de mathématiques, Daniel qui est retourné à Bâle. En 1740, Leonhard Euler souhaite quitter la Russie et il accepte l'invitation de Frédéric II qui veut réformer l'Académie de Berlin. Il arrive à Berlin le 25 juillet 1741. L'Académie réformée prend en 1744 le nom d'Académie des sciences et des arts et belles lettres. Euler est nommé directeur de la classe de mathématique et, en 1755, il est associé étranger de l'Académie des sciences de Paris. Il remplace aussi à Berlin le président Maupertuis lorsqu'il est absent et après sa mort en 1759 ; mais il n'est pas alors nommé président. En conflit avec Frédéric II en 1766, Euler accepte l'invitation de Catherine II et revient à Pétersbourg où il arrive le 28 juillet. Il s'y installe définitivement avec sa famille, trois fils et deux filles.

Sources : A. P. Youschevitch DSB et Index Acad.

Euler, Johann Albrecht (1734-1800), BA5, BA21

Né à Pétersbourg le 16/27 novembre 1734, Albrecht est le fils aîné de Leonhard. Il fait ses études à Berlin où son père est venu en 1740, invité par Frédéric II ; celui-ci revient à Pétersbourg en 1766 avec toute sa famille. Albrecht Euler est alors membre de l'Académie de Pétersbourg sur la chaire de physique et il en devient le secrétaire perpétuel en 1769. Ami de Lalande qui a fréquenté la famille Euler à Berlin en 1751-1752, il a été nommé associé étranger à l'Académie des sciences de Paris le 12 février 1784, succédant ainsi à son père décédé..

Sources : Pogg. et Index Acad.

Felice, Fortunato Bartholomeo de (1723-1789), BA14, BA15, BA30, BA35, BA40

Né à Rome le 24 août 1723, de Felice qui est professeur de physique à l'université de Naples est obligé de s'enfuir après avoir enlevé une religieuse. Réfugié en Suisse, il se convertit à la religion protestante à Berne, puis il devient imprimeur à Yverdon. Il a publié un recueil littéraire pendant neuf ans et, en 1763, *Principes du droit de la nature et des gens* 8 vol. d'après Burlamaqui, puis *Encyclopédie ou Dictionnaire universel raisonné des connaissances humaines* de 1770 à 1780, 48 vol. auquel Lalande a collaboré, et *Code de l'humanité ou*

Législation universelle, naturelle et politique en 1778, 13 vol. Il est mort à Yverdon le 7 février 1789.

Source : LXIX

Ferdinand, prince, BR9
Frère du roi de Prusse, Frédéric II.

Fernel, Jean (1497-1558), BA76, BO3
Né à Clermont en Beauvaisis ou à Montdidier, Jean Fernel étudie à Paris mathématique, astronomie et médecine. Docteur en 1530, il enseigne la médecine en 1534 et sera médecin du roi Henri II. Il a publié deux ouvrages d'astronomie, le deuxième en 1528 : *Ambianatis Cosmotheoria* dans lequel il expose comment il a mesuré la longueur d'un degré de méridien dans un voyage aller-retour entre Paris et Amiens.

Sources : LXIX et Lalande B&H

Fixlmillner, Placide (1721-1791), BA38, BA67, BA75, BA79, BA80
Né le 28 mai 1721 au château d'Achleiten, près de Linz, Fixlmillner fait ses études à Salzbourg puis entre dans l'ordre des Bénédictins en 1737. Il étudie alors la théologie, le droit et des langues orientales. Il enseigne en l'abbaye de Cremsmunster (ou Kremmunster, Autriche) où un observatoire avait été construit en 1748. En 1761, l'abbé lui permet de pratiquer l'astronomie ; ce qu'il fera avec succès pendant trente ans. En 1776, il rassemble dans un recueil ses observations. Il a observé des occultations d'étoiles par la Lune, la planète Mercure et il a calculé l'orbite d'Uranus, planète découverte par Herschel en 1781.

Source : Lalande B&H

Flamsteed, John (1646-1719), BA35, BA37, BA55, BA58, BA59, BA71,
      BA76, BO1, BO4, BO5, BO7, BO10, BO11, BO12, BO16
Né près de Derby en Angleterre, John Flamsteed ne fréquente pas l'université à cause de sa mauvaise santé. Il étudie cependant l'astronomie et il présente à la *Royal Society of London* des éphémérides des occultations lunaires pour 1670. Le roi, qui installe le 4 mars 1675 l'observatoire de Greenwich, le nomme Astronome Royal. En 1684, après quelques études à Cambridge, il devient pasteur à Burstow près de Greenwich. Directeur de l'observatoire, il entreprend un catalogue de 3000 étoiles. Sa méthode nouvelle lui permet d'atteindre une meilleure précision pour la position des étoiles. Newton et Halley réclament la publication de ce catalogue inachevé et en font paraître en 1712 une édition sans l'autorisation de Flamsteed. En 1714, il obtient gain de cause et les trois quarts de cette édition-pirate sont brûlés. À sa mort, le 31 décembre 1719, son travail est assez avancé pour être publié : le Catalogue en 1725 et l'Atlas en 1729. (*Lalandiana I*)

Fleurieu, Charles Pierre Claret, comte de (1738-1810), BA11, BA12, BA14,
      BA61 BA65, BA67 [b], BA76
Né à Lyon, Fleurieu est officier de marine. Il s'allie avec l'horloger Berthoud pour fabriquer des montres marines afin d'obtenir les longitudes en mer. Pour éprouver des montres de Berthoud, il commande l'*Isis* dans le voyage (1768-1769) autour de l'Atlantique nord auquel a participé Pingré qui a pu observer le passage

de Vénus devant le Soleil à Saint-Domingue le 3 juin 1769. En 1776, Fleurieu est directeur général des ports et arsenaux. Nommé le 27 octobre 1790 ministre de la marine et des colonies, il démissionne le 17 mai 1791. Gouverneur du Dauphin du 18 avril au 18 août 1792, il est arrêté et emprisonné pendant 14 mois. En 1797, il est élu au Conseil des Cinq-Cents. En 1795, il a été nommé membre du Bureau des longitudes et de la 2ᵉ classe de l'Institut (section sciences morales et politiques), puis de la 1ᵉʳᵉ classe en 1803. Il est bien en cour sous l'Empire, et Napoléon le fait comte. En 1809, il a fait publier le *Neptune du Categat et de la Baltique*. Il a aussi préparé le *Neptune américo-septentrional*, resté manuscrit à sa mort.

Sources : LXIX et B&H

Fontaine des Crutes, BA29

Il a publié en 1744 un traité complet sur l'aberration des étoiles fixes, avec un discours sur l'histoire de l'astronomie, et une méthode pour les éclipses, ouvrage auquel a collaboré Pierre-Charles Lemonnier.

Sources : Quérard, Lalande B&H

Fontanes, Louis de (1761-1821), BA41

Né à Niort, Louis de Fontanes a fait de bonnes études chez les Oratoriens de cette ville. Pauvre, il vient à Paris avec l'espoir de se faire connaître par ses poèmes. À la suite d'un voyage en Angleterre, il traduit l'*Essai sur l'homme* de Pope. Il fait un mariage avantageux à Lyon et se trouve dans cette ville pendant les bombardements de 1793. Il rédige alors une protestation qui sera lue à la barre de la Convention ; il doit se cacher jusqu'au 9 thermidor. En 1795, il est membre de l'Institut (classe de langue et littérature). Il fonde le journal *Mercure*. Napoléon qui aime ses poèmes lui décerne la Légion d'honneur, et le fait, en 1818, Grand maître de l'Université et sénateur en 1812. Il vote cependant la déchéance de l'empereur, si bien que Louis XVIII le fera Pair de France. Il a écrit des poèmes, des essais, par exemple, en 1789 un *Essai sur l'astronomie*, poème de plus de 200 vers, admiré par Lalande, un autre *Sur l'édit en faveur des non catholiques*, en 1800 un éloge de Washington et des mémoires sur les premières années de l'empire. Il fut un écrivain délicat et un habile courtisan. Il est mort subitement à Paris le 17 mars 1821.

Source : LXIX

Formey, Jean Louis Samuel (1711-1797), BA4, BA6, BA9, BA55 et des compliments de BA2 à BA82

Né à Berlin le 31 mai 1711 de parents français réfugiés après la suppression de l'édit de Nantes, Formey est ministre évangélique en 1731 ; il abandonne ce ministère en 1737. Il tient alors la chaire d'éloquence au collège français de Berlin. En 1739 il y est professeur de philosophie. À cet érudit, le roi Frédéric II de Prusse confie le *Journal de Berlin* en 1740 ; ce journal n'aura qu'une existence éphémère. En 1744 Formey est nommé à l'Académie de Berlin ; auteur de nombreuses publications, il en sera le premier secrétaire perpétuel. Il était oncle d'Albert Euler.

Source : LXIX

Fortin, BA47, BA57, BO14

Fortin est libraire, graveur, à Paris rue de la Harpe près de la rue du Foin. Dans l'atlas de Flamsteed qu'il a publié, l'Académie des sciences a fait placer la constellation du Taureau royal de Poniatovski, proposée par Poczobut.

Sources : *Journal des savants*, avril 1779 et *Nouvelles littéraires*, 5ᵉ Cahier de Jean Bernoulli

Fouchy, Jean-Paul Grandjean de (1707-1788), BA35

Ayant abandonné le métier de graveur de son père, Jean-Paul Grandjean de Fouchy étudie les sciences, en particulier l'astronomie auprès de Joseph Nicolas Delisle, professeur au Collège royal puis, il devient membre de la Société des arts en 1727. Inventeur, en 1730, de la méridienne de temps moyen, il entre, en 1731, à l'Académie des sciences. Il propose de déterminer le diamètre des satellites de Jupiter, ce qui sera achevé par S. Bailly et différents moyens pour faciliter les observations astronomiques. En 1743, il est nommé secrétaire perpétuel de l'Académie des sciences et prononce donc les éloges de ses collègues décédés. Il sera remplacé dans cette tâche par son adjoint, Condorcet, en 1776. Il meurt à Paris le 15 avril 1788.

Source : S. Dumont, BEA

Franck frères, BA3, BA7, BA13, BA25, BA36, BA41

Négociants à Strasbourg.

Franklin, Benjamin (1706-1790), BA12

Il est né à Boston, où son père lui fait quitter l'école à 10 ans. Apprenti chez son frère imprimeur, il lit beaucoup, étudie les mathématiques. Puis il quitte Boston et trouve du travail chez un imprimeur de Philadelphie. Le gouverneur qui veut fonder une imprimerie l'envoie en Angleterre pour chercher du matériel. À son retour, Franklin fonde son imprimerie et, en 1732, commence son Almanach du bonhomme Richard. Devenu célèbre, membre de l'assemblée de Pennsylvanie, inventeur du paratonnerre, directeur des postes… il collabore au projet de constitution des colonies anglaises. Envoyé en Angleterre pour négocier au nom de quatre colonies, il est élu à la *Royal Society of London* en 1756 et à d'autres société savantes. Revenu en Amérique en 1762, il retourne en Angleterre pour exposer à Londres en 1766 l'avis des colonies au sujet des droits et taxes que le Parlement britannique veut leur imposer. Sur le point d'être arrêté, il se rembarque pour l'Amérique en 1775. Il participe alors à la rédaction de l'acte d'indépendance des colonies signé le 4 juillet 1776. Ambassadeur à Paris, il négocie avec trois collègues l'aide de la France dans la guerre des colonies contre l'Angleterre, et signe un traité de commerce et d'amitié. Il s'installe à Passy où il fréquente le salon de Mme Helvetius et ne revient à Philadelphie qu'après la conclusion de la paix en 1785. Il sera gouverneur et président de Pennsylvanie. Il a été nommé associé étranger de l'Académie des sciences de Paris en août 1772.

Sources : LXIX et Index Acad.

Fredestorf (Frederstorf ?), BR9

Favori de Frédéric II, roi de Prusse.

Fréron, Élie Catherine (1719-1776), BA19

Né à Quimper, Fréron devient professeur au collège Louis-le-Grand des jésuites, qu'il quitte pour devenir journaliste sous le patronage de l'abbé Desfontaines. En 1754, il fonde un journal littéraire qui deviendra l'*Année littéraire* dont il s'occupera jusqu'à sa mort. Ennemi des philosophes, il gagne l'appui du clergé et de la reine Marie Leszcynska. Ennemi aussi de Voltaire, celui-ci le persifle : « *L'autre jour, au fond d'un vallon / Un serpent mordit Jean Fréron. / Que pensez-vous qu'il arriva ? / Ce fut le serpent qui creva.* » Riche et bon vivant, il meurt en apprenant que le Garde des sceaux supprime le privilège de son journal.
Source : LXIX

Frisch, Jean Léonard, BR6

Recteur du « gymnasium » à Berlin.

Gagnies, de, BA44

Amateur de peinture

Gardiner, W., BA11, BA12, BA13, BA14, BA19, BA23

Né à Londres, il a publié *Tables of logarithms* en 1742. « *Ces grandes tables sont celles dont tous les astronomes se servent ; elles ont été réimprimées à Avignon en 1770, par Pézenas, avec des augmentations, et par Callet en 1783 et 1795* ».
Source : Lalande B&H p. 417

Gaubil, père Antoine (1689-1759), BA26, BA29

Né à Gaillac (Tarn) le 14 juillet 1689, Antoine Gaubil entre dans la congrégation des jésuites en 1704 à Toulouse. Il étudie les mathématiques et l'astronomie qui lui seront utiles en Chine. Il est ordonné prêtre en 1718 par l'évêque d'Evreux et part trois ans plus tard comme missionnaire. Embarqué à Port-Louis, près de Lorient, le 7 mars 1721, il débarque à Canton le 27 juin 1722 et arrive à Pékin le 9 avril 1723 où il restera jusqu'à sa mort. Il devient interprète de la cour impériale, étudie les livres d'astronomie chinoise, l'histoire des dynasties et la géographie (La Pérouse aura une carte des côtes de Chine provenant du père Gaubil). Les missionnaires jésuites correspondent avec le père Souciet, à Paris. Le père Gaubil est aussi en correspondance, pour l'astronomie, avec Joseph Nicolas Delisle à Pétersbourg de 1726 à 1746 car la cour de Russie envoie chaque année une caravane en Chine. De 1742 à 1748, il est le supérieur de la résidence française de Pékin. En 1750, il est nommé correspondant de Delisle à l'Académie des sciences. En 1754, il est à l'observatoire de la mission française qui vient d'être achevé. Il a rédigé plusieurs ouvrages : *Traité historique et critique de l'astronomie chinoise*, *Description de la ville de Pékin*..., et a traduit des textes sur l'histoire de la Chine. Il est mort à Pékin le 24 juillet 1759.
Sources : LXIX et Répertoire des Jésuites de Chine de 1552 à 1800 (J. Dehergne s.j., 1973)

Godin, Louis (1704-1760), BA21, BA27

Né à Paris le 28 février 1704, Louis Godin est fils d'un avocat au Parlement. Il fait de brillantes études au collège de Beauvais ; puis il est attiré vers l'astronomie qu'il étudie avec Delisle, professeur au Collège royal. Dès 1725, il est adjoint

géomètre à l'Académie des sciences ; il sera pensionnaire astronome en 1733. C'est à cette époque qu'il présente avec Fouchy un projet de mesure sur le terrain d'un parallèle à l'équateur. Membre de l'expédition au Pérou pour la mesure d'un arc de méridien, il part le 16 mai 1735 avec Bouguer et La Condamine. Il ne reviendra à Paris qu'en 1751, ayant été retenu à Lima par le Vice-Roi, pour enseigner les mathématiques. Il a perdu sa place de pensionnaire à l'Académie des sciences à cause de sa longue absence. Avec la permission du roi, il va à Cadix où il est nommé directeur de l'Académie des gardes-marines d'Espagne. Pendant un voyage à Paris en 1756, il est rétabli pensionnaire vétéran à l'Académie des sciences. De retour à Cadix, il y meurt d'apoplexie le 11 septembre 1760.
Source : Éloge par Fouchy, HAM 1760, p. 181.

Goldbach, Christian Friedrich (1763-1811), BO24
Né en Saxe, à Taucha, Golbach est calculateur à Leipzig et publie à Weimar, en 1799, un nouvel atlas céleste et des mémoires dans les Éphémérides de Bode et les publications de von Zach. Invité en Russie, il est professeur d'astronomie à Moscou et membre de l'Académie des sciences.
Source : Pogg.

Goltz, Bernard Guillaume baron de (c. 1730-1795), BA55
Militaire, il a été aide de camp de Frédéric II ; diplomate prussien, il a été ministre plénipotentiaire en France de 1772 à 1792. Habile négociateur, il négocie avec la République française en 1794 à Bâle, où il meurt subitement.
Source : LXIX

Gonzales, BO9
Officier espagnol qui doit accompagner Méchain pendant son premier voyage en Espagne pour la mesure du méridien de Paris.

Grand Maître de Malte, Rohan, Emmanuel de (1725-1797), BA76, BA80
Emmanuel de Rohan est élu Grand Maître de Malte en 1775 et le sera, suivant la règle, jusqu'à sa mort.
Source : LXIX

s'Gravesande, Wilhelm Jacob (1688-1742), BA39
Né à Bois-le-Duc (s'Hertogenbosch), s'Gravesande, mathématicien et philosophe hollandais, publie à 19 ans un compte rendu des découvertes scientifiques dans le *Journal de la république des lettres*. Professeur à l'université de Leyde, il fait connaître les travaux de Galilée et de Newton. En philosophie, il est influencé par Descartes, Leibniz et Locke. En physique et optique, il a fabriqué plusieurs appareils ingénieux. Ses œuvres philosophiques et mathématiques ont été réunies et publiées à Amsterdam en 1774, éditées sous la direction de J. N. S. Allamand.
Source : LXIX

Grischow, Augustin Nathanael (1726-1760), BR6
Né à Berlin où son père est professeur de mathématiques, il étudie l'astronomie. Pour se perfectionner dans cette science, il accompagne à Paris, en 1747, Joseph Nicolas Delisle qui revient en France après 22 années à Pétersbourg. Là, il

observe en octobre deux parasélènes. Puis, il va étudier à Londres. De retour en Allemagne, il est correspondant de La Condamine à l'Académie des sciences de Paris et membre de l'Académie de Berlin de 1749 à 1751. Il participe alors aux travaux géodésiques de Schmettau. Après le décès de celui-ci, invité en Russie, il est professeur d'astronomie et secrétaire de l'Académie des sciences de Pétersbourg, où il publie ses mémoires en latin. Il y meurt le 4/15 juin 1760. *Sources* : J. N. Delisle correspondance et Pogg.

Guérin, Jean-Louis (1732- ?), BA33

« *Jean-Louis Guérin [...] naquit à Paris le 21 juillet 1732. Il alla à Amboise, où son père était receveur des tailles, et où il a occupé la même charge. En 1770, il entra en correspondance avec moi, et je l'engageai à nous aider pour les Éphémérides. Il n'a pas discontinué de s'occuper de calculs astronomiques.* » Source : Lalande B&H p. 539

Guignes, Joseph de (1721-1800), BA80

Né le 19 octobre 1721 à Pontoise, il meurt à Paris le 19 mars 1800. J. de Guignes est un rédacteur très actif du *Journal des savants* depuis le 18 juin 1752. Célèbre orientaliste, connaissant particulièrement le chinois, il devient secrétaire-interprète pour les langues orientales à la Bibliothèque royale et censeur royal. En 1767, il est nommé professeur de syriaque au Collège royal et, en 1769, garde des antiques du Louvre puis membre de l'Académie des inscriptions de Paris et de la Société royale de Londres. Il a publié, entre autres, une *Histoire des Huns, Turcs, Mogols et autres Tartares occidentaux* (1756-1758) et en 1759-1760, un mémoire dans lequel il prouve que les Chinois sont une colonie d'Egyptiens – ce qui a été réfuté. Source : J. M. Quérard

Halley, Edmond (1656-1742), BA7, BA57, BA72, BA73, BAb2

Né à Haggerston près de Londres le 29 octobre/8 novembre 1656, Halley fait ses études au Queen's College à Oxford. En 1676, envoyé à l'île Sainte-Hélène il y établit un catalogue de 300 étoiles australes. Deux ans plus tard, il est membre de la *Royal Society of London* dont il sera le secrétaire de 1713 à 1721. En 1679, il rend visite à Hevelius à Danzig. Pendant deux voyages en mer (1698 et 1700), il étudie le magnétisme terrestre. Professeur de géométrie à Oxford de 1703 à 1720, il devient Astronome Royal à Greenwich à la mort de Flamsteed. Il est alors associé étranger à l'Académie des sciences de Paris. Il a aidé financièrement la publication des *Principia* de Newton. En étudiant le mouvement des comètes, il a montré que celle de 1682 avait été vue deux fois et a prédit qu'elle reviendrait après un intervalle de 76 ans. Il a proposé une méthode pour déterminer la distance du Soleil en observant le passage de Vénus sur le Soleil depuis deux endroits. À l'observatoire de Greenwich, il a fait installer un instrument des passages en 1724. (*Lalandiana I*)

Hanna, (?-1800), BA6, BA76

Lazariste missionnaire en Chine, élève de Lalande en 1789.

Harrison, John (1693-1776), BA11, BA13

Né à Foulby (Yorkshire), John Harrison travaille d'abord dans sa ville natale comme charpentier-menuisier. En 1735, il se rend à Londres pour étudier la

mécanique, les mathématiques et l'astronomie et devient horloger en 1735. Sa principale invention est l'horloge ou montre marine (garde-temps) dont le numéro 4 (1761) obtient le prix de 20 000 £ proposé par le parlement britannique pour la détermination des longitudes en mer. Cependant, il a dû batailler pour obtenir le paiement total de ce prix, avec le soutien du roi George III.
Sources : LXIX et Pogg.

Hell (Höll), père Maximilian (Miksa) (1720-1792), BA6, BA15, BA18, BA19, BA23, BA26

Maximilian Hell est né le 15 mai 1720 à Schemniz en Hongrie. Entré de bonne heure chez les jésuites, il enseigne bientôt les mathématiques à Clausenbourg en Transylvanie. En 1756, il est appelé à Vienne (Autriche), où il est chargé de l'observatoire de l'Université. L'année suivante, il publie les premières éphémérides de Vienne qui paraîtront chaque année, avec des observations à partir de 1768. En 1758, il est nommé à l'Académie des sciences de Paris correspondant de La Caille puis de Delisle (1762) puis de Lalande (1769). Sa principale observation est celle du passage de Vénus devant le Soleil le 3 juin 1769. Invité par le comte Bachoff, envoyé du Danemark à Vienne, à se rendre dans le Nord au cap Wardhus, il est parti le 28 avril 1768 et n'a été de retour à Vienne que le 12 août 1770. Son observation de ce phénomène a réussi ; elle a été l'une des cinq complètes, mais la publication tardive de ses résultats lui a valu quelques soupçons, notamment de la part de Lalande. Pendant son long séjour, il a aussi étudié la région et ses habitants mais ses manuscrits traitant de ces sujets n'ont pas été publiés.
Source : Lalande B&H p.721.

Hemstruys, BA39

À La Haye, il a installé un observatoire avec de bons instruments d'optique, dans son jardin.

Hennert, Johann Friedrich (1733-1813), BA21, BA39

Né le 19 octobre 1733 à Berlin, Johann Friedrich Hennert est professeur de philosophie, mathématique et astronomie à l'Université d'Utrecht de 1764 à 1787. Après un bref séjour à Hanau, il est de retour l'année suivante à Utrecht où il meurt le 27 mars 1813. Auteur de mémoires en astronomie, en hydrodynamique…, il les a publiés en français ou latin, puis en hollandais de 1779 à 1804 et en allemand dans les éphémérides de Bode. Il a remporté plusieurs prix pour honorer ces publications.
Source : Pogg.

Henri (ou Henry), Frédéric Louis, prince (1726-1802), BA7

Frère de Frédéric II, le prince Henri s'est révélé un excellent général ; la Prusse lui doit la victoire de Prague le 6 mai 1757. À la fin de la guerre de sept ans, le roi de Prusse a déclaré qu'il était le seul général qui n'avait pas fait une seule faute. Aimant la France, il s'est rendu à Paris en 1784 sous le nom de comte d'Oëls ; le 4 septembre, il a assisté à la séance de l'Académie des sciences où a été lu (à propos des travaux très contestés de Messmer) le rapport sur le magnétisme animal qui s'achève par « *Le Magnétisme n'aura pas été tout-à-fait inutile à la philosophie qui*

le condamne ; c'est un fait de plus à consigner dans l'histoire des erreurs de l'esprit humain, & une grande expérience sur le pouvoir de l'imagination. ». Il revient à Paris en 1788, mais il doit partir à cause des troubles. Il s'est pourtant déclaré pour les principes de la Révolution.
Sources : LXIX et HAM 1784

Henry, Maurice (1763-?), BO6, BO22

Maurice Henry est né le 30 mai 1763 à Sauvigny près de Toul. Religieux lazariste, il est venu étudier l'astronomie chez Lalande puis il a rejoint Barry en 1789 à l'observatoire de Mannheim, actif jusqu'en 1793 (arrêt des observations à la suite du bombardement par les troupes françaises). Henry part le 7 juin 1794 pour Pétersbourg où il est astronome. Il revient à Paris en 1801. Il travaille un certain temps à une carte de Bavière avec Bonne et, plus tard, sur le parallèle Strasbourg – Brest.
Source : Lalande B&H

Herbage, BA76

Opticien à Paris, il a travaillé pour l'abbé Rochon.

Herder, Jean Godefroi (1744-1803), BA22

Né à Mohrungen (Prusse orientale), il est à 18 ans répétiteur dans un collège puis professeur au Lyceum ; il suit les cours de Kant à l'université. Il enseigne ensuite à Riga. Il voyage avec le prince de Holstein-Eutin et rencontre à Paris Diderot, d'Alembert et à Strasbourg Gœthe. Philosophe, métaphysicien, il est prédicateur à la cour du comte de Schauenburg-Lippe. En 1776, devenu très célèbre, il est appelé à Weimar auprès du duc de Saxe-Weimar, sur proposition de Gœthe. Il a publié ses *Idées sur la philosophie de l'histoire de l'humanité* en 1784-1787 (qui sera traduit par Edgar Quinet en 1827) et bien d'autres ouvrages dont *Sur l'origine du langage* (1773). En 1850, sa statue a été érigée à Weimar.
Source : LXIX

Hérissant, François David (1714-1773), BA20

Né à Rouen le 29 septembre 1714, F. D. Hérissant a étudié la médecine, d'abord à l'insu de ses parents qui voulaient en faire un avocat. Soutenu par J. B. Winslow, professeur d'anatomie, dont il suit les cours au Jardin du roi, il réussit et entre à l'Académie des sciences en 1748 d'abord comme adjoint anatomiste, puis associé et pensionnaire en 1769. Il devient docteur régent de la faculté de médecine de Paris où il meurt le 12 novembre 1774.
Sources : LXIX et Index Acad.

Herschel, Sir William (1738-1822), BA54, BA55, BA57, BA58, BA59, BA61, BA62, BA63, BA65, BA67, BA68, BA74, BA75, BA76, BA78, BA79, BA80, BA82, BO1, BO2, BO3, BO4

Né le 15 novembre 1738 à Hanovre, William Herschel est incorporé à 14 ans dans la musique du régiment de son père. Il émigre en Angleterre en 1757 où il se fait connaître comme musicien. Organiste à Bath en 1766, il installe un atelier pour construire des télescopes. Sa jeune sœur Caroline le rejoint en 1772 et participe à ses observations astronomiques. Le 13 mars 1781, il découvre la planète Uranus et, devenu astronome célèbre, il est élu à la Société royale de Londres et le roi George III le fait venir près du château de Windsor. Installé à Datchet en 1782, il construit dans son atelier de grands télescopes. Ses principaux travaux ou découvertes sont : deux satellites de Saturne, deux satellites d'Uranus, catalogue d'étoiles doubles, des nébuleuses...; il a décrit la structure héliocentrique de notre Galaxie, et il a proposé la notion d'univers-îles. Il a découvert le rayonnement infra-rouge du Soleil (alors dit « rayonnement thermique »).Il est associé étranger de l'Académie des sciences de Paris en 1789 puis à l'Institut en 1803.

Sources : M. J. Crowe et K. R. Lafortune BEA et Index Acad.

Herschel, Caroline Lucretia (1750-1848), BA82
Née à Hanovre, Caroline a douze ans de moins que son frère William. Elle le rejoint à Bath en 1772, dirige sa maison, chante pour le musicien et devient l'assistante de l'astronome. À Datchet, elle l'aide à polir les miroirs de bronze, elle enregistre ses observations et les réduit. Observant elle-même avec un petit télescope, elle découvre huit comètes, et révise le catalogue de Flamsteed. Elle poursuit ses travaux après avoir quitté la maison de son frère, qui s'est marié en 1788. En 1822, William mort, elle retourne à Hanovre et achève le catalogue des nébuleuses et amas d'étoiles qu'ils ont observés. Elle meurt à 98 ans.

Source : S. Ruskin, BEA

Hertzberg, Ewald Friedrich, Graf(comte) von (1725-1795), BA76, BA81, BA82, BO1
Né à Lottin, le comte de Hetzberg est, sous le règne de Frédéric II, conseiller de légation puis deuxième ministre d'État en 1763. Il reste ministre sous Frédéric Guillaume II, successeur de Frédéric II en 1786 ; il est en outre nommé « curateur » de l'Académie de Berlin. Il se retire des affaires en 1791.

Source : LXX

Hevelius (Hevel), Johannes (1611-1687), de BA18 à BA24, BA27, BA55, BA58, BA62, BA65, BA66, BA67, BA68, BA78, BA80, BO5
Né à Danzig, maintenant Gdansk (Gedanus en latin) en Pologne, Hevelius étudie dans sa ville natale et, pour un temps à Bromberg avec le mathématicien et astronome P. Krüger. À 19 ans, ses parents l'envoient à l'université de Leiden pour étudier le droit ; en route, il a observé une éclipse de Soleil. Il voyage, en Angleterre, en France où il rencontre Pierre Gassendi et Ismaël Boulliau. Ses parents le rappellent en 1634 ; il entre dans les services publics et se marie. S'intéressant encore à l'astronomie, il installe un observatoire et construit ses instruments. Il publie ses cartes de la Lune, observe des comètes. Veuf en 1662, il se remarie l'année suivante avec C. Elisabeth Koopman agée de 16 ans, qui l'aidera dans ses observations à l'œil nu. Il a en effet refusé l'usage des lunettes dans ses grands instruments et obtenu ainsi des observations presque aussi précises qu'avec une lunette, comme Halley est venu le constater. Après sa mort, Elisabeth a achevé l'édition de son catalogue d'étoiles dans *Prodomus astronomiæ* (1690).

Source : F. Habashi BEA

Hipparque, (c. -190-c. -120), BA67, BA72

Né à Nicée (maintenant Iznik en Turquie), Hipparque, considéré souvent comme le plus grand astronome de l'Antiquité, est surtout connu par ses *Commentaires sur les phénomènes d'Aratus et d'Eudoxe* ; on y trouve sa description de constellations et les positions de 44 étoiles. Plusieurs ouvrages d'Hipparque sont connus grâce à ses commentateurs, mais ne nous sont pas parvenus. Certaines de ses mesures figurent dans l'*Almageste* de Ptolémée. Hipparque a tenté d'expliquer la précession des équinoxes. Il a vécu à Rhodes, où il est mort.

Source : A. Kwan BEA

Holsche, BA43, BA45

Allemand, il a écrit sur les canaux de Prusse.

Hornsby, Thomas (1733-1810), BA4, BA12

Professeur d'astronomie à Oxford, T. Hornsby y a fondé l'observatoire de Radcliffe. Il a réduit les observations des passages de Vénus devant le Soleil de 1761 et 1769 et en a déduit la parallaxe du Soleil.

Sources : BEA et B&H

Hunter, William (1718-1783), BA54

Né à Long Calderwood (Écosse) le 23 mai 1718, William Hunter, anatomiste et accoucheur, est nommé en 1782 associé étranger à l'Académie des sciences de Paris en remplacement de Tronchin décédé. Il a été médecin extraordinaire de la reine d'Angleterre. Il est mort à Londres.

Source : Index Acad.

Huygens, Christiaan (1629-1695), BA39

Né à La Haye, Christiaan Huygens étudie le droit et les mathématiques à l'université de Leyde en 1646, puis, en 1649, il choisit les sciences. Dans les années 1650, il publie sur le calcul des probabilités, sur les corps élastiques, sur la force centrifuge,... et travaille à l'application du pendule aux horloges. Ayant construit une grande lunette, il observe longuement Saturne dont l'aspect est intrigant ; en 1655 il annonce sa découverte d'un satellite (Titan) de Saturne, puis, l'année suivante, celle de l'anneau autour de cette planète. Membre de la *Royal Society of London* en 1663, il est appelé à Paris par Colbert qui lui offre une forte pension et un appartement à la bibliothèque du roi. Il est en 1666 membre de l'Académie des sciences de Paris dès sa création. Son *Traité de la Lumière* (1678) introduit la théorie ondulatoire qui sera un peu oubliée et retrouvée dans le cours du XIXᵉ siècle. Physicien expérimentateur et théoricien, il perfectionne les horloges en utilisant le pendule comme régulateur... En 1681, il quitte la France et, après la révocation de l'Édit de Nantes, il rompt ses relations avec l'Académie de Paris et publie ses travaux à Londres dans les *Philosophical Transactions*.

Source : LXIX

Impératrice de Russie, Catherine II (1729-1796), BA57

Née à Stettin en 1729, elle devient impératrice de Russie (tsarine) en 1762.

Isaac (Lefrançais-Delalande), (1789-1855), BO26
Fils aîné de Michel et Amélie Lefrançois Delalande, Isaac est entré à l'École polytechnique en 1808. À sa sortie, il a fait carrière dans l'armée.
Source : S. Dumont

Jablonowsky, prince Joseph Alexandre (1711-1777), BA14
Né le 4 février 1711, il meurt le 1er mars 1777 à Leipzig. Il a été nommé à l'Académie royale des sciences de Paris associé étranger, surnuméraire le 16 avril 1761 et titulaire le 14 novembre de la même année, en remplacement du marquis Poleni. Il était aussi membre de l'Académie des inscriptions et belles lettres ; il a fondé la Société Jablonowski.
Source : Index Acad.

Jagemann, Chrétien-Joseph (1735-1804), BA59
Né à Dingenstädt, C.-J. Jagemann est voué à l'état écclésiastique et placé à 17 ans dans un couvent de l'ordre de Saint Augustin. Il se sauve et va au Danemark où des parents lui procurent des leçons particulières. Au bout de deux ans, il revient en Allemagne chez son père qui l'envoie à Rome pour obtenir son pardon. En apprenant la langue italienne, il apprécie la civilisation méridionale qu'il fera connaître à ses concitoyens allemands à son retour. Il devient alors directeur du collège catholique d'Erfürt, puis en 1775, bibliothécaire de la duchesse Amélie de Weimar.
Source : LXIX

Jeaurat, Edme-Sébastien (1724-1803), BA49, BA59
Né à Paris, Edme Jeaurat étudie le dessin avec son oncle, peintre, et les mathématiques avec Lieutaud, astronome à l'Académie des sciences. En 1749, il travaille à la carte de France avec Cassini III ; en 1753, il est professeur de mathématiques à l'École militaire. Sa rencontre avec Lalande l'attire vers l'astronomie ; il obtient un observatoire à l'École militaire nouvellement installée au Champ de Mars, et il entre à l'Académie des sciences en 1763. Il calcule des tables de Jupiter, observe le passage de Vénus du 3 juin 1769 à l'École militaire qu'il quitte pour habiter à l'Observatoire de Paris. En 1772, il est chargé de la rédaction de la *Connaissance des Temps,* qui sera confiée à Méchain en 1785.
Source : S. Dumont BEA

Joly, BA33
Astronome amateur.

Kästner (Kœstner), Abraham (1719-1800), BA63
Né à Leipzig, Kästner est directeur de l'observatoire de Göttingen après Tobias Mayer et Lichtenberg. Célèbre mathématicien et littérateur, il a publié ses travaux en allemand et en latin dans les *Mémoires de Göttingen.*
Source : Lalande B&H p. 843

Kepler, Johannes (1571-1630), BA26, BA27, BA28, BA29
Né le 27 décembre 1571 à Weil, Johannes Kepler étudie à l'université de Tübingen où M. Mästlin lui enseigne les théories de Copernic. Professeur de mathématiques au séminaire de Graz, il publie en 1596 son *Mysterium*

Cosmographicum. Invité par Tycho Brahé à Prague en 1600, il lui succède l'année suivante comme mathématicien de l'empereur Rudolph II. Avec les observations de Tycho Brahé, il montre que l'orbite de la planète Mars est une ellipse et établit la loi des aires. En 1618 et 1619, il publie *Epitome Astronomiæ Copernicanæ* et *Harmonice Mundi* qui sont ses principaux ouvrages. En 1609, l'empereur a été déposé et remplacé par son frère en 1612, ce qui a rendu la position de Kepler instable. C'est seulement en 1627 qu'il donne ses *Tabulæ Rudolphinæ*. La troisième loi de Kepler est à l'origine de la démonstration par Newton de la loi de l'attraction universelle. Kepler a travaillé sur d'autres sujets : optique, géométrie, logarithmes, météorologie – et aussi astrologie. Il est mort à Regensburg en Bavière le 15 novembre 1630.

Source : A. J. Apt BEA

Kerguelen, Yves de Trémarec de (1734-1797), BA24

Né à Quimper en 1734, Y. de Kerguelen est entré dans la marine. Après plusieurs voyages dans les mers du Nord, il est chargé d'une exploration aux Terres australes en 1771 pendant laquelle il découvre, en 1772, deux îles et, d'après lui, une terre très étendue. Cette dernière découverte ayant été contestée, il obtient une deuxième mission en 1773. À la suite de quelques incidents, il est mis en jugement à son retour et enfermé au château de Saumur en 1774. Bientôt libéré, il reprend son service. Il a publié deux ouvrages, l'un sur la découverte des deux îles qui maintenant portent son nom, l'autre sur la guerre franco-anglaise en 1778. Il est mort à Paris.

Sources : LXIX et S. Dumont

Kies, Johann (1713-1781), BR6, BR7, BR8, BR10, BA59

Né à Tübingen, Johann Kies est d'abord pasteur dans différentes paroisses du Wurtemberg, puis professeur de mathématiques chez le prince Czarteryski à Warschau. En 1742, il est professeur de mathématiques et de physique à l'Académie de Berlin et astronome à l'observatoire où il accueille Lalande en 1751-1752. En 1754, il revient dans sa ville natale où il est professeur et aussi bibliothécaire à l'université. Ses travaux en astronomie portent sur les planètes, les occultations d'étoiles, les mouvements de la Lune, les orbites des comètes… Il meurt à Tübingen le 29 juillet 1781.

Source : Pogg.

Kies, Madame, BR6, BR7

Épouse de Johann Kies.

Kirch, Gottfried (1639-1710), BA82

Né à Guben le 18 décembre 1639, Gottfried Kirch travaille en 1674 avec Hevelius à Dantzig pendant quelques mois. Il calcule des calendriers, fait des observations astronomiques et enseigne dans différentes villes jusqu'en 1700. Sa découverte de la brillante comète de 1680 le fait connaître. Il est nommé astronome ordinaire à Berlin par Frédéric III, électeur de Brandenbourg, pour établir le calendrier grégorien. Dans ce travail, il est aidé par sa femme Maria Margaretha. Il observe quelquefois chez le baron von Krosigk, car l'observatoire de Berlin ne sera pas achevé avant sa mort en 1710.

Source : R. Wielen, BEA

Kirch, Christine (1696-1782), BR6, BA18, BA19, BA23, BA24, BA65
Fille de Gottfried et Maria Margaretha Kirch, Christine a travaillé avec son frère Christfried, astronome à l'observatoire de Berlin. Pour l'Académie des sciences de Prusse, elle a calculé des calendriers, même après la mort de son frère, jusqu'à un âge avancé.

Source : R. Wielen, BEA

Klinkenberg, Dirk (1709-1799), BA39
Né à Haarlem, le 15 novembre 1709, D. Klinkenberg a beaucoup travaillé en astronomie et en hydraulique ; tous ses mémoires (de 1758 à 1783) sont publiés en hollandais. Il a traduit la Géographie de Varenius (1750). Il est membre de l'Académie de Haarlem et, à l'Académie des sciences de Paris, il est correspondant de Joseph Nicolas Delisle en 1759, puis de Cassini III en 1769. Pendant 40 ans, il a été secrétaire du gouvernement hollandais à La Haye, où il meurt le 3 mai 1799.

Sources : Lalande B&H p. 420 et Index Acad.

Koch, Julius August (1752-1817), BA57, BA60, BA63, BA76
Né le 15 juin 1752 à Osnabrück, J. A. Koch est médecin à Danzig et membre des Amis de la nature. Il a fait des observations astronomiques et publié sur les étoiles zodiacales en 1783, et sur celles du Lion (1788), et il a construit diverses tables... Il meurt à Danzig le 21 octobre 1817.

Source : Pogg.

Konig, BA39
Hollandais, bibliothécaire de la princesse d'Orange à La Haye.

La Blancherie, M. de, BA47, BA48, BA49
En 1779, M. de La Blancherie publie une feuille hebdomadaire sur les sciences et les arts, sujets des assemblées qu'il réunit chaque mercredi rue de Tournon, près de l'hôtel de Nivernois.

Source : *Journal des savants*, avril 1779

La Caille, Nicolas Louis de (1713-1762), BR6, BR10, BR11, BA8, BA9, BA18, BA28, BA35, BA58, BA74, BA75, BA76, BA77, BA79, BA80, BA82, BO1, BO4, BO7, BO16, BO18
Né à Rumigny, La Caille fait ses études à Nantes puis au collège de Lisieux à Paris. À la mort de son père, il est aidé par le duc de Bourbon pour achever ses études au collège de Navarre où il s'intéresse aux mathématiques et à l'astronomie. En 1736, Fouchy le présente à Jacques Cassini (Cassini II) qui l'accueille à l'Observatoire. Il participe aux travaux géodésiques pour la carte de France avec Gian Domenico Maraldi, puis avec César François Cassini de Thury (Cassini III) pour la vérification de la méridienne de Paris. Nommé professeur de mathématiques au collège des Quatre Nations (situé dans le bâtiment dit collège Mazarin) où il a un observatoire, il est en 1741 adjoint astronome à l'Académie des sciences. Sa

mission (1750-1754) au cap de Bonne-Espérance est un succès ; ses observations sont complétées par des observations concommitantes, dont celles de Lalande à Berlin. Il propose l'introduction de 14 nouvelles constellations australes. À son retour, il reprend ses observations des étoiles du Zodiaque. (*Lalandiana I*)

La Condamine, Charles Marie de (1701-1774), BR8, BA5, BA14, BA15, BA18, BA33
    Né à Paris dans une famille de petite noblesse, il est sodat à 17 ans. Quittant l'armée, il s'installe à Paris, s'intéresse aux sciences et entre à l'Académie des sciences en 1730. Il demande à participer à un voyage autour de la Méditerranée. À son retour, il mène campagne pour l'inoculation contre la variole. Il est désigné en 1735 avec L. Godin et P. Bouguer pour l'expédition au Pérou décidée par l'Académie des sciences dans le but de mesurer un arc de méridien près de l'équateur. Il revient en France en 1745. Une autre expédition, en Laponie, a fait une mesure semblable ; les résultats ont montré que la Terre est aplatie aux pôles. Ayant prouvé son talent d'écrivain dans le récit de cette expédition, il est élu à l'Académie française.
Sources : A. E. Ten BEA et Y. Laissus DSB

La Condamine, Madame, BA29
    Pendant un voyage en Italie, en 1753, La Condamine obtient du Pape Benoît XIV une dispense pour épouser sa nièce en août 1756. Ce fut un mariage heureux malgré les trente ans d'écart entre les époux.
Source : Y. Laissus DSB

Lacroix (ou la Croix), Antoine Nicole de (1704-1760), BA20
    Né et mort à Paris, Nicole de Lacroix, écclésiastique, a étudié la géographie et rédigé des manuels pour l'enseigner tels que : *Géographie moderne* (1747), *Abrégé de géographie* (1758) et *Géographie moderne et universelle précédée d'un traité de la sphère,* cours complet de géographie, rééditée en 1801.
Source : LXIX

La Ferté, abbé, BA65, BA67[b]
    A souscrit à l'ouvrage sur l'Inde

Lagrange (ou la Grange), Joseph Louis, comte de (1736-1813), Cité dans presque toutes les lettres de Lalande à Jean III Bernoulli
    Né à Turin le 25 janvier 1736, Lagrange s'intéresse aux mathématiques après avoir étudié les travaux de Halley. En 1754, il envoie un mémoire à L. Euler de l'Académie de Berlin dont le président, Pierre de Maupertuis lui propose d'en devenir membre. Il refuse et en devient associé étranger puis il fonde, avec d'autres, l'Académie de Turin en 1757. Il travaille sur des problèmes de mécanique céleste et gagne plusieurs prix de l'Académie des sciences de Paris. Lorsqu'Euler quitte Berlin pour Pétersbourg, Lagrange accepte sa place à l'Académie de Berlin en 1766. Ses travaux en astronomie portent sur les satellites de Saturne, le mouvement de la Lune, sur les perturbations des orbites des comètes, sur les orbites des planètes. Après la mort de Frédérric II en 1786, Lagrange acceptant l'offre de l'Académie des sciences de Paris dont il est associé étranger depuis 1772, vient à

Paris où il épouse une fille de Le Monnier. Pendant la Révolution, il enseigne à l'École polytechnique ; il est nommé dans la première Classe de l'Institut en 1795. Napoléon le fait sénateur et comte. Lagrange meurt à Paris le 10 avril 1813,
Sources : J. Suzuki BEA et Index Acad.

Lagrange (ou de la Grange), Louis (1711-1783), BA12
Père jésuite, né à Mâcon, astronome à Marseille puis, après l'interdiction de la société des jésuites en France, à Milan de 1763 à 1777. Il s'est retiré à Mâcon où il est mort le 25 août 1783.
Source : Lalande B&H

La Hire, Philippe de (1640-1718), BA26, BO1
Philippe est fils du peintre Laurent de La Hire ; il étudie donc la peinture et passe quatre années à Venise. Il a étudié aussi les mathématiques aves Girard Desargues, ami de son père, et publié quelques mémoires sur les sections coniques, de 1672 à 1679. Il entre à l'Académie des sciences en 1678 comme astronome et participe avec Picard à la détermination des côtes de France : en collaboration avec Cassini I resté à Paris, ils déterminent les longitudes des ports en utilisant avec succès pour la première fois les éclipses du premier satellite de Jupiter. Après la mort de Colbert, La Hire pratique le nivellement pour amener l'eau au parc de Versailles, et continue les mesures sur le méridien de Paris. En 1782, il vient habiter à l'Observatoire de Paris avec sa nombreuse famille. Son fils devient comme lui, membre de l'Acdémie des sciences. Philippe de la Hire est alors professeur de mathématiques au Collège royal, il sera en 1687 professeur à l'académie d'architecture. La Hire observe beaucoup et établit de nouvelles tables astronomiques. Il meurt le 21 avril 1718.
Source : D. J. Sturdy BEA

La Loubère, Simon de (1642-1729), BA19, BA20, BA30
Né à Toulouse, neveu d'Antoine de La Loubère, jésuite et géomètre, S. de La Loubère est d'abord secrétaire à l'ambassade française en Suisse. En 1687, il est placé à la tête de la mission extraordinaire que Louis XIV envoie au Siam pour établir des relations avec ce pays. Resté trois mois au Siam, La Loubère y a cependant recueilli beaucoup de renseignements qu'il publie en 1691 dans *Du royaume de Siam*, en deux volumes. Par la suite, il est envoyé en Portugal et en Espagne, sans titre officiel, pour tenter de détacher ces pays de l'alliance anglaise. Arrêté à Madrid, il sera relâché sur intervention directe de Louis XIV. Il devient ensuite le précepteur des fils du chancelier de Ponchartrain, ce qui favorisera son élection à l'Académie française. Il appartient aussi à l'Académie des jeux floraux de Toulouse.
Source : LXIX

Lambert, Johann Heinrich (1728-1777), BA12, BA14, BA16, BA18, BA20, BA23, BA24, BA27, BA28, BA30, BA31, BA32, BA37, BA40, BA44, BA53, BA54, BA57, BA58, BA59, BA64, BA80, BA81
Né le 26 ou 29 août 1728 à Mulhouse, après quelques études, Johann Heinrich Lambert s'intéresse à l'astronomie. Il observe la comète de 1743 et tente de calculer

son orbite. En 1745, il poursuit ses études à Bâle, puis il est précepteur pendant huit ans à Chur (Suisse). De 1756 à 1758, il voyage et visite Göttingen, Utrecht, Paris, Marseille, Turin… En mai 1759, il séjourne à Zürich, et après une visite à sa famille, il s'installe à Augsbourg où il publie ses principaux ouvrages comme : *Photometria* (1760) et *Cosmologische Briefe* (1761). En 1764, il est à Berlin, membre de l'Académie en 1765. Mathématicien, il est aussi l'auteur de travaux d'astronomie, notamment, dans *Astronomisches Jahrbuch* qu'il a fondé avec J. E. Bode, des tables (1776) et un mémoire sur les irrégularités du mouvement de Jupiter et de Saturne. Il meurt à Berlin le 25 septembre 1777.

Source : H. Frommert BEA

Laplace (ou la Place), Pierre Simon de (1749-1827), BA20, BA21, BA24, BA26, BA59, BA62, BA67[b], BA73, BA74, BA75, BA76, BA79, BA80, BA82, BO3, BO20

Né à Beaumont en Auge dans une famille paysanne qui souhaite le voir entrer dans l'église, Pierre Simon Laplace étudie à l'école des bénédictins, puis à 16 ans au collège des Arts de Caen tenu par les jésuites. Son professeur de mathématiques le recommande à d'Alembert qui décide de soutenir ce brillant mathématicien. Laplace est enfin admis à l'Académie des sciences en 1773. Il développe des techniques mathématiques utiles en probabilité, physique, cosmologie et mécanique céleste. En 1795, il est nommé au Bureau des longitudes. Lagrange et Laplace ont démontré la stabilité du système solaire. Sur l'origine de ce système, ce dernier publie *Système du monde* puis sa *Mécanique céleste*. Napoléon, qui a été son élève à l'École militaire, devenu Premier Consul, le fera ministre de l'Intérieur en 1798 (pendant quelques semaines), puis devenu Empereur, il le fera comte en 1806. Ayant voté la déchéance de l'empereur en 1714, il est bien reçu par le roi Louis XVIII qui le fait Pair et marquis.

Sources : J. Suzuki BEA et Index Acad.

Lattré, BA20

Libraire et graveur à Paris

La Vrillière (ou Lavrillière), Louis Phélypeaux, comte de Saint-Florentin, duc de (1705-1777), BA14

Fils du marquis de La Vrillière dont le grand père a fait bâtir un bel hôtel maintenant occupé par la Banque de France, le duc de La Vrillière a succédé à son père décédé en 1725 comme ministre des affaires générales de la religion réformée. En 1740, il est académicien honoraire à l'Académie des sciences de Paris et en sera le président (pour une année) sept fois, il est aussi honoraire de l'Académie des inscriptions et belles lettres. De 1761 à 1775, il est ministre d'État ayant toute la comfiance de Louis XV qui l'a fait duc en 1770.

Sources : LXIX et Index Acad.

Le Bègue de Presle, Achille Guillaume (1735-1807), BA61, BA65, BA67[b]

Né à Pithiviers, devenu médecin, il s'est appliqué à vulgariser la médecine pour la mettre à la portée des gens du monde. Il a été ami et médecin de J.-J. Rousseau.

Source : LXIX

Leblanc de Guillet, Antoine Blanc, dit (1730-1799), BA20

Poète, né à Marseille, Leblanc a écrit plusieurs pièces de théâtre et collaboré à quelques journaux. Après 1789, il est professeur aux écoles centrales et membre de l'Institut.

Source : Quérard

Le Cat, Claude Nicolas (1700-1768), BA8

Né en Picardie, à Blérancourt, Claude Nicolas Le Cat fait des études de chirurgie avec son père puis à Paris auprès de Winflow. En 1728, étant chirurgien de l'archevêque de Rouen, il obtient la place de chirurgien en chef de l'Hôtel-Dieu. Les mémoires qu'il a envoyés à l'Académie de chirurgie de Paris ont été primés. En 1739, il est correspondant de Sauveur-François Morand à l'Académie des sciences de Paris. En 1744, il crée l'Académie de Rouen où il invitera Pingré comme astronome. Chirurgien célèbre, membre de l'associarion allemande des « Curieux de la nature », il a réussi plusieurs opérations de la taille des calculs vésicaux par la méthode de Cheselden. En 1764, il obtient des lettres de noblesse et une pension de 2000 Livres.

Sources : LXIX et Index Acad.

Lefrançois (père), Pierre (1695-1755), BR2, BR3, BR4, BR5

Père de Jérôme Lalande, Pierre Lefrançois, originaire de Normandie, est directeur de la poste et de l'entrepôt des tabacs à Bourg-en-Bresse, où il s'est marié et n'a eu qu'un seul fils.

Source : Françoise Launay, communication personnelle.

Lefrançois (mère), Marie Anne Gabrielle, née Monchinet (?-juin 1771), BR2, BR3, BR5, BR9, BR10

Mère de Jérôme Lalande, elle a épousé Pierre Lefrançois le 28 octobre 1730.

Sources : Françoise Launay, communication personnelle et procès-verbaux de l'Académie des sciences

Lefrançois de Lalande (neveu), Michel Jean Jérôme (1766-1839), BA65, BA75, BA82, BA83, BO9, BO10, BO12

Michel Lefrançois est né le 21 avril 1766 à Courcy près de Coutances (Manche). Il est petit-fils de Michel, qui était frère de Pierre Lefrançois, lui-même père de l'astronome Jérôme Lalande. En 1781, Jérôme Lalande qui l'appelle son « neveu », le fait venir à Paris, chez lui, au Collège royal, et l'instruit en astronomie dans l'observation et la théorie. En 1788, ayant obtenu la reconstruction de l'observatoire de l'École militaire, Jérôme confie à son neveu le grand travail qu'il projette depuis quelques années : le catalogue de 50 000 étoiles qui sera publié en 1801. Le neveu est aidé successivement par quelques élèves de Lalande et par sa femme Amélie. En 1792, il accompagne Delambre pour mesurer des triangles autour de Paris (il s'agit de la mesure du méridien de Paris, de Dunkerque à Barcelone) et revient bientôt à son observatoire. En 1795, Michel est astronome-adjoint au Bureau des longitudes ; en 1801, il est élu à l'Institut, et, en 1807, il aura, au Bureau la place d'astronome de son « oncle » décédé. Il utilisera alors le prénom Jérôme et le nom Lalande. Il meurt à Paris le 8 avril 1839. (*Lalandiana I*)

Lefrançois de Lalande (nièce), Marie Jeanne Harlay, dite Amélie, (1769 ou 1770-1832), BA82, BA83, BO15, BO19

Marie Jeanne Harlay est née à Paris. Fille naturelle de Jérôme Lalande, celui-ci la marie en 1788 avec son « neveu » Michel Lefrançois. Les époux, qui auront quatre enfants, vivent chez Jérôme Lalande au Collège de France. Amélie, formée à l'astronomie par celui-ci, fait beaucoup de calculs : elle a établi les Tables horaires de l'*Abrégé de Navigation*, publié par Lalande en 1793 et, pour le catalogue de 50000 étoiles de Jérôme et Michel, elle a réduit 10000 étoiles. En août 1798, Amélie a accompagné Jérôme Lalande dans sa visite à l'observatoire du Seeberg, près de Gotha, dirigé par von Zach. Elle meurt le 8 novembre 1832, à Paris. (*Lalandiana I*)

Le Gentil, Guillaume Hyacinthe Joseph Jean-Baptiste, de la Galaisière (1725-1792), BR11, BA71, BO10

Né le 11 septembre 1725, à Coutances, Guillaume Le Gentil vient à Paris en 1745 et entre à l'Observatoire dès 1750 où il fait beaucoup d'observations. En 1753, il est admis à l'Académie des sciences de Paris. Le 26 mars 1760, il part pour les Indes afin d'observer à Pondichéry le passage de Vénus devant le Soleil du 6 juin 1761. La prise de Pondichéry par les Anglais empêche cette observation. Il décide d'attendre jusqu'au passage de 1769 pendant lequel, à Pondichéry, un nuage empêchera son observation. Entre temps, il a voyagé de Madagascar à Manille faisant beaucoup d'observations géographiques et astronomiques. À son retour, il a publié ses notes de voyage. Érudit, il a rédigé des mémoires sur l'astronomie ancienne, celle des Grecs et celle des Indiens.

Sources : Lalande B&H p. 722 et Index Acad.

Lémery, Louis Robert Joseph Corneliet (1728-1802), BA33

Lémery est né à Versailles le 5 novembre 1728. Dès 1763, Lalande l'a engagé pour effectuer des calculs astronomiques. Il a ainsi travaillé pendant quinze ans à la *Connaissance des Temps.*

Sources : Lalande B&H et Pogg.

Le Monnier, Pierre-Charles (1715-1799), BR2, BR3, BR4, BR6, BR10, BA6, BA7, BA8, BA9, BA11, BA12, BA13, BA14, BA15, BA20, BA22, BA23, BA26, BA29, BA31, BA32, BA33, BA34[b], BA37, BA40, BA42, BA44, BA57, BA58, BO9

Né à Paris le 20 novembre 1715, Le Monnier est fils d'un professeur de philosophie du collège d'Harcourt, membre de l'Académie des sciences. Très tôt il obtient de bons instruments, un télescope de Short et deux quarts-de-cercle, l'un de Bird, l'autre de Sisson. À 20 ans, il participe à la mesure d'un arc de méridien en Laponie, expédition commandée par Maupertuis. À son retour en 1736, il est nommé adjoint géomètre à l'Académie des sciences, il sera pensionnaire en 1746 et professeur de philosophie (c'est-à-dire de « philosophie naturelle », – physique, etc.) au Collège royal en 1748. Il a fait beaucoup d'observations astronomiques et étudié la Lune pendant 50 ans. Il a publié *Institutions astronomiques* d'après John Keil, *Théorie des comètes* d'après Halley et quatre volumes de ses observations de

1751 à 1773. Dans son catalogue d'étoiles, on a trouvé douze observations de la planète Uranus. (*Lalandiana I*)

Lepaute, Nicole-Reine née Étable de la Brière (1723-1788), BA24

Nicole-Reine est née le 5 janvier 1723 au Palais du Luxembourg où son père avait une charge auprès d'Élisabeth d'Orléans. Elle épouse en 1748 Jean-André Lepaute, horloger, et participe à ses travaux. Avec Lalande, elle calcule pour Alexis Clairaut, les perturbations produites par Jupiter et Saturne sur l'orbite de la comète de 1682 qui, d'après Halley, devait revenir en 1758 ou 59; ce retour, dont la date du passage au périhélie est annoncée grâce à eux par Clairaut, fut un succès de la théorie de la gravitation de Newton. En 1764, Mme Lepaute calcule et publie une carte de la marche de l'ombre de la Lune pendant l'éclipse annulaire de Soleil du 1er avril. Elle a beaucoup calculé, à la demande de Lalande : pour la *Connaissance des Temps* jusqu'en 1772 et pour les *Ephémérides des mouvements célestes pour le méridien de Paris*, Tomes VII et VIII : celui-ci publié en 1783. Elle a aussi donné des mémoires à l'académie de Béziers, dont elle était membre associé. Sa vue étant affaiblie, elle doit abandonner les calculs et elle se consacre alors à son mari malade.

Source : Lalande B&H pp 676-681

Lepaute, Jean-André (1709-1788), BA27

Jean-André Lepaute, né à Montmédy, est horloger à Paris. Il a publié en 1755 un traité d'horlogerie qui sera réédité en 1760 avec, en supplément, des tables calculées par sa femme.

Source : Pogg.

Le Roy (ou Leroy), Pierre (1717-1777), BA5, BA13

Fils aîné de l'horloger du roi, Julien Le Roy (1686-1759), Pierre est aussi horloger et a fabriqué des montres marines qui sont éprouvées dans le voyage en Amérique de Cassini IV en 1768. Pierre Leroy reçoit à cette occasion un prix de l'Académie royale des sciences. Il a aussi découvert l'isochronisme induit par l'utilisation du ressort spiral. Il est mort à Vitry, près de Paris, le 25 août 1785.

Source : LXIX

Lessert, Madame de, BA65, BA67 b, BA76

A souscrit à l'ouvrage sur l'Inde.

Lestrés, BA33

Astronome amateur

Lévêque, Pierre (1746-1814), BA33, BA72

Né à Nantes le 3 septembre 1746, Pierre Lévêque est d'abord professeur royal d'hydrographie et de mathématique dans cette ville. En 1776, il publie à Avignon ses tables de la hauteur et de la longitude du nonagésime et en 1778 son Guide du navigateur. En 1783, il est nommé correspondant de Gabriel Bory à l'Académie des sciences, puis en 1796, associé non résidant dans la première Classe de l'Institut, section de mathématique. Il meurt au Havre.

Sources : Lalande B&H p. 551 et Index Acad.

Lexell, Anders Johan (1740-1784), BA23, BA26, BA53

Né à Turku (Åbo) en Finlande, Anders Johan Lexell y fait ses études, puis il obtient son doctorat à l'Académie de Turku en 1763. Se trouvant trop isolé, il envoie, en 1768, à Leonhard Euler, à Pétersbourg, un article sur le calcul intégral tout en demandant un poste. Accepté, il arrive à Pétersbourg où il devient en 1771 professeur d'astronomie et travaille avec Euler. Le 24 mai 1776, il est nommé à l'Académie des sciences de Paris correspondant de Lalande avec lequel il a eu quelques discussions au sujet de la comète de 1770. En 1780-1781, il voyage, reste quelques mois à Paris, et se trouve à Londres lorsque Herschel découvre un astre d'abord supposé être une comète ; Lexell montre qu'il a une orbite circulaire : c'est la planète appelée maintenant Uranus. Il a publié une soixantaine d'articles de mathématique ou d'astronomie. Après la mort de Leonhard Euler en 1783, il est désigné pour lui succéder à l'Académie de Pétersbourg ; il meurt l'année suivante.
Sources : H. Karttunen BEA et Index Acad.

L'Huilier, Simon Antoine Jean (1750-1840), BA80

Né à Genève le 24 avril 1750, il sera précepteur du prince Czartorisky à Varsovie puis il se rend à Tübingen. Revenu à Genève, il y est professeur de mathématique et membre de l'Académie de 1795 à 1823. Il est aussi correspondant de différentes académies ou sociétés à Londres, Berlin, Pétersbourg.
Source : Pogg.

Libour, BA26

Libour, professeur de mathématique à l'École militaire, a publié, en 1772, la carte des routes de Mercure sur le disque du Soleil pour cinq passages de 1776 à 1799.
Source : Lalande B&H p. 532

Lichtenberg, Georg Christoph (1744-1799), BA24

Né en juillet 1744 (ou 1742) près de Darmstadt, Lichtenberg, professeur à Göttingen, a publié en 1775 les œuvres posthumes de Tobie Mayer. Philosophe, il est surtout connu pour ses célèbres *Aphorismes*.
Sources : Lalande B&H p. 826 et Pogg.

Lotten, BA39

Bourgmestre à Utrecht en 1774.

Louville, Jacques-Eugène d'Allonville, chevalier de (1671-1732), BA27

Le chevalier de Louville est né au château de Louville (Eure et Loir). Après avoir passé dix ans dans la marine, il est en 1700 colonel des dragons de la reine. Astronome, il publie des mémoires sur les instruments pour l'astronomie (1714 et 1719) et est admis à l'Académie des sciences de Paris comme associé astronome en 1714 et pensionnaire en 1719. Il écrit sur la construction de tables du Soleil, sur la manière de faire une observation exacte du diamètre du Soleil... Il meurt à Carré (Loiret).
Sources : Index Acad. et Pogg.

Löwenstein, Charles Thomas prince de (1714-1789), BA14

Né à Wertheim le 7 mars 1714, Löwenstein, prince régnant et lieutenant général d'infanterie de l'Électeur Palatin, y meurt le 6 juin 1789. Il a été nommé associé étranger à l'Académie royale des sciences de Paris, surnuméraire, le 15 janvier 1766 et titulaire le 23 avril 1785.

Source : Index Acad.

Lulofs, Johann (1711-1768), BA33, BA35

Hollandais, Lulofs est né à Zutphen le 5 août 1711 ; il est mort à Leyde le 4 novembre 1768. Il a publié en 1750 *Introduction à la théorie physique et mathématique du globe terrestre* [titre traduit du hollandais] et en 1754 un mémoire sur l'occultation de Vénus par la Lune le 27 juillet 1753. En 1758, il est correspondant de J. N. Delisle à l'Académie des sciences de Paris, puis de Lalande en 1769. Astronome et théologien, il était professeur d'astronomie et de morale à Leyde.

Sources : Lalande B&H p. 441 et Index Acad.

Magellan, voir Magalhaens

Magalhaens (ou Magellan), Joao Jacinto de (1722-1790), BA12, BA26, BA32, BA40, BA52, BA53

Originaire du Portugal et membre de la famille de Magellan, il entre dans l'ordre des Augustins. Venu en Angleterre en 1764, il étudie les sciences, fait des expériences de physique et commande des instruments. Il publie, entre autres, un traité sur les instruments d'astronomie et de physique (*Journal des savants,* mars 1781). Il est nommé comme physicien correspondant étranger de Gabriel de Bory (1720-1801) à l'Académie royale des sciences de Paris le 4 septembre 1771. Il était aussi membre des Académies ou Sociétés de Londres, Madrid, Pétersbourg.

Sources : LXIX et Index Acad.

Maillebois, Yves Marie Desmarets, comte de (1715-1791), BR1, BR3, BR4, BR10, BR11

Fils du marquis de Maillebois (1682-1762) maréchal de France en 1741, il entre très tôt dans l'armée et sert en Italie sous son père ; il se distingue à la prise de Mahon. Lieutenant général, il est nommé académicien honoraire à l'Académie des sciences en 1749 ; il en est président en 1751 lorsque Lalande est désigné pour la mission à Berlin. Accusé d'avoir comploté contre le duc de Richelieu (1696-1788), il est enfermé dans la citadelle de Doulens pendant quelque temps. Pendant la Révolution, il participe à un complot royaliste et, prudemment, passe en Belgique. Il meurt en 1791.

Sources : LXIX et Index Acad.

Maillette, BA42

Astronome amateur à Nancy

Mairan, Jean Jacques Dortous (ou d'Ortous) de (1678-1771), BA12, BA57, BA60

Né à Béziers le 26 novembre 1678, J. J. Mairan, orphelin de son père à 4 ans, reste auprès de sa mère jusqu'à la mort de celle-ci en 1694. Il va alors achever ses études classiques à Toulouse puis il vient à Paris étudier physique et mathématiques. De retour à Béziers en 1702, il publie (1715-1717) quelques mémoires qui reçoivent un prix de l'Académie de Bordeaux. Revenu à Paris en 1718, il est admis à l'Académie des sciences la même année comme géomètre Il mène des travaux sur divers sujets : le chaud et le froid, la jauge des navires, l'aurore boréale de 1726 (mémoire publié en 1731), la rotation de la Lune... Musicien, il fréquente les salons. Il est aussi à l'Académie française. Pendant un voyage à Béziers, il crée en 1723 l'Académie de cette ville avec son ami Bouillet, médecin. Secrétaire du duc d'Orléans, il est membre de plusieurs Académies étrangères. Le 7 janvier 1741, il est élu secrétaire perpétuel de l'Académie des sciences, succédant à Fontenelle, mais il démissionne en 1743, cédant la place à Fouchy. Il est alors nommé vétéran puis rétabli pensionnaire au départ de Maupertuis pour Berlin.

Sources : Éloge par Fouchy HAM 1771 et Index Acad.

Malesherbes, Chrétien-Guillaume de Lamoignon de (1721-1794), BR10, BA30, BA46

Né à Paris le 6 décembre 1721, fils du chancelier Guillaume de Lamoignon, Chrétien-Guillaume Malesherbes fait ses études chez les jésuites. En 1741, il est conseiller d'État et en 1747 président de la cour des aides, où il proteste contre les abus et les dépenses de la Cour. Il est aussi directeur de la Librairie ; tolérant et d'esprit indépendant, il laisse publier l'*Encyclopédie*. Pendant le ministère de Turgot, au début du règne de Louis XVI, il accepte un ministère, puis il démissionne lorsque Turgot est renvoyé. Il se retire alors. Mais, en 1792, il se propose pour défendre le roi pendant son procès. Deux ans plus tard, accusé de conspirer contre la Révolution, il est guillotiné en avril 1794, à 72 ans, avec sa fille et son gendre, frère de François-René de Châteaubriand.

Source : LXIX

Mallet (ou Mallet-Favre), Jacques André (1740-1790), BA12, BA14, BA32, BAb2

Né à Genève le 23 septembre 1740, Mallet y fait d'excellentes études, puis à dix-neuf ans, il va étudier à Bâle auprès de Daniel Bernoulli pendant deux ans. Il publie quelques mémoires, voyage en France et en Angleterre en 1765 et, revenu à Genève, il se fait connaître comme astronome. En 1768, il souhaite observer le passage de Vénus sur le Soleil du 3 juin 1769. Lalande lui suggère de faire une demande à l'Académie de Pétersbourg ; cette demande, soutenue par Daniel Bernoulli, est accueillie favorablement, Mallet part avec son ami Jean-Louis Pictet en avril 1768. Ils arrivent à Ponoï, près d'Archangel'sk, et y restent quatre mois. Leurs observations ont été publiées à Pétersbourg. De retour à Genève, Mallet obtient d'installer un observatoire sur le rempart, et fait construire des instruments en Angleterre. Lalande, dont il est le correspondant à l'Académie des sciences de Paris depuis 1772, a publié dans la *Connaissance des temps* des tables calculées par

Mallet et ses observations. D'autres ont paru à Londres, Berlin, Genève. Il a enseigné l'astronomie à Genève où il a tracé une méridienne de temps moyen pour donner à la ville le midi moyen afin de régler les montres. Il est mort le 31 janvier 1790.

Source : Lalande B&H p. 698-700.

Malleuvre, BA39
Graveur à Paris

Marggraf, Andreas Sigismond (1709-1782), BA42, BA44, BA51, BA54,
    BA55 *(autres orthographes utilisées par Lalande: Margraff, Marggraff)*
Né à Berlin le 3 mars 1709, pour parfaire son éducation, son père le fait voyager pour étudier avec plusieurs chimistes. Il revient à Berlin au bout de dix ans. Chimiste, il analyse des pierres (topaze, lapis lazuli), recherche le sucre des végétaux, analyse les calculs de la vessie. Il a perfectionné l'analyse chimique. Il est nommé en 1777 associé étranger de l'Académie des sciences de Paris.
Source : Éloge par Condorcet HAM 1782

Marguerie, Jean-Jacques de (1742-1779), BA29
Jean-Jacques de Marguerie, mathématicien, entre à l'Académie de marine. En 1768, il est garde marine avec une pension de 600 livres. Lieutenant de vaisseau en 1778, il participe à quelques batailles navales et meurt de ses blessures.
Source : LXIX

Martin, BR5
Un familier de l'astronome Joseph Nicolas Delisle.

Maskelyne, Nevil (1732-1811), BA4, BA7, BA9, BA12, BA14, BA44, BA54
    BA74, BA75, BA76, BA79, BA80, BA82, BO1, BO3, BO6
Né à Londres le 6 octobre 1732, Maskelyne étudie les sciences : mathématiques, physique et aussi la théologie suivant le souhait de sa famille. Il obtient une cure en 1755 et est admis docteur en théologie en 1777. Il s'intéresse aussi à l'astronomie et, en 1761, il est de l'expédition à l'île de Sainte-Hélène pour observer le passage de Vénus sur le Soleil du 6 juin, sans résultat car le ciel reste couvert. En 1765, il est nommé Astronome royal, à la tête de l'Observatoire de Greenwich. Il ne quittera son observatoire qu'une seule fois, pour répéter en Écosse les opérations que Bouguer avait faites au Pérou, sur l'attraction des montagnes. Chaque année, il publie ses observations et, pendant quarante-cinq ans, il assure la publication du *Nautical Almanach*. Il meurt à Greenwich le 9 février 1811. (*Lalandiana I*)

Maty, BA4
Docteur (médecin ?) en Angleterre.

Maupertuis, Pierre-Louis Moreau de (1698-1759), BR6, BR11, BA6, BA70,
    BA72
Né à Saint-Malo en septembre 1698, il étudie avec un précepteur, sa mère redoutant pour lui les rigueurs du collège. Puis il va à Paris au collège de la Marche pour la philosophie et s'intéresse aux mathématiques avec Guisnée, élève de Varignon et académicien. À 20 ans, il entre dans l'armée : deux ans chez les

mousquetaires gris puis dans un régiment stationné à Lille jusqu'en 1721 ; il occupe ses loisirs en cultivant les mathématiques. De retour à Paris, ses amis le font admettre à l'Académie des sciences comme adjoint géomètre ; il sera associé en 1725 et pensionnaire en 1731. Il voyage : à Londres, il en revient newtonien, à Bâle chez Jean I Bernoulli où il se fera des amis, les célèbres Daniel et Jean II (tous deux fils de Jean I). En 1732, il fait connaître à l'Académie la théorie de l'attraction de Newton. En 1736, il est désigné pour la mission en Laponie (qu'il commande) avec Le Monnier, Clairaut, Celsius et Outhier : il s'agit de mesurer un arc de méridien près du pôle. Il en fait le récit à l'Académie en novembre 1737. Devenu célèbre, il est invité par Frédéric II, roi de Prusse, qu'il rejoint en Silésie où, assistant à la bataille de Mollwitz, il est fait prisonnier et reçu avec éclat à la Cour de Vienne. Libéré, de retour en France, il est élu à l'Académie française en 1743. En 1745, il quitte Paris pour Berlin où il épouse Melle de Borck qu'il avait rencontrée pendant son premier voyage. Frédéric II le nomme président de l'Académie de Berlin le 3 mars 1746. Plus tard, malade, il revient en France, passe à Saint-Malo, à Toulouse puis, en revenant à Berlin, il s'arrête à Bâle où il meurt le 27 juillet 1759 chez ses amis Bernoulli. Sa femme, alertée, n'arrive que le lendemain de sa mort.
Sources : Éloge par Fontenelle HAM 1759 et Index Acad.

Maupertuis, Madame de, née de Brock, BA29, BA54
Le roi de Prusse lui a donné la charge de Maîtresse de la Maison de la princesse Amélie.

Mayer, Christian (1719-1783), BA6, BA15, BA71
Jésuite, né le 20 août 1719, il est mort le 16 avril 1783 à Heidelberg où il était professeur de mathématiques et de physique après avoir enseigné à Aschaffenberg. Astronome de la cour à Mannheim, il a mesuré une base dans le Palatinat et des triangles de Durlach à Francfort, pour établir une carte du pays.
Sources : Pogg et *Journal des savants* novembre 1775

Mayer, Johann Tobias (Tobie) (1723-1762), BA4, BA7, BA8, BA59, BA63, BA65, BA74, BA75, BA76, BA82, BO1
Né à Marbach près de Stuttgart le 17 février 1723, Mayer fait ses études à Esslingen et Augsbourg puis il travaille pendant cinq ans aux cartes de Homann à Nürenberg. En 1750, il est professeur à Göttingen. Pour la détermination des longitudes par des distances d'étoiles ou du Soleil à la Lune, il établit en 1752 de nouvelles tables de la Lune et du Soleil. Il obtient ainsi le prix offert par le *Board of Longitudes* de Londres, prix qui sera versé à sa veuve en 1765. (*Lalandiana I*)

Mazure, BA32
Élève de Lalande en 1769.

Méchain, Pierre François André (1744-1804), BA33, BA48, BA49, BA54, BA55, BA59, BA61 BA62, BA67, BA70, BA71, BA72, BA76, BA81, BA82, BA84, BO3, BO6, BO9, BO10, BO14, BO15, BO20, BO22, BO26
Né à Laon le 16 août 1744 , Méchain est le fils d'un architecte qui n'a pas réussi. Sur recommandations, il est admis à l'École des Ponts et Chaussées, mais, sans aide pécunière, il doit renoncer. Précepteur dans une famille près de Sens, il est

remarqué par Lalande qui lui donne à relire les épreuves de la deuxième édition de son *Astronomie*. Satisfait de ce travail, Lalande lui obtient un poste d'hydrographe du Dépôt des Cartes alors à Versailles. Il collabore avec Chabert pour ses cartes marines et, la nuit, fait des observations astronomiques que Lalande présente à l'Académie où il est nommé adjoint astronome le 25 avril 1782. Chercheur de comètes, il en découvre onze en dix-huit ans. Il calcule aussi les orbites des comètes et celle de la nouvelle planète Uranus. En 1784, il succède à Jeaurat dans la rédaction de la *Connaissance des Temps* et en donnera sept volumes (années 1788-1794). En 1787, il participe à la liaison Paris-Greenwich avec Cassini IV et Legendre. En 1792, il est chargé, avec Delambre, de la mesure du méridien de Paris : Méchain de Rodez à Barcelone et Delambre de Dunkerque à Rodez. Par suite des événements de la période révolutionnaire, cette mission, commencée en 1792, s'achèvera en 1798. La longueur du mètre, base du Système métrique, est alors fixée. À son retour à Paris, Méchain est nommé administrateur de l'Observatoire par le Bureau des longitudes et remplace Lalande. Le Bureau souhaite prolonger la mesure du méridien de Paris jusqu'aux Baléares, pour avoir un arc dont le milieu serait sur le 45ᵉ parallèle. Méchain réclame cette mission et part en 1803 avec son fils cadet. Atteint par les fièvres, il meurt à Castellon de la Palma le 20 septembre 1804. (*Lalandiana I*)

Mégnié, BA67, BA70

Mégnié a fabriqué des instruments de physique, comme une balance de précision pour Lavoisier, puis des instruments pour l'astronomie comme un cercle équatorial (1780). Cassini IV a fait installer dans la tour de l'Ouest de l'Observatoire de Paris un atelier de construcction d'appareils astronomiques ; Mégnié en est le chef. Ne pouvant achever le quart de cercle de 7 ½ pieds que Cassini lui a commandé, Mégnié quitte Paris le 10 octobre 1786. En 1791, ce célèbre artiste est à Madrid et observe comme astronome. Il revient en 1793. *Sources* : C. Wolf et Lalande B&H p. 707

Mérian, Hans Bernhard (1723-1807), BA52, BA71 (destinataire de « compliments » de Lalande de la lettre BA7 à la lettre BA82)

Né à Liechstal (Liestal), canton de Bâle (Suisse), Hans Bernhard Mérian est fils d'un ministre réformé distingué qui lui a fait donner une excellente éducation. À 17 ans, il est docteur en philosophie. Candidat, sans succès, à une chaire, il va à Lausanne où il apprend le français. De retour à Bâle, on lui propose un poste de précepteur à Amsterdam où il reste quatre ans. Maupertuis, président de l'Académie de Berlin, l'invite ; Frédéric II le nomme professeur de philosophie de son Académie en 1748, poste qu'il occupe pendant 19 années ; en 1771 il a la chaire de belles-lettres puis, en 1797, il remplace Formey comme secrétaire perpétuel. Il a aussi été bibliothécaire de l'Académie, inspecteur du collège français (1767) et directeur des études du collège Joachim (1772). Il a publié de nombreux mémoires de 1749 à 1804 : réflexions philosophiques, analyse d'ouvrages célèbres... et, en 1770, *Système du Monde*, un extrait des Lettres cosmologiques de Lambert. Peu ambitieux, il n'a pas recherché la notoriété.
Source : LXIX

Mersais, Jacques Michel Tabary (1751-1774), BA24, BA32, BA33

Mersais, né à Paris, est reçu en avril 1766 par Lalande qui va le former aux observations et aux calculs astronomiques. Pendant deux ans, il observe dans l'ancien observatoire de La Caille, au collège Mazarin, où Lalande vient d'être accueilli. Trop jeune, il est vite dégoûté et abandonne l'astronomie pour la chirurgie, mais il revient à l'astronomie et Lalande le propose, comme aide, à Darquier, chez qui il ne reste que quelques mois. À Paris, il travaille chez le géomètre Vandermonde. Pour lui éviter toute dissipation, Lalande le propose pour le voyage de *la Flore,* commandée par Verdun de la Crenne, assisté de Pingré et Borda ; il s'agit d'éprouver des montres marines et de comparer les méthodes pour déterminer les longitudes en mer. Le travail de Mersais ayant été jugé satisfaisant, Kerguelen lui propose d'embarquer comme astronome sur *le Roland* pour son deuxième voyage aux Terres australes. Lalande propose Dagelet pour le deuxième navire de l'expédition. Partie de Brest le 26 mars 1773, l'escadre fait escale à l'île de France (Maurice) avant d'atteindre les îles (maintenant Kerguelen). Au retour, les deux astronomes observent à Madagascar l'éclipse de Soleil du 12 mars 1774. Quelques jours après le départ, Mersais, atteint de fièvre chaude, se jette dans la mer, le 31 mars 1774.

Source : Éloge de Mersais par un anonyme (probablement Dagelet) publié par Jean Bernoulli dans ses *Nouvelles littéraires*

Messier, Charles Joseph (1730-1817), BA6, BA12, BA14, BA24, BA37,
   BA38, BA40, BA41, BA42, BA49, BA51, BA55, BA57, BA58, BA62,
   BA71, BA79, BO4, BO12, BO18, BO25

Né le 26 juin 1730 à Badonviller en Lorraine, Messier vient en sabots à Paris en 1751. Élève de J. N. Delisle, il l'aide dans ses observations après le départ de Lalande pour Berlin. Delisle, nommé en 1748 Astronome de la Marine, obtient un traitement pour son aide, Messier, et son observatoire devient observatoire de la Marine. Lorsque Delisle se retire en 1763, Messier est nommé Astronome de la Marine. Grand chasseur de comètes, il en a observé 41 dont 21 ont été découvertes par lui. En 1771, il établit son catalogue de nébuleuses et d'amas d'étoiles qu'il complètera en 1784. Entré à l'Académie des Sciences en 1770, il sera élu à l'Institut le 22 frimaire an IV (13 décembre 1795). La même année, il est nommé astronome du Bureau des longitudes à la place de Cassini IV démissionnaire. (*Lalandiana I*)

Metzger (écrit Mezger par Lalande), père Johann (1735-1780 ou 1781), BA67

Jésuite, le père Metzger est astronome de la cour et professeur d'astronomie à Mannheim. Il a mesuré des triangles avec le père C. Mayer pour servir de canevas à une carte du Palatinat (Heidelberg 1772). Puis il a publié en 1778 des tables d'aberration ; Delambre en a collationné les errata qui sont dans la *Connaissance des temps* de 1789.

Sources : Lalande B&H p. 563 et Pogg.

Mitchell, BA14

En collaborations avec Nairne, Mitchell a publié un mémoire sur les boussoles dans les *Philosophical Transactions* pour 1772.

Source : Lalande B&H p. 527

Miville, BA51
À Strasbourg.

Molini, BA4
Libraire à Londres

Montgolfier, Joseph Michel (1740-1810) et Jacques-Etienne (1745-1799),
BA61
Joseph Michel et Jacques-Étienne ont été nommés le 10 décembre 1783
correspondants de Desmaret à l'Académie des sciences. Le plus jeune, élu en 1796
associé non résidant de la 1ère Classe de l'Institut, est mort à Serrières (Ardèche) le
28 février 1796. L'aîné est élu membre de l'Institut le 16 février 1807. Voir la note 6
dans la lettre BA60 et la note 2 dans BA61, ainsi que *Lalandiana I*.
Source : Index Acad.

Morgagni, Giovanni Battista (1682-1771), BA18
Né à Forli en Romagne (Italie), Morgagni étudie la médecine à Bologne et, à 20
ans, il donne des leçons d'anatomie. Devenu célèbre, la république de Venise
l'invite à Padoue en 1715 où il est nommé à la 2e chaire de médecine théorique puis
à la 1re chaire. Il participe à la fondation de l'Institut de Bologne. Le 3 septembre
1731, il est nommé associé étranger de l'Académie des sciences de Paris ; il est
aussi membre de la *Royal Society* de Londres, de l'Académie de Pétersbourg. Dans
ses publications, il relève les erreurs de ses adversaires anatomistes et, médecin, et
il indique comment se soigner. Sa ville natale lui a donné des lettres de noblesse.
Source : Éloge par Fouchy HAM 1771

Morton, James Douglas, Earl of (comte de) (1702-1768), BAb2
James Douglas, 14e comte de Morton, lord Aberdour (Pair d'Écosse), est né à
Edinburgh. Il y était président de la *Philosophical Society* depuis sa fondation. Il est
également président de la *Royal Society* en 1764. Astronome, il est nommé associé
étranger le 26 mai 1764 à l'Académie des sciences de Paris. Il était franc-maçon. Il
meurt à Chiswick près de Londres le 12 octobre 1768.
Source : Index Acad.

Mougin, Pierre-Antoine (1735-1816), BA33
Né le 22 novembre 1735 à Charquemont (Franche-Comté), Mougin est curé à
la Grand'-Combe-des-Bois (Doubs). Calculateur depuis 1766 pour Lalande, ses
résultats et ses observations sont publiés dans la *Connaissance des temps* : Table du
nonagésime (1775) et divers calculs de 1775 à 1801.
Sources : Pogg. et Lalande B&H

Moulines, Guillaume de (1728-1802), BA63
Pasteur à Bernau, puis à Berlin où il est conseiller du consistoire français,
Moulines devient membre de l'Académie de Berlin. Historien, il a proposé un
électromètre perfectionné.
Source : Pogg.

Mousset, de, BA65, BA67 [b]
Acheteur de l'ouvrage sur l'Inde

Moutard, BAb1, BAb3
Libraire à Paris, rue des Mathurins à l'hôtel de Cluny (ou Clugny)

Murr, Christophe-Théophile de (1733-1811), BA28
Né à Nüremberg, Christophe-Théophile de Murr, voyage pendant plusieurs années, visitant bibliothèques et recherchant particulièrement les archives, en Angleterre, Italie, Hollande, France et Allemagne. De retour en 1770 à Nüremberg, il est nommé directeur des douanes. Parfait érudit, il correspond avec les savants de son temps. Il est membre de plusieurs académies et correspondant de l'Institut de France. Il a publié près de cent ouvrages sur l'histoire de l'art, sur Herculanum, sur la guerre de trente ans, sur les rose-croix et les francs-maçons, sur les juifs de Chine...
Source : LXIX

Muzier, BA18
Libraire à Paris.

Necker, Jacques (1732-1804), BA3, BA50
Né à Genève le 30 septembre 1732, il vient à Paris à 18 ans. Quelques années plus tard, il forme avec Thelusson une maison de commerce où il s'enrichit rapidement, et davantage encore lorsque Choiseul le désigne comme l'un des directeurs de la Compagnie française des Indes dont il prolonge l'existence jusqu'en 1770. Poussé par Maurepas, il entre aux finances du royaume de France après le départ de Turgot ; en 1777, il est directeur général des finances (protestant, il ne peut être ministre). Il se retire en 1781, publie en 1784 *Administration des finances*. Rappelé en août 1788, la Cour s'en débarrasse le 10 juillet 1789. Comme il est encore populaire, il y a des réactions, puis le 14, c'est la prise de la Bastille. Rappelé à nouveau, il perd toute popularité et quitte Paris, oublié, le 8 septembre 1790. Il se retire définitivement à Coppet.
Source : LXIX

Necker, Madame, née Suzanne Curchod (1739-1794), BA50
Mariée en 1764, femme de lettre (mère de Mme de Staël), Mme Necker tient salon à Paris. Moraliste, elle crée à Paris un hospice modèle dont le souvenir s'est conservé dans l'hôpital Necker actuel.
Source : LXIX

Newton, Isaac (1643-1727 selon le calendrier grégorien), BA73, BO3
Né le 25 décembre 1642 ou 4 janvier 1643, selon le calendrier utilisé, I. Newton est orphelin de père à quatre ans. Sa mère se remarie avec un recteur et l'enfant est élevé par sa grand-mère. À douze ans, il est à l'école de Grantham et, en 1661, au collège de Cambridge. Il étudie les mathématiques (Euclide, Descartes, Viète...), est bachelier en 1665 et, en 1669, il est nommé à la chaire de mathématiques de Cambridge. Avec un prisme, il étudie les *Phénomènes des couleurs*. Son télescope lui ouvre les portes de la *Royal Society of London*. En 1687, poussé par Halley, il

publie les *Principia* (loi de la gravitation). Nommé maître controleur de la Monnaie en 1694, il quitte l'Université. En 1699, il est associé étranger (premier titulaire) à l'Académie des sciences de Paris. En 1703 il est élu président de la *Royal Society* et publie l'année suivante *Optics* qui aura d'autres éditions. Il s'est aussi intéressé à l'alchimie. En 1705, la reine Anne le fait baronnet. Il meurt à Kensington le 20 mars 1726 ou 31 mars 1727, selon le calendrier. À cette époque, le changement d'année se faisait en Angleterre le 25 mars (le « Lady day »). *Lalandiana I*

Noël, Nicolas Dom (1713-1783), BA24
Dom Noël, religieux bernardin, entreprend la construction d'un télescope de 23 pieds commandé par Louis XV pour son cabinet de physique et d'optique de la Muette. En 1759, il est garde et démonstrateur de ce cabinet. En 1761 la monture du télescope est achevée mais les miroirs fabriqués auparavant sont hors service. Cependant, en septembre 1762, cet instrument est installé à Choisy-le-Roi dans l'appartement de Louis XV ; il revient en 1765 au pavillon de la Muette où, en 1774, l'abbé Rochon succède à Dom Noël. À la Révolution, le télescope, remonté par Caroché, est amené à l'Observatoire où il a peu servi et a été démonté en 1841.
Source : C. Wolf

Nouet, Nicolas Antoine Dom (1740-1811), BA65, BA70, BA71, BA75, BA80
Né à Pompey en Lorraine, Dom Nouet entre dans l'ordre de Citeaux. En 1782, il est envoyé à l'Observatoire de Paris par ses supérieurs pour étudier l'astronomie ; il y restera. C'est lui qui a calculé, avec les éléments communiqués par Laplace, les tables de la nouvelle planète (Uranus) que Jeaurat a publiées dans la *Connaissance des temps* pour 1787. Envoyé à Saint-Domingue pour dresser les cartes des côtes, de retour à l'Observatoire en 1786, il est nommé par Cassini IV premier élève en janvier puis chapelain en juin. Il observe là jusqu'en 1791 ; en 1794, il est directeur temporaire de l'Observatoire avant d'en être chassé en 1795 avec les autres ex-élèves. En 1798, il fait partie de l'expédition d'Egypte ; son exposé des résultats des observations astronomiques faites en Egypte se trouve dans le tome I de *Description de l'Egypte*. À son retour, il est nommé ingénieur topographe au bureau de la guerre et chargé de dresser les cartes des nouveaux départements (Mont Blanc). Il meurt à Chambéry en 1811.
Sources : C. Wolf et LXIX

Nourse, BA4
Libraire dans le Strand à Londres.

Oberlin, BA46
Oberlin a publié un ouvrage sur le canal de Ruppin qui dessert la ville de Neuruppin en Prusse (Brandebourg).
Source : LXIX

Oberndorf, baron de, BO4
Ministre de l'électeur palatin du Rhin, président honoraire de l'Académie électorale des sciences.

Olbers, Heinrich Wilhem Mathias (1758-1840), BO20, BO23, BO25
Fils d'un pasteur, né à Arbergen près de Brème le 11 octobre 1758, Olbers s'intéresse à l'astronomie dès l'âge de 14 ans. Il fait des études de médecine à Göttingen, commencées en 1777, et il suit des cours de physique et de mathématiques. En 1779 il calcule l'orbite d'une comète observée par Bode. Ses études de médecine achevées en 1781, il visite hopitaux et observatoires à Vienne, puis s'installe comme médecin à Brème. Il a un observatoire dans sa maison et une importante bibliothèque d'ouvrages d'astronomie (qui sera achetée par Struve pour l'observatoire de Pulkovo). En 1786, il visite le bel observatoire de Schröter à Lilienthal. Le 28 mars 1802, il découvre le deuxième astéroïde, Pallas, et le 29 mars 1807 le quatrième, Vesta. Il est l'auteur d'un célèbre paradoxe qui démontre en principe la finitude de l'Univers observé. En 1810, il est correspondant de l'Institut de France et en 1829, associé étranger à l'Académie des sciences de Paris. Il abandonne la pratique de la médecine en 1830 et meurt le 2 mars 1840. (*Lalandiana I*)

Orange, princesse d', BA39, BA42
À La Haye.

Oriani, Barnaba (1752-1832), BA65, BO4
Né à Garognano, près de Milan, dans une famille modeste, remarqué pour son intelligence, Barnaba Oriani est éduqué par les Chartreux qui, ensuite, l'envoient achever ses études à Milan : sciences, mathématiques et théologie. Devenu prêtre, il est à 23 ans élève à l'observatoire de Milan, installé en 1765 par l'impératrice Marie-Thérèse dans le palais de Bréra, ancien collège des jésuites ; deux ans plus tard, il y est astronome. Il publie de nombreux mémoires dans les éphémérides de Milan de 1778 à 1831, entre autres son calcul de l'orbite de Cérès. En 1786, il est envoyé à Londres par l'empereur d'Autriche, pour commander à Ramsden un grand quart de cercle mural ; retournant à Milan, il s'arrête à Paris où il rencontre Laplace et Lalande. Lorsque les troupes françaises chassent les Autrichiens de Milan, ce qui amène la création de la république cisalpine, Oriani est chargé de réorganiser les universités de Pavie et de Bologne. En 1804, il est élu à l'Institut de France, correspondant pour la section d'astronomie. Napoléon, qui s'est fait roi de l'ex-république, le nomme directeur de l'observatoire de Bréra à Milan, comte, sénateur. Après 1814, il est maintenu directeur de l'observatoire, où il meurt le 12 novembre 1832.
Sources : LXIX et Index Acad.

Orléans, Louis Philippe Joseph, duc d', dit Philippe Égalité (1747-1793), BA50
Franc-maçon, premier Grand Maître du Grand-Orient, père du futur roi des Français Louis-Philippe, élu à l'Assemblée nationale en 1789, puis à la Convention, il meurt guillotiné.

Ormes, BA61
A écrit sur la guerre en Inde.

Pajon de Moncets, Louis Esaü (1725-1796), compliments : BA54, BA57
Né en 1725 à Paris, il est mort en 1796 à Berlin. Théologien protestant, il se fixe
à Berlin en 1763 où il est pasteur de l'église française.
Source : LXIX

Panckoucke, Charles-Joseph (1736-1798), BA40, BA54
Né à Lille, Charles-Joseph Panckoucke vient à Paris à l'âge de 28 ans. Il y est
libraire et éditeur. Il a publié entre autres les œuvres de Buffon, *Histoire de
l'Académie royale des sciences* et *Mémoires...,* et l'*Encyclopédie méthodique* par
ordre de matière, à laquelle Lalande a collaboré.
Source : LXIX

Pascal, Blaise (1623-1662), BA51
Le père de Blaise Pascal (né le 19 juin 1623) est président de la cour des Aides à
Clermont (maintenant Clermont-Ferrand). Après la mort de sa femme (1626), il
quitte cette charge et vient à Paris en 1631 où, cultivant les sciences et s'occupant
de l'éducation de son fils, il fréquente les savants, noyau de la future Académie des
sciences. Blaise accompagne encore son père à Rouen où celui-ci a une place
d'intendant. Revenu à Paris, Blaise Pascal fréquente la société de Marin Mersenne.
Les travaux de Blaise Pascal sont bien connus : géomètre, il travaille sur les
coniques et la cycloïde ; il invente une machine à calculer ; physicien, il se livre à des
expériences sur la pesanteur de la masse de l'air, sur le baromètre (au Puy de
Dôme), sur l'hydrostatique (théorème de Pascal). Pamphlétaire, il lutte contre les
Jésuites (*Les Provinciales*). Sa conversion au jansénisme de Port-Royal a lieu en
1654. Philosophe, il rédige ses *Pensées*, et le « Mémorial » exalte sa foi chrétienne.
De santé fragile, il meurt à Paris le 19 août 1662.
Source : LXIX

Passement (ou Passemant), Claude Siméon (1702-1769), BA51
Passement, fils d'un tailleur, étudie au collège Mazarin et travaille d'abord
chez un procureur ; plus tard il est mercier, se marie et laisse la boutique à sa femme
pour se consacrer à la science : il écrit sur le télescope à réflexion, son usage (1738),
le microscope... En 1749, il présente une horloge astronomique au roi Louis XV
qui lui donne une pension et un appartement au Louvre avec le titre d'ingénieur du
roi. Quelques-uns de ses instruments sont encore conservés.
Source : Daumas

Penthésilée, BR9
Reine des Amazones, tuée par Achille pendant la guerre de Troie.

Perrin, BA51
À Strasbourg, Lalande le charge de faire suivre des livres à Berlin ; est-il
libraire ?

Perse, Aulius Persius Flaccus (34-62), BA60
Poète satirique latin d'une illustre famille républicaine, né à Volterra, il a été
élève d'un philosophe stoïcien Annæus Cornutus. De santé fragile, il a vécu en
famille sous Néron.

Source : LXIX

Pézenas, père Esprit (1692-1776), BA5, BA8, BA11, BA64

Né à Avignon le 28 novembre 1692, le P. Pézenas, jésuite, est professeur d'hydrographie à Marseille. On lui doit plusieurs observations et de bons ouvrages : son *Traité du jaugeage* (1742 et 1749), *l'Astronomie des marins* (1766)... l'édition des *Tables de logarithmes* de Gardiner (1770). Il a rétabli l'observatoire de Marseille. Nommé à l'Académie des sciences de Paris correspondant de Joseph Nicolas Delisle en 1750 puis de Lalande en 1769, il est aussi membre de l'Académie de marine. Il meurt à l'âge de quatre-vingt-trois ans.

Sources : Lalande B&H p. 548 et Index Acad.

Piazzi, Giuseppe (1746-1826), BA76, BA80, BO3, BO6, BO9, BO24

Né à Ponte (Valteline), destiné à l'état monastique, Giuseppe Piazzi fait ses études à Milan, prend l'habit des Théatins et rejoint à Rome puis à Turin des maisons de cet ordre. Ses aptitudes pour les sciences ayant été remarquées, il est nommé professeur de philosophie à Gênes, mais accusé d'incrédulité par les Dominicains, le Grand Maître de son ordre l'arrache aux persécutions en lui donnant la chaire de mathématiques à Malte. Puis il est envoyé à Ravenne, Crémone et Rome où il se lie avec le futur pape Pie VII. Il accepte en 1780 la chaire de mathématiques à Palerme où il obtient du vice-roi un voyage en France ; il rencontre à Paris Lalande (qui le reçoit au Collège royal), Delambre, Bailly, Pingré, puis il rejoint Cassini, Méchain et Legendre effectuant la jonction géodésique Paris-Greenwich. Il reste alors à Londres, où Lalande le rejoint en août 1788. Il commande à Ramsden un bel instrument qu'il installera en 1789 dans l'observatoire aménagé dans le château de Palerme. Il entreprend un catalogue d'étoiles couronné par l'Institut de France ; il découvre le 1er janvier 1801 une petite planète, Cérès, entre Mars et Jupiter. Le roi de Naples veut le récompenser par le don d'une médaille d'or qu'il refuse, préférant un nouvel instrument. Il étudie la comète de 1811 et publie en 1814 un nouveau catalogue d'étoiles. En 1815, au retour des Bourbons à Naples, Piazzi est appelé pour examiner l'observatoire de Capo-di-Monte établi pendant le gouvernement de Murat. Il quitte alors son observatoire de Palerme pour celui de Naples où il meurt le 22 juillet 1826. (*Lalandiana I*)

Picard, Jean (1620-1682), BA17

Né à La Flèche le 21 juillet 1620, Jean Picard entre au séminaire. Abbé, il reste quelque temps auprès de Gassendi qu'il assiste le 21 août 1645 pendant une éclipse de Soleil. En 1666, il est l'un des membres fondateurs de l'Académie royale des sciences de Paris; il est chargé de la rédaction de la *Connaissance des temps*. Il apporte aux instruments des modifications qui vont augmenter la précision des mesures d'angles : avec Auzout, il perfectionne le micromètre, il installe des lunettes sur quelques instruments, secteur, quart de cercle... En 1668-1670, il mesure un arc de méridien de Sourdon à Malvoisine et publie *Mesure de la Terre* (1671). En 1671-1672, il établit la position d'Uraniborg (observatoire de Tycho Brahé) avec Römer qui l'accompagne ensuite à Paris. À partir de 1673, il est à l'Observatoire de Paris. En mission avec La Hire, de 1679 à 1681, il établit les positions des principaux ports, en liaison avec Cassini I et Römer à l'Observatoire (en observant les éclipses du premier satellite de Jupiter). Il meurt à Paris le 12 octobre 1682.

Source : R. et J. Taton DSB

Pierre, BA44
Premier peintre du roi

Pierson, BO6
Astronome aumônier dans l'expédition d'Entrecasteaux, à bord de l'*Espérance*.

Pingré, Alexandre Guy (1711-1796), BA2, BA6, BA8, BA12, BA14, BA28, BA58, BA62, BO4, BO5
Né à Paris, Pingré étudie au collège de Senlis où il entre à 16 ans dans la Congrégation des Génovéfains puis il devient professeur de théologie. Pingré, soupçonné de jansénisme, est destitué en 1745. Le chirurgien Le Cat qui a fondé l'Académie de Rouen l'invite en 1749 comme astronome. Remarqué pour ses observations du passage de Mercure sur le Soleil de 1753, il est nommé correspondant de Le Monnier à l'Académie des sciences et en sera membre en 1756. Il est alors invité par sa Congrégation à l'abbaye de Sainte-Geneviève à Paris où l'abbé lui fait installer un petit observatoire. Il est désigné par l'Académie pour observer le passage de Vénus sur le Soleil en 1761 à l'île Rodrigue et en 1769 il observera le deuxième passage à Saint-Domingue, escale du navire l'*Isis* sur lequel il est embarqué pour vérifier des horloges marines. En 1764, il crée un cadran solaire très original sur la tour proche de l'actuelle Bourse du Commerce et de l'Industrie de Paris. Il a effectué de longs calculs pour l'*État du ciel à l'usage de la marine*, les éclipses de soleil jusqu'en 1900... Il a entrepris des ouvrages de longue haleine, notamment sur la recherche et le calcul des comètes depuis l'Antiquité (2 vol. publiés en 1783-1784). Son *Histoire de l'astronomie du XVIIᵉ siècle* ne sera publiée qu'en 1901. Chanoine régulier de Saint-Geneviève, il a aussi été un dignitaire de la franc-maçonnerie. À la création de l'Institut en 1795, il est élu membre de la section d'astronomie. (*Lalandiana I*)

Pioger, BA46
Peintre

Pitiscus, Bartholomäus (1561-1613), BA23, BA24
Né le 24 août 1561 à Schlaum bei Grünberg (Silésie), Pitiscus est d'abord précepteur, puis chapelain et prédicateur à la cour de Frédéric IV, électeur du Palatinat. De 1595 à 1613, il a publié les tables de sinus les plus complètes. Il meurt à Heidelberg.
Source : Pogg.

Planman, Anders (1724-1803), BA26
Né en Finlande (alors partie de la Suède), Anders Planman étudie à Abö (maintenant Turku) puis à Uppsala où il devient professeur d'astronomie en 1758. Il est ensuite professeur de physique à l'université d'Abö de 1763 à 1801. Il a

observé les passages de Vénus devant le Soleil en 1761 et 1769 dans le Nord de la Finlande. Il a calculé la parallaxe du Soleil avec toutes les données reçues par l'Académie de Suède dont il est membre en 1767 ; il a trouvé 8,5".

Source : Sven Widmalm BEA

Platen zu Hallermund, Ernst Franz, Reichsgraf von (comte de) (1739-1818), BA75
Né le 17 novembre 1739 à Linden, il a publié dans les *Éphémérides* de Bode de 1789 sur la parallaxe du Soleil, et plusieurs mémoires jusqu'en 1810.
Source : Pogg.

Poczobut, père Martin Odlanicki (1728-1810), BA37, BA38 BA42, BA78
Né à Slomianka, district de Grdno, Pologne, le 19/30 octobre 1728, Poczobut est mort à Dünaburg le 20 février 1810. Jésuite, il étudie à l'université de Vilnius puis à Prague, en France avec le P. Pézenas et en Italie. Correspondant de Lalande à l'Académie des sciences de Paris en 1778, il lui a envoyé beaucoup d'observations. Il était professeur d'astronomie, premier astronome du roi de Pologne Stanislas II Poniatowski à qui il a dédié une constellation (le Taureau Royal de Poniatowski) ; il fut directeur de l'observatoire de Vilnius.
Sources : Pogg. et Index Acad.

Poniatowski, Stanislas II Auguste (1732-1798), BA37
Stanislas II est le dernier roi de Pologne, élu en 1764 avant le premier partage (en 1772) de la Pologne. Après le deuxième partage (en 1793) il est contraint d'abdiquer.
Source : LXIX

Pons, Jean-Louis (1761-1831), BO23
Né le 24 décembre 1761 à Peyre dans le Dauphiné, dans une famille pauvre, Pons entre à l'observatoire de Marseille en 1789 comme concierge. Le directeur lui enseigne des rudiments d'astronomie pour observer les astres. Connaissant très bien le ciel étoilé, ayant une vue excellente et une grande patience, Pons devient un habile découvreur de comètes. En 1813, il est nommé astronome adjoint et en 1818 assistant du directeur. Il reçoit des récompenses : le prix de 600 F offert par Lalande pour la découverte de la première comète de l'année, une médaille d'argent de la *Royal Society of London* en 1821 et, en 1827, deux fois le prix fondé par Lalande à l'Institut, partagé l'un avec Nicolet et l'autre avec Gambart. Sur la recommandation de von Zach, il est en 1819 directeur de l'observatoire près de Lucques (Italie), puis en 1825 de celui de Florence. Perdant peu à peu la vue, il abandonne ses recherches quelques mois avant sa mort (14 octobre 1831). (*Lalandiana I*)

Porte, de la, BR5
Familier de J.-N. Delisle

Praslin, César Gabriel, comte de Choiseul puis duc de (1712-1785), BA8
Né le 15 août 1712, le jeune comte de Choiseul entre dans l'armée et, pour raison de santé, la quitte à 33 ans. Le duc de Choiseul, son cousin, installé en 1758 ministre des affaires étrangères, quitte alors l'ambassade de Vienne où il fait

nommer M. de Praslin. C'est alors la guerre de sept ans. À son retour en France, celui-ci entre au Conseil puis remplace Choiseul aux affaires étrangères ; le roi le fait alors duc et Pair. En mauvaise santé, fatigué, il est nommé au ministère de la Marine qu'il va rétablir après la désastreuse guerre terminée en 1763. Il rénove les écoles avec l'aide de Borda, fait dresser des cartes marines, tester les horloges marines de Berthoud et Leroy, entreprendre le voyage autour du monde de Bougainville, mettre fin à la compagnie des Indes... En 1770, la marine française est reconstituée. C'est alors que, le duc de Praslin, qui aime les sciences, est nommé honoraire à l'Académie des sciences. En décembre, il quitte son ministère à la suite d'une disgrâce et va séjourner huit mois dans ses terres, au château de Vaux-le-Vicomte. Ses infirmités augmentant, il termine sa vie en famille et meurt le 15 octobre 1785.

Source : Éloge par Condorcet HAM 1785

Prévost, Pierre (1751-1839), BA52, BA53, compliments : BA57, BA59, BA64

Né le 3 mars 1751 à Genève, Pierre Prévost est fils d'un ministre calviniste et principal du collège de Genève. Il fait des études littéraires et scientifiques avec Saussure, Lesage et Mallet. Précepteur en Hollande puis à Paris de 1773 à 1780, Frédéric II l'invite alors à l'Académie de Berlin où Lagrange le pousse vers les sciences. De retour à Genève à la mort de son père, il y est, en 1793, professeur de philosophie et de physique jusqu'à sa retraite en 1823. Il a été en correspondance avec la plupart des savants européens. Dans la société genevoise, il est membre du conseil des Deux cents en 1786 et, en 1814, du conseil représentatif de Genève, redevenue république. Il y meurt le 8 avril 1839.

Source : J. G. Burke DSB

Priestley, Joseph, (1733-1804), BA55, BA59, BAb5

Né le 13 (ou 24) mars 1733 près de Leeds dans le Yorkshire, après ses études, il devient chimiste, physicien et théologien, prédicateur à Birmingham jusqu'au 14 juillet 1791. Libre penseur, il est alors ruiné, chassé et s'embarque pour la Pennsylvanie. Membre de la *Royal Society* de Londres en 1766, il est nommé associé étranger à l'Académie des sciences de Paris le 26 février 1784 remplaçant Wargentin décédé. Il sera aussi élu dans la 1 er classe de l'Institut le 25 mai 1802. Il meurt en Pennsylvanie le 6 février 1804.

Sources : Pogg. et Index Acad.

Pringle, Sir John (1707-1782), BA4

Pringle, né en Écosse, est médecin et physicien à Londres. Il sera premier médecin de la reine. Il a observé le météore du 26 novembre 1758. En 1776, président de la *Royal Society*, en remettant une médaille d'or à Maskelyne, il prononce un discours sur le Système du monde qui sera traduit en français. En 1778, il est associé étranger à l'Académie des sciences de Paris.

Sources : J. Bernoulli *Nouvelles littéraires* 1 er Cahier 1776 et Index Acad.

Prosperin, Erik (1739-1803), BA73

Né le 25 juillet 1739, Erik Prosperin, reçu docteur en physique à l'univsersité d'Uppsala en 1762, y est adjoint en mathématique et physique en 1767. Entré à l'observatoire en 1776, il est professeur d'astronomie en 1797 puis il se retire en 1798. Il est aussi membre de l'Académie de Stockhokm et de la société d'Uppsala. Ses travaux en astronomie portent sur les orbites de planètes et des comètes, sur le passage de Mercure (1786) et celui de Vénus (1769) devant le Soleil. Il meurt à Uppsala le 4 avril 1803.

Source : Pogg.

Ptolémée, Claude (ca 100-170), BA73

La vie de Ptolémée est mal connue. Il vivait à Alexandrie et aurait eu Théon de Smyrne comme professeur. Lointain continuateur d'Hipparque, ses observations astronomiques, faites d'environ 127 à 141 sont réunies dans l'*Almageste*, somme considérable, dans laquelle il décrit les mouvements des planètes autour de la Terre à l'aide de combinaisons de mouvements circulaires. Dans sa *Géographie*, il a placé le méridien zéro à l'extrémité ouest du monde connu à son époque, dans une île de l'archipel des Canaries. Dans son *Optique*, il discute le problème de la réfraction astronomique. (*Lalandiana I*)

Quimpy, BA8

Officier de marine à Brest.

Ramsden, Jesse (1735-1800), BA40, BA80, BO3, BO4, BO6, BO9, BO19

Fils d'un aubergiste, J. Ramsden, né près de Halifax, passe trois ans au collège de cette ville et apprend un peu de géométrie et d'algèbre. Il doit interrompre ses études pour entrer en apprentissage chez un fabricant de draps à Halifax. À 20 ans, il est à Londres chez un drapier. Il abandonne le commerce en 1758 et travaille pendant quatre ans dans l'atelier d'un fabricant d'instruments d'optique et de mathématiques. Il se met à son compte, rencontre Dollond dont il épouse la fille. Ramsden a apporté de nombreuses améliorations aux instruments tels que sextants et octants. Il invente une machine à diviser pour la graduation des instruments, fruit de dix années de travail. Sa description est publiée en 1777 et sera traduite par J. Lalande en 1790. Son atelier, dont les employés ont atteint une grande adresse grâce à la division du travail, a fourni un grand nombre d'excellents instruments, et la renommée de Ramsden comme constructeur d'instruments astronomiques est très grande. Il est admis en 1786 à la *Royal Society of London*, en 1794 à l'Académie de Pétersbourg et il reçoit en 1795 la médaille d'or de Copley, suprême récompense. Il vient s'installer à Brighton où il meurt à 65 ans. (*Lalandiana I*)

Rançon, BA12, BA25

Commis de Mme veuve Desaint

Randon de Boisset, BA44

Amateur d'art.

Raynal, Guillaume Thomas François (1713-1796), BA60
Né à St-Geniez (Rouergue) le 12 avril 1713, l'abbé Raynal meurt à Paris le 6 mars 1796. D'abord jésuite, il quitte cet ordre, et vient à Paris à St Sulpice où pour vivre il dit des messes (au rabais). Grâce à des protections, il devient rédacteur au *Mercure de France*. Il publie en 1770 *Histoire philosophique et politique des Européens dans les deux Indes* (4 vol), édition sans nom d'auteur. Diderot en a rédigé les meilleurs morceaux ; ont aussi collaboré d'Holbach, Naigeon... Cet ouvrage a eu un grand succès. Raynal signe l'édition de 1780 ; le livre est condamné, l'abbé se réfugie à Spa (avec sa fortune), puis en Angleterre, Allemagne (Berlin), Russie. En 1787, il peut revenir en France (mais non pas à Paris). Il est accueilli par Malouet, intendant de la marine, à Toulon. En 1789, élu député du Tiers, il cède sa place à Malouet. Le 31 mai 1791, il renie ses idées philosophiques et se retire à Montlhéry. Il meurt peu après son élection à l'Institut.
Source : LXIX

Rayneval (Raineval), Joseph Mathias Gérard de (1746-1812), BA54
Né en 1746 en Alsace, il meurt en 1812 à Paris. Publiciste et diplomate, il occupe plusieurs charges : consul à Danzig, au ministère des affaires étrangères (1774), conseiller d'État (1783). Il négocie le traité de commerce avec l'Angleterre (1786) et perd ses emplois en 1792. Il est nommé correspondant à l'Institut en 1804. Il a été arrêté et emprisonné sur ordre de Napoléon.
Source : LXIX

Réaumur, René Antoine, Ferchault de (1683-1757), BO10, BO24
Né à La Rochelle le 28 février 1683, Réaumur se fait connaître à vingt ans par des mémoires de géométrie. Mathématicien, chimiste, physicien et naturaliste, il est, à l'Académie des sciences de Paris, élève géomètre en 1708 puis pensionnaire mécanicien en 1711. On lui doit, entre autres, un thermomètre et une histoire naturelle des insectes. L'Académie lui a confié la direction de la « Description de divers arts et métiers ». Pour ce faire, il réunit documents et gravures qui seront utilisés à partir de 1761 pour les publications des « Arts » de l'Académie (voir la note 2 de la lettre BA27), et aussi, pour certains, dans l'*Encyclopédie* de Diderot et d'Alembert. Il meurt le 17 octobre 1757 au château de La Bermondière dans le Maine.
Sources : LXIX et Index Acad.

Reine, BR9
Mère de Frédéric II de Prusse.

Rennel, James (1742-1830), BA61
Major du corps des ingénieurs de l'armée britannique, auteur d'un atlas du Bengale et d'une carte de l'Hindoustan.
Source : Pogg

Robert, BA63
Curé à Toul ; en 1785 Lalande a acheté son manuscrit des sinus et des tangentes et l'a comparé aux résultats de Taylor.
Source : Lalande B&H p. 668

Robert de Vaugondy, BA13, BA25, BA36

Robert de Vaugondy a fait fabriquer en 1745 des globes de 19 pouces, d'après les cartes de son père (Robert, géographe ordinaire du roi). En 1764, il a publié *Uranographie* ou *Description du ciel en deux hémisphère calculés et construits pour l'année 1763*, en 1771 *Description et usage de la sphère armillaire suivant le système de Copernic.*

Source : Lalande B&H

Robinet, Jean Baptiste René (1735-1820), BA15, BA17, BA19, BA20, BA22, BA24, BA38, BA40

Né à Rennes, Jean-Baptiste Robinet, devenu écrivain, publie à Amsterdam en 1761 *De la nature* en un volume où il developpe des idées qui se rattachent à l'école athée de Diderot et du baron d'Holbach. Rééditée, cette œuvre atteindra cinq volumes. Les Suppléments à l'Encyclopédie ont été « *mis en ordre et publiés par M**** », c'est-à-dire par Robinet. En 1780, il est cependant censeur royal et secrétaire du ministre Amelot. Deux mois avant sa mort, il a voulu rentrer dans le sein de l'Église.

Sources : LXIX et Quérard

Rochon, Alexis Marie de (1741-1817), BA4, BA9, BA11, BA65, BA75, BA76

Né à Brest, Rochon, destiné à l'état écclésiastique, devient abbé pourvu d'un bénéfice. À 24 ans, il est bibliothécaire de l'Académie royale de marine, puis astronome de la marine, correspondant de Cassini III en 1767, et bientôt (1771) membre de l'Académie des sciences de Paris. Il fait plusieurs voyages : au Maroc, il détermine des longitudes par la méthode de La Caille ; dans l'océan Indien il est chargé de reconnaître les écueils sur la route vers l'île de France (Maurice maintenant) ; en 1771 il embarque avec Kerguelen dans sa première mission aux Terres australes, mais arrivé à l'île de France, brouillé avec Kerguelen, il quitte l'expédition et reste dans cette île où il herborise avec Commerson. De retour en France où il a rapporté le quartz hyalin, il est nommé garde du cabinet de physique et d'optique du roi où il fait de belles recherches en optique : lunette de Rochon, diasporamètre (1777) utilisé plus tard pour des expériences sur la polarisation… Il publie plusieurs récits de ses voyages. Pendant la Révolution, il est membre de deux commissions, mais en 1793, toutes ses charges ayant été supprimées, il revient à Brest. En 1795, membre de l'Institut, le Bureau des longitudes le fait nommer directeur de l'observatoire de Brest. Revenu à Paris en 1802, il est logé au Louvre jusqu'à sa mort.

Sources : LXIX et Index Acad.

Roi :

Roi de France, Louis XV (mort en 1774) puis Louis XVI, BR1, BR2, BR3,
   BR10, BA27, BA46, BA47, BA58, BA69, BA71

Roi de Prusse (Frédéric II, mort en 1786), BR2, BR9, BA31, BA33, BA36,
   BA41, BA42, BA43, BA46, BA47, BA48, BA55, BA58, BA59, BA61,
   BA70, BA73, BA74, BA77, BO4

Frédéric-Guillaume 1 er, père de Frédéric II, BR9

Roi de Pologne (Poniatowski), BA37, BA38

Rolland d'Enceville, Barthélemy Gabriel, Président (1734-1794), BA60,
   BA61, BA63
Né et mort à Paris, il est issu d'une ancienne famille de robe. À 25 ans, il entre au
Parlement de Paris, à 30 ans conseiller ; puis le roi le nomme Président de la
Chambre des requêtes. En 1783, il a publié en 200 exemplaires un ouvrage relatant
les commissions dont il a été chargé par le Roi et le Parlement lorsque l'éducation a
été enlevée aux jésuites. En 1790, il proteste avec d'autres magistrats contre les
décrets de l'Assemblée Constituante ; il est guillotiné en 1794.
Sources : LXIX et *Journal des savants,* août 1783

Rosset, BA49
Relation de Lalande, il transporte un paquet à Berlin.

Rotenburg, comte de, BR9
À Berlin, favori de Frédéric II.

Rousseau, Pierre (1725-1785), BA18, BA19
Né à Toulouse vers 1725, Piere Rousseau étudie d'abord la chirurgie puis,
devenu abbé, il abandonne bientôt une carrière écclésiastique et vient à Paris. Il
compose quelques pièces de théâtre, médiocres. Chargé de la rédaction des *Affiches
de Paris,* il devient correspondant et agent littéraire de l'électeur Palatin. Il se rend
alors à Liège (1755) où il publie un journal jusqu'en 1759. Il continue cette publication à Bruxelles puis à Bouillon où il est mort. C'est lui qui a publié à partir de
janvier 1756 le *Journal encyclopédique.* En 1782, il édite clandestinement à
Bouillon l'*Essai sur les règnes de Claude et de Néron* de Diderot.
Sources : LXIX et notice de Michel Delon dans *Œuvres philosophiques de Diderot,*
p. 1317 (Pléiade 2010)

Roussier, Pierre Joseph (1716-1790), BA35
Né à Marseille, l'abbé Roussier, chanoine à Écouis, publie un traité des accords
musicaux et de leur succession en 1764, des observations sur différents points
d'harmonie en 1765, un mémoire sur la musique des Anciens en 1770, deux lettres
touchant la division du zodiaque et l'institution de la semaine planétaire publiées
dans le *Journal des savants* (novembre et décembre 1770, puis août 1771)… Il est
correspondant à l'Académie des inscriptions. Il meurt à Écouis.
Source : Pogg.

Royer, A. J., BA39

Secrétaire des États de Hollande et petit neveu de Huygens, Royer était un expert horloger.

Rozier, François ou Jean (1734-1793), BA35, BA37 BA38, BA40, BA41

Né à Lyon, Rozier entre au séminaire mais fait aussi des études de sciences naturelles et devient professeur à l'Académie royale de Lyon. Venu à Paris, l'abbé Rozier est, avec, entre autres, Lalande et l'abbé Pingré, l'un des fondateurs du Grand Orient. Il reprend en 1771 la publication du *Journal de Physique* interrompue en 1762. Il commence un cours d'agriculture dont la publication ne sera pas achevée. En 1783, il est nommé correspondant du duc de La Rochefoucauld à l'Académie des sciences. Nommé au prieuré de Nanteuil-le-Hardouin, il perd ce bénéfice à la Révolution et revient à Lyon où il est curé constitutionnel. Pendant la répression contre la ville de Lyon, il est tué dans son lit, le 29 septembre 1793, par une bombe.

Sources : Index Acad. et LXIX

Ruelle, Alexandre (1756- ?), BA70, BA71

Déserteur d'un régiment de dragons, recherché, Alexandre Ruelle vient se réfugier à l'Observatoire de Paris où il a un parent horloger. Cassini IV l'accepte alors comme troisième élève en 1785. Il fait des observations jusqu'en 1793.

Source : C. Wolf

Russell, Guillaume, BA80

Il s'agit probablement de Guillaume Russell, négociant à Londres, qui est amateur d'astronomie et de physique. Il achète de beaux instruments, entre autres un instrument des passages et deux télescopes à la vente de feu M. Short. Il possède aussi une belle collection de livres rares traitant ces sujets.

Source : J. Bernoulli *Lettres astronomiques* 1771

Saint-Auban, marquis de (1712-1783), BA55

Né à Viviers en Vivarais le 7 juillet 1712, il est en 1778 maréchal de camp, commandeur de l'ordre royal et militaire de Saint-Louis, ancien inspecteur général de l'artillerie. À sa mort, à Paris le 5 septembre 1783, il est (ou a été) lieutenant général des Armées du roi. Comme membre de l'Académie de Dijon depuis trente ans, son éloge y a été prononcé dans la séance publique du 21 août 1785.

Source : *Journal des savants*, février 1778 et janvier 1786

Saint Priest (S. Priest), François Emmanuel, Guignard comte de (1735-1821), BA82

Né à Grenoble, il est inscrit, dès l'âge de 4 ans, sur les registres de l'ordre de Malte. En 1750, il entre dans les mousquetaires gris, puis en 1753 il se rend à Malte avec le bailli de Tencin. Il revient en France en 1755 et participe aux campagnes menées en Allemagne, en Espagne et au Portugal. À la paix, en 1763, il est ambassadeur au Portugal, puis à Constantinople en 1768, en Hollande en 1787. Ministre sans portefeuille dans le cabinet de Necker, il devient plus tard secrétaire d'État de la maison du roi puis ministre de l'intérieur ; il démissionne en 1790, émigre et

rejoint Louis XVIII en 1795. Revenu en 1814 avec son roi, devenu très sourd, il se retire dans sa terre de Saint Priest.
Source : LXIX

Salm, prince de, BA46
Le comté de Salm, indépendant, se trouvait sur la rive gauche du Rhin, dans les Vosges et avait pour chef-lieu Senones. Il y a plusieurs branches de princes de Salm. Le comté fusionne avec la principauté de Salm, et devient alors (1751) la principauté de Salm-Salm, annexée par la Convention en 1793.
Source : LXIX

Saron, Jean-Baptiste Gaspard Bochard de (1730-1794), BA42, BA76
Jean-Baptiste Bochard de Saron, né dans une famille illustre dans la magistrature, a été président du Parlement de Paris. Très jeune, il s'est intéressé aux mathématiques ; plus tard il a consacré ses loisirs à l'astronomie, en effectuant des calculs de comètes. Dès le 8 mai 1781, il a montré que la planète découverte par Herschel était plus éloignée que les autres planètes. Il a acheté de beaux instruments qu'il prêtait volontiers. Membre honoraire de l'Académie des sciences depuis 1779, il recevait des savants et a fait publier des ouvrages importants. Il a vécu retiré pendant la Terreur, mais les membres de la chambre des vacations du Parlement, qui avaient protesté lors de la dissolution du Parlement, ont été condamnés par le tribunal révolutionnaire. Saron a été guillotiné en avril 1794.
Sources : Lalande B&H p. 752-753 et Index Acad.

Sartine, Antoine Raymond Jean Gualbert Gabriel de, comte d'Alby, BA34 [b]
Né à Barcelone, Sartine est conseiller au Châtelet à 23 ans puis lieutenant criminel en 1755. Le 1 [er] décembre 1759, il achète la charge de lieutenant général de police. Il organise la police pour veiller à la sécurité mais il fait aussi espionner les familles pour plaire au roi Louis XV en lui adressant des rapports sur les affaires scandaleuses. Conseiller d'État en 1767, il quitte la police en 1774 pour devenir secrétaire d'État puis ministre de la marine. Necker le fait renvoyer. Après la prise de la Bastille, il se réfugie en Espagne et y reste jusqu'à sa mort. Son fils, maître des requêtes de 1780 à 1791, arrêté en 1794, est guillotiné le 13 juin avec sa femme et sa belle-mère, Mme de Ste-Amarante (voir à ce sujet *Lalandiana I*, lettre UR16).
Source : LXIX

Scheibel, Johann Ephraim (1736-1809), BA26, BA65, BA67
Scheibel, professeur de mathématique et physique à Breslau, a publié une série de cahiers parus de 1769 à 1798 sous le titre *Bibliographie*. Il s'agit d'une bibliographie de toutes les parties des mathématiques, jusqu'en 1653.
Sources : Lalande B&H p. 510 et Pogg.

Scherffer, père Karl (1716-1783), BA57, BA63
Né le 3 novembre 1716 à Gmünden, Scherffer est mort le 25 juillet 1783 à Vienne (Autriche). Jésuite, en 1748-1750, il est professeur de mathématiques à Graz et observe à l'observatoire. Membre de la faculté de philosophie de l'université de Vienne, il y est professeur en 1751. Il a traduit en latin les leçons de La Caille et a écrit beaucoup de *Mémoires* dont *Institutionum opticarum*, 1775.

Source : Pogg.

Schmettau, Samuel, comte de (1684-1751), BR6

Général prussien, le comte de Schmettau a servi en Hollande pendant la guerre de succession d'Espagne, puis en 1714 en Pologne sous le règne d'Auguste II. En 1717, il entre au service de l'Autriche et participe aux guerres contre les Turcs, à des expéditions en Sicile et à Gênes, se bat sur le Rhin contre la France en 1733. Lorsqu'en 1741 arrive la guerre entre la Prusse et l'Autriche, Frédéric II le rappelle à Berlin et l'emploie comme ambassadeur d'abord à Münich puis en France. Revenu à Berlin, le 21 octobre 1747, Schmettau propose à Delisle de faire éditer une carte d'Allemagne. Le projet est accepté, mais les mesures entreprises seront interrompues par la mort de Schmettau en 1751.

Sources : LXIX et correspondance de J. N. Delisle

Schulze, Johann Karl (1749-1790), BA48, BA49, BA73, BA80, BA81

Né à Berlin en 1749, Johann Karl Schulze y est mort le 13 juin 1790. Il étudie les mathématiques et l'astronomie avec Lambert et devient membre de l'Académie des sciences de Berlin en 1777, et aussi astronome à l'observatoire. En 1781, il est professeur de mathématiques du corps d'artillerie et en 1783 conseiller supérieur des constructions.

Source : Pogg.

Sébastien, père, Jean Truchet, dit (1657-1739), BA41, BA42

Jean Truchet, né à Lyon d'un père négociant, entre à 17 ans dans l'ordre des Carmes, et prend alors le nom de Sébastien. Passioné par la mécanique, il répare deux montres anglaises à secret appartenant au roi, alors que tous les horlogers de Paris en avaient été incapables. Louis XIV le nomme alors honoraire de l'Académie des sciences le 28 janvier 1699. Devenu célèbre, son cabinet des machines est visité, entre autres, par le tsar Pierre le Grand lors de sa venue à Paris. En 1726, le père Sébastien démissionne de l'Académie, et meurt trois ans plus tard. Son « éloge » ne donne aucune précision sur les machines qu'il a inventées.

Sources : Éloge par Fontenelle, HAM 1739, p 93, et Index acad.

Séjour, Achille-Pierre Dionis du (1734-1794), BA5, BA14, BA18, BA33,
    BA34, BA35, BA37, BA38, BA48

Né à Paris le 11 janvier 1734, Dionis du Séjour est fils d'un conseiller à la cour des aides. Il fait ses études de 1743 à 1750 au collège des jésuites. En 1758, il est reçu conseiller au Parlement. Il s'intéresse en outre aux calculs analytiques. En 1765, il est nommé à l'Académie des sciences comme associé libre et en 1786 comme associé ordinaire. Pendant trente ans, il travaille à l'application de l'analyse algébrique à l'astronomie : sur la détermination des longitudes de nombreuses villes, sur les comètes qui pourraient rencontrer la Terre, sur la disparition des anneaux de Saturne… Il a rassemblé ses travaux dans son *Traité analytique des mouvemens apparens des corps célestes*, en deux volumes parus en 1786 et 1789. Au Parlement, dans les procès criminels, il s'est signalé par son humanité. Élu par la noblesse à l'Assemblée constituante, il a été de ceux qui sacrifiaient les privilèges

au bien public et à l'égalité. Atteint d'une fièvre maligne, il meurt le 22 août 1794 à Angerville (Beauce).
Sources : Lalande B&H p.750-752 et Index Acad.

Sélis, Nicolas Joseph (1737-1802), BA60
Né à Paris, Sélis est d'abord professeur à Amiens où il épouse la fille de Gresset* et se lie avec l'abbé Delille qui le fait ensuite nommer à Paris au collège Louis-le-Grand. Pendant la Révolution, il enseigne la littérature à l'école centrale ; il est à l'Institut en 1795 et examinateur des élèves du Prytanée. Il remplace l'abbé Delille (émigré) au Collège de France tout en déclarant qu'il lui rendra sa place à son retour, mais meurt 4 mois auparavant. Littérateur, il a donné divers écrits d'un style élégant, entre autres une bonne traduction des *Satires* de Perse (1786). Il a été très actif dans la révision du dictionnaire de l'Académie.

*Gresset Jean Baptiste Louis (Amiens 1709-1777), poète, membre de l'Académie française en 1748, revient à Amiens où il épouse une demoiselle Galland (de la famille de l'auteur, des *Mille et une nuits,* professeur au Collège de France) et crée l'Académie d'Amiens avec l'appui du duc de Chaulnes.
Source : LXIX

Sengnich, BA62
Editeur allemand, c'est peut-être lui qui a vendu des livres d'Hevelius.

Servières, de, BA47
S'intéresse à la météorologie

Shepherd, Antony (1722-1795), BA4, BA7, BA12, BA20, BA40, BA44
Né le 15 juin 1722 dans le Westmoreland, Antony Shepherd devient professeur d'astronomie à l'université de Cambridge, membre du *Board of Longitudes* et de la *Royal Society.* Il fait construire à ses frais un observatoire à Cambridge et achète de bons instruments. Il a publié les calculs de Lyons, Parkinson et Williams : *Tables pour corriger la distance apparente dela Lune et des étoiles des effets de la réfraction et de la parallaxe,* Cambridge 1772. Il a aussi fait éditer les tables de Taylor pour les sinus de seconde en seconde. En 1788, il accueille Lalande à Londres où il meurt en 1795. (*Lalandiana I*)

Sheridan, Richard Brisley Butler (1751-1816), BA80
Fils de Thomas Sheridan, acteur et littérateur, Richard est d'abord auteur dramatique. Il épouse en France la cantatrice Elisabeth Linley, dont la famille n'accepte ce mariage qu'en 1773. Plus tard, Richard Sheridan mène une carrière politique : député à la chambre des communes en 1780, il rejoint les whigs, se fait défenseur des libertés et s'enthousiasme pour les réformes de la République française.
Source : LXIX

Short, James (1710-1768), BA42
Né le 10 juin 1710 à Edimbourg, James Short fait d'abord des études de théologie. Encouragé par Mac Laurin, il se tourne vers les mathématiques et la mécanique pratique. Il fabrique des miroirs de télescope d'abord en verre puis en

métal. À Londres depuis 1738, il est membre de la *Royal Society*. Une semaine avant sa mort, il travaillait aux instruments commandés par l'Académie de Pétersbourg. (*Lalandiana I*)

Silberschlag, Johann Esaias (1721-1791), de BA40 à BA47

Né à Aschersleben, Silberschlag, après des études à Halle, est professeur à l'école de Kloster-Bergen en 1745. Après avoir été, pendant quelques années, pasteur à Magdebourg, il vient à Berlin où il est nommé directeur de la *Realschule*. En 1770, il est membre du conseil des bâtiments et de l'académie de Berlin. Il a publié un *Traité de l'hydrotechnie ou de l'architecture hydraulique* (1772), une *Description de l'Uranomètre...*
Source : Pogg.

Sisson, Jonathan (1690-1760), BR6

J. Sisson a été le principal ouvrier et collaborateur de Graham (fameux opticien londonien). Puis il installe son atelier dans le Strand où il construit des instruments pour l'astronomie, en particulier plusieurs quarts de cercle de grand rayon. Ainsi, en 1743, il fabrique le quart de cercle de 5 pieds de rayon, prêté à Lalande par Le Monnier en 1751 (maintenant conservé à l'observatoire de Lyon). Son fils Jeremiah lui succède en 1747 et construit des instruments jusqu'en 1770.
Source : Daumas

Slop, Joseph (1740-1808), BA12, BA14, BA15, BA17, BA30

« *Joseph Slop de Cadenberg naquit à Caden, à trois milles de Trente dans le Tyrol, le 31 octobre 1740. En 1765, il fut nommé aide de Perelli à Pise. En 1780 Perelli se retira, et Slop demeura seul en possession de l'observatoire. C'est un des hommes les plus instruits et les plus obligeants de l'Italie. Méchain, persécuté par les Anglais jusque dans la Toscane, lui dut sa sûreté et son retour en France.* » Il a été professeur d'astronomie et directeur de l'observatoire de l'université de Pise, où il est mort.
Sources : Lalande B&H p. 507 et Pogg.

Smith, Robert (1689-1768), BA39

Docteur en théologie, Robert Smith est professeur de mathématiques du duc de Cumberland et maître de mécanique du roi George II d'Angleterre. Après la mort de son cousin, Roger Cotes, mathématicien et traducteur en anglais des *Principia* de Newton, remplace celui-ci en 1716, comme professeur de mathématiques à l'université de Cambridge puis il est « master » à Trinity college. Membre de la *Royal Society*, il a publié à Cambridge en 1728 un *Système complet d'optique* en 2 volumes (traduit en français par le P. Pézénas en 1767) qui a été pendant longtemps le meilleur traité sur la lumière.
Source : Pogg.

Spener (ou Speiner), BA22, BA23, BA24

Libraire à Berlin, éditeur avec Haude des *Nouvelles littéraires* de Jean III Bernoulli.

Steenstra, Pibo, (?-1788), BA39

Hollandais, professeur de mathématique, nautique et astronomie à l'Athénée (Amsterdam), il a publié des éléments de mathématique et de navigation où il a utilisé l'*Astronomie* de Lalande dont il a commandé la traduction en hollandais. *Sources* : Lalande B&H p. 525 et Pogg.

Strabbe, BA39

Strabbe a traduit l'*Astronomie* de Lalande en hollandais. Le dernier volume a paru en 1780. Ce travail a été commandé par Steenstra. *Source* : Lalande B&H p. 575

Strahlenberg, BR6

Officier suédois, auteur d'une carte de Sibérie.

Struÿck (ou Struick), Nicolaas (1686-1769), BA35

Mathématicien hollandais, né et mort à Amsterdam, N. Struÿck est membre de la *Royal Society of London* et de la Société de Haarlem. Il a été nommé, à l'Académie des sciences de Paris, correspondant de Bouguer le 12 février 1755, puis de La Caille (1758) et enfin de Pingré (1762). *Sources* : Pogg. et Index Acad.

Strzecki, Andreas (1737-1797), BA78

Né le 27 novembre 1737 à Litthauen, professeur de mathématique à l'université de Vilnius, Strzecki y est mort le 5 février 1797. En 1777, il observait à Vilnius avec Poczobut. *Source* : Pogg.

Swinden, voir Van Swinden

Taylor, Michael (1756-1789), BA63

Né à Appleby dans la province de Westmoreland, M. Taylor, passionné de calcul, a publié en 1780 un recueil de tables sexagésimales et millésimales. Puis il a calculé les sinus de seconde en seconde, en employant onze chiffres. Ses tables de logarithmes ont été publiées à Londres en 1792. *Source* : Lalande B&H p. 688

Thélusson, Pierre Isaac (?-1780), BA3

Banquier à Genève, Pierre Thélusson est venu comme résident de sa république à Paris où il a fondé une société bancaire avec son associé Jacques Necker. Sa veuve a fait construire, à Paris, par l'architecte Ledoux, un hôtel maintenant disparu ; peu après l'achèvement des travaux, elle meurt en 1788. *Source* : LXIX

Thiebault, BA67, BA73, BA79

Secrétaire de la Librairie en 1786, il transporte du courrier entre Paris et Berlin.

Thulis, Jacques Joseph Claude (1748-1810), BO22, BO23

Né à Marseille le 6 juin 1748, Thulis étudie au collège des Jésuites, puis son père l'envoie travailler au Caire dans une maison de commerce où il reste sept ans. De retour en France en 1772, il abandonne le commerce pour l'étude des sciences exactes et surtout de l'astronomie. En 1786, il se rend à Hyères et travaille dans l'observatoire installé par le duc de Saxe-Gotha. Il voyage ensuite en Italie avec le duc et von Zach. De retour à Marseille, il est invité à l'observatoire de la Marine dont il devient le directeur-adjoint en 1793. Il veille alors aux instruments et à la remise en état de l'observatoire. Il est élu associé de l'Institut en 1796. En 1801, il remplace le directeur, Silvabelle, décédé. Il a tenu quotidiennement un Journal de ses observations astronomiques et météorologiques. Victime d'une attaque d'apoplexie, il meurt le 25 janvier 1810. *(Lalandiana I)*

Tieffenthaler, père, BA67
Le père Tieffenthaler, missionnaire allemand en Inde depuis 1743, est né à Bolzano (Tyrol). Il a rédigé, à Agra, plusieurs ouvrages sur vingt-deux provinces, sur l'astronomie, sur la religion et les animaux de l'Inde et dessiné trois cartes des régions autour du Gange.
Source : J. Bernoulli *Nouvelles littéraires* 2ᵉ Cahier

Tilliard, de BA64 à BA69, BA71, de BA75 à BA81
Libraire à Paris, quai des Augustins, à l'enseigne de Saint-Benoît, libraire de S.A.R. l'infant Dom Ferdinand, duc de Parme etc.

Toaldo, Joseph (1719-1797), BA12
Né le 11 juillet 1719 à San-Lorenzo (Vicentin), J. Toaldo est nommé professeur d'astronomie à Padoue en 1762. Il obtient un observatoire en 1774 et un mural de Bird en 1778, avec lequel il a fait de bonnes observations. En 1777, il a publié sa traduction en italien de l'*Abrégé d'astronomie* de Lalande. Son *Essai météorologique* où il traite de l'influence de la Lune a eu quelque célébrité en 1770 et au-delà. Depuis 1772, il publie chaque année un journal astro-météorologique. Il meurt à Padoue le 18 novembre 1797.
Source : Lalande B&H p. 793

Tofino, Don Vicente de San Miguel (1732-1795), BA40
Le capitaine de frégate Tofino, directeur en chef de l'observatoire de Cadix, observe avec son adjoint D. Joseph Valera, armateur et capitaine de frégate ; leurs observations ont été publiées en 1776 et 1777. Il est nommé, à l'Académie des sciences de Paris, correspondant de Borda en 1773, et Valera est nommé correspondant de Pingré en 1775. Don Tofino a aussi travaillé pour les cartes des côtes d'Espagne sur la Méditerranée. Il meurt à San Fernando de Cadix, et Valera à La Havane en 1794.
Sources : Lalande B&H p. 696 et 763 et Index Acad.

Tondu, Achille (1759-1787), BA65, BA75
Les deux frères Tondu ont observé à l'Observatoire de Paris avec Cassini IV ; l'aîné Pierre Marie, dit Lebrun, y travaille dès le 27 janvier 1777 jusqu'en 1779. C'est probablement lui qui y a fait venir son cadet, Achille, en avril 1778. Ce dernier, bien formé à l'observation astronomique, quitte l'Observatoire en 1782 : il accompagne à la Guadeloupe François Joseph Foulquier, correspondant et ami de Cassini III, nommé intendant de l'île. Arrivés en mai 1782, ils installent leurs instruments et Achille Tondu se met au travail ; ses observations sont envoyées par Foulquier à Cassini III. Fin 1783, Tondu retourne en France et présente un mémoire

à l'Académie des sciences le 9 juin 1784. Peu après, Achille accompagne à Constantinople l'ambassadeur Choiseul-Gouffier. Il y devient professeur impérial d'hydrographie. En mai 1786, embarqué sur le *Tarleton*, il lève une carte des Dardanelles jusqu'à l'entrée dans la mer Noire. Il meurt à Constantinople l'année suivante.

Sources : C. Wolf et Lalande B&H p. 737

Tranchot, BO9
En 1791, Tranchot est chargé de réunir l'île de Corse à la Toscane par de grands triangles. En 1798, Lalande a vérifié ce travail et souhaité qu'il en soit fait de même dans les autres départements. En 1792, Tranchot accompagne Méchain pour la mesure du méridien de Paris en Espagne. D'abord retenu dans ce pays après l'exécution du roi Louis XVI, Méchain, avec Tranchot, a pu aller en Italie, à Livourne puis à Gênes, où ils arrivent en septembre 1794. Là, les caisses contenant les observations faites en Espagne sont saisies, mais sauvées par l'intrépide Tranchot qui les enlève et leur fait passer la frontière.

Sources : Lalande B&H p. 706 et 802 et Bigourdan

Tressan, Louis-Elisabeth de la Vergne, comte de (1705-1783), BA52
Le comte de Tressan est élevé par son grand oncle, évêque du Mans où il est né, puis par son oncle archevêque de Rouen qui le fait venir à la Cour. Pendant la guerre de 1741, il est aide de camp du roi à Fontenoy. En 1749, il est associé libre de l'Académie des sciences à la suite d'un mémoire sur l'électricité où il s'est livré à son imagination. Il a donné quelques articles sur l'art militaire dans l'*Encyclopédie*. Invité à la cour de Lorraine, auprès du roi de Pologne Stanislas Leszczynski, père de la Reine de France, il quitte la cour en 1766 à la mort du prince. Il écrit alors des romans de chevalerie et souhaite vivement être de l'Académie française : à 75 ans, il y succède à Condillac. À la suite d'attaques de goutte répétées, il meurt à Paris le 31 octobre 1783.

Source : Éloge par Condorcet HAM 1783

Treuttel, BA67[b], BA75, BA82
Libraire à Strasbourg

Tronchin, Théodore (1709-1781), BA50
Né le 24 mai 1709 à Genève, Théodore Tronchin, à 18 ans, va en Angleterre étudier auprès de Bolingbroke, puis en Hollande où il assiste aux cours de Boërhaave. Il s'installe médecin à Amsterdam où il se marie. Revenu à Genève, riche et considéré, nommé professeur honoraire de médecine il donne cependant des leçons. Il est appelé à Paris par le duc d'Orléans pour pratiquer l'inoculation de ses enfants et de même plus tard par l'infant duc de Parme. En 1766 il vient se fixer à Paris à la demande du duc d'Orléans. Il souhaite être associé étranger à l'Académie des sciences, ce qui pose un problème puisqu'il est à Paris. La solution est trouvée : Tronchin étant protestant n'est pas citoyen en France mais toujours à Genève ; il est donc admis à l'Académie le 1er février 1778. Il meurt à Paris le 30 novembre 1781.

Source : Éloge par Condorcet HAM 1781

Troughton, Edward (1753-1836), BO24

Neveu et successeur de John Throughton (?-1784), Edward est, en Angleterre, à la tête du meilleur atelier de construction d'instruments astronomiques après celui de Ramsden. Il a réalisé pour son frère une machine à diviser (telle que celle décrite par Ramsden) en 1775-1778. Le deuxième à construire un cercle méridien, tel que conçu par Römer, il est le seul en Angleterre à fabriquer des cercles de réflexion inventés en France, avec quelques changements et corrections utiles.

Sources : Daumas et Lalande B&H p. 836

Trudaine, Jean Charles de Montigny (1733-1777), BA32, BA33

Né à Clermont en Auvergne, Jean Charles Trudaine étudie les lois, la géométrie, la physique et les sciences naturelles pour être capable de succéder à son père alors intendant de cette province. En 1757, celui-ci lui obtient la survivance et adjonction de sa place. Pendant une vingtaine d'années, Trudaine est administrateur des départements des Fermes générales, du commerce, des manufactures et des ponts et chaussées. Il s'efforce d'améliorer les lois, de soutenir les artistes et de construire des routes. Pour le commerce, il fait bâtir un pont de pierre aux portes de Paris. Lorsque la charge d'intendant des finances est supprimée, il quitte ces activités. En 1764, nommé membre honoraire de l'Académie des sciences à la place de son père démissionnaire, il a proposé un prix pour la fabrication du *flint-glass*. Il est aussi membre de la *Royal Society*. Il meurt à Paris le 5 août 1777.

Source : Éloge par Condorcet HAM 1777

Tycho, voir : Brahé

Ungeschick, Pierre (1760-1790), BA82

Né le 3 juillet 1760 à Hesperange (Luxembourg), Pierre Ungeschick entre, en 1779, dans la congrégation de Saint-Lazare qui l'envoie dans le Palatinat où elle est chargée des études. Bon mathématicien, on lui promet la direction de l'observatoire de Mannheim comme astronome de l'électeur. Pour se préparer à ces fonctions, il vient, le 5 novembre 1788, auprès de Lalande au Collège royal de France. Il coopère aux observations d'étoiles boréales avec Michel Lefrançois à l'École militaire et calcule des observations d'éclipses et de planètes, et aussi les éléments de la troisième comète de 1770. Le 10 mai 1790, il quitte Paris pour l'Angleterre où il est reçu par Maskelyne, Herschel et d'autres astronomes. De retour à Paris fin septembre, il part peu après pour rejoindre l'observatoire de Mannheim, mais, en visitant auparavant sa famille, il meurt de la maladie dont sa mère et sa sœur étaient atteintes.

Source : Lalande B&H p. 701

Vaillant, BA4

Libraire français installé dans le Strand à Londres

Valade, BA40, BA50

Libraire rue Saint Jacques à Paris.

Van der Bildt, BA39

Fabricant d'instruments pour l'astronomie.

Van Deylen, BA39
Opticien à Amsterdam.

Van den Wal, BA39
Négociant à Amsterdam, Van den Wal a un observatoire où il a installé un télescope grégorien dont il a poli lui-même le miroir. Il a fait des observations astronomiques et physiques.
Source : J. Bernoulli *Nouvelles littéraires* 6ᵉ Cahier

Van Swinden, Jan Hendrik (1746-1823), BA57
Hollandais né à La Haye, Van Swinden est, de 1767 à 1785, à l'université de Franeker (Frise) professeur de physique, logique et métaphysique, puis à l'Athenœum d'Amsterdam professeur de philosophie, physique, mathématique et histoire naturelle. En 1798, il a été délégué par la république Batave à Paris pour vérifier les mesures et les calculs effectués pour le Système métrique. Il a publié entre autres sur l'électricité et le magnétisme. Le 23 août 1777, il a été nommé correspondant de J. B. Le Roy à l'Académie des sciences de Paris.
Sources : Pogg. et Index Acad.

Varela, BA40
Voir Tofino.

Vasseur, BA37, BA40, BA41, BA44
L'abbé Vasseur traduit des ouvrages allemands et, ayant appris le suédois, il traduit aussi les *Mémoires* de l'Académie de Stockholm de l'année 1775.
Source : *Journal des savants*, mai 1779

Vaugondy, voir Robert de Vaugondy

Venture de Paradis, Jean Michel de (1742-1799), BA60
Né à Marseille, Venture meurt à St Jean d'Acre. Orientaliste et diplomate, il a fait ses études au collège Louis-le-Grand, puis à l'école des langues où il apprend l'arabe et le turc. Il est ensuite « drogman » dans ces pays. Il négocie à Alger en 1788 le traité de commerce. Il demeure à Constantinople jusqu'en 1795. De retour à Paris, il enseigne la langue turque. En 1798 il est nommé premier interprète dans l'expédition d'Égypte de Bonaparte. Il meurt pendant la retraite de Palestine. Ses manuscrits sont à la Bibliothèque Nationale.
Source : LXIX

Vergennes, Charles Gravier, comte de (1717-1787), BA60, BA61, BA63, BA65, B67ᵇ, BA75
Né à Dijon, il parcourt une belle carrière diplomatique. Il a débuté en 1741 à Lisbonne avec M. de Chavigny, il est à Francfort en 1743 puis il retourne au Portugal. En 1750, il devient ambassadeur auprès de l'électeur de Trèves, puis en Turquie en 1755. De retour en France en 1768, il tombe en disgrâce jusqu'à la chute du ministre Choiseul dont le successeur, le duc d'Aiguillon l'envoie à Stockholm en 1771. Louis XV le fait revenir et le nomme ministre des affaires étrangères en 1774 ; il le reste sous Louis XVI, jusqu'à la paix de 1783. Le roi le nomme alors

président des finances où il manifeste son hostilité à Turgot et à Necker. Il meurt à Versailles, fort regretté par Louis XVI.

Source : LXIX

Véron, Pierre Antoine (1738-1770), BA32, BA33
Véron naît aux Authieux-sur-Buchy en Normandie, où son père souhaite en faire un jardinier. Mais, à 20 ans, il vient à Rouen chez un oncle qui lui procure des leçons de mathématiques et de physique. Il se rend ensuite à Paris où il suit les cours de Lalande au Collège royal et observe au Palais du Luxembourg. Ayant ainsi appris comment déterminer les longitudes en mer, il embarque à partir de 1762 sur différents navires. En 1764 et 1766, il est sur *Le Malicieux* où se trouve M. de Charnières, garde de la Marine. En 1767, Lalande le propose comme pilote pour le voyage autour du monde de Bougainville. Accepté, il part le 1er février sur *l'Étoile* qui est rejointe à Rio de Janeiro par Bougainville. Véron embarque alors sur *la Boudeuse* ainsi que Commerson, médecin et naturaliste de l'expédition. Arrivé le 8 novembre 1768 à l'île de France (maintenant île Maurice), il obtient la permission de débarquer car il souhaite se rendre à Pondichéry pour observer le 3 juin 1769 le passage de Vénus sur le Soleil. Parti le 13 mai 1769 sur *le Vigilant*, il arrive trop tard à Pondichéry (le 19 juin). Il embarque alors sur *le Diligent* qui vogue vers les îles ; en allant à terre à Timor, il est atteint par les fièvres et meurt en mai 1770.
Source : Éloge de Véron par Lalande, publié par J. Bernoulli dans ses *Nouvelles littéraires*

Villeneuve, Jean Perny de (1765- ?), BA70, BA71, BO5
Né à Paris le 6 juin 1765, Perny de Villeneuve entre en fonction à l'Observatoire de Paris en 1785, embauché par Cassini IV comme deuxième élève, sur la recommandation de Jeaurat. Les trois élèves observent avec application jusqu'en 1792. Après la démission de Cassini en 1793, Perny (qui ne s'appelle plus de Villeneuve) est élu ou nommé directeur temporaire. En 1795, il doit quitter l'Observatoire confié au Bureau des longitudes. Il est alors envoyé en Belgique pour lever des triangles géodésiques. Il continuait encore ces travaux en 1802.
Sources : C. Wolf et Lalande B&H p. 802

Villermosa, prince de, BA19
Sans doute sicilien, ami de Piazzi. Lalande l'a rencontré à Londres en 1788.
(Lalandiana I)

Voltaire, François Marie, Arouet de (1694-1778), BA10, BA47, BA48, BA51, BA52
Né le 20 février 1694, d'un père trésorier de la chambre des comptes, François Marie Arouet fait ses études au collège Louis-le-Grand des jésuites. Puis, son parrain, l'abbé de Châteauneuf, l'introduit dans une société d'épicuriens. Son père l'envoie en Hollande. Mis à la Bastille pour une satire qui n'est pas de lui, il en sort bientôt, prend le nom de Voltaire, écrit sa première tragédie, *Œdipe*, qui remporte un bon succès lors de sa représentation en 1718. Après l'affaire avec le chevalier de Rohan, il se réfugie en Angleterre où il reste trois ans et revient en 1729 avec le déisme de Bolingbroke et la science de Newton. Craignant des poursuites après son

élégie sur Adrienne Lecouvreur, il va se réfugier au château de Cirey auprès de la marquise du Châtelet ; il est pourtant historiographe de France et gentilhomme de la chambre du roi. Après le succès de *Mérope*, il est admis à l'Académie française. Après le mort de Mme du Châtelet, Voltaire accepte l'invitation de Frédéric II, roi de Prusse et reste à Berlin de 1750 à 1753. Puis il voyage et s'intalle finalement à Ferney en 1758 où il reçoit de nombreuses visites et fait jouer ses pièces de théâtre. Ses interventions dans les affaires Calas, Sirven, du chevalier de La Barre et de Lally-Tollendal sont bien connues. En 1778, il revient à Paris où il est reçu triomphalement, à la Comédie-Française, à l'Académie française, et dans la Franc-maçonnerie. Il meurt le 30 mai 1778 ; craignant un refus de sépulture, son neveu, l'abbé Mignot, fait transporter son corps à l'abbaye de Scellières. Le 30 mai 1791, l'Assemblée nationale décrète qu'il sera enseveli au Panthéon ; ce qui fut fait le 11 juillet de la même année.

Source : LXIX

Walter (ou Walther), BA77, BA79
Probablement un ami de Jean III Bernoulli; venant à Paris, il a transporté du courrier.

Walther, Bernhardt (1430-1504), BO1
B. Walther a été élève de Regiomontanus et son assistant. Astronome à Nüremberg, il a publié, après la mort de son maître, trente années de leurs observations.
Source : Pogg.

Wargentin, Pehr Wilhelm (1717-1783), BA4, BA26, BA50, BA54, BA55, BA59, BA80, BA82, BO3
Né le 11 septembre 1717 à Sunne en Suède, Wargentin dont le père, pasteur dans le Nord de la Suède, a une culture scientifique, apprend très tôt à connaître le ciel. En 1735, à l'université d'Uppsala, l'astronomie est son principal intérêt. En 1737, Anders Celsius qui est de retour de l'expédition française en Laponie, devient son professeur d'astronomie et lui fait calculer les orbites des satellites de Jupiter ; ses tables sont publiées en 1746. Celsius, alors en relation avec Joseph Nicolas Delisle, premier astronome à Pétersbourg, pousse Wargentin à le rejoindre. Mais Delisle revient en France en 1747 et Wargentin ne pourra voyager comme il le souhaitait, car il est nommé en 1749 secrétaire de l'Académie des sciences de Suède. Le secrétariat de cette Académie l'occupe beaucoup ; chargé de plus d'établir des statistiques des populations, il continue cependant ses calculs des satellites de Jupiter dont il est le meilleur spécialiste. En 1748, il devient, à l'Académie des sciences de Paris, correspondant de Delisle, puis de Lalande qui a publié en 1759 ses tables des satellites de Jupiter. Il est enfin nommé associé étranger le 23 avril 1783 et, après sa mort le 13 décembre 1783, son éloge a été lu par Condorcet le 12 novembre 1785. (*Lalandiana I*)

Weidler, Johann Friedrich (1692-1755), BA29
Weidler a publié en latin, en 1727 un commentaire sur les observatoires existants ; en 1741 son *Histoire de l'astronomie* et en 1755 sa *Bibliographie*

astronomique. Lalande lui rend hommage : « *C'est cet ouvrage qui a été le fondement de la Bibliographie que nous [Lalande] publions aujourd'hui avec beaucoup plus d'étendue.* »
Source : Lalande B&H p. 458

Weissembruch, BA20
Libraire ou journaliste ?

West, James (1703-1772), BA4, BA12
Après des études à Oxford, James West, antiquaire, élu à la *Royal Society of London* en 1726, en est le trésorier en 1736 puis le président en 1768 jusqu'à sa mort. Il a été membre du Parlement britannique de 1741 à 1768.
Source : Wikipedia, extrait

Wolf, Nathanael-Mathaeus de (1724-1784), BA68
Né à Konitz en Prusse de l'Ouest, Mathaeus de Wolf est docteur en médecine à Erfurt en 1748. Plus tard, à Danzig, il a installé un observatoire en 1772. Ses observations astronomiques de 1774 à 1784 ont été publiées après sa mort par son ami Jean III Bernoulli, avec la description de son observatoire.
Sources : Pogg. et Lalande B&H p. 595

Wolfgang, BA46
A publié une carte du canal Frédéric Guillaume (Prusse).

Wollaston, Francis (1731-1815), BO5, BO7, BO10
D'abord pasteur à East-Dereham, où il observa le passage de Vénus sur le Soleil en 1769, F. Wollaston est ensuite pasteur près de Greenwich, à Chiselhurst, où il fait des observations astronomiques de 1773 à 1775 qui paraissent dans les *Philosophical Transactions*. En 1789, il a publié un catalogue astronomique général dans lequel il a donné les réductions à 1790 de tous les catalogues connus. Sa femme lui a donné sept fils et dix filles.
Sources : Pogg. et Lalande B&H p. 610

Zach, Franz Xaver, Freiher (baron) von (1754-1832), BA74, BA75, BA83, BA84, BO8, BO9, BO15, BO19
Né le 13 juin 1754 à Pest en Hongrie, von Zach est fils d'un médecin. Il s'intéresse à l'astronomie. Officier dans l'armée autrichienne, ingénieur, il participe aux côtés de Liesganig à la cartographie de l'Autriche. Pendant quelques années, il entretient des relations avec le comte de Brühl, ambassadeur de Saxe à Berlin puis à Londres. Recommandé par Brühl, von Zach entre en 1786 au service du duc Ernst II de Saxe-Gotha et devient en 1792 directeur de l'observatoire du Seeberg, fondé par Ernst II. Il est à l'origine d'une association d'astronomes allemands qui surveillent chacun une zone céleste pour rechercher des planètes et des comètes ; deux d'entre eux ont découvert des astéroïdes. Pour publier les observations astronomiques, von Zach crée les *Allgemeine Geographische Ephemeriden* (1798-1799). Plus tard, il publie les informations qui lui parviennent dans *Monatlische Correspondenz zur Beförderung der Erd-und Himmelskunde* en allemand (1800-1813), puis en français lorsqu'il est à Gènes dans *Correspondance*

astronomique, géographique, hydrographique et statistique (1818-1826). Il est élu, à Paris, correspondant de l'Institut en 1805. Après la mort du duc en 1804, il accompagne la duchesse dans ses voyages, à Marseille puis en Italie. Malade de la pierre, il vient à Paris où il meurt du choléra le 2 septembre 1832. Il est inhumé au Père-Lachaise.(*Lalandiana I*)

> *Zannoni (Rizzi-Zannoni), Antonio (1730/38-1814)*, BA82
> Né à Padoue vers 1730 (ou à Venise en 1738), A. Zannoni a fait de longs séjours à Paris et en Amérique du Nord (pour déterminer les frontières du Canada). Il a, d'après Lalande, « sévi » au dépôt de la marine à Paris. Il a cependant publié des cartes (Amérique du Nord, Italie) et déterminé des positions géographiques de quelques villes. Membre de l'Académie de Padoue, il meurt à Naples où il était géographe royal.
> *Source* : Pogg.

> *Zanotti, Francisco Maria (1692-1777)*, BA12
> Né à Bologne le 6 janvier 1692, F. M. Zanotti fait carrière dans cette ville. Docteur en philosophie en 1716, il est professeur de logique de 1718 à 1734 puis de philosophie et physique de 1734 à 1737. Bibliothécaire en 1720 et secrétaire en 1723 à l'université, il y enseignera jusqu'à sa mort la philosophie, notamment la morale. Président de l'Institut de Bologne en 1766, il a été nommé à l'Académie des sciences de Paris, correspondant de Joseph Nicolas Delisle en 1750 puis de Lalande en 1769. Ses travaux portent sur les mathématiques et l'astronomie ; premier en Italie, il a fait connaître les travaux de Newton.
> *Sources* : LXIX et Index Acad.

> *Zanotti, Eustachio (1709-1782)*, BA12
> Neveu de Francisco Maria, E. Zanotti, né et mort à Bologne, a également fait toute sa carrière dans cette ville. Docteur en philosophie en 1730, il étudie l'astronomie avec E. Manfredi dont il devient l'adjoint. Il est professeur de mécanique à l'université puis, en 1739, professeur d'astronomie, remplaçant Manfredi décédé. Membre de l'Institut de Bologne, il en sera le président en 1777. Il a été chargé en 1776 de la restauration de la méridienne de l'église San Petrone. Il a publié en astronomie des éphémérides depuis 1741, beaucoup d'observations et des mémoires sur les comètes, les aurores boréales… Il meurt à Bologne le 15 mai 1782.
> *Sources* : LXIX et Lalande B&H p. 569

BIBLIOGRAPHIE

Manuscrits

Correspondance de Joseph-Nicolas Delisle, Bibliothèque de l'Observatoire de Paris, B1-6.

Lettres de Lalande à Jean III Bernoulli, Öffentliche Universität Bibliotek, Basel, L. Ia 701.

Lettres de Lalande à Daniel et Jean II Bernoulli, Öffentliche Universität Bibliotek, Basel, L Ia 42, Mappe II-Joh. II.

Lettre de Mallet à Daniel Bernoulli, Öffentliche Universität Bibliotek, Basel, L. Ia 706.

Procès-verbaux des séances de l'Académie des Sciences de Paris.

Périodiques

Astronomisches Jahrbuch für das Jahr... (*Éphémérides* de Berlin).
Histoire de l'Académie royale des sciences et Mémoires... (cité HAM).
Icare, n° 105, 1983.
Journal des savants.
Magasin encyclopédique.
Philosophical Transactions.

Ouvrages bibliographiques abrégés

BEA : *Biographical Encyclopedia of Astronomers*, New York, Springer Science+Business Media, 2007.

B&H : LALANDE J., *Bibliographie astronomique avec l'histoire de l'astronomie depuis 1781 jusqu'à 1802*, Paris, Imprimerie de la République, 1803.

DSB : *Dictionary of Scientific Biography*, New York, C. Scribner's Sons, 1970-1976.

Index Acad. : *Index biographique de l'Académie des Sciences 1666-1978*, Paris Gauthier-Villars, 1979

LXIX : LAROUSSE P., *Grand dictionnaire universel du XIXᵉ siècle*, fac-similé, Nîmes, C. Lacour, 1991.

LXX : *Larousse du XXᵉ siècle*, Paris, Larousse, 1928-1933.

Pogg. : POGGENDORF J. C., *Biographish-Litterarisches Handwörterbuch...*, Leipzig, J. A. Barth, 1863.

Autres publications

BADINTER E. et R., *Condorcet, un intellectuel en politique*, Fayard, 1988

BIGOURDAN G., *Le Système des Poids et Mesures*, Paris 1901.

BERNOULLI J. III, *Recueil pour les astronomes*, 3 volumes, Berlin, 1771-1776.

– *Lettres astronomiques où l'on donne une idée de l'état actuel de l'astronomie pratique*, Berlin, 1771.

– *Sur l'usage du réticule rhomboïde*, Berlin, 1773.

– *Liste des astronomes connus actuellement*, Berlin 1776

– *Nouvelles littéraires de divers pays, avec des suppléments...*, 6 cahiers, Berlin, 1776-1779.

– *Lettres sur différents sujets écrites pendant le cours d'un voyage par l'Allemagne, la Suisse, la France et l'Italie (1774-1775)*, 3 tomes, Berlin, 1777-1779.

– *Sammlung Kurzer Reisebeschreibungen...*, 6 volumes en 1781-1782 (courts récits de voyages de divers auteurs, publiés par J. B.)

– et HINDENBURG K. F., *Leipziger Magazin für reine und angewandt Mathematik*, 3 volumes, Leipzig, 1786-1788.

BROSCHE P., *Der Astronom der Herzogin*, Frankfurt-am-Main, Acta Historica Astronomiæ, vol. 12, Verlag H. Deutsch, 2009

CHASSAGNE A., *La Bibliothèque de l'Académie royale des sciences au XVIIIᵉ siècle*, Paris, CTHS, 2007.

CHEVALIER R., « L'Italie vue par Lalande », *Les nouvelles Annales de l'Ain*, 1985.

DAUMAS M., *Les instruments scientifiques aux XVIIᵉ et XVIIIᵉ siècles*, Paris, P.U.F. 1953, 2ᵉ éd. J. Gabay, 2003.

DELAMBRE J.-B. J., *Histoire de l'Astronomie au dix-huitième siècle*, Paris, Bachelier, 1827.

DUMONT S., *Un astronome des Lumières, Jérôme Lalande*, Paris, Coédition Vuibert-Observatoire de Paris, 2007.

FLEURIEU P., *Voyage fait par ordre du roi, en 1768 et 1769,...pour éprouver en mer les horloges marines*, Paris 1773.

LEQUEUX J., *François Arago un savant généreux*, Paris, Coédition Observatoire de Paris-EDPsciences, 2008

MASCART J., *La vie et les travaux du chevalier de Borda (1733-1799)*, Presses de l'Université de Paris-Sorbonne, 2000.

PECKER J.-C., « L'œuvre scientifique de Lalande », *Les nouvelles Annales de l'Ain*, 1985.

– « L'astronomie au Collège de France (XVIe -XIXe siècle) », *Lettre du Collège de France*, n° 23, juin 2008.

PHILBERT J.-P., *Charles Messier, le furet des comètes*, Sarreguemine, Éd. Pierron, 2000.

QUÉRARD J. M., *La France littéraire*, Paris, Firmin Didot, 1827-1839

SCHWEMIN F., *Der berliner Astronom, Leben und Werk von Johann Elert Bode (1747-1826)*, Frankfurt-am-Main, Acta Historica Astronomiæ vol. 30,Verlag H. Deutsch

WOLF C., *Histoire de l'Observatoire de Paris, de sa fondation à 1793*, Paris, Gauthiers-Villars, 1902.

TABLE DES ILLUSTRATIONS

TABLE DES MATIÈRES

Imprimé sur les presses de Jouve - Mayenne
2153642H - dépôt légal : mars 2014 - date d'impression : mars 2014